顶级摄影器材

不可能让一张差照片变成好照片，

但可以将一张佳作提升为绝佳之作。

—顶级摄影器材系列— EOS 王朝（2.0 版）

独家网络支持：sina 新浪相册 photo.sina.com.cn

器材价格提供：北京神州锐意商贸有限公司（www.rayi.cn）ray! 锐意

EOS 王朝

EOS KINGDOM

赵 嘉著

By Zhao Jia

中国摄影出版社

China Photographic Publishing House

前言

摄影是关于影像的艺术，而并不是关于照相机的艺术。所以，我希望即便是一本介绍摄影器材的工具书，也应该尽可能帮助读者把器材的功能直接有效地转化为对实际拍摄的帮助。而摄影器材厂家在技术革新上不断前行，以求提供性能更加卓越、体积更加轻巧、操作更加便利的摄影器材，其实也是同样的目的。

《EOS王朝》从开始准备到最终出版用了超过2年的时间。佳能是目前全球35毫米相机最大的厂家之一，产品线很长，EOS系列的使用者众多，里面既有全球顶尖的摄影大家，也有网络中卧虎藏龙的器材高手。写一本关于EOS系列的书，想要内容翔实丰富、够酷够有趣，让读者看了不厌倦，就格外不容易。不过，我还是有兴趣试试，结果最后我发现实际工作量要远远超过我原先的计划。

我的工作与摄影器材本来无关，而我的摄影其实也并不需要了解如此多的器材知识。不过我的确喜欢在闲暇的时候向各方面的专家学些新的知识。我使用器材也甚芜杂，一直觉得某一个题材甚至某一次拍摄一定有最适合它的器材选择。在精力足够旺盛的时候，我会很有兴趣尝试各种可能的器材和拍摄方式。当然，结果未必总能如我所愿，但是这些试验过程本身的确也足够疲劳而有趣。

我使用器材最庞杂的时候是过去的15年。强悍而可靠的佳能相机和镜头也始终若隐若现地穿插在这些年的拍摄之中。从最初的EOS-5开始，拍摄最密集的时候，我曾经同时使用过4台EOS-1N和1V拍摄（分别用于2种不同的胶片、一台固定反光镜机身以及备用机身），而佳能几乎所有的L系列镜头我都有机会长时间在实际拍摄中使用。我也很早就开始尝试使用EOS数码单反相机，从1999年的EOS-D2000，一直到最新的1Ds MARK III，因此难免有些心得，集腋成裘也就有了这本书的雏形。

这本书的出版和EOS的生产者佳能公司无关，我当然也不希望读者误以为这本书是佳能的"软宣"，所以一直力求在书中采用中立的立场和角度来讲述EOS产品。因此这期间，我们的团队通过各种渠道借用并测试了几乎全线的EOS产品，以争取本书提供的资讯和观点足够令人信服，里面的内容在成书前也曾请不少职业摄影师和器材专家过目，对于他们提出不同看法的地方我们会做更多的测试来求证。

《EOS王朝》也是《顶级摄影器材》系列中第一本详细介绍某一个品牌的书，我希望藉此为使用EOS系统的摄影人提供相对详尽而丰富的和摄影相关的各种资讯（而不仅仅是器材知识），所以这本书中也难免会有枯燥的技术术语和数据。在我们的计划中还会有更多这个系列的图书来介绍不同品牌的顶级摄影器材，包括不同类型和不同画幅的摄影器材。

摄影是关于影像的艺术，而并不是关于照相机的艺术。本书有幸使用了一些用EOS相机的顶尖摄影师的优秀作品。而关于他们对佳能器材的体会、经验，甚至"爱与恨"都录在"摄影师与EOS"单元。而要特别提醒大家留意的是，他们对佳能的产品也不是完全一面的溢美之词，甚至有少数人虽然使用EOS相机，但并不是以它作为主力相机的，这些我都忠实地保留在采访的内容之中了。毕竟，我希望读者能通过他们第一手的介绍，更全面地了解EOS相机到底能做什么，以及它们的优势和不足。毫无疑问，这些也是本书最有价值的内容。在此，我要特别感谢他们。

饶舌一句，其实市场上讲佳能单反相机的书并不少，抛开资讯的丰富性不谈，多数我都觉得只是讲了MTF、暗角、分辨率这些技术问题，仿佛在努力指导读者成为更精通器材知识的相机发烧友。诚然，器材知识本身的确也颇有趣，如果潜心研究确实大有乐趣，但是如果你爱器材超过爱摄影，过于执着于此，或未必佳。

另外，常规的器材书在配置的推荐上多数存在一个重要的误区，就是"求全"，动辄推荐爱好者买三支f/2.8的L系列变焦镜头再加个闪光灯之类。也许背着一个堆满很少使用的器材的硕大摄影包出门，是每一个典型的器材发烧友必须要走的路。但是，如果你的终极的目标是"影像"，也就是说你买相机的目的是拍出好照片的话，记住，真正好的摄影者不是什么都要拍的，他们只拍他们有条件或者他们真正喜欢的东西，并且把它拍好，就已经是大师了。所以，根据不同的拍摄领域，其实你或许不需要覆盖领域那么广和那么多的器材。毕竟好的摄影器材很多，但并不是所有的好器材都适合你的使用，重要的是你要明白什么是你需要的拍摄方向，你最好要先找到自己的"出发点"，然后才能谈到选取适合你的顶级器材。

因此，我还是希望《EOS王朝》的读者通过这本书对摄影器材的选择和实际拍摄都有更多的帮助，比较容易从器材的桎梏中解脱出来。毕竟，从摄影的出发点来讲，考虑器材的问题越多，考虑摄影本身就越少。

最后，我依然认为，虽然结合了诸多方面的意见，但是重要的是，对于事物的评价未必只有一种看法，对于摄影器材也一样。这本书里的观点肯定不会适合每一个人，不过好在它提供了不少有用的资讯，如果真的可以帮助你在了解EOS的基础上拍出更好的照片，或者能找到更适合你的摄影器材，甚至藉此佐证了你对于器材的不同观点，这都是很好的事情。

器材之道，虽然有趣，但终究需要大量投入，而我的时间、精力都有限，更受知识和能力的影响，书中难免有不少疏漏和错误。也请读者发现后不吝予以指教。

如有问题，欢迎大家到以下网址交流：www.aisheying.com

或联系本人：zhaojia@263.net

赵　嘉

2009年6月6日修订

海洋旅行者
挑战大自然
密封零部件
防水G-锁钮
水和泥沙
1/4
st
316
stainless steel
CARBON
6X
「捷信」海洋旅行者，是目前世上专为摄影师于极端环境下使用的三脚架。防水G-锁钮可以阻挡水、泥沙和海盐进入锁定系统内。全靠Inox钢材结构和特别研发的防水G-锁钮系统，可保护三脚架免受大自然的侵害。
「捷信」的可靠性经已达到防水级别。无惧大自然。
www.gitzo.com
GITZO
focus on forever
SHRIRO
www.shriro.com.hk
中国(国内及港澳)总代理：
石利洛(香港)有限公司
香港港岛东(鲗鱼涌)华兰路18号
港岛东中心42楼4201~3室
电话：(852) 2524 5031
传真：(852) 2810 6586
电邮：info@shriro.com.hk
国内联络处：
北京
电话：(010) 8580 1923 至 1926 (4条线)
电邮：beijing-imaging@shriro.com.hk
上海
电话：(021) 6418 9688
电邮：shrirosh@sh163.net
广州
电话：(020) 8384 8300，8384 8607
电邮：guangzhou-imaging@shriro.com.hk
国内总经销：
珠海市金楹贸易有限公司
广东省珠海市粤海东路1006号10楼D室
电话：(756) 815 2263，811 3233，889 2279
传真：(756) 889 9332，889 3018
网址：www.jinyingco.com.cn
电邮：jinyingco@jinyingco.com.cn
国内免费咨询热线：800 830 2682
北京陈列室
电话 / 传真：(010) 6339 1618
电话 / 传真：(010) 8812 2110
电话 / 传真：(010) 8814 9882
上海陈列室
电话 / 传真：(021) 5302 0623
电话 / 传真：(021) 6233 6652
广州陈列室
电话 / 传真：(020) 3881 9195
电话 / 传真：(020) 8385 2239

目 录

01

EOS 相机

02

EF 系列镜头

目 录

目 录

03 摄影师与 EOS

04 附录

05 后记

说明：

关于镜头规格的表述差异

由于传统标识的差异，镜头规格的标识有细微的差别。因此，在本书中，多数镜头规格的标识是按照佳能公司官方标准的方式，少数地方使用了简化的镜头标识方式。

细心的读者可能会发现它们和欧洲摄影器材厂家采用的标识有细微的差别，而在其他图书和网络上也会常常看到按照习惯或者约定俗成方式对镜头的简化标注方式。对此，有一定经验的摄影者可能已经很习惯了，比如：

EF135mm f/2L USM 有些时候会被标注成 EF135mm f/2L USM，简化标注方式通常为 EF135mm/2L USM、EF135mm/2L、135mm/2L、135/2L，甚至最简单的就是 135L。

本书在介绍机身和镜头章节中使用了标准的镜头标识方式，但是在其他章节，为了方便增加读者阅读的速度，在不影响表述准确性的前提下多数使用的是镜头的简化标注方式。

说明：

本书对EOS器材的评价体系的建立

对于任何一种摄影器材的评价有两个最基本的基础，一个是建立在实验室数据评测的基础上的，另一个建立于在实际拍摄的结果。

其中相对于机身来说，镜头的评价则更趋于困难。目前公认 MTF 曲线可以基本表现出镜头的优劣和特性，所以本书绝大多数镜头都附带了 MTF 曲线供大家参考，但是我需要指出两点：

1. 本书使用的 MTF 曲线是由生产厂家提供的，适用于新镜头，而一支镜头实际的 MTF 曲线会随着镜头使用的时间而变差；

2. 从 MTF 曲线不能看出镜头的色彩表现、变形和暗角情况，所以相关的内容在文字部分会有补充。

在准备本书的过程中，我们实际测试了能够搜集到的几乎所有的 EOS 器材。

目前来讲，拍摄标版来分析镜头依然是低成本获得镜头部分数据的最可行的方式。我们也采用了这种方式获取了大部分 EOS 镜头的分辨率、变形、暗角情况的数据。但是我们在这本书中并没有公布一些显得更“权威”的测试表格之类的东西，除了版式上的美学考虑以外，也因为实际上我们不可能找到同一批出厂的镜头用来测试。镜头的质量会随着使用而降低，我担心这样获得的数据其实离散性相当高，很难令读者信服。因此我们只是用测试得到的数据和厂方提供的数据互为印证，作为参考补充。

本书中使用了一些类似“光学质量最顶尖”、“全球无敌手”的评价语句，严格地来讲，它所指的是目前已知的“非军用、进行商业化生产的 35 毫米单镜头反光相机及镜头”。而不能包括那些订制，军用，航空航天使用，在工业和制造业中使用，电影摄影器材改装以及不同画幅的照相机及镜头。

对于第二个评价体系的基础，即 EOS 在实际拍摄中的结果的评价，大家可以从本书的插图以及第三章《摄影师与 EOS》的内容中获得更多的印象。

说明：

MTF曲线的解读

本书提供了很多佳能镜头的MTF曲线，MTF曲线是衡量镜头光学质量的重要手段。在这里简单地谈一下如何快捷地看懂MTF曲线。MTF曲线是一个二维图表，是模量传递函数的图表化，可以形象地反映出镜头的反差、分辨率、焦外成像和部分像差，可以说是目前评价一个镜头清晰度最为综合、精确的方法。实际上MTF曲线也是有局限的，后面会具体说明。

在介绍如何读MTF曲线之前先要弄明白几个小问题。

分辨率。分辨率又叫做解像力，是指镜头清晰地再现被摄景物细节的能力。镜头的分辨率越高，所拍摄的影像越清晰、细腻。其单位是线对/毫米（lp/mm）。分辨率和反差是摄影镜头的两大重要指标。

反差。反差又叫做明锐度，是指镜头鲜明地再现被摄景物亮部、中灰、暗部层次，影纹细节，亮度对比的能力。反差高的镜头，成像轮廓鲜明、边缘锐利、影调明朗如同刀削斧劈；反差低的镜头成像边缘和轮廓比较“肉”，反映明暗对比的能力差。

径向和切向。测试中像场内的分辨率标板或光栅中的黑白线条，应按两个主要方向放置，这两个方向是检验光学成像系统的法定方向。也就是径向和切向两种，径向就是平行于镜头成像圈半径方向上的线条，切向就是平行于镜头成像圈切线方向上的线条。在同一空间频率的曲线上，径向和切向两根曲线越接近，镜头的焦外成像就越柔和。两根曲线越远，表明镜头像差越大。

空间频率。空间频率的单位是“线对/毫米(lp/mm)”。5-10 lp/mm 的曲线反映的是镜头的反差表现，10-40 lp/mm 的曲线反映的是镜头的分辨率。

基本方法原理

MTF测试使用的是黑白逐渐过渡的线条标板，通过镜头进行投影，所测量的是影像的还原情况。如果所得的影像和测试标板完全一样，那么其MTF值为1（100%）——当然，这是“理论上的最佳镜头”，实际上是很难存在的；如果反差为原图的一半，则MTF值为0.5（50%）。数值为0代表反差完全丧失，黑白线条被还原为单一的灰色。对于胶片而言，MTF曲线测试的是某一镜头加上某种胶片的清晰度，而对于数字相机而言，测试的是某一镜头加上某种机身的清晰度。

最典型的MTF曲线以及其解读

最典型的MTF曲线，是以空间频率做横轴、以还原状况做竖轴的曲线。坐标图横轴从左至右，代表的是镜头成像像场圆心到边缘的半径位置。左边的0代表像场的中心，最右边是像场半径边缘（35mm胶片大概是21mm）；坐标图纵轴从下到上，从0到1（100%），代表成像达到所拍实物状况的百分比。每一条曲线只代表一种空间频率，实线一般代表径向曲线，虚线一般代表切向曲线。

由于MTF曲线表明的是一只镜头在某个焦距、某档光圈、无限远的清晰度，所以它只是一个“切片”。网络上一个比较普遍的标准参考自德国的《彩色摄影》杂志，是对一个优秀镜头在其最佳光圈下（从最大光圈缩小两档）成像的评价标准：

5 lp/mm 曲线——整个横轴上，径向和切向同时>95%

10 lp/mm 曲线——十分接近 5 lp/mm 的曲线

20 lp/mm 曲线——中心（左侧）>0.8(80%)，边缘（右侧）>0.45(45%)

40 lp/mm 曲线——中心（左侧）>0.65(65%)，边缘（右侧）>0.2(20%)

在大多数情况下，径向曲线的值会相对较高，切向曲线标准要低一些。好的镜头曲线比较“平直”——从中心到边缘成像质量下降得少些，径向和切向曲线的差异也小些。“理想镜头”的成像曲线应该是一条接近于1的高位置水平横线。所以，简单地看，一只镜头的综合光学素质可以用曲线与纵横两轴所围的线下面积的大小来确定。MTF 曲线线下面积大的镜头，其光学质量一定好，因为它肯定反差和分辨率都高，或其中一项明显高。

实际上，普通镜头的 MTF 曲线规律是：

1.普通镜头的 MTF 曲线是一条从最高点往右，逐渐下降或有曲折的曲线，表示镜头在中央成像最好，越往边缘越差。

2. 除了特殊的微距镜头以外，绝大多数镜头最大光圈和最小光圈的MTF曲线表现一定比最佳光圈的MTF 曲线表现差。

3. 长焦镜头的 MTF 曲线表现通常比广角镜头的 MTF 曲线表现好。

例子——对比解读

我们可以以佳能EF14mmL镜头第一代、二代的MTF曲线对比看看其成像质量明显的改善。EF 14mm F2.8 L 是佳能在 1999 年推出的，EF 14mm F2.8 L II 是 2008 年 8 月推出的。从图上可以明显地看出，新款镜头 UD 镜片的使用使像场边缘的成像质量有了很大提升，新款镜头还原率都在30%以上。反差也有了较大进步，10 lp/mm时的径向分辨率全像场都在98%以上。30 lp/mm 时的中心径向分辨率达到了 90%，令人惊讶。与第一代镜头相比，新镜头各个空间频率上径向和切向曲线的差距有所减少，这意味着新镜头有着更好的像散控制和焦外成像效果。另外，新镜头的场曲控制明显比老镜头强。

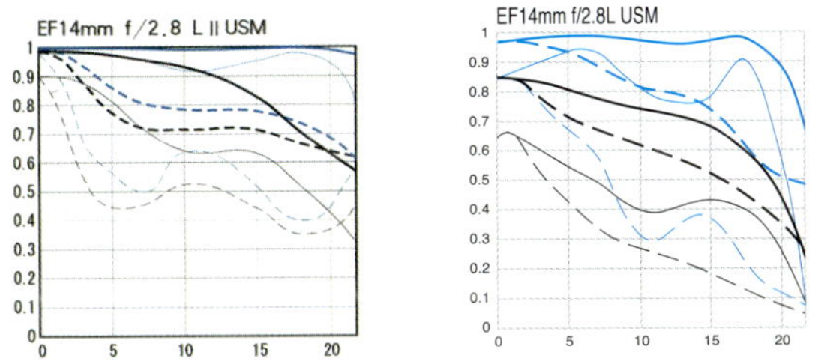

图注：在佳能公布的MTF曲线中，黑色和蓝色分别代表f2.8和f8时的曲线；粗线和细线分别代表10 lp/mm和30 lp/mm的空间频率；实线和虚线分别代表径向和切向的曲线。

局限性

上边说过，MTF曲线表明的是一只镜头在某个焦距、某档光圈、无限远时的清晰度，所以如果要全面地评价一只镜头应该由很多条不同焦距、光圈、物距的MTF 曲线来描绘，事实上，任何曲线都是不全面的。而且，MTF 曲线只能表现镜头的分辨率、反差、球差、彗差、场曲等参数，但无法表现出镜头的色彩还原、畸变、眩光以及“味道”等方面的状况。

需要额外说明的是，本书使用的佳能EOS系列镜头的MTF曲线是由佳能官方公布的，采用综合计算方式，而不是实际测量的方式。从理论上来讲，实际测量方式得到的MTF 曲线会低于计算方式得到的结果。出于这个原因，不同厂家的镜头依靠厂方公布的MTF曲线是不能比较的，因为有些厂家习惯公布计算得到的MTF曲线，而有些厂家则公布来源为实测的MTF 曲线。

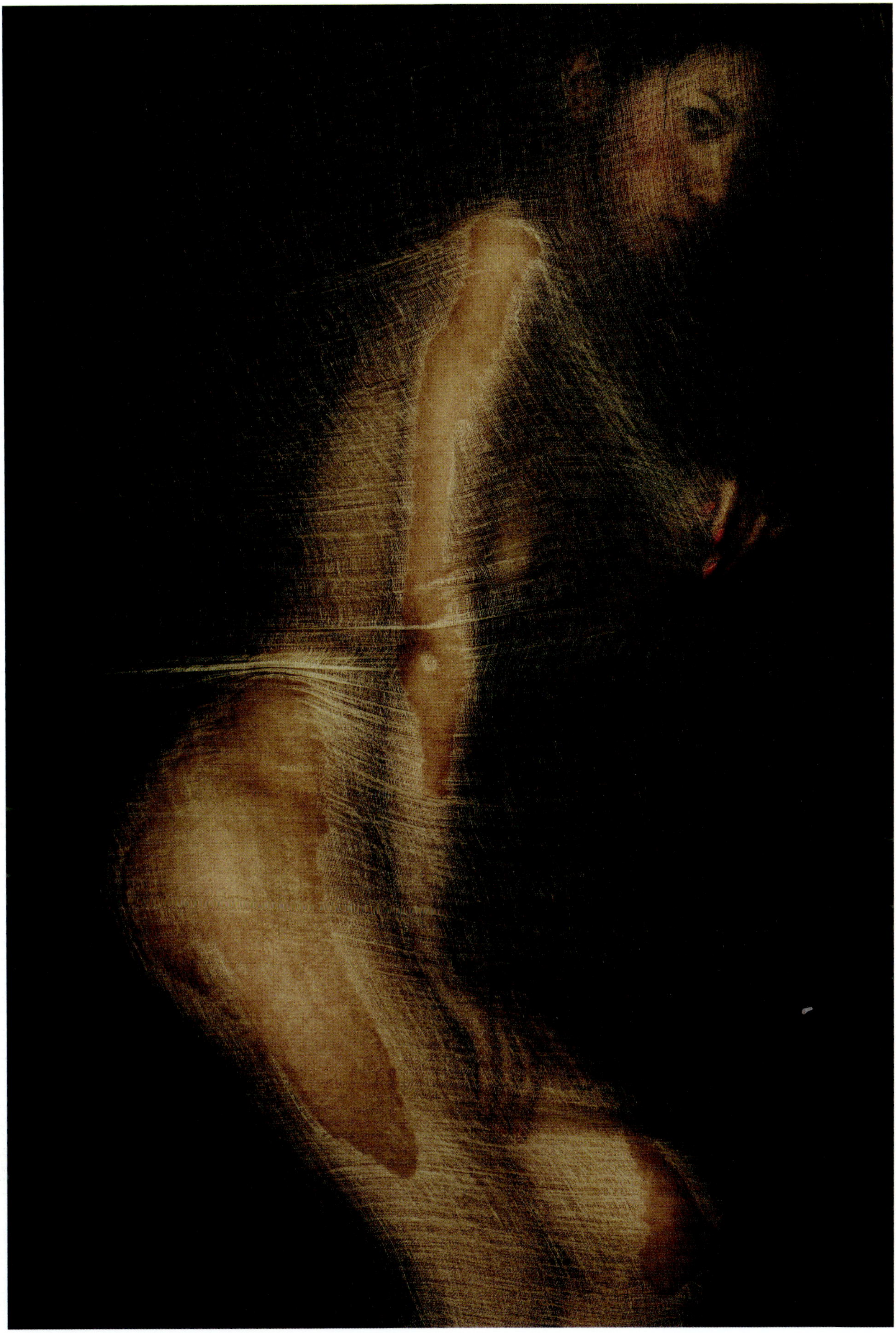

QIANG

前页图片作者：（依图片次序）

傅兴、王瑶、王建军、谢墨、翟东风、毕远月、王实、刘展耘、李少白、赵钢、奚志农、赵嘉。

EOS 相机

一

35 毫米单镜头反光相机是现在我们这个世界上摄影师们的主要摄影工具。而目前在这一领域占据领先地位的无疑就是佳能公司。统计一下最近十年职业摄影师新添置的顶级器材的采购清单，佳能已经把它的竞争对手甩在了后面。

佳能本身的顶级相机全部都是相机世界里的顶尖产品，EOS-1 系列的每一台相机都足够的强壮，非常易于操作；而每一次 EOS-1 系列的升级，无论是从胶片相机到数码相机的转型还是从最早的 EOS-1 到最新的 EOS-1Ds Mark III、5D Mark II，EOS 始终走在 35 毫米单反技术的最前沿。尤其在专业领域的水准绝对有一览众山小之感。

同时 EOS 的民用级产品也因为快速和高性价比受到广大摄影爱好者的欢迎。尤其在数码时代，佳能第一个把数码单反相机的价格降低到了万元以下，引领了数码单反相机的爆炸式增长，这都是 EOS 为摄影者作出的巨大贡献。

作为目前全球最成功的 35 毫米单反相机生产厂家，佳能在上个世纪 90 年代—那是一个相机的群雄逐鹿的纷争年代—取得了非凡的市场成绩，并把这个优势带进了数码时代。如果你希望的是一个完善的 35 毫米单反相机体系，而且在可预见的未来能保持手中的器材体系在不断的升级大战中不会落伍，佳能 EOS 系统目前来看的确是不能被替代的选择。

EOS 数码单反相机发展史

佳能是目前数码单反相机绝对的龙头老大，这也是EOS相机最有力的诱惑之一——你在EOS系统上面所有的投入：镜头、闪光灯和其他附件系统几乎都可以完美地沿用到它的数码单反相机上，这样你的投资不会随着数码大潮的到来而缩水。

EOS系列在上世纪90年代中期逐渐成为最受欢迎的专业单反相机系列，市场的成功和相应的技术储备也为接下来数码单反的发展打下了坚实的基础。

在1995年，佳能与柯达合作在EOS-1N的基础上推出了EOS DCS1、EOS DCS3型数码单反相机，从现在的眼光来看，那个时代的数码相机很像计算机外设产品，不过它标志着佳能正式涉足数码单反相机领域。

1998年佳能又推出EOS D2000，这台200万像素的专业数码单反照相机，是世界上第一款装有1.8英寸彩色LCD显示屏的数码单反，支持ISO200-1600的感光度，可以提供3.5fps（幅/秒）的连拍速度。这是很多摄影记者第一次接触到实用的数码单反相机，在当年日本长野冬奥会上大放光彩。随后，佳能发布了600万像素的D6000，这两台相机在现在看来都是天价。

价格昂贵的最大原因就是数码照相机的核心部件——感光元件（当时都是CCD）。当时EOS系列所有的数码单反的感光元件还是使用柯达的CCD传感器，生产成本很高，使得数码照相机的价格一直居高不下，影响了数码照相机的普及。

佳能公司很早就意识到感光元件对数码单反相机的意义，开始斥巨资研发自己的专业CMOS。

佳能公司第一台使用自己CMOS的数码单反相机是2000年推出的EOS D30，具有325万像素。而2002年发布的EOS D60已经基本具备了现代数码单反的雏形。

2001年9月佳能发布了第一台真正意义上的现代数码单反顶级机EOS-1D，这台相机的部分功能已经接近了EOS胶片的顶级机1V。不过有意思的是，EOS-1D并没有采用佳能自行开发的CMOS传感器，而是依然选择了CCD传感器，为此佳能公司的解释是为了让EOS-1D能达到最快的拍摄速度和最高的图像质量，因此必须采用CCD传感器。这也是EOS系列最后一次使用CCD。

EOS-1D在当时创造了许多第一，成为一代标志性产品。EOS-1D具备415万像素，可以提供8幅/秒的连拍速度，最高可以连续拍摄21张照片，是当时拍摄速度最快的数码单反相机。同时，EOS-1D是当时第一款采用防水防尘构造设计的数码单反，可以确保在各种严酷的使用条件下的高度可靠性；快门寿命达到了15万次，等等。

虽然EOS-1D相当成功，但是无论如何像素还是比较低的，400万像素只能满足报纸之类的印刷品。很显然还不能满足大多数摄影师的要求，市场还需要画质更好的产品。

2002年9月24日，佳能发布了专业顶级机EOS-1Ds。从此，1Ds系列就代表了世界上最高水准的135数码单反相机。

EOS-1Ds最大的特点是使用了全画幅的CMOS传感器，这块传感器的尺寸达到了36mmx24mm，这同普通的135底片的尺寸相同。EOS-1Ds的1100万有效像素也成为当时分辨率最高的民用数码单反相机之一。同时它是世界上第一款在商业上大获成功的全画幅数码相机，为EOS系列带来了无可比拟的声誉和全球摄影师的充分肯定。

不过由于像素比较高，EOS-1Ds不能达到EOS -1D那样高的连拍速度，最高3幅/秒的速度也只能说靠画质的优势来弥补了。随着EOS-1Ds的发布，佳能开始了EOS-1系列数码相机两个方向发展的思路：1D系列面对的是体育和新闻记者等需要高速连拍的摄影者；而全画幅1Ds系列面对的是需要更高画质的摄影者。这两个系列互不干扰。

2003年2月，佳能正式宣布采用DIGIC技术的630万像素的EOS 10D，作为D60的替代产品问世。EOS 10D采用佳能自己生产的15.1mm x 22.7mm尺寸的630万像素CMOS影像传感器。作为EOS系列的中档数码单反相机，它使用了坚固的镁合金机身外壳，这个传统后来被保留在它的后续机型中。

2003年8月佳能发布了采用DIGIC技术的630万像素的EOS 300D，它在功能上近乎于10D的简化版，重要的是第一次把数码单反相机的价格降到了万元以下，引起了消费市场的爆炸式的反响！自此，EOS王朝进入数码相机的黄金时代。

2004年的1月，EOS-1D的升级版本EOS-1D Mark II出现。EOS-1D Mark II的指标大幅度提高，有效像素达到810万，拥有高达8.5幅/秒的连拍速度、ISO 1600的最高感光度、20万次无故障快门等超强指标。在很长一段时间内1D Mark II在市场上根本没有竞争对手。

2004年8月佳能推出EOS 10D的重大升级版本，拥有820万有效像素的EOS 20D，20D在硬指标上更趋近专业相机，包括5幅/秒的连拍速度，一次可以拍摄23张JPG图片，最高快门速度也提高到了1/8000秒。20D的画质在同级别的相机里是相当突出的，以致于出现不少使用它的职业摄影师。

此外，2005年佳能公司还推出过EOS 20D的特别版本：EOS 20Da，它修改了红外线低通滤波镜，是款专为天体摄影者而特制的照相机，只接受订货生产。

2004年9月，EOS-1Ds的升级版EOS-1Ds Mark II姗姗而来。1670万像素的全画幅CMOS传感器配合DIGIC II引擎一举改善了1Ds清淡色彩的诟病，ISO 50-3200的感光度使得摄影师有了更方便的选择，而高感光度的表现已经超越了高速反转片的效果。它带来了135数码单反史上一次巨大的冲击——之前还没有任何一台数码相机可以如此接近135胶片的效果。这台相机已经可以满足大多数职业摄影师的需求，包括大多数高档杂志的印刷要求，甚至一些商业摄影师都改用它作为主力相机使用。

2005年2月，为了保持产品在入门级相机上的技术领先地位，EOS 300D的升级产品800万像素的EOS 350D发布 。EOS 350D的体积小巧，重量也轻，它使用了成像面积为22.2mm x 14.8mm的8MP CMOS；镜头焦距转换系数为1.6X；采用DIGIC II影像处理引擎，提高了色彩还原能力和数据处理速度；具有3幅/秒的连续拍摄能力。

2005年8月佳能推出了第三款全幅数码单反相机：EOS 5D，这是一款轻巧但是高性价比的EOS机型，拥有1200万像素和相当好的画质。它的出现使得更多的摄影者可以领略全画幅的魅力，很多职业摄影师甚至认为除了缺乏自动除尘功能以外，它几乎是一款“完美”的相机。（详见P29页）

2005年9月，佳能再次小升级的EOS-1D Mark II N正式发布，它和1D Mark II相比主要的改进就是使用了2.5英寸的液晶显示屏。

2006年2月，EOS 20D的后续机EOS 30D发布，30D使用了和20D相同的CMOS，但是换用了宽视角的更大的LCD，并用便捷的图像风格菜单代替了参数设定菜单；30D的连拍能力得到提高，一次可连拍11张RAW文件或30张Large Fine格式的JPEG文件。另外，在用户千呼万唤之后终于增加了点测光模式。其实30D的画质和20D相比并没有什么变化，但是从销量上看用家们似乎还是很满意30D的。

2006年8月，EOS 350D的后续机型EOS 400D上市（详见P48页）。

2007年2月，佳能再次升级了EOS 1D系列，EOS-1D Mark III登场（详见P19页）。

2007年8月20日，30D的升级版40D发布。（详见P39页）

同一天，令全世界摄影师期待已久的EOS-1Ds Mark III终于震撼上市，像素达到了前所未有的2110万。

2008年1月，佳能发布了新的入门级数码单反相机EOS 450D。450D依然很轻巧，使用APS-C尺寸规格的CMOS图像感应器，1220万有效像素，配备了新的9点自动对焦系统，增加了点测光功能。3.0英寸宽视角LCD液晶监视器比400D的显示要有了一些提高。（详见P48页）

2008年6月，EOS 1000D作为EOS系列的入门机被发布。厂方宣布的定位是“家庭型入门级数码单反相机”，主要是为了吸引更多低消费阶层的摄影爱好者。EOS 1000D体积很小，采用APS-C尺寸的1010万像素CMOS感光元件，其实主要的图像处理引擎和实时取景技术和 EOS 450D是相同的，性价比还是不错的。再怎么说，3000块钱的单反相机的画质还是要比小数码相机好太多了，这也正是它的卖点。（详见P50页）

2008年8月26日，EOS系列的中级机50D发布。EOS 50D在配置上算是做了比较大的升级，CMOS传感器像素从EOS 40D的1010万提升到1510万有效像素，在中端单反里差不多是最高的，LCD也终于升级到92万像素，显示的图像质量比上一代细腻多了。（详见P39页）

2008年9月23日，经过使用者长久的期待，佳能发布了EOS 5D的升级版，EOS 5D Mark II，作为对两周前索尼发布α单反阵营的旗舰全画幅的α 900的有力反击。作为准专业级别的机器，5D Mark II 使用和1Ds Mark III近似的2110万有效像素的全画幅CMOS图像感应器，并首次提供了拍摄全高清视频短片的功能。它也是EOS系统里程碑式的产品。（详见P24页）

2009年3月，佳能发布了500D单反相机，一款紧凑的入门级数码单反相机，采用了1500万像素的APS-C格式CMOS传感器，支持拍摄1080p的高清视频。（详见P44页）

经过多年的发展，佳能已经构建了单反领域最为完备的产品线，从入门的EOS 1000D，到万元以内的EOS 50D，中高端的EOS 5D Mark II、EOS-1D系列以及EOS-1Ds全画幅系列，涵盖了4000元到60000元的市场。

但目前，在激烈竞争的数码单反市场，曾经的王者佳能EOS系列，也面临来自其他厂家的巨大挑战。

在低端的APS-C画幅市场，EOS和尼康、索尼缠斗已久，而最近宾得也在试图通过个性化的产品来取得更多的市场。在曾经EOS遥遥领先的领域——新闻和体育相机市场出现了强劲的对手——全画幅、高速的尼康D3。

在2008年下半年之前，顶级的全画幅1Ds系列在市场上是没有对手的，与尼康、索尼竞争的焦点还是集中在机身价格3万元左右的次一级旗舰单反市场。之后，随着索尼α 900、尼康D3X等机型的发布，EOS系列产品在中高端产品系列上拥有绝对领先的地位已经不在。因此，EOS迷们都在期盼佳能公司可以发布令大家更心动的产品。

但是，无论如何，由于佳能多年的努力，EOS在数码单反相机和AF单反镜头领域依然毋庸置疑地占有市场的领导地位。而任何竞争对手都很清楚，佳能在数码单反领域拥有雄厚的技术储备，只要市场需要（而且它想），它随时能够发布一款令任何竞争对手抓狂的产品。而出现足够的竞争压力其实在某种情况下也会提高EOS产品更新的速度，这对于摄影者来说未尝不是一件好事。

EOS-1Ds 系列：EOS-1Ds Mark III

高素质影像极限追求

优势：

* 2110 万像素全片幅 CMOS 影像感应器、配合双 DIGIC Ⅲ 数码影像处理器、提供 14-bit 影像处理可以得到 35 毫米数码相机中最好的画质；
* 每秒 5 张连续拍摄，最多可连拍 56 张 JPEG 或 12 张 RAW 影像；
* 旋转电磁快门寿命可以达到 30 万次；
* 使用了 EOS 综合除尘系统；
* 防尘防水滴设计、全镁合金机身结构，足够强悍可靠！

缺点：

显示屏很落伍

（参考价格：58000 元）

1Ds Mark Ⅲ发布于 2007 年 8 月，是目前世界上最顶级的 35 毫米数码单反相机之一，被许多摄影师认为是 35 毫米数码相机中毫无疑异的画质之王。

1Ds 系列是 EOS 数码单反中追求画质表现的系列。它是一个使用全画幅 CMOS 的系列，全画幅也就意味着可以更好地利用广角镜头的焦距，更强的景深控制能力可以带来更好的焦外成像效果。当然，全画幅通常也会意味着更好的成像质量。有这么多优点的机器自然不会太便宜，实际上，每一款 1Ds 系列相机都是昂贵的。

最早的 1Ds 是世界上第一台真正在商业上获得成功的全画幅数码单反相机，这是一台 1100 万像素、强壮可靠的相机，在它上市之前，使用数码单反相机的职业摄影师还主要集中在新闻、影楼等对精度要求不高的领域，这些摄影师往往看重数码影像的便利性，而对于图片的质量要求并不苛刻。而 1Ds 则使得这种情况发生巨大的变化，它吸引了不少喜好数码影像的便利但是对画质又有较高要求的摄影师从胶片转向数码。但是从效果上看，它的色彩表现比较单薄，分辨率也还不能达到杂志跨页的要求，只能是一款转型产品。

第二代产品 1Ds Mark Ⅱ是一款性能上得到极大提升的机型。1Ds Mark Ⅱ的 1670 万像素配合 L 系列镜头达到的精度已经可以基本满足高档杂志的印刷要求，考虑到这已经是很多摄影师业务的上限，所以有很多不同领域的摄影师在工作中使用它。色彩方面它比 1Ds 有了明显的提高，配合精细的后期调整也可以得到不错的效果，当然，如果做高质量的打印还是可以看出和胶片的明显区别，但是对于印刷来讲，和胶片的差异就显得不是太大了。同时它和 1Ds 一样继承了 1 系列坚固可靠的传统，优异的防水防尘性使得它成为摄影者可以信赖的工具。

1Ds Mark Ⅱ自从上市之后独领风骚达 3 年之久，直到它最终退出市场时，仍是傲视群雄的专业顶级相机，唯一的缺点似乎也只是没有综合除尘技术一项，可见，这也是一台很全面而优秀的机型。

1Ds Mark Ⅲ则是一台技术上更上一层楼的产品，可以说它确实把 EOS 数码相机的水准推到了一个新的高峰，显示出 EOS 在数码单反领域毫无疑异的领先地位。

顶级的画质

1Ds Mark Ⅲ的分辨率确实得到了提高。它采用 2110 万有效像素全画幅的 CMOS 图像感应器，从像素来看，1Ds Mark Ⅲ只比前一代提高了 26%，但是从出片的效果看不止于此。我过去在电脑上很少把 1Ds Mark Ⅱ放大到 100% 来观看，因为会有一点“模糊”的感觉，但是对于 1Ds Mark Ⅲ而言，100% 的效果已经可以被接受。

根据实拍效果，1Ds Mark Ⅲ分辨率的确已经可以彻底满足高档杂志印刷的要求，是否有些特殊的领域（比如时装或者妆容）存在例外，要看 1Ds Mark Ⅲ大规模上市之后的具体反应。厂方的信心很足，甚至提出它在精度上已经可以满足海报规格的印刷品了，并且把它推荐给广告以及风光摄影师使用。

色彩表现

1Ds Mark Ⅲ在色彩上有明显的进步，这次真的很有点胶片感了。当然，对于目标在印刷的职业摄影师来说，色彩是一个并不“那么”重要的指标，因为后期可以做非常精细的调整，不过色彩表现更好可以极大地减少摄影者花在后期的时间。即便从业余的角度来说，1Ds Mark Ⅲ的色彩还原也要比前代准得多。另外，两块DIGIC III数字影像处理器的使用，采用14位模拟/数字信号转换使得1Ds Mark Ⅲ的图像细节非常丰富，层次也更细腻，这是很多偏向“艺术”方向摄影师非常看重的，毕竟有比印刷要求高得多的其他输出方式。另外，几乎所有的数码相机在记录高光细节的时候都比较困难，1Ds Mark Ⅲ有一个高光色调优先功能，可以让图像高光部分的细节损失减小的比较少，对于拍摄婚纱或者雪景之类的题材会有一些实际的帮助。

高ISO下的优异表现

EOS-1Ds Mark Ⅲ的ISO感光度设置范围可以扩展到ISO 50－3200。信噪比和降噪性能都比上一代产品好得多，自定义功能里还可以区分进行长时间曝光降噪或者高ISO感光度降噪处理。1Ds Mark Ⅲ在ISO3200时的颗粒感觉等同于1Ds Mark Ⅱ在ISO 800时的效果，在ISO 1600时的效果也很接近1Ds Mark Ⅱ在ISO 400时的效果了。这对于所有摄影师来说是非常好的消息。

连拍速度小幅提升

1Ds Mark Ⅲ的高速连拍从3.5幅/秒提高到了5幅/秒，一次可以连续拍摄56张大/优JPEG图像或12张RAW图像。很多摄影师认为4幅/秒以上的连拍速度是一款顶级机应当具有的基本素质，不管怎么说，之前1Ds Mark Ⅱ的连拍速度不太令人满意。考虑到1Ds Mark Ⅲ达到2110万像素之后文件量增大了许多，这的确是一个重要的进步。

不过，一次最多可以拍摄12张RAW图像对于一定要拍摄RAW格式的我来说依然只是勉强够用。在胶片时代，为了一点点深入地表现要拍的东西，一次拍20张以上是很正常的事情，希望1Ds Mark Ⅲ的下一代产品可以在这方面提高，哪怕多付出一些费用，我也愿意。

另外，高像素＋高速拍摄对存储卡写入速度也有了更高的要求。EOS-1Ds Mark Ⅲ依然使用CF卡、SD卡双存储卡插槽，同时兼容UDMA(这是CF卡高速写入的一个新标准)。如果使用UDMA的CF卡，EOS-1Ds Mark Ⅲ的数据传输速度会是EOS-1D Mark III 的2.5倍。

其他比较重要的改变

1Ds Mark Ⅲ液晶显视屏幕比前一代大了，简单地说当然更好，特别是字的显示更清楚了，另外亮度可以进行7级调节，回放图像时可以以1.5-10倍放大拍摄图像。不过，要指出的是，它的分辨率依然是23万像素，考虑到屏幕变大的因素，有时候你会感觉显示的清晰度似乎还下降了，特别是如果你原来是1Ds Mark Ⅱ的用户。这的确令人有些费解，

1Ds Mark III 的感应器自清洁单元

其实买顶级机的用户不会在意显示屏升级增加的那点费用。

1Ds Mark Ⅲ现在也具备实时显示拍摄模式了，可以以电子取景的方式进行拍摄，对于一些特定场合的拍摄，比如影棚拍静物或者微距摄影，可以缩短工作流程，提高拍摄效率。

实际上，我经常使用实时显示拍摄模式，特别在不能眼平拍摄的时候，比如我经常在人群中把相机高高举起来获得俯拍效果，或者在昏暗的时候把相机抵在某个固定物上拍摄。

AF性能方面，1Ds Mark Ⅲ的对焦点面积并没有扩大，我曾经幻想的满取景器视野都是对焦点的梦想又一次破灭了，想必有很多人会有同样的遗憾。要是佳能都不能解决这个问题，就不知谁能解决它了。1Ds Mark Ⅲ在AF上的改变是，它现在显示的是最常用的19个焦点，同时新的区域自动对焦还有隐藏的26个辅助对焦点。不过，重要的进步在于这19个焦点都是高精度的十字型对焦点了，要知道十字型对焦点在对焦速度和精度上真的会提高很多，过去的机型通常只有中心对焦点才是十字型对焦点，因此会导致中心对焦点比其他对焦点的效果好很多，尤其在光线不好或者被摄体反差较低的时候会更加明显。

还有些不错的功能已经出现在1D Mark Ⅲ上面，现在也在1Ds Mark Ⅲ上使用，特别是静音模式和自动对焦微调功能。

静音模式（S）直接加到驱动方式里是一个我很欢迎的改动。静音模式的概念是，按快门后快门会释放，等你手指从快门上抬起的时候反光板才会复位，可以有效降低快门释放时的声音。从声波曲线上可以看到，在静音模式下，声音的峰值被降低，反光镜回弹的声音也被分解拖长。由于1Ds Mark Ⅲ的应用范围非常广，这个功能对于安静、缓慢的拍摄方式确实很有帮助。

自动对焦微调功能主要是为了解决镜头跑焦的问题，更详细的介绍可以参考1D Mark Ⅲ的有关章节。在数码时代镜头的跑焦问题本来就很容易被发现，而对于1Ds Mark Ⅲ这样超高解像力的机型，一旦出现这个问题后果会更加明显，所以这个功能还是很重要的。

软件方面，新的RAW处理方式里增加了对镜头性能（色差、暗角和变形）的校正，这是一个非常重要的改进，毕竟佳能对于自己镜头的性能最清楚。但超广角镜头试图通

➔ 摄影：傅兴，Photo by Fu Xing
EOS-1Ds Mark Ⅲ机身，TS-E 24mm L移轴镜头，光圈优先，f/11光圈，1.3秒快门，ISO 100

➔ 摄影：UNICEF/ 赵嘉，Photo by UNICEF/Zhao Jia
EOS-1Ds Mark Ⅲ机身，EF 24-70mm f/2.8L USM镜头，f/8.0光圈，1/250秒快门，ISO 100

➔ 摄影：赵嘉，Photo by Zhao Jia
EOS-1Ds Mark Ⅲ机身，35L 镜头，光圈优先，f/2 光圈，1/160 秒快门，ISO 400

过设计和材料来减少变形的成本是昂贵的，而通过软件作出少量的校正则不是很困难的事情，哈苏公司不久前也采用类似方法制造了适用于中画幅数码相机上的28毫米镜头。

专业顶级机的素质

作为时隔3年之后发布的专业顶级机，EOS-1Ds Mark Ⅲ传承了EOS-1系列的传统优势，它依旧可靠而且强壮，能经受各种恶劣环境的考验：快门使用寿命达到了30万次；机身主体使用了轻量坚硬的镁合金材料骨架；EOS-1Ds Mark Ⅲ也具有十分出色的防尘防水滴性能，对相机所有控制按钮和接缝进行了密封处理。连相机的热靴也采用了肋状设计进行防尘防水滴，当使用Speedlite 580EX Ⅱ闪光灯时，它仍然可以保持优异的防尘防水滴性能。当然，它配合防尘防水滴的L系列镜头时，可以继续在“大雨”中使用。

另外，0.2秒的高速启动，55毫秒的快门时滞(通过设置自定义功能在一些情况下可缩短至约40毫秒)，拍摄时仅80毫秒的取景器全黑时间等等也都显示了一台专业顶级机的素质。

其他零星的印象还包括：自动白平衡更准了，不过这一直是佳能的长项；重量虽然轻得不多，但也是一个好的现象，这主要是使用了高容量（2300mAh)的锂离子电池。另外，感谢神灵，1Ds Mark Ⅲ终于具有EOS综合除尘系统了！之前对于1Ds Mark Ⅱ的灰尘问题，我一直非常发愁，特别是我还很喜欢使用定焦镜头。虽然每次换镜头都保证关闭电源、卡口朝下、尽量迅速，但CMOS上的灰尘还是不能避免。这次1Ds Mark Ⅲ在设计和材料上都做了考虑，来减少可能出现的内部材料屑末；低通滤波镜也使用了抗静电的材料，来减少灰尘的吸附。当然，压电元件抖动低通滤镜实现除尘的系统还是最重要的。自己处理CMOS上的灰尘并不是太安全，有了综合除尘系统虽然不是万能的，但少往佳能服务中心跑几次总是好的。

镜头的适应性

需要提到的是，1Ds Mark Ⅲ的发布还引来了另外一个问题，就是关于EF镜头是否适应它如此高分辨率。其实这个问题在1Ds Mark Ⅱ上市时已经出现，只不过现在2110万像素的CMOS带来的分辨率提升使得这个问题更加敏感了。

根据过去的经验，EF的镜头会超前于EOS机身的设计。比如说，早在1999年的时候，佳能发布新的大口径300mmL、400mmL、500mmL和600mmL时已经考虑到了镜头和未来顶级数码单反相机配合可能存在的内反光问题，所以把最前面的保护镜变成了弧形。要知道，那时候还是200万像素的D-2000时代呢！

不过，镜头的问题依然不容乐观，毕竟EF是一个非常庞大的镜头群。目前我的建议是，如果你对成像质量特别苛刻，在1Ds Mark Ⅲ上还是尽量使用1998年之后发布的L系列镜头，尤其适用于广角镜头和超广角镜头。当然，最好还是使用2005年之后发布的镜头（请参考p246页的《EF系列镜头发布年表》）。

总结：

下面可以总结一下1Ds Mark Ⅲ了：我认为它是第一台在分辨率上真正可以替代顶级EOS胶片相机的数码单反相机。

关于35毫米胶片相机在分辨率上到底相当于多少万像素数码相机的分析有很多，结果不一。从理想的、极限的实验室测试结果来看，分辨率最高的胶片配合分辨率最高的镜头可以折算出1亿甚至更高的像素数，而很多印刷专家认为5000万这个数值是35毫米胶片的上限。我则倾向于实际拍摄中这个数值介乎于2000万～3000万之间。

不过，使用35毫米胶片在数字化一直到输出的过程中环节太多，也就意味任何一些不够专业的做法都很容易影响最终通过打印或者印刷出来的作品的品质，所以在某些“特定”条件下，1Ds Mark Ⅲ甚至很接近中画幅胶片做数码输出的品质。

当然，并不是说1Ds Mark Ⅲ就可以完全替代35毫米胶片相机了，对于复杂色彩和复杂光线下的拍摄，以及表现丰富的色彩和光线动态还不是数码相机的强项，所以风光摄影一向不是数码相机擅长的领域，不过，随着技术的进步，这些也都在慢慢地改变。

从实际拍摄的效果来看，我相信1Ds Mark Ⅲ甚至会冲击35毫米数码相机上一层的领域，也就是低端2200万像素的中画幅数码后背的市场，毕竟35毫米相机要便利很多，中画幅数码后背在高ISO下的画质更是远远不及1Ds Mark Ⅲ的效果。

2008年8月后，随着同为2000万像素级别的索尼α900、EOS 5D Mark Ⅱ、尼康D3X的出现，1Ds Mark III一枝独秀的地位受到了巨大的挑战。

这四台相机的博弈非常有趣，1Ds Mark III和5D Mark II使用同一块CMOS，索尼α900和尼康D3X使用同一块CMOS。1Ds Mark III和尼康D3X作为专业顶级机价格都在5万元左右，而5D Mark II和索尼α 900作为准专业机价格只有1.6万元左右。

在低ISO画质上，四台机器几乎没有差别，而5D Mark II和索尼α 900的价格只有高端机的1/3；而高ISO的画质方面，1Ds Mark III比使用同一块CMOS的索尼α 900和尼康D3X还是有相当优势的，不过，它和自家的5D Mark II在高ISO上的画质差别几乎可以忽略，而5D Mark II的价格也只有它的1/3（有点像《麦兜》故事里的对话）。

当然，专业顶级机和准专业机的性能在有些领域是不具有可比性的，按照1Ds Mark III和D3X的标准，5D Mark II和索尼α 900的自动对焦系统几乎不值一提，就更别说操控性、可靠性和防水防尘性了。

不过，目前来看，相对于主要竞争对手尼康D3X，1Ds Mark III的优势只在于高ISO的画质和综合除尘功能还算镇得住场面，而23万像素的LCD显示屏和D3X实在是差得有点远了，更何况D3X的像素还高那么一点点呢！

所以，如果1Ds系列要想象过去几年那样牢牢站稳最佳135系统专业顶级机的地位，就必须在新产品上有所突破。

数码相机怎样才可以取代胶片相机

数码相机何时以及使用何种方式取代胶片相机是最近数年来很多人非常关心的问题。这对于职业摄影师和爱好者都是一个需要认真面对的问题，因为35毫米单反相机是摄影师和爱好者最主要使用的器材，毕竟谁都不想自己手中的器材在不久贬值成为一堆废铁。

我们来简单介绍一下双方的情况：胶片的优势在于画质好，数码的优势在于便捷。自从EOS-1Ds出现之后，数码相机开始试图攻占胶片相机的阵地，最近数年双方的战况是：顶级数码相机在更加便捷的基础上画质也迅速而且极大地提高了；胶片的画质没有进步而便捷型实际还下降了（冲印胶片的地方少了，价格更贵了）。这样下去，很显然双方的斗争结果是显而易见的，但是，现时段的具体问题还是要具体分析。

随着EOS系统的迅速发展，在很早的时候就有各种各样的声音认为135数码相机已经达到甚至超过了35毫米胶片的效果，很显然，这和不同摄影领域对影像质量要求的精细程度有很大的关系。1Ds Mark Ⅱ的出现引发了讨论的第一次热潮，当时已经有观点认为1Ds Mark II宣布了35毫米单反胶片相机的死亡，还有些人甚至认为它达到了中画幅相机的效果；而另一些摄影者认为它距离35毫米胶片水准依然是天壤之别。

而最新上市的1Ds Mark III显然又将这个问题推到了前所未有的敏感程度。分析这个问题首先还是要看你的图片的用途以及你看重图片素质中的哪些因素。考量标准当然首先是评价成像质量的优劣，需要比较的是分辨率、色彩还原和表现能力等等；当然也还要考虑到图像的成本和便利性的因素。

从分辨率的角度来说，如果你的图片用于不超过高档杂志的印刷需求，考虑到传统胶片在数字化以及处理过程中不可避免的损失，从印刷的效果来看，1Ds Mark III的确已经非常接近35毫米彩色反转片所能达到的分辨能力。但是彩色反转片并不能代表传统胶片的最佳效果，1Ds Mark III（甚至更高像素的数码后背）的分辨能力还远远不能和最好的专业负片，特别是银盐的专业黑白胶片相比。因此，现在还不能说数码相机在分辨能力上达到了胶片的水平。

同理，在需要表现丰富细腻的层次的时候，数码相机尚不能和专业反转片相比，就更不要说专业彩色负片和专业黑白负片了。

不过，我要再次强调，1Ds Mark III和1Ds Mark Ⅱ在高ISO的整体画质上已经可以超过几乎所有的传统胶片了，这的确是数码单反相机的重大优势，尤其对于新闻摄影、报道和纪实摄影都有非常高的价值。

问题还是在于：你的照片的用途。由于多数摄影师的照片的使用上限是用来精细印刷（或者需求还没有精细印刷那么高，比如很多照片被使用在报纸或者互联网上），那么数码相机拍摄的图片和传统胶片拍摄的图片在视觉上的差异微乎其微。

不过，上面说的“不超过高档杂志的印刷需求”也有一个限定，如果你有机会给《Vogue》、《ELLE》、《Marie Claire》之类的顶尖时尚杂志拍时装大片，还是需要具体咨询他们时装编辑的意见。而且不同国家和地区版本对质量的要求可能也存在差异。

但是，如果你的目的是照片在画廊展出或者通过艺术品市场销售，那么你还是要直面数码相机和传统胶片印放的显著差异。目前最顶级的数码相机（中画幅数码后背）＋顶级的数码输出设备的效果在色彩的准确性和深度、规则排列细节的准确性、细腻的过渡和丰富的层次上依然不能和胶片相机＋高质量印放的效果相比。当然，另一个问题是国外高端的艺术品收藏市场目前对传统工艺依然存在某种保护的情绪，这也是一个你需要考虑的问题。

在1Ds Mark III和胶片的效果已经非常接近的前提下，再从拍摄成本的角度来看，对于职业摄影师来说，数码相机则具有压倒性的优势。比如说如果你在1Ds Mark III刚刚上市的时候购买一台，约3年后作为二手机卖掉换用它的升级版，按照直线折旧分摊到每年约9000元。而9000元仅仅相当于180个专业反转片连同冲洗的价格，绝大多数职业摄影师每年拍摄胶片的数量都要远远高过这个数字。再考虑到胶片还需要电分以及使用数码可以节约时间等等因素，其中的优势是不言而喻的。

目前来看，摄影师们对于数码相机取代胶片相机都存在乐观其成的态度。从摄影器材发展史来看这是可以理解的：从来都是更方便、更经济的技术在斗争中获得胜利，即便它的质量未必是最好的。摄影师和需要图片的客户们都需要从繁琐的等待冲洗胶片、暗房处理上解脱出来，因此在可预见的未来，也许只需要很短的时间，数码相机会在绝大多数领域取代胶片相机。事实上，现在大多数职业摄影师手中的35毫米单反胶片相机已经被35毫米数码单反相机取代。

在《EOS王朝》中我们可以看到一个专门的对于顶尖的摄影师的采访单元"摄影师与EOS"，从他们的使用情况来看，在中国所有使用佳能的摄影师基本都完成了数码化的转变，即便他们中很多人并不觉得数码相机能够达到胶片的效果（最典型的是傅兴、谢墨、翟东风、王实。大家可以更仔细地阅读相关的内容）。

当然，在很多领域数码相机并不能完全取代胶片相机，这在需要更高质量和更注重个人影像风格的情况下——特别是中画幅和大画幅摄影上——会非常明显。

在中画幅领域情况变得更加复杂，传统的中画幅相机受到35毫米数码相机和中画幅数码后背的双重挤压。有些流失的用户认为1Ds Mark III就可以部分达到645胶片相机的效果，而且要方便很多，而同时数码后背正在努力争取高端的职业摄影师市场。目前从低感光度画质上说，数码后背相比35毫米数码相机还是存在巨大的优势，不要说超过3000万像素的数码后背，1600万像素的数码后背和1600万像素的35毫米数码单反相机之间的成像差距也是一目了然的——当然，另一方面，它们的价格的差距也是一目了然的！在中画幅领域，对于商业摄影来说数码后背其实有着比35毫米数码相机更多画质的优势。但是，考虑到数码后背昂贵的价格，2006年全球只有区区6000台的销量以及35毫米数码相机的迅速进步，它的前景依然不明朗。

在大画幅领域，目前还没有取代胶片的技术，大画幅的扫描后背有相当多的问题。当然，现在的确是有大尺寸的CCD存在，但是基本上可以认为是天价，很难应用到"民用"摄影领域里面来。

数码相机取代胶片相机的过程可以用一个形象的比喻，数码相机和胶片相机有点像蒸汽火车和马车，工业时代到来时蒸汽火车夺去了绝大部分马车的生意，但是，马车并没有消失（虽然它的数量很少）。甚至有一天当蒸汽火车都不在了，而各式各样的马车依然还存在。

胶片作为一种艺术表现形式会继续长时间地存在。而具体到某种胶片的寿命，则依然不是很明朗。

虽然对于高级摄影师来说，彩色负片具有特殊的优势，特别是在记录更丰富的影像细节的能力上，但是民用彩色负片肯定是第一个被牺牲掉的，而专业彩色负片的前景则很难预料，即便它不会很快消失，也会变得品种很少而且非常昂贵。

彩色反转片具有一些目前数码相机无法比拟的成像效果，因此它的存在时间会稍微长一些，当然，你要有思想准备，随着使用量的降低，它的价格会越来越高。

黑白负片由于制造的难度比较低，而且由于银盐作品特殊的质感效果和保存上的优势，它会在更长的时间内保持供货。我相信甚至在我们有生的时间里，它都不会消失。

花絮

全画幅传感器及其相关问题之一：镜头适用性

全画幅相机除了价格比较贵，带来的另一个问题是对镜头质量的要求要远远比小面积传感器高，在胶片时代并不明显的暗角、四角成像质量下降和边缘色散等问题在全画幅传感器下会被更明显地表现出来，以非专业镜头尤甚。这时候，APS-C 尺寸的传感器因为只利用镜头像场的中间部分，反倒"受益"了——当然这是玩笑话。

全画幅数码相机的使用者肯定是要追求更完美影像效果和成像素质的。所以，在使用全画幅相机时，最好还是使用专门为数码相机优化的L 系列镜头和定焦镜头。

EOS系列的全画幅相机的起点是EOS 5D，1200万像素（曾经的起点是1100万像素的EOS-1Ds）。对于这个级别以上的相机，特别是考虑到分辨率和四角成像上的原因，除非你有特殊的原因，我强烈建议不要考虑使用非L 系列的变焦镜头。

而到了1670万像素的级别，不再推荐非L系列的镜头，或许唯一的例外是100毫米微距镜头。

而1Ds Mark III对镜头的使用则更加地"挑"，因为已经接近很多L系列镜头分辨率的极限，如果使用的镜头不够好，那么最终得到的影像和前一代的1Ds Mark II并不会有什么区别。

所以，强烈推荐在广角端如果使用变焦镜头只考虑EF16-35mm f/2.8L II USM和EF 17-40mm f/4L USM。使用其他镜头，保险的考虑最好也使用比17-40mm/4 L晚发布的镜头，多少对数码相机的使用做了一些优化。而那些老款的L定焦镜头，特别是广角镜头依然可能存在暗角更明显以及眩光增加的风险，进一步的改进只能看佳能是否会在未来发布更多的顶级镜头了。

EOS-1Ds Mark II

优势：

* 全画幅CMOS感光元件＋1670万的有效像素＋DIGIC II图像引擎带来的优异像质；
* 连续拍摄速度为4幅/秒，JPEG可以最多存储32幅，RAW可以存储11幅；
* 响应很快，开机时间为0.3秒，黑屏时间为87毫秒；
* 采用双存储卡设计，可以使用CF和SD卡；
* 机身专业级防水防尘设计，可以在大雨中使用，镁合金外壳；
* 快门寿命高达20万次。

不足：

* 没有采用综合除尘技术

1Ds Mark II上市于2004年9月，是佳能第二台全画幅感光元件的专业顶级机（第一台是EOS-1Ds，2002年9月发布）。在它的升级版1Ds Mark III上市之前的3年时间里，它是世界上画质最好的35毫米数码相机，全球无敌手。

它的上市当年引起了巨大的轰动，因为它的前身全画幅的1Ds虽然也达到了1100万像素，但是色彩表现并不能令人满意。而1Ds Mark II的推出的确令人有耳目一新的感觉，新的CMOS感光元件和DIGIC II图像引擎带来了影像素质的质变。也是在那个时候，开始出现了1Ds Mark II的画质可以超过中画幅的胶片相机的说法。当然，现在不再有人这么说了，但依然可以证明它优秀的画质已经开始挑战传统专业胶片的效果了。

很重要的一个飞跃是，1Ds Mark II在高ISO（ISO400以上）时候的画质已经可以超过彩色胶片（专业反转片和彩色负片）的效果了。这是一个很了不起的突破，在此之前，拍摄彩色照片的摄影师在暗光下曾经的选择是拍摄专业负片。而对于拍摄反转片的摄影师来说，早先高速反转片的效果还不如先拍专业负片再拷贝成反转片，相当的麻烦；2000年之后发布的富士PROVIA 400F是一种非常重要的胶片，它的效果已经比较接近ISO100的专业反转片了，因此受到职业摄影师热烈的欢迎。不过，PROVIA 400F价格也真不便宜。

其实，单论局部的色彩饱和度（暗光下通常要求呈现的反差比实际反差高一点）、噪点、颗粒细腻程度之类的指标，之前的1D Mark II N已经可以超过PROVIA 400F了，只有综合考虑1Ds Mark II能够达到的1670万像素，才说它具有可以全面超越专业反转片的效果。

高像素＋高ISO良好效果的组合对于很多领域的摄影师都很重要，想想过去很多摄影师需要额外带一台备用相机专门用于高速胶片，真是感慨：还是数码技术好啊！

在它上市之后，佳能公司曾经很花心思在影室摄影师中推广它，也获得了相当的成功。很显然，在影室中工作的摄影师对于影像的要求比多数在室外工作的摄影师（比如新闻、报道、野生动物摄影师）通常要高。

的确，1670万像素对于绝大多数原来使用35毫米单反相机的摄影师来说都已经够用了。以高档杂志为例，除了极少数的顶尖时装杂志和极少数的领域（比如美容、家居之类要求细节格外丰富的图片）都已经可以接受它的效果了。当然，这和印刷技术的改进也有一定的关系。

它拍摄的RAW格式文件，在使用原厂软件解成8比特图片之后大概是50兆的文件，这差不多是2005年前后欧洲要求严格的图片社和杂志原来要求35毫米胶片电分之后的文件量。

当然，如果坚持要和胶片相比，它在细节表现力和色彩深度上依然有比较大的差距，只是这种差距不会在印刷品上明显地表现出来。

1Ds Mark II在硬指标上也彰显出EOS-1系列专业顶级机的水准：镁合金的外壳，专业级防水防尘设计的机身，可以在大雨中使用；100%的取景器；考虑到数码相机的拍摄量比胶片更高，快门寿命也提高到了20万次。

1Ds Mark II非常节电，限于条件限制，我不能得到准确的数值，但是充满电一次的使用时间是1Ds的一倍以上。这对于经常在野外拍照的摄影师来说，是有很重大意义的。

1Ds Mark II和1Ds相比有一个重要的改进是可以使用双存储卡了，CF+SD，这对于实际拍摄很有意义，我几乎每隔几天就会遇到一次一块卡拍尽立刻转用另一块卡的情况。1Ds Mark II还可以把RAW拍在一块卡上而JPG拍在另一块卡上，对于需要快速发稿的报道摄影师或许会有些额外的用途。

1Ds Mark II一次拍摄连续拍摄速度为4幅/秒，RAW一次可以最多存储11幅，也还算是不错的指标了。

虽然已经上市多年，但是1Ds Mark II依然是一台非常有魅力的相机。

在它的升级版1Ds Mark III推出之后，二手的1Ds Mark II约在3万元左右，这是一个相当有诱惑力的价格。类似价位的相机包括1D Mark III（非全画幅，1010万像素）和尼康的D3（全画幅，1200万像素），和它们相比，如果你不需要使用高速连拍，1Ds Mark II的全画幅感光元件依然拥有像素上的优势，而在高于ISO400（甚至ISO640）时的画质上1Ds Mark II也毫不落下风。

从目前的主流数码单反技术看来，1Ds Mark II只有一个缺点，就是没有综合除尘系统。对于经常在野外拍摄的摄影师来说会是一个问题，而如果你主要在影室内拍摄，这几乎不会是个问题。

另外，从现在的观点来看，1Ds Mark II的屏幕比较小。

总的来讲，1Ds Mark III当然是目前最顶级的35毫米数码单反，但是对于职业摄影师来说，如果觉得它过于昂贵，仔细分析分析你的需求，1Ds Mark II很可能也足够满足你相当苛刻的要求。

这本书"摄影师与EOS"单元中有不少摄影师是使用1Ds Mark II的，推荐你也可以看看他们的使用体会，会得到更多有用的信息。

➔ 摄影：傅兴，Photo by Fu Xing
EOS-1Ds Mark II 机身，TS-E 24mm 移轴镜头，光圈优先，f/11 光圈，1/40 秒快门，ISO 100

➔ 摄影：傅兴，Photo by Fu Xing
EOS-1Ds Mark II 机身、TS-E 24mm 移轴镜头、光圈优先、f/11 光圈、1 秒快门、ISO 100

EOS-1D 系列：

速度与激情的最好诠释

➔ 摄影：奚志农，Photo by Xi Zhinong

EOS-1D Mark Ⅱ机身，400mm f/4L DO 镜头，光圈优先，f/4 光圈，1/400 秒快门，ISO 400，陕西秦岭跳“芭蕾”的小猴。如果不是每秒近十张的高速连拍，这样的动作肉眼是看不到的。

EOS-1D Mark III

优势：

* 1010 万有效像素 CMOS 影像感光元件（APS-H 画幅）
* 每秒 10 张的超高速连拍，一次可以连拍 110 张最高像素的 JPEG 影像或 30 张 Raw 影像
* 14Bit A/D 处理转换，更好的影像层次过渡
* 可以通过液晶显示屏进行实时取景
* ISO 范围可以进行扩展为 50 – 6400，高 ISO 的画质较以往的 EOS 数码单反有更好表现
* 30 万次快门使用寿命
* 新的整合式感光元件除尘系统

缺点：

* 非全画幅

（参考价格：29500 元）

进入数字时代以后，佳能在顶级相机领域渐渐形成了两个系列：追求高画质的 1Ds 系列和针对体育和新闻摄影的高速度的 1D 系列。其中 1Ds 系列是全画幅的，而 1D 系列使用的是 APS-H 规格的（有效面积为 28.1mm x 18.7mm）CMOS，所以使用镜头时需要乘 1.3 倍的系数。

1D 系列的最新旗舰 EOS-1D Mark III 于 2007 年 2 月发布，除了保持了 1D 系列原有的坚固耐用、防水防尘的特性，换了 3 英寸的大屏幕以及增加了除尘系统之类的性能外，与前一代的 EOS-1D Mark II N 相比，EOS-1D Mark III 在画质和速度上都有提高。

高速方面主要有赖于两个并行进行信号处理的 DIGIC III 数字影像处理器。同时这个双 DIGIC III 数字影像处理器系统还拥有 14Bit 模拟 / 数字信号转换处理能力和更出色的高 ISO 感光度降噪性能。

超高速连拍

“决定性瞬间”大概是摄影界最重要的名言之一，其实决定性瞬间和高速连拍之间并没有绝对的联系，但是，对于以拍摄高速变化和高速运动为主的摄影师，比如新闻、体育和野生动物摄影师来说，在机会和场景稍纵即逝的场合下，连拍的确是得到“决定性瞬间”的最有效方式。

因此，每秒10张的超高速连拍无疑是EOS-1D Mark III的最大亮点。同时在使用最高像素和每秒10张连拍的状态下，EOS-1D Mark III可以实现最多一次连续拍摄约110张JPEG图像或30张Raw图像，这一指标比前一代的EOS-1D Mark II N提高不少。

比如拍摄奥运会的男子百米赛跑，在JPEG文件格式下，从发令枪响的一刻按下快门不放，到选手冲过终点后1秒钟，一共11秒的时间内可实现不间断的连续超高速拍摄。这实在还是很有诱惑力的！

不过，我必须要指出，在高速摄影中，摄影师的经验以及根据经验得到的预见性非常重要，有经验的摄影师很多时候可以预见到将要出现的画面，而高速摄影的器材无疑可以大大提高这种预见性拍摄的成功率。

更好的高ISO画质

EOS-1D Mark III的ISO设置范围非常广，可以从正常的ISO100-3200扩展到ISO50-6400。高感光度效果对于新闻摄影特别是体育摄影来说是非常非常重要的，他们经常要在复杂的光线下拍照，更高的ISO可以会让摄影师缩短快门时间来凝固运动，提高拍摄高速移动主体的成功率。

因此，1D系列的机型历来会格外注重高ISO时的画质表现。所以EOS-1D Mark III也是目前所有EOS数码相机中高ISO画质最好的。

1D Mark III的CMOS单一像素面积要比前一代1D Mark II N小25%，面积仅有7.2μm，和1Ds Mark II一样。EOS-1D Mark III虽然由于像素的增加而缩小了像素间距，但由于使用了优化的光敏半导体，并使用了经过优化的微型聚光透镜，因此可以保证聚光的准确性，减少单一像素间聚光的影响，从而实现高ISO值下高素质的图像。

从我个人的感觉来看，EOS-1D Mark III的噪点控制确实大大超越了EOS-1D Mark II N，特别是暗部的噪点控制大大提升。ISO800以下几乎不可觉察到噪点的存在；ISO1600和ISO3200的表现也相当不错，完全可用，重要的是丢失细节的情况不是太严重。根据厂家提供的信息，在各ISO值下，尤其是高ISO值下，EOS-1D Mark III暗部的噪点相比EOS-1D Mark II N降低了50%。

额外多说一句，关于暗部噪点的接受问题，每个人的程度是不一样的。如果迫不得已一定要在高ISO下拍摄，而又接受不了噪点，转换成黑白照片效果是最后的办法。

另外，一个曾经在网络上争论了很久的问题：不考虑全画幅的因素，EOS-1D Mark III的画质远远比EOS 5D要好（虽然我自己更看重5D的全画幅），当然，两台相机之间差了一倍的价格。

静音模式

单反相机是目前新闻和报道摄影的主流机型，但是在很多题材的拍摄——特别是在人文摄影题材中，由于专业单反相机的体积比较大，快门声音比较高（和旁轴相机比），使用单反相机的摄影师会给人一些不必要的侵扰感。

现在EOS-1D Mark III在单张拍摄模式的前面新加入了“S”静音拍摄模式，可有效降低快门释放时的声音。从声波曲线上可以看到，在静音模式下声音的峰值被降低，反光镜回弹的声音也被分解拖长。这个新加入的功能对要求安静的场合确实极实用。

无线传输与海量储存

最值得关注的一个有趣的功能是EOS-1D Mark III有一个15针的系统扩展接口，可以连接最新的WFT-E2无线传输器，可以通过无线或有线局域网将照片快速传至电脑服务器。WFT-E2还具有USB连接功能，可以将拍摄的图像文件直接存放在外置的存储媒体上，比如佳能新推出的80G的数码伴侣Media Storage M80，这等于提供一个超大的海量“储存卡”。这项功能对于需要大量拍摄的体育摄影师可能是最实用的。不过，由于还没有拿到Media Storage M80，不知道实际效果是怎么样的，包括是不是费电等问题。

SRAW文件格式

RAW图像格式的优势见花絮（P42页）。不过，RAW格式唯一的“缺点”是文件量太大，不仅会占用比较多的存储卡空间，而且对相机的连拍的张数也有影响。对于新闻摄影来说，RAW虽然好，但也不是所有的图片都需要拍那么大格式的RAW文件。

所以现在EOS-1D Mark III的RAW格式可分为标准1010万像素的RAW格式和250万像素的SRAW格式两种。SRAW也就是小的RAW格式文件，文件的大小只有7.6MB（标准RAW的是13MB），因此在不需要输出大幅面图片时可以使用此格式一次连拍数量达到46张。

1D Mark Ⅲ的无线传输装置对于需要即刻发稿的体育摄影和新闻摄影显得很重要

➔摄影：谢墨，Photo by Xie Mo
EOS-1D Mark Ⅱ机身，14mm L镜头，手动曝光，f/9 光圈，1/80 秒快门，ISO 100，

对于这个功能，我个人认为要辩证地看。我还是坚持在任何可能的情况下都应该去获取尽量高素质的图片质量，当然也理解新闻摄影师对此未必持认可态度。

自动除尘系统

佳能在EOS 400D上第一次使用了压电元件抖动低通滤镜实现除尘的系统。EOS-1D Mark III作为可能在严酷条件下使用的顶级相机，这个功能当然更为必要。EOS-1D Mark III强化了这一性能，提高了压电元件的除尘效能，但是我强烈提醒读者在恶劣环境下经常换镜头还是要注意关闭机身的电源。(更多关于除尘技术，请见51页)

AF系统

以往，EOS-1D系列相机45个对焦点的AF系统在单个对焦点的选择上比较烦琐，虽然可以通过自选功能来改变选择方式，但横竖两个方向需要手指操作两次以上。现在EOS-1D Mark III使用了在EOS 5D上使用并被证明非常成功的指点杆选择方式来配合45点自动对焦系统，使得对焦点的选择更容易了。另外，十字形传感器高精度对焦点的数量增加到19个，也进一步提高了AF性能。

实时取景功能

佳能EOS-1D Mark III是佳能第一台可以通过机身液晶屏实时取景拍摄的数码单反相机。通过液晶屏直接构图取景主要目的还是为了减少反光板的震动，在拍摄静物、微距和天体摄影时能大显身手。在使用超焦距摄影的情况下，这个功能对于新闻摄影也很有用，另外，可在液晶屏上任何位置放大5倍或10倍来检视焦点，算是突破性的功能了。

由于实时取景时相机的反光镜会升起来，AF系统不起作用，所以这时只能使用手动对焦。

跑焦问题的解决方案

由于镜头与镜头之间会有个体差异的情况，各款相机和镜头之间偶然会出现焦点漂移的问题。

在胶片单反时代，其实胶片相机一样会出现跑焦问题，只是那时候不像数码相机那样很容易将图片进行100%的放大，因此不经常被发现，所以这个问题也不是太被重视。如果发现跑焦，其实调整一次机身就会解决，以往在佳能维修站可以进行修正。

在数码时代，由于跑焦很容易被发现，这个问题也就更多地被讨论和重视。另外，我也听一些摄影编辑说过造成跑焦的原因不光是机身，各个镜头的匹配都会造成跑焦，但是我不是太确认这种说法的正确性。几乎所有厂家的维修点都有校正跑焦的业务，在宾得推出了工程模式来应对跑焦问题后，佳能也首次用实际行动来正视跑焦问题。

佳能EOS-1D Mark III机身上增加了自动对焦微调功能，这样就可以对某一支镜头的跑焦情况由用户自行修正了。有一个AF Micro-adjustment模式，在这个模式下，可以就机身跑焦问题对所有镜头进行调整，也可以针对单一镜头进行跑焦调整。AF Micro-adjustment模式可以调整焦点向前和向后各移动20个档。

快速操作的界面

EOS-1D Mark III之前的1系列相机的机顶操作界面基本还是和胶片时代的顶级机一脉相承的，不过实际上数码相机有自己的需求，因此EOS-1D Mark III将ISO设置独立出来，可以做到单手调节。在个人自定义功能C.Fn I 8里，还可以设置ISO感光度安全偏移，在快拍的时候可以避免因为来不及更改感光度设置而丧失拍摄机会，反正EOS-1D Mark III在ISO 800以下的噪点都不明显，还是有一定作用的。

EOS-1D Mark III有一处改进要提到，它在放大、缩小键的旁边新加了AF-ON键。如果你已经使用快门钮聚焦测光，重新构图之后，需要保留此前的测光及曝光补偿调节，需要再次进行对焦的时候就可以按这个键。如果不用这个按键，你就需要对焦、测光后，按曝光锁定键，再松开快门、重新构图，太麻烦了，对于快拍至上的1D系列来说，这个用拇指对焦的功能来得好！

最后要提到的是，和前一代产品相比，1D Mark III的体积小了一点，重要的是整体重量轻了不少（225g），感谢神啊！

这里面主要的功臣是全新设计的LP-E4锂电池，重量只有188g，而老款的NP-E3镍氢充电电池却有335g。

这个新的LP-E4锂离子电池的电量承载是2300mAh，根据佳能公布的数据，该电池在23℃可以拍摄2200张，在0℃可以拍摄1700张。此前，1D Mark II N是在23℃可以拍摄1200张，在0° C可以拍摄800张。

2007年11月，1D Mark III的主要对手尼康的D3上市。D3是尼康第一台全画幅的数码单反相机，是一款非常优秀的产品。它的AF性能非常好，机身很强壮，连拍速度够快，出色的机内降噪功能使高ISO的画质可以轻易地得到提高，1200万像素对于新闻摄影也已经足够。这些使得D3不仅得到了尼康迷们的强烈肯定，而且也俘获了大量新闻摄影师的心，在2008年北京奥运会上很是出了一下风头。

D3是EOS系列的顶级数码单反系列在历史上第一次遇到真正强劲的对手。对此，直到这本书出版，在超过一年半的时间里，佳能居然并没有以新产品来回应尼康的竞争。看来佳能还是打算按照自己的节奏发布新机器，或许1D的下一代产品可以给我们更多的惊喜，或许佳能对于1D系列有其他的打算。

EOS的连拍速度：没有最快，只有更快

摄影：奚志农，Photo by Xi Zhinong
EOS-1D Mark Ⅱ机身，500mm f/4L IS镜头，程序曝光，ISO 400，
高速连拍记录的狼与藏野驴。2006年12月，可可西里。日落时分，一道烟尘在青藏公路边出现，一群惊慌失措的藏野驴朝我们的车头方向狂奔而来。驴群过后，一只落单的藏野驴在两只饿狼的前后夹击下，露出了绝望的眼神。在快门声中，两只狼迟疑了一下，野驴趁机得以脱身。

在超高速拍摄的相机上，佳能一直在探索更高速度的可能性，并且取得了不俗的成绩。

1972年，佳能F-1高速马达型达到每秒9张的高速连拍，只需要4秒就可把一卷36张的胶卷拍完；

1984年，佳能新F-1高速马达型达到每秒14张的超高速连拍，拍完整卷胶卷的时间只需要2.57秒；

1995年，佳能EOS-1N RS实现在AF单反相机上每秒10张的超高速连拍；

这些相机的超高速连拍性能都是建立在半透明反光镜的技术基础上的，由于主反光镜不动作，比较容易实现高速摄影。

2000年2月，EOS-1V + PB-E2（称为EOS-1V HS）发布，这是佳能发布的最后一款顶级胶片单反相机，即便是非固定式反光镜连拍速度也达到了惊人的10张每秒，从这台相机开始，EOS-1系列的快门寿命都达到了15万次以上。

进入数码时代之后，佳能并没有在数码单反相机上使用半透明反光镜技术，但是1D系列的数码相机在连拍速度上依然是同规格相机中的领先者。

2001年，佳能独立开发的首款专业数字单反相机EOS-1D实现每秒8张的高速连拍，有效像素415万，用最高像素一次最多可连续拍摄约21张JPEG或16张RAW格式图像。

2004年，EOS-1D Mark II把连拍速度提高到每秒8.5张，快门寿命20万次，有效像素820万，用最高像素一次最多可连续拍摄约40张JPEG或20张RAW格式图像。EOS-1D Mark II N发布于2005年8月，技术指标与EOS-1D Mark II基本相同。

2007年，EOS-1D Mark III实现每秒10张的超高速连拍。有效像素1010万，快门寿命30万次。用最高像素一次最多可连续拍摄约110张JPEG或30张RAW格式图像。这样惊人的拍摄速度基本是建立在非固定反光镜基础上的。一方面得益于双DIGIC III数字影像处理引擎大大加快了数码文件的处理、存储速度，另一面机械部分在速度上的突破也是相当惊人的。

全画幅轻便型数码单反相机

EOS 5D Mark II

优势：

* 划时代的全画幅高清视频功能
* 2110 万有效像素带来顶级的画质
* 性价比超高

缺点：

* 对焦系统相比前代没有太大进步

（参考价格：17100 元）

2008 年 9 月 23 日，经过 EOS 使用者长久的期待，佳能发布了 EOS 5D 的升级版——EOS 5D Mark II。

此前两周，2008 年 9 月 10 日，索尼发布了 α 单反阵营的旗舰产品全画幅数码单反 α 900，使用索尼自己研发的 2460 万有效像素全画幅 CMOS 传感器（目前全球 35 毫米数码单反中像素最高）；机身内置光学稳定系统，可以提供接近 100% 的视野率；9 点自动对焦系统采用了高精度的十字对焦点，在最高图像质量下 5 张 / 秒的连拍速度；机身背面有一块 92 万像素的精细 3 英寸的液晶显示屏；采用镁铝合金机身配以高强度工程塑料，接缝和按键处都经过密封处理，可靠性相当不错；价格只有 1.6-1.8 万元之间。

α 900 掀起了数码单反相机巨大的波澜，要知道，在此之前，2000 万像素级数码单反的唯一选择是超过 5 万元的 1Ds Mark III！

对此，一向身居 135 数码单反领袖地位的佳能显然不能袖手旁观，于是迅速地推出了 EOS 5D 的升级版 EOS 5D Mark II 用于竞争。这台机器顺理成章的就有了 "无敌兔" 的小名（显然，起名的同学们还没顾上按这个套路未来出 5D Mark IV 的时候怎么办）。

这只 "无敌兔" 不仅在分辨率、画质、综合除尘系统功效等主要功能上全面超越了前一代 EOS 5D，而且第一次在全画幅上实现了高清标准视频摄录，并因此成为一个里程碑式的产品。

2000 万像素级别的全画幅 CMOS 带来顶级的画质：

5D Mark II 使用 2110 万有效像素的全画幅 CMOS 图像感应器。这是 1Ds Mark III 之后 EOS 第二台达到 2000 万像素级别的机器，会带来画质上巨大的提高。

对于高像素带来更高画质的事情，在网络上曾经有过一些怀疑的观点。这是件很有 "中国特色" 的事情，就像有些人说马力小的汽车的动力不怎么影响速度，或者三缸车比六缸车跑得更快一样，都是很耐人寻味的说法。但是对于要求高的使用时，像素还是硬道理，同样是全画幅的相机，不用印刷或者打印太大就能看出 2100 万像素和 1200 万像素的差别来。

从技术上而言，全画幅图像感应器因为面积要比 APS-C 规格大很多，使得单个像素的感光面积也可以增大（用单位面积的像素密度衡量，5D Mark II 每平方厘米拥有 240 万像素，要明显低于 EOS 50D 的每平方厘米 450 万像素），因此可以带来更大的敏感度以及更好的图像信噪比。

5D Mark II 使用的 CMOS 图像感应器拥有和 1Ds Mark III 相同的尺寸和同样的像素，我倾向于认为这两块 CMOS 在主体上大部分是相同的，但是不会完全相同，不过两者的性能的确差别不大（实际上索尼 α 900 和尼康 D3X 的 CMOS 硬件上也存在类似关系）。5D Mark II 使用的 DIGIC 4 数字影像处理器是最新的，因此，对于 5D Mark II 的画质，坊间有不同的看法。有人提出使用了新的 DIGIC 4 处理器，所以画质更好。其实 DIGIC 4 处理器的使用对于画质、读取和存储速度都会有影响。就 5D Mark II 实拍的效果而言，我倾向于认为新的 DIGIC 4 处理器带来的主要运算速度的提高，对画质的帮助并不大。

5D Mark II 的 ISO 感光度标准设置范围是 ISO 100 到 ISO 6400，可以扩展到最低 ISO 50 和最高 ISO 25600。有些网友对于高 ISO 的设置规格津津乐道，其实有 25600 的感光度并不意味着真的很实用。虽然数码技术在高速发展，但是，目前来看使用低 ISO 换来更好的画质还是值得向每一位摄影者推荐的——虽然公认 5D Mark II 的高 ISO 降噪技术很不错。

其实对于躁点的忍受能力对于不同的人以及不同的摄影领域是不一样的。如果你的目的是在高档的杂志上印刷或者打印出来展览，我觉得 ISO400 的躁点是可以接受的，ISO800 加上原厂的降噪功能或者好的软件的降噪也还可以接受，ISO1600 的情况下，你最好找专门的后期师给你修图，或者索性转成黑白效果。

另外，我要特别指出一个不幸的现象：不同相机的个体差异也会影响高 ISO 躁点的表现，在上一版《EOS 王朝》出版之后，我试用了很多台 1Ds Mark III，并得到了这个结论。所以在写这篇文章之前，我至少使用了 3 台 5D Mark II。得到的印象是：总的来讲，5D Mark II 在高 ISO 下的效果和 1Ds Mark III 差别不大。但没有像我曾预想的那样，因为使用了 DIGIC 4 数字影像处理器而比 1Ds Mark III 明显更好——实际上还算略微好一点，差别介乎于 2/3 级 EV 之

5D 系列相机终于有了自己的综合除尘系统

间。不过，的确有时 5D Mark II 在画质上显示出比 1Ds Mark III 更容易出现紫边和立体感不强的现象。

多说一句，机内的高 ISO 降噪功能是否应该打开取决于你是否拍摄 RAW 格式的文件，如果你只拍摄 JPG，那就一定要打开，在高感光情况下会非常有效地改善画质。但是，如果你拍摄 RAW 格式的文件，最好用后期软件来降噪。严重依赖机内降噪的职业摄影师多数是新闻摄影师，因为及时发稿的需求，他们不能做太多依靠在电脑里进行后期软件降噪的工作。但这带来的问题是，机内降噪的效果其实远远不如通过电脑软件进行后期降噪的效果。机内降噪做的不好的话会严重影响影像的细节表现。这方面尼康公司的顶级产品走的比较远，但是评价也是褒贬不一。

更新的 LCD 显示：

5D 当年是唯一落入 2 万元区间的全画幅数码单反，所以多年来风光无二。实事求是地说，如果不考虑像素的因素，直到退出市场，5D 也只是有两点不足：没有机身除尘功能和 LCD 显示屏的落伍。

老 5D 的 LCD 显示屏在功能上没有太多的问题，但显示效果实在不怎么样，分辨率不高，色彩表现也实在乏味。佳能直到 1Ds Mark III 都是 20 多万像素的分辨率，色彩显示得也很灰。现在看看对手索尼和尼康，连 APS-C 画幅的中档机都用上了 92 万像素的高精度 LCD 显示屏，实在有些说不过去。5D 也是，靠着全画幅的优势一直撑着卖到 3 年之后 5D Mark II 才做改进，也让不少 EOS 用户觉得无奈。

这次，5D Mark II 终于装备了 3 英寸 92 万像素的高分辨率显示屏，实时取景和回放效果都很不错。5D Mark II 的菜单在细节上根据新显示屏进行了重新设计。5D Mark II 增加了速控屏幕的功能。速控屏幕的概念最早是索尼使用的，可以在显示屏上直观地通过参数模块选择进行调整。

另外，LCD 显示屏的显示效果是一个有趣的话题。抛开分辨率不谈，现在很多厂家在相机的 LCD 上下的工夫有点过分了，尼康、宾得和索尼的有些机型的 LCD 的色彩更饱和、反差加大，所以回放的时候很鲜亮，但转到电脑里看就完全不是那么回事了。这样显然会让买相机的人对机器有良好的第一印象，不过，看到真实的照片时心理落差可能会比较大。令很多爱好者有猝不及防的感觉。不过，另外看这个问题，摄影初学者可以按照 LCD 屏的风格调照片，倒是给他们提供了一个参考方向。

这方面 5D Mark II 的屏幕效果比较好，虽然精细但并没有对色彩和反差做太多夸张，这方面和尼康、索尼和宾得的做法明显不同，看起来会更加真实一些。

摄像功能：

5D Mark II 作为一款里程碑式的产品，最最最重要的，它是第一款在全画幅上实现支持 1080p 高清视频摄像功能的单反相机。无论对于数码单反相机或是视频技术来说，这都是个非常了不起的事情。

5D Mark II 的视频拍摄功能还是相当简单易用的，很容易上手。视频采集能力达到了 1080p 的水平，采用 H.264 编码格式，这可远远比竞争对手尼康 D90 的 720p 强太多了（当然两台机器定位也不同）。

机身正面“5D”的 logo 下面设计了一个单声道麦克风。它的灵敏度不错，不过位置实在不怎么太好，连变焦、对焦的声音都能一起录下来。好在 5D Mark II 还设计了一个 3.5mm 的标准麦克风接口，真要录重要的东西，还是用它吧。

5D Mark II 在拍摄视频的时候可以在有限的模式下实现自动对焦，但还无法实现跟踪对焦，当然，算是比其他品牌的单反拍视频时没有 AF 强，但对于初学者来说，还是不太容易适应。这也说明数码单反拍摄视频还有不少需要改进的东西。

补充一点，我现在经常在使用 5D Mark II 拍视频的时候用蔡司的 ZE 系列镜头，包括 ZE50/1.4 和 ZE85/1.4（ZE 系列镜头马上会有从 18 毫米到 100 毫米的很多款上市），主要是因为不经过后期处理，蔡司镜头可以得到更讨好的色彩和虚化效果，这对于视频来讲还是挺现实的。

从摄像的角度来说，这也是第一次有厂家在 24 毫米 x36 毫米这么大的感光元件上实现商业使用的视频捕捉。这也有着特殊的意义，因为 35 毫米镜头具有非常丰富的镜头群。这样，我们使用大光圈镜头就可以得到比常规的专业广播级摄像机 + 电影效果镜头更浅的景深效果，并且在更暗的现场光环境下拍摄。另外，35 毫米相机系统还有超广角镜头、移轴镜头、鱼眼镜头、微距镜头的选择，可以拍出过去的专业摄像机很难拍摄的效果。

因为我同时也为电视台和影视制作公司做视频方面的摄影指导，因此，对 5D Mark II 的出现会更加的欢欣鼓舞。我也很明确，未来数年之内一方面视频短片会极大的影响影像界的发展，会有相当数量的图片的功能会被视频短片替代。另外，随着视频录制功能的普及以及视频软件的发展，会有更多摄影师会在拍摄静态图片的同时跨足视频拍摄。因此，对于专业级的数码单反来说，视频功能也必然

➔摄影：赵嘉，Photo by Zhao Jia
EOS 5D Mark Ⅱ机身，TS-E 24mm f/3.5L 镜头，手动曝光，f/8 光圈，13 秒快门，ISO 100，拉萨喜来登酒店。

是日后的发展趋势。甚至，可以预测，一旦视频功能的需求更大，它甚至会影响目前单反相机图片方面的功能和设定方式。

所以可以说，5D Mark II 的出现对于数码单反相机来说不仅仅是产品和技术的里程碑那么简单，而且“35 毫米全画幅高清”这个级别的产品对于数码相机 / 摄像机的未来也具有相当的指向性意义。

当然，从专业的广播级高清摄像机的性能来看，5D Mark II 还不是一款成熟的“摄像”产品。就画质和码流而论，显然 5D Mark II 的视频拍摄能力还不能和真正广播级的高清摄像机相比。但它在使用特殊镜头方面确实有巨大的优势，另外，在弱光情况下具有广播级高清摄像机无法比拟的优势。所以现在已经有不少独立厂家推出适用于 5D Mark II 的附件使得它可以更方便的使用视频录制功能。实际上，据说次年获得奥斯卡奖的《贫民窟的百万富翁》就抢先使用它拍摄了一些在寺庙里面的重要场景，那可是用常规摄影机不允许拍摄的地方。

其他：

总体来讲，5D Mark II 的外观相比 5D 变化不大。外观圆滑了一些，机身尺寸是 152mm × 113.5mm × 75mm，和 5D 差别很小，重量完全相同。机身依然使用镁合金，5D Mark II 表面采用磨砂喷涂工艺，手感比 5D 更好了。5D Mark II 的手柄设计也好一些了。

EOS 系统的白平衡一直是非常值得信赖的，5D Mark II 也是一样，某些时候甚至比 1Ds Mark III 更好。

5D Mark II 还配备了 AF 微调功能，可以自己对焦点进行调整，某种程度上避免了用户跑客服中心调整的麻烦，还是比较人性化的。新的软件有周边光量校正选项，用于通过计算方式消除广角镜头的暗角，可以自动识别安装的镜头型号，然后在后期进行调整。由于全画幅机型上使用广角头暗角问题的出现会比 APS-C 机型更严重，因此这项功能还是有一定用途的。不过，这项技术目前还暂不支持副厂镜头。

照片风格功能方面，5D Mark II 同样有 6 种照片风格功能的调整选项，并且每种还能独立地进行锐度、反差、色调和饱和度方面更精细的调节。

我由于过去多数拍反转片，所以个人常用“风光”风格，只是在拍摄人像的时候还是最好转到人像风格。不过，照片风格只是对 LCD 显示或者习惯直接得到 JPG 图片的摄影者有用。高要求的职业摄影师通常会拍摄 RAW 格式的文件，通过计算机做后期处理效果会好的多，其实也不用太在意用哪种“风格”。

5D Mark II 的对焦系统没有做我期待的改进，当然，再改进就该更冲击 1Ds Mark III 的地位了（现在 5D Mark II 的显示屏已经比 1Ds Mark III 的好很多了）。不过，5D Mark II 的对焦系统的确有一点我非常不喜欢。它的红外线辅助灯的位置过于靠下，如果你的手比较大，正常持握的时候就很容易挡住它，因此很容易在暗光下造成对焦困难。

CMOS 清洁问题在 5D 时期一直困扰着使用者，有些人干脆就把 5D 称为“吸尘器”，连带多数跟着 5D 卖的 EF 24-105mm/4L IS 也跟着倒霉。感谢上帝以及老天爷，现在 5D Mark II 终于有了以超声波除尘为首的综合除尘功能了。要知道 5D 一直卖了 3 年啊，我不知道佳能为什么早点不改进它。

由于新的 LCD 屏和新增加的高清视频功能更加费电，5D Mark II 改用了新的 1800mAh 的 LP-E6 电池，容量比起 5D 用的 BP-511A 大了不少，而且新电池里还有管理芯片，能够支持机身以 1% 的精度精确显示剩余电量，5D Mark II 还支持 6 块电池的记忆功能。不过，即便不考虑到视频拍摄非常费电这个因素，就我实际使用来看，拍摄张数也没太多进步。出门带块备用电池还是稳妥的。

总结：

5D Mark II 在 16000 元这个价格区间里提供了绝佳的性价比：2000 万像素的画质 + 里程碑式的全画幅 1080P 高清视频拍摄。此外，各项功能也更加完善。即便你还并不了解视频拍摄是多么有前途（和钱途）的一件事情，你也可以认为它是佳能最超值的顶级相机。

我自己经常同时使用 1Ds Mark III 和 5D Mark II。这是一种非常美好的感觉，仿佛回到了 EOS-1V 加 EOS-3 的时代，顶级机 1Ds Mark III 更强壮而准专业机 5D Mark II 更轻巧灵便，但是它们提供的画质是相同的。实际上，我宁愿在多数时候使用 5D Mark II（尤其在晚上泡酒吧的时候，不用被邻桌的人误以为是一个可能“侵犯”他们的职业摄影师），只有在对焦困难和有雨雪天的情况下才改用 1Ds Mark III。

另外，因为我在拍摄图片的同时也在拍摄视频以及通过逐格拍摄转换的视频特技，5D Mark II 在我手里显然能发挥更多的作用。

结论：我不认为 5D Mark II 的画质和 1DS Mark III 一样好。但是考虑到这种差别实在是微乎其微，以及它们之间价格要差 3 倍，我自己在不需要防水性以及高速 AF 的时候都用它替代了 1DS Mark III，推荐每一个摄影爱好者也可以考虑这样做。万一你和我一样，也喜欢在视频领域尝尝鲜，那就更不用犹豫了！

EOS 5D

优势：

* 1280 万有效像素，全画幅图像感应器带来使用方便和更好的图像品质；
* 体积小、重量轻，最佳性能/便携性的平衡；
* 坚固的金属机身；
* 足够完善的专业功能，经久耐用的 10 万次快门寿命。
* “照片风格”设定替代了参数设定菜单。

缺点：

* 没有先进的自动除尘功能。

（二手参考价格：7000～8000 元）

5D 的出现是数码单反相机的里程碑。它于 2005 年8月发布，使用了35毫米全画幅CMOS图像感应器，虽然没有 1Ds Mark II 具备的 1670 万的高像素，但是 1280 万有效像素依然能够提供大多数 35 毫米相机摄影师所需要的画质，而且体积小，重量轻，重要的是价格又比较容易被接受，因此上市之后获得了巨大的成功。

实际上我也认识很多好的摄影师使用 EOS 5D，甚至包括数位马格南的报道高手。他们解释说，1Ds Mark II 当然很好，但是它过大、过重，会丧失很多拍摄的灵活性，而且也容易令被摄者产生抗拒心理。而 EOS 5D 重量轻，对摄影师的体力要求没那么高；体积和一般的“业余”单反相机差不多，携带起来也很方便，不必使用专门的摄影包。当然，它的质量对于印刷传播来说已经基本足够，这也是它受到各类摄影师欢迎的先决条件。

EOS 5D 的 CMOS 图像感应器最高分辨率达到了 4368 × 2912，如果按照高档杂志300dpi的印刷要求，图片长边可以达到 37 厘米。这块 CMOS 感应器的尺寸是35.8毫米 × 23.9毫米，与35毫米胶片的大小基本相同。这对于喜好使用广角镜头的摄影师来说，全画幅感应器有着无可比拟的优势，不用再考虑非全画幅图像感应器的镜头焦距转换系数之类的事情。

另外，大尺寸图像感应器在理论上还会具有更出色的动态范围，同时高 ISO 的噪音也会减少。

不过全画幅并不是一条容易走顺的道路，对于是否需要全画幅图象感应器，不同厂家的看法存在相当的差异。当然，这种差异很大一部分原因来自于一些厂家对于全画幅技术和成本的考虑。虽然全画幅很受摄影师的欢迎，但并不是所有厂家都能够承担因此带来的高昂的研发成本并能最终成功。

在佳能的全画幅战略成功之前，也有很多厂家试图推出 35 毫米画幅的全画幅数码单反相机，但是几乎全军覆没。全球最早推出的全画幅单反数码相机康太时 N digital 直接引发康太时品牌的二次突然死亡（当然，也可能目前还是“植物人”）。试图采用同一块 CCD 的另一家厂家从来就没有真正把它的样机上市。柯达曾经推出全画幅 CCD 的数码相机 DCS Pro 14n 和 DCS Pro 14c，像素接近 1400 万，但是在高感光度画质以及操控性上并不能满足一些高端用户的要求，没有在市场上获得成功。因此，在 5D 之前，摄影者的全画幅选择只有昂贵而且沉重的 EOS-1Ds 系列。

EOS 5D使用的新的CMOS图像感应器和1Ds系列两款相机都不同，它的尺寸是35.8毫米×23.9毫米，与35毫米胶片的大小基本相同，具有1280万有效像素，即使输出大幅面照片，仍然有极为精细的画质。

EOS 5D的这块CMOS并不是一块昂贵的产品，但是结合DIGIC II数字影像处理器得到的影像依然可以用“惊喜”来描述，特别是对于5D的价格而言。

全画幅的5D之所以价格能降下来，和佳能自己生产传感器系统并且采用了革新技术有很大的关系。这方面的技术比较复杂，简单讲：5D使用了合二为一的低通滤镜，同时解决了传感器封装相关的一系列问题。使得数码相机最核心的CMOS系统的价格大大降低了。当然，有些苛刻的技术专家在起初提出了一些质疑，不过5D的CMOS使用的8.2μm的像素间距的和顶级的EOS-1D MarkII N使用的实际是相同的（EOS 20D/30D只有6.4×6.4um），即便考虑到新型低通滤镜的不同，两者在成品率、灵敏度、信噪比和动态范围等影响画质的因素上其实并没有什么差别。

从最终的结果来看，伪彩色抑制相当出色，新型低通滤镜的截止频率在锐度和抑制伪彩色方面的平衡非常好。摄影者的使用也验证了这一点。同时，全画幅需要直面一系列问题：四角失光和分辨率降低现象的控制和1Ds Mark II在同一水准，很显然可以令人放心。

➔EOS 5D的模式转换盘使用更加简便易懂的方式，适合于高级摄影爱好者的使用习惯。

➔摄影：谢墨，Photo by Xie Mo
EOS 5D机身，15mm f/2.8镜头、手动曝光、f/8光圈、1/60秒快门、ISO 200、
游荡在海底花园里的红衫，印度尼西亚，瓦卡多比。

虽然佳能并没有打算把它打造成一台“顶级相机”，但一台全画幅的数码单反相机价格只要17000元左右（2007年9月），和同样是全画幅但价格近6万元的EOS-1Ds相比，已经是很多高级摄影爱好者能够接受的价格了。

当然，就画质而言，5D的低感光度效果和35毫米胶片相比实在还不能说在一个层次上，不过，如果不光考虑在“完美”的拍摄条件下胶片相机极限的成像以及专业负片无敌的色阶表现，而在综合实用性、拍摄能力、便利性等方面进行考量，5D在相当程度上可以替代35毫米胶片相机的工作，无论是风光、人像、人文地理、旅游摄影领域都非常适合。我看过《National Geographic Traveler（美国国家地理－旅行者）》发布的原图，很多跨页都是用5D拍摄的，当然，为了印刷的精度做了插值，但是也足以说明5D的画质了。

考虑到现在正是从胶片到数码相机的转型期，而且1280万的高像素也有相当广的实用性，因此EOS 5D对于过去惯于使用胶片的摄影师来说是很好的数码试金石。而对职业摄影师，特别是不少现在仍旧在以胶片为主进行工作的职业摄影师来说，这个价格也真是相当有诱惑力。

5D使用了4通道CMOS图像感应器数据读取技术，而且DIGIC II处理器高速数据处理的能力也很强（DIGIC II数字影像处理器另外的优点是很省电），因此，尽管1280万有效像素的照片数据量很大（RAW一张13兆左右），EOS 5D依然可以达到3张/秒的快速连拍，这个数字不算太高，但是对于多数摄影者来说，画质的提高足以压倒这点小小的不足，反正也不是所有摄影师都需要高速连拍。而一次可以连续拍摄60张大/优JPEG图像或17张RAW图像也可以接受。EOS 5D 0.2秒的启动时间是个不错的成绩；快门时滞75毫秒，按专业机要求来看有点长。

由于使用的是全画幅感应器，5D使用标准的EF卡口，所以它不支持专为APS-C尺寸感应器设计的EF-S镜头。

EOS 5D采用了全新的自动对焦系统。新设计的对焦算法和对焦电路，带来了速度更快、精度更高的自动对焦表现。EOS-1系列现在都使用精确但是繁琐的45个对焦点，不过摄影师实际使用时经常会选择对焦点比较少的设置，既然这样，5D索性改用了9个可见的自动对焦点，它们分布在取景器的中央区域。EOS 5D同样配置了在EOS 20D上广受好评的多功能控制钮，可以快速地在9个对焦点中选择，比转盘方式快多了。另外，在取景器的点测光圆内还有6个不可见的辅助对焦点，在使用人工智能伺服自动对焦（AI SERVO）模式下，可以明显提高追焦的准确性和速度，特别是近距离追踪的时候。如果在人工智能伺服自动对焦模式下设置为自动选择对焦点，9个自动对焦点和6个辅助对焦点都会起作用，相当于有15个对焦点参与自动对焦；如果设置了自定义功能中的C.Fn-17-1（自动对焦点有效区域扩展），并

选择了中央对焦点，中央对焦点和6个辅助对焦点都将参与自动对焦操作。不过这6个辅助对焦点在单次自动对焦模式（ONE SHOT）中不起作用。

5D有一个相当大而明亮的取景器，如果你原来是30D或者400D的用户，这种感觉就会更加明显。很显然，CMOS面积的增加带来了反光镜面积的增加（额外的好处是换对焦屏时更安全了）。不过，EOS 5D的取景器视野率只有96%，和1系列的100%还是不能比，显然这是成本上的考虑。多数拍摄运动场景时这不是很严重的问题，我第一次发现这个问题是在法国拍摄一个和城堡有关的专题时，在拍摄静物的时候构图上遇到了一点麻烦，有些东西不能压四个边，有些又要压得恰到好处，需要反复在拍摄后回放图片，很费电，最后我还是用有100%取景率的机型。

5D的橡胶眼罩可以取下来，强烈建议你在长时间曝光的时候插上背带上的挡片，可以防止杂光进入机内。另外，它的取景器也可以使用E系列屈光镜，这样会扩大屈光度调节范围，对戴眼镜的摄影者有帮助。

5D也使用了照片风格功能，基本的照片风格包括标准、人像、风光、中性、可靠设置和单色等6种设置，另外摄影者还可以根据需要自定义设置3种风格。对于每种风格，都可以精细调整其锐度、反差等设置，而且新的“照片风格”功能比以往产品上的“处理参数”的调整范围更大：标准、人像、风光、中性、可靠设置这5种风格，可以在8级范围内调整锐度（0～7），9级范围内调整反差、颜色饱和度以及色调（-4～+4）；对于单色风格，可以在8级范围内调整锐度（0～7），9级范围内调整反差、滤镜效果和色调效果（-4～+4）。

由于相机本身的性能比较先进，EOS 5D的配置也相当不俗，2.5英寸的大尺寸彩色液晶屏可以进行5级亮度调节，上下左右可视角度均达到170°，更方便从不同的方向查看LCD或者跟其他人一起查看。在回放图像时，可以进行从1.5倍至10倍的放大，精细确认焦点、构图和被摄体的细节。回放时显示的直方图可以选择亮度直方图或RGB直方图，直观地检查图像的曝光和色彩信息。

EOS 5D有9种白平衡模式，包括自动、日光、阴影、多云、钨丝灯、荧光灯、闪光灯、自定义和色温设置（2800K～10000K）。由于我过去习惯使用日光型反转片，所以习惯设置在日光模式，反正RAW格式的文件后期还可以调整。

另外，EOS 5D具有一个有趣的白平衡包围曝光和白平衡矫正功能，对于实现白平衡的创意有些帮助。使用白平衡包围曝光时按一次快门可以记录三张不同色彩倾向的照片；而白平衡矫正功能可以在蓝色至琥珀色或者洋红色至绿色之间调节，有正负9级的范围供你精细调整，使色彩的表现更加真实自然。

EOS 5D采用了镁合金的机身和不锈钢骨架，机身强度很高，不过没有专门的防尘防水设计。测光方式包括35区评价测光、局部测光（取景器中央8%的区域）、点测光（取景器中央3.5%的区域）和中央重点平均测光。EOS 5D提供了21种57项自定义功能设置，比较实用的包括选择反光镜预升、后帘闪光同步、ISO感光度扩展、长时间曝光降噪等功能。EOS 5D的快门系统使用寿命也达到10万次以上，算是专业相机必须的水准。不过5D的体积比30D只大一点点，而且重量还是控制在一个相当轻的水准，比1D系列或者1Ds系列实在是方便太多了，这也是很多摄影师喜欢它的重要原因。

器材不显眼对摄影者来说绝对是件很重要的事情，可以不引起被摄者过多的警惕，也不容易被“贼伯伯”惦记上。轻也一样，很多职业摄影师都认为使用EOS-1系列数

码相机需要一双更强壮有力的手臂！

EOS 5D这个级别的专业机当然没有内置闪光灯，不过采用了先进的E-TTL II闪光曝光控制系统。

电池的性能是考验数码相机一个重要的指标，佳能的专业相机的电池耐用性在1Ds Mark II之后都变得非常好，EOS 5D使用了"传统的"BP-511A锂电池（7.4V、1390mAh，如果原来你就使用佳能的中档数码单反相机甚至PRO 1，那要恭喜你了）。虽然5D的CMOS尺寸和屏幕面积都很大，但EOS 5D的电池相当耐用，一次充电后可以拍摄超过500张，是一个相当不错的指标。如果长期在外面拍摄，你可以选择买一块备用电池，我的经验是：有用但是非常不常用。

如果你很在意竖拍的手感和便利性，推荐电池盒兼手柄BG-E4，前后壳也是镁合金材料的。另外，BG-E4可以使用两块BP-511系列锂电池组，也可以通过电池夹BGM-E2使用6节AA型电池，这只是应急用用，支持不了太长时间。不过我个人从来不用电池盒，毕竟会增加体积和重量，失去了5D最重要的优势了。

另外要插播一句：5D的充电器和20D/30D一样，也是体积很小的CB-5L充电器，（EOS-1系列数码单反相机的充电器体积实在太大了！）很方便在旅行时使用，充电时间约为90分钟。

EOS 5D采用了新的Ee系列对焦屏，目前只有3款，略少了一点。标配是Ee-A标准精度磨砂对焦屏；带网格线的Ee-D精度磨砂对焦屏主要用于拍摄建筑和商业产品摄影；Ee-S超精度磨砂对焦屏是我非常喜欢的，是喜欢使用大光圈镜头、手动对焦摄影师的首选，在使用手动对焦的时候非常有帮助。佳能相机毫无疑问拥有世界上最好的AF系统，但是我也经常遇到自动对焦解决不了的场景——尤其在很暗、反差低，或者有烟雾的环境下。推荐你也买一个。

5D是一款非常优秀的机型，具有完美的性能和完美的价格，虽然厂家认为它是面向高级摄影爱好者的产品，并不是真正以专业用户为目标的产品，曾经有不少专业用户都在使用5D。

如果你非常重视图像质量，又有些难以承受顶级的1Ds系列的价位，无论你是职业摄影师或者业余摄影师，EOS 5D都是你不错的选择（到2007年12月为止，其他品牌的35毫米全画幅相机性价比上和它都还没有可比性）。特别是如果你已经拥有一些高素质的EF镜头——特别是广角和超广角镜头——EOS 5D的投资就格外值得。为APS-C规格感应器设计的EF-S系列的超广角镜头在素质上其实不能和L系列超广角相比，重新购买是否值得真的很难说。

另外，实事求是地说，抛开像素的差异（会直接导致印刷或输出尺寸的变化）不谈，5D的CMOS和顶级机的CMOS在性能上还是有差距的，特别是在IS0 800以及以上的高感光度方面（同时代EOS相机中高ISO方面最好的是1D系列的1D Mark II和1D Mark II N，1Ds Mark II仅次之）。但是很多职业摄影师相信，在最终的结果上，如果配合高水准的图片处理和输出、印刷技术，两者得到的影像差距很小，而它只有1Ds Mark II价格的1/3，这对于需要精打细算的从业人员来说还是很重要的。

如果你能接受5D的画质，相比EOS系列的顶级数码相机，5D主要的差距表现在连拍及存储速度、防尘防水滴性以及取景器视野率上（或者还有一项是"手感"）。不过，这些对于很多摄影者来说的确并不重要。

如果说缺点的话，那么没有自动除尘功能是5D唯一的不足，不过，佳能的自动除尘功能本来就是在5D上市之后才第一次应用在400D上面的。

全画幅传感器及其相关问题之二：优势和难度

1Ds Mark Ⅲ上使用的全画幅CMOS晶片代表了目前35毫米数码单反相机的最高水准。

所谓全画幅，在35毫米数码相机上是指感光器和35毫米胶卷是一样的尺寸（基本上），这样相机上镜头的视角和在35毫米胶卷相机上的视角是一样的。

对于很多数码单反相机用户，特别从胶片相机转到数码单反相机的职业摄影师和高级摄影爱好者来说，由于非全画幅数码相机只能利用镜头像场的中间部分，不仅意味着他们过去花很高价格购买的镜头在性能上打了相当大的折扣，而且APS-C尺寸传感器的1.6倍镜头焦距转换系数令你拍摄的时候仿佛感觉照片的周围被砍掉了一部分，以往气势恢弘的广角、超广角镜头都变成了平淡的标准镜头和小广角。而那些曾经作为光学设计里程碑式的镜头在比全画幅面积小的传感器（无论是APS-C或者更小的4/3系统的传感器）上都或多或少的失去了价值，无法酣畅淋漓地发挥。那些采用非球面镜片、超低色散镜片来提高边缘成像素质的努力实际上都失去了大部分的意义。

而全画幅的优势就在于使用广角镜头时不用再考虑非全画幅图像感应器的镜头焦距转换系数，可以充分利用广角镜头的视觉冲击力。

虽然有一些器材厂家提出“小画幅感应器足以满足多数35毫米相机原来的使用要求，全画幅感应器并不必须”的理论，但是很多职业摄影师一直认为对于数码单反来说，全画幅是很重要的事情。一方面可以使用原有的135相机镜头而不需要有完全不同的感觉，而另外纯粹从影像上考虑，可以保持更好的景深效果。同时，在目前的技术条件下，同样的像素数目的全画幅传感器的像素单元直径会更大，因此和小尺寸的传感器相比在灵敏度、信噪比和动态范围等影响画质的因素上都会好很多，出现紫边的可能性会更小，高ISO的效果要明显优秀，影像的过渡也会更自然。

当然，全画幅传感器最主要的问题是工艺难度大，因此价格比较高。对于各个数码相机生产厂家来说，全画幅数码相机都是各家的顶级产品（当然，有相当多厂家的顶级机由于技术原因未能达到全画幅），价格相当昂贵。

我相信作为半导体产品的全画幅CMOS的成本很快会降低到一个能够被大众消费者接受的水平，如果这个过程足够迅速的话，全画幅相机依然是未来的主流产品。而APS-C规格图像感应器单反相机（和EF-S系列镜头）是否只会是一个过渡产品则取决于两个因素的发展：

1.APS-C幅面传感器是否能真正实现高画质，特别是高ISO时的影像素质。也可能将来有一天传感器的性能提高的时候，APS-C幅面也能达到35毫米胶片相机的画质，这就很有诱惑力了；

2.市场的选择：小画幅传感器的性能是不是提高得够快。如果小画幅传感器的性能提高的速度不及全画幅感应器降价的速度快，指望摄影者放弃手中配合全画幅相机的镜头改用新系统是困难的。

不过就连佳能公司的管理人员在采访中也认为“EF-S镜头是用来弥补使用APS-C画幅图像处理器的数码单反在广角端不足之处而生产的，虽然今后仍将有这样的弥补工作，但主流毕竟是EF镜头……”，从这里大概能闻到一些讯息吧。

➔ 摄影：赵嘉，Photo by Zhao Jia
EOS 5D 机身，35mm f/1.4L 镜头，光圈优先，-2/3 级，f/1.6 光圈，1/40 秒快门，ISO 100

APS-C 画幅中级

数码单反相机

摄影：王世涛，Photo by Wang Shitao

EOS 50D 机身，EF-S 10-22mm f/3.5-4.5 USM 镜头，手动曝光，f/13 光圈，1/125 秒快门，ISO 100

EOS 50D

优势：

* CMOS 传感器像素升到 1510 万
* 新的微隙透镜工艺，像素升高而高感性能没降低
* LCD 显示屏终于升级到 92 万像素
* 自动对焦系统在这个级别相机中是最好的

缺点：

* 居然没有视频拍摄功能

（参考价格：8150 元）

佳能在 2008 年 9 月推出了 40D 的升级产品 50D，这时候距离 40D 发布才 13 个月，40D 算是刚刚在市场站稳脚跟。让人感慨这个档次的数码单反机的竞争也是够激烈！

50D 和前一代产品外观上总体感觉差别不大，但在性能和使用上都能够比较明显地感到不同。和之前 30D 到 40D 不痛不痒的升级相比，佳能这次是用了看家的本事。

50D 的 CMOS 传感器打破了基本保持着的、一贯的像素升级速度，从 40D 的 1010 万升到 1510 万有效像素，这在相互竞争的几家中端单反相机里也差不多是最高的。

虽然佳能现在有技术可以在 APS-C 规格的 CMOS 上实现高得多的像素数，但是对于 EF-S 镜头来讲，这个像素已经接近它们分辨率的极限了。APS-C 规格上面再高的像素则需要配合分辨率更高的镜头。从这一点也能大概猜测到 APS-C 规格数码单反相机未来的发展方向。

EOS 50D的CMOS采用了新的微隙透镜工艺，减小了微透镜之间的间隙，提高了微透镜的开口率，不仅提高了高感特性，也使得信号的读取速度是之前的1.5倍。使用微隙透镜工艺的主要成绩是感光度范围得到扩展。通常来讲，同样尺寸的感光元件上，像素密度越高，高ISO的画质会越差，这一点在从40D到50D的升级中基本看不到。而且感光度范围还增加了，通过扩展可以达到ISO100～ISO12800。当然，DIGIC IV影像处理器的优化算法在一定程度上也帮助更好地控制了躁点。总的来讲，50D在各级感光度下的成像质量下降得并不明显，基本和40D持平。在高ISO下，推荐你开启智能降噪功能，会明显抑制杂色。

其实，不仅仅是像素的提升，50D的CMOS面积也略有增加，长、宽都增加了1mm，但是这对焦距转换率影响不大，仍然可以当作APS-C尺寸，使用1.6倍的焦距转换系数。50D的CMOS的低通滤镜上还附加了氟涂层，提高了防尘效果。

50D的影像处理器升级到了DIGIC IV，处理速度比DIGIC III增加了30%，厂家提出因此令画面质量也有所提升，模数转换依然是14比特。

像素数的增加带来的另一个问题应该是连拍速度的下降，不过同样由于DIGIC IV处理速度的提升，像素提高了将近一半的50D在连拍速度上降低的倒是不多（从40D的6.5张/秒下降到6.3张/秒）。实事求是地说，对于一般的摄影者来讲，这种差别是觉察不到的；再说，鉴于更高的像素，这样的连拍水平也还是不错的，算是保持住了从30D以来的高速连拍传统。

50D另一个重要的改进，就是LCD显示屏的改进：同样是3英寸的尺寸，从40D的23万像素升级到了50D的92万像素、视角约160°的高分辨LCD。在显示照片时可以用纤毫毕现来形容。另外，在画面的清晰度、色彩、对比度上都有所提升。

此外，50D的LCD显示屏附有防反光涂层，在亮环境下观察时暗部可以显得更黑，有利于辨认暗部层次。当然，当环境光比较亮的时候，还是放到衣服里面或暗处来看更好，或者，准确判断曝光最好还是要看直方图。此外，LCD显示屏表面还配有防尘氟涂层、防刮涂层等，这对于不习惯贴保护膜的摄影者来说，是个不错的消息。

总的来讲，50D的自动白平衡功能是非常好的，但不时会有偏暖的倾向。特别在色温低于3200K的环境下，如一些酒吧、宴会厅之类暖调的灯光环境下，自动白平衡往往不能很好地修正色调，仍然会有比较明显的偏暖效果，这一问题在以前的机型中同样存在。当然，从另一方面看这个问题，偏暖的效果对于要保持现场光效果是个好事情。但是，如果你对于色彩要求比较严格的话，可能会觉得有点不适应。

其他的改动，50D改变了单一的RAW格式，增加了SRAW1、SRAW2两种规格的RAW格式输出，大小分别为原RAW格式的一半和四分之一。宣传上认为这方便了摄影师在存储卡不够充足的情况下的选择，不至于为了容量牺牲了后期调整画面的余地。我个人反倒认为宁可更精雕细刻地少拍几张，我也不愿意放弃更精细的画面！

50D的LCD实时取景功能终于实现了同步自动对焦！不像40D一样，必须要落下反光镜才能自动对焦，在需要快速捕捉运动物体的时候，摆脱了"盲拍"的问题。不过，这个技术还处在应用初期，虽然能够实现同步，但对于实时取景状态下的对焦速度不要抱太苛刻的要求，尤其在暗光下，说实话，有时候似乎比小数码相机快不了太多。LCD取景状态下的对焦点位置可以在屏幕上选择，但对焦点的移动也显得比较慢。在拍摄人像时，建议开启面部识别功能，这样比选择对焦点方便一些，在抓拍的时候也更迅速一些。

佳能的"面部识别技术"是个很有用的功能，它可检测拍摄对象的面部并进行自动对焦，还能够将对焦、曝光、白平衡等参数进行最佳组合。如果它检测到多张实时人脸，将会对靠近中央的面积大的面部进行对焦，当然，也可以手动选择切换到其他人脸。此外，该功能配合可以识别拍摄对象动作并自动设定最佳ISO感光度和快门速度的"运动捕捉技术"，在拍摄运动中的人物时成功率会得到提高。这项技术被广泛地应用到EOS系统的很多相机中，特别是在视频拍摄上可以大展身手。

50D还有大量超越40D的细节技术，比如用于校正镜头暗角的"周边光量校正"功能、镜头焦点微调功能都是很有用的。

此外，50D快门寿命达到10万次，而且声音要比40D轻不少，这是个值得称道的进步。在自动对焦方面，仍然采用9点自动对焦，9点全部为十字型高精度对焦点，在对焦速度和准确性上依然可以说是这个级别相机中最好的。

有一点要额外说一下的：50D是可以换对焦屏的，除了建筑和翻拍有用的网格线对焦屏(Ef-D)以外，超精度磨砂对焦屏(Ef-S)对于使用手动对焦镜头非常有帮助，如果你喜欢蔡司给EOS卡口做的ZE系列手动对焦镜头，或者喜欢大光圈镜头拍摄浅景深的人像，那就别忘了换一块。尼康同类的机器就没有，所以有商家专门把佳能的这块超精度磨砂对焦屏再加工给尼康的机器用。

不过，50D也不都是优点，我很诧异为什么它没加上高清视频拍摄功能，直接的竞争对手尼康的D90就有视频拍摄功能。而对于佳能的忠实粉丝来说，想尝试这项功能，要不往上够够5D Mark II，否则就只能下嫁500D了。

EOS 40D

优势：

* 1010 万有效像素 CMOS + 14 比特的 DIGIC III 数字影像处理器，可以提供更高的影像质量；
* 最高连拍速度可以达到 6.5 幅 / 秒的专业水准，最多可连拍 75 张 JPEG 或 17 张 RAW 图片；
* 金属机身坚固可靠；
* 体积比较小巧。

从价格和像素指标上来看，40D 以及它的前代产品 30D、20D 和同时代的 EOS 顶级数码相机都有巨大的差距。佳能公司也认为这个系列的相机主要是面向高级爱好者、入门级专业人员以及作为专业摄影师备用机。但是它们的画质一直得到很多职业摄影师的肯定，很多新闻摄影师、报道摄影师、旅行摄影师都在使用它作为备用机，毕竟 EOS-1D Mark II 或者 EOS 1Ds Mark II 实在是太大太重。另外，不少为杂志工作的媒体摄影师甚至使用它作为主力机，尤其题材并不需要拍摄跨页的时候。

这个系列最新的 40D 是佳能在 2007 年 8 月宣布推出的。使用的也是 APS-C 尺寸的图像感应器（尺寸 22.2mm × 14.8mm），镜头焦距转换系数是 1.6 倍，这和 30D/20D、400D/350D/300D 都是相同的，它可以使用常规的 EF 系列或者 EF-S 系列镜头。EF-S 镜头是为使用 APS-C 尺寸图像感应器相机开发的，焦距比较短而且体积和重量都较小。

EOS 40D 的前一代 30D 使用的是和再前一代 20D 相同的 800 万像素的 CMOS，而 40D 采用了 1010 万有效像素 CMOS 图像感应器，使用了最新的数字影像处理器 DIGIC III。DIGIC III 可以提供 14 比特的影像处理，当然会令图像细节更加丰富，层次更加细腻，算是 40D 最值得夸耀的进步，和竞争对手相比，40D 的画质还是很有点吸引人的。考虑到数码单反比较容易出现高光溢出的现象，EOS 40D 也采用了高光色调优先拍摄，从信息采集到记录以及处理都尽量降低图像高光部分的细节损失。

40D 完全重新设计了自动对焦传感器。采用了 9 点宽区自动对焦系统，9 点全部为十字型高精度对焦点，厂方宣布："中央对焦点更是实现了在 F2.8 下对水平线条和垂直线条都敏感，在使用 F2.8 或更大光圈镜头时，对焦精度和对焦能力大大提高，EOS 40D 也成为佳能 EOS 数码单反相机中第一款中央对焦点实现 F2.8 十字型高精度对焦的相机"。这对于暗环境下的对焦能力肯定会有帮助，实际上它的对焦系统可以低到 -0.5EV 下工作。

拿到 40D，首先你会被新的 3 英寸的彩色 TFT LCD 吸引，它带来了更好的回放效果以及足够大的字幕显示。回放图像时，可以以 1.5～10 倍放大图像，以方便摄影师检查焦点、构图和层次细节。另外，EOS 40D 可以使用实时显示拍摄模式了，适用于一些特定拍摄场合，特别是拍摄静物很有用。实时显示拍摄模式实际上还可以实时查看相机液晶监视器中的场景、查看曝光、检查调整焦点、构图并进行拍摄。也可以通过 USB 接口电缆或者无线文件传输器 WFT-E3 的无线 / 有线局域网将 EOS 40D 和电脑相连拍摄。需要额外说一句的是，实时显示拍摄模式不支持 AF，你需要手动对焦，当时有其他厂家的同档相机在显示拍摄模式下可以使用 AF，但是那实际也是需要降下反光板来调焦的，没更多方便性可言。

和 EOS 的入门数码相机 400D 相比，40D 要贵 50%，所以我个人并不特别喜欢 40D 这个系列的产品，多数情况下，我并不觉得 40D 有超过 400D 很多的有用性能，但是有一个很重要的指标差异，就是关于高速连拍的。受益于 CMOS 图像感应器高速 4 通道数据读取技术、DIGIC III 数字影像处理器和更新的算法，40D 的最高连拍速度可以达到 6.5 幅 / 秒（比 EOS 30D/20D 的 5 幅 / 秒略高），最多可连拍 75 张 JPEG 或 17 张 RAW 图片，这几项指标对于不少需要拍摄运动场景的职业摄影师来说是一个很重要的性能！

另外，佳能 EOS 40D 的手感可比 400D 好太多了，毕竟是采用了镁合金的机身，强度也更适合职业摄影师使用。而且为了适应专业摄影师可能面对的更严酷的条件，40D 升级了防尘防滴性能，接口密封性也专门做了加强。当然，防水防尘性不能和 1 系列的专业相机比。不过从体积和重量上来看，它基本上还是保持了 APS 画幅系列的小巧与轻便，单论体积不能和 400D 相比，但是在男士手中它的确有更好的持握手感和稳定性。

其他的指标：0.15 秒开机速度，10 万次快门，以及 1/8000 的快门速度和 1/250 秒的闪光同步，算是很不错了。

闪光系统方面，EOS 40D 有一个小小的内置闪光灯，支持 E-TTL II 闪光测光系统，相对于它的定位，有这样一个小灯是恰当的，对于摄影师来说，即便内置闪光灯的功能极为有限，但是在特殊的情况下，巧妙地利用一下还是比没有强。不要以为只有便宜的相机采用内置闪光灯，二十几万的哈苏 H 系列也有内置闪光灯呢！我个人倒是很希望所有的相机都能有个小的内置闪光灯，不过严谨的相机设计师们出于对机顶坚固性以及取景元件的安置问题的考虑肯定不会同意这个想法。

DIGIC Ⅲ数字影像处理器是40D画质的重要保证

我反倒觉得40D（包括前代的30D/20D）更是一款特别适合职业摄影师使用的相机，尤其它和专业机都可以很好配合。40D是一台平衡性很好的机器，和5D配合它可以弥补5D高速连拍不快的问题，而和1系列数码相机配合它可以缓解1系列相机体积过大、重量重不便于携带的问题。当然，40D的1000万像素的图像传感器像素不是很高，但是只要不需要把照片放得很大，依靠着14比特的DIGIC Ⅲ数字影像处理器，它依然可以得到很多周刊以及旅游杂志可以接受的良好图像质量，这对于职业摄影师来说是非常重要的。

在很多器材评测文章中，40D被作为一台适合从400D之类器材升级的相机推荐给高级摄影爱好者，对此我不会表示异议，不过，我始终觉得对于多数爱好者来说，400D的画质已经足够好，如果真的要升级应该直接升级到5D这个档次的相机来体验全画幅图像感应器的魅力。

花絮

单反相机的图片发灰和照片风格设置功能

“照片风格”设置首先应用在EOS-1D Mark II和EOS 5D上，出现这个功能是一个很有趣的现象。

好的数码单反相机和小型的民用数码相机不一样，考虑到高端的专业性使用，它记录的影像要比小数码有着丰富得多的层次和细节，但是因此带来的直观效果就是显得反差比较低，俗话说就是“灰”、“不透亮”。这个事情对于有经验的摄影师来说其实完全不是问题，反正图像素材都需要在后期进入电脑做精细调整，但是对于多数刚刚进入数码摄影的摄影者来说却是一个极大的困扰。

因此，佳能想到了一个非常聪明的方法：“照片风格”设置。.

照片风格功能是将以往佳能数码单反相机上的处理参数和色彩矩阵的设置相结合，摄影师可以根据拍摄环境和题材的不同，选择相应的“照片风格”，就如同在使用传统相机时，选用不同特性的胶卷，可以通过简单的操作更直接地达到自己想要的效果，也更符合专业摄影师精确控制照片色彩、反差和锐度的需要。

要说明的是，“照片风格”并不会改动原始的RAW格式，它主要是针对直接显示、直接输出和机内转化JPEG而言的。

实事求是地讲，“照片风格”还是下了大功夫的一项改进，它并不是锐度、饱和度、色调的简单调整，而是分析了很多照片得到的一个相当有借鉴价值的参考算法。如果你不打算后期精确地调校每一幅图片的色彩，使用它是一个相当简单有效的方法。另外，有些EOS机型的机身上添加了一个“直接打印键”，如果你打算使用它，也可以从“照片风格”这项设定上受益不浅。

“照片风格”改变了以往强迫用户拍层次丰富、反差较低的素材片的出厂设定。为JPEG照片参数的设定提供了更多的灵活性，也可以让用户能更容易更直观地控制图像的视觉效果，并因此收到广泛的好评。

在高端的EOS机型上，“照片风格”参数设置得非常细致，例如EOS 5D的锐度有0~7级，反差、饱和度和色调各有正负4级，熟练的用户可以用它适应各种拍摄题材，甚至用来尝试模拟（当然，模拟的效果不一）各种传统银盐胶片的效果。

如果你过去喜欢色彩浓烈的高反差反转片，可以试试“风光”模式，反差、色彩饱和度和锐度都会被强化，特别是暖色调会很鲜明地被表现出来。

而另一个重要的“人像”模式，会对皮肤的色彩做出一定的优化，效果会更加讨巧。不过因为改变皮肤本身的色彩，同时也会对画面上的其他色彩有一定的影响。

另外“人像”模式会保持比较低的反差和色彩饱和度，带来的好处是画面中的过渡会更柔和（拍摄女性非常实用）。不过，如果用于印刷，建议你再增加一些局部的锐度，特别是眼睛中的高光，以及头发和嘴唇的纹理上。

EOS 30D

30D 优势：

* 5 幅 / 秒的高速连拍性能
* 坚固的金属机身
* 3.5%点测功能
* 10 万次快门寿命
* “照片风格”设定替代了参数设定菜单
* 连拍能力得到提高：一次可连拍 11 张 RAW CR2 或 30 张 Large Fine 格式 JPEG 文件或 9 张 RAW+JPEG

缺点：

* 画质和前一代产品 20D 几乎无差别

30D 使用 APS-C 尺寸的图像感应器，镜头焦距转换系数是 1.6 倍，这和 400D、20D 都是相同的，它可以使用常规的 EF 系列或者 EF-S 系列镜头。EF-S 镜头是为使用 APS-C 尺寸图像感应器的相机开发的，焦距比较短而且体积和重量都较小（详见 P176 页）。

和 EOS 的入门数码相机 400D 相比，30D 要贵 50%，所以我个人并不特别喜欢 EOS 30D，多数情况下，我并不觉得 30D 有超过 400D 很多的有用的性能，但是要指出的是 30D 的最高连拍速度可以达到 5 幅 / 秒（和 EOS 20D 相当），对于不少职业摄影师来说，这是一个很重要的性能。

另外，佳能 EOS 30D/20D 采用了镁合金的机身，机身强度也更适合职业摄影师使用。不过从体积和重量上来看，它基本上还是保持了 APS 画幅系列的小巧与轻便。当然，不能和 400D 相比，但是在男士手中它的确有更好的持握手感和稳定性。

闪光系统方面，EOS 30D 有一个小小的内置闪光灯，以及支持 E-TTL II 闪光的测光系统，相对于它的定位，有这样一个小灯是恰当的，对于摄影师来说，即便内置闪光灯的功能极为有限，但是在特殊的情况下，巧妙地利用一下还是比没有强。不要以为只有便宜的相机采用内置闪光灯，二十几万的哈苏 H 系列也有内置闪光灯呢！我个人倒是很希望所有的相机都能有个小的内置闪光灯，不过严谨的相机设计师们出于对机顶坚固性以及取景元件的安置问题的考虑肯定不会同意这个想法。

30D 发布于 2006 年 2 月，它前一代产品是 EOS 20D，它配置的是和 EOS 20D 相同的 APS-C 尺寸（22.2 × 14.8 毫米）的 820 万像素 CMOS 图像感应器。

和老产品相比，30D 改用了“照片风格”菜单，替代了 20D 的参数设定菜单，这是一个很实用的改进。

此外还有 35 区测光系统 / 闪光测光，最大 5 幅 / 秒的连拍，E-TTL II 闪光控制系统，内建闪光灯、1/8000 秒最高快门，1/250 秒最高闪光同步速度，使用 20D 的 BG-E2 手柄，同样提供对于无线传输配件 WFT-E1/E1A 的支持。

EOS 30D 作为 EOS 20D 的升级版，外观上也没有明显区别，机背的最大区别在于 2.5 英寸的 LCD 显示屏比起 EOS 20D 的 1.8 英寸 LCD 显示屏显然有更好的视觉效果；细节上，三维摇杆略作了改动。

30D 还增加了占取景器面积 3.5%的点测光功能（要是能面积更小点就更好了，不过，那样的相机也就叫专业机了），这的确对有经验的摄影者有了更强的吸引力，从实用角度上说，对于在比较暗的环境下拍照或者在光线条件复杂、光比大的光线条件下精确测光使用分区曝光技术来推算曝光值都很有价值。对于风光摄影、舞台摄影、微距摄影来说尤其有用。

不用怀疑在数码时代以点测光作为代表的精确曝光是否还有意义。虽然数码相机的优势之一就是在拍摄时可以有 LCD 回放作为参考，不过，目前各单反数码相机厂商（包括高端的中画幅数码后背在内）使用的 LCD 屏幕的效果真的只是“参考”，加上本身多数数码相机的宽容度要远远逊于胶片（专业负片），所以对于严肃的数码摄影来讲精确曝光的需求其实反而是增加了的。另外，后期当然也可以利用很多图像处理软件进行曝光调节，但是几乎所有的这种调节都是以影响图片本身曝光表达作为代价的，只是程度不用而已。所以精确曝光对于严肃的数码摄影依然是非常重要的。

EOS 30D 的改进并不很多，而快门系统的改变也算是重要的改进了。快门性能达到了专业级相机的水平，包括 30～1/8000 秒的快门调节范围。而 1/250 秒闪光同步速度甚至比更高端的 EOS 5D 的 1/200 秒还要高。更加重要的是，佳能官方宣称 30D 的快门寿命达到了 10 万次，也和 EOS 5D 相当。延长快门寿命对于数码相机来说还是非常重要的。

EOS 30D 的快门时滞达到了 65 毫秒，比 EOS 5D 的 75 毫秒要快，而同时代的专业顶级机 EOS-1D Mark II N 和 EOS-1Ds Mark II 都是 55 毫秒。另外，纯粹地从技术上说，EOS 30D 的 0.15 秒开机时间比多数更高级的 EOS 系列相机都短—— EOS-1Ds Mark II 是 0.3 秒，EOS-1D Mark II N 和 5D 都是 0.2 秒——不过开机时间的缩短不是太重要的指标。

30D 在发布初期就有一些爱好者指出，相比 EOS 20D 而言，30D 的性能提升有限，而且从本质上讲，EOS 30D 在画质上并没有实现质的提高，与 EOS 20D 属同一级别。

RAW格式

RAW相当于传统相机的底片，是数码相机记录原始数据的一种格式，保存了最原始的CCD/CMOS数据，最大的优势是具有很广阔的色彩和层次宽容度，所以为后期制作留下了很强的操作余地。

先作一些枯燥的介绍：严格来说，RAW文件并不是一张照片，因为还必须加入相应的参数，比如色温（白平衡）、锐度、对比度等，再经过相机内的软件处理，才能成为一张照片。一般来说，一个RAW文件会同时包含感光元件的感光数据和拍摄时相机设置的参数。所以如果你在后期修改这些参数，包括色温、设定锐度、反差等等，就会得到不同效果的照片。

而关于常见的使用JPEG还是RAW的问题其实答案很简单：

我强烈建议每一位读这本书的读者从现在立刻开始拍摄RAW格式的图片，并且保持这个习惯。

从职业的角度来讲，JPEG格式的图没有太大的实际意义，反正我的JPEG图只是用来检索和发电子邮件的，所有更严格要求的图片，无论是展览、印刷还是商业使用都需要RAW解出的TIFF图。

RAW有很多很多的优点：

1.可以不考虑现场色温的因素。这是使用RAW最重要的一个好处。

RAW文件实际上并没有白平衡的概念，也就是说你在后期可以通过电脑做任意的色温（白平衡）的调整而不会引起任何图像质量的损失。这在JPEG格式的图片上是完全不可能做到的。

其实我们可以认为所有的数码相机在最开始都使用了RAW模式，但是如果你选择了JPEG作为存储格式之后，相机使用内置的RAW转换程序生成压缩格式的JPEG图之后会放弃掉RAW文件。而实际在生成JPEG文件之前你需要先决定好一些重要的方面，即白平衡、对比度、饱和度等，否则一旦解出JPEG图来再更改不仅麻烦而且会损失图片质量。直接解JPEG图唯一的好处是文件量小，只有RAW格式的几分之一。而RAW的好处在于，这些设定你都不必在当时确定（况且很多时候相机的自动白平衡也不都那么准确），而有充分的时间回来之后做得更好。

2.RAW通过电脑解图得到的质量更好。虽然相机本身也可以将RAW文件转化为JPEG文件，但是由于颜色线性化和滤波器行列变换在电脑上处理得更加迅速，而且通过电脑处理还允许应用一些相机不能采用的更为复杂的运算方式，所以通常通过电脑解出的JPEG图片的质量要远较相机解出的为好，如果你的情况不是这样，恐怕就要从自身上找原因了。

3.前面说了，如果要得到高质量的TIFF图，就必须拍RAW格式的文件。

4.如果你的照片略有曝光过度和不足，通过RAW调整的余地更大，而且对图像质量的影响最小。这个功能是非常重要的，有些其他品牌的数码相机由于相机本身高感光度的效果不好，还不如在拍摄的时候曝光不足然后靠软件后期提高亮度得到更好的画质。

当然，RAW唯一的一个弱点就是文件量比较大，因此会带来存储速度以及存储容量（存储卡或移动硬盘）上的限制。

对于一些摄影领域，速度比画质重要许多，特别是体育和新闻摄影，所以很多从业人员会选择JPEG作为唯一的存储格式。但是，最近两年这种情况也在发生变化，随着相机性能的提高，越来越多国外的新闻和报道摄影师在同时拍RAW+JPEG文件，JPEG的文件可以立刻发稿，而RAW可以在将来得到更好画质的图片，便于多种媒体的使用。显然，这已经成为了一个趋势。

➔ 摄影：毕远月，Photo by Bruce Yuanyue Bi
EOS 20D 机身，16-35mm L 镜头，光圈优先，+1 级，f/10 光圈，3.2 秒快门，ISO 100
20D 并不是一台非常昂贵的机器，所拍摄场景的色温条件也很复杂，但是使用RAW格式配合精良的后期制作依然可以得到这张引人入胜的图片。

很多时候同时拍RAW+JPEG文件是一个不错的选择，EOS-1系列的数码相机甚至允许你把这两种格式的文件分别存在CF卡和SD卡上。但是如果你熟悉软件的话，只拍RAW格式也可以，反正用电脑批处理也很容易。

同时，我要提醒读者，你要永远保留着你拍的RAW格式的文件，因为随着软件的升级，同一张RAW格式的图未来用不同的软件可能解出质量更好的图片。

说到软件，佳能自己有免费的专业软件Digital Photo Professional用于RAW的处理，包括精细的调整和编辑RAW格式的图像文件，这个软件的质量是相当高的。虽然各个相机厂家的RAW文件的输出格式存在差异，不过的确有独立厂家的软件处理不同厂家的RAW可以有更好的效果，如果你还有更高的需求和预算的话，也可以考虑这些更专业的软件，当然是需要额外付费的。

鼓励一下自己吧：严谨的摄影师都是拍RAW格式的，你也不应该例外。

APS-C 画幅入门级数码单反相机：EOS 500D

优势：

* 高清视频功能第一次出现在这么便宜的单反相机上
* 1510 万的 CMOS 带来非常高的画质
* 92 万像素的精细 LCD 显示屏

缺点：

* 电池跟不上其性能的进步
* 视频拍摄不能外接麦克风

（参考价格：4599 元）

2009 年 03 月发布的 EOS 500D 是佳能史上进步最迅速的入门机型。

2009 年上半年的 EOS 和其他竞争厂家一起在发布会的舞台上高速飞奔，竞争让 EOS 入门级单反井井有条、按部就班的升级频率被打乱，使得功能最新的 500D 和古老（按照 IT 规则）40D、450D 以及新生不久的 50D、1000D 一起出现在市场上，选择起来真是不太容易。EOS 500D 自从上市便高调出击，很多功能不仅超过了中端单反 40D，甚至连老大哥 50D 都自愧弗如，乱啊。

倒不是佳能想这么做，只是EOS450D开发太早，很多新技术没有来得及用，而在1000D上佳能又过于追求性价比，心思都花在降低成本上了。等竞争对手来了之后，还

机背显示屏

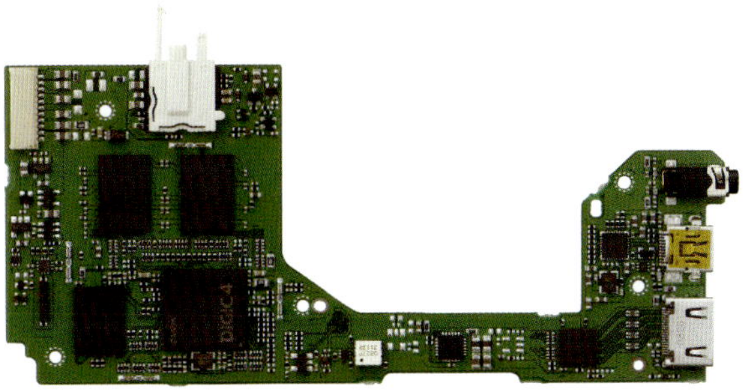

DIGIC Ⅳ影像处理器

是得靠一款震得住场面的机器，这样，500D就顺应于此诞生了。可以说，在500D上佳能不遗余力地应用了许多原本属于更高档EOS相机的新技术，以至于很多参数上它比50D并不逊色。配备了佳能非专业级单反相机中最精良的装备。

500D的体积和450D如出一辙，非常轻小。而它的1510万像素APS-C规格CMOS、DIGIC IV数字引擎和90万像素的显示屏等等都来自于50D，在指标上没有差别。画质和50D差别也不大，包括高ISO时的效果。

当然，500D 最具诱惑力的一点，就是整个EOS系列中只有它和5D Mark II才具有的高清视频拍摄功能。这已经足够让很多摄影爱好者放弃50D了。可达到与价值数万的高清摄像机同样标准的1920x1080的高清分辨率，虽然20帧/秒确实有点遗憾，但对于三四千档位的机型来说，已经是无敌的超值了。更何况还有APS-C尺寸的CMOS，比起5D Mark II这样的全画幅相机当然面积是小的，可比起摄像机来说那可是大的很了，足以让景深的表现出色许多。再说，还有那么多EF和EF-S系列镜头可以换呢！

如果对清晰度要求不那么高，而更追求流畅的效果，特别是在拍运动的物体时，1280x720的30帧/秒高清视频会更适合一些。

不过，有一点遗憾的是，500D是不能外接麦克风的，而拍摄视频时通过机身内置的麦克获得的录音效果实在只能用"凑合听"来形容。可见，摄影器材还是一分钱一分货的。当然，其实从500D的整体设计、操作方式、存储空间的限制、声音采集的质量问题使得它仍然不能成为一个常规意义上的"高清摄像机"。但作为单反相机功能的延伸，EOS 500D的高清摄像功能还是前进了一大步的。已经有越来越多的人开始用照相机拍摄常规MV和纪录性的短片了。刨除太专业的性能指标不谈，这样的功能已经足够让500D成为最具有性价比的EOS相机了。

再回到传统的摄影领域，500D使用1550万像素的22.3×14.9mmCMOS，与50D一致，分辨率远超40D和450D。在色彩表现上和50D比，如果在我看来，也毫不逊色。DIGIC IV处理器也带来了比前一代稍好的高感光度成像质量，同时也让其感光度大幅提升，从450D的最高ISO1600扩展到ISO12800，整整提高了三档。这对于喜欢在现场光下拍摄的街头摄影爱好者来说是个非常好的消息，不过，如果你很在意画质，我还是不推荐使用超过ISO 400的感光度。当然，500D在真实的色彩还原和更高的连拍速度上也有提高，周边光量校正、实时取景等功能也是一应俱全。虽然同时出现在市场上，但那时，EOS 500D靠1500万像素的CMOS和先进的DIGIC IV数字引擎可是比拥有更专业机身设计的40D吸引人多了。

500D也用上了92万像素的3英寸液晶屏，显然是竞争对手压迫下的结果。和5D Mark II以及50D的规格相同，很精细、显示效果很准确。500D的菜单也更接近于50D，操作也更具便捷性。

总的来讲，500D无论从功能、性能和配置上来说都是非常优秀的，在强手如林的入门级产品中凭着画质和视频技术确立了独树一帜的优势。虽然从它的对焦系统、连拍性能上来看，还是一个入门机的水平。但截止到这本书出版的时候（2009年8月）它还真的是比尼康、索尼、宾得的同类机型好的多，这种局面已经很久没有出现在EOS的入门机上了，它的确是佳能盼望了许久的，可以让EOS爱好者们扬眉吐气的最佳"学习机"。

EOS 450D

优势：

* 有实时取景
* 体积小、重量轻
* 性价比比较高

缺点：

* 像素再高点就好了
* LCD 显示没提高

（参考价格：3959 元）

作为低端单反相机400D的升级版，450D于2008年1月发布。和后来发布的1000D定位不同，450D虽然算低端单反，还算并没有和当时的主流配置脱节，并不一味以追求性价比为目的。

450D对于400D改进最大的，就是可以方便地使用实时取景系统。对于刚刚从家用小数码相机转向使用单反相机的影友来说，通过光学取景器观看往往不太习惯。而对于更高级的使用，即便是对于习惯使用光学取景器的摄影师来说，实时取景也具有很大的便利性，它让拍摄自由了很多，特别是对于高角度、低角度的拍摄都可以更轻松地完成。

450D仍然使用大小为22.2x14.8mm的APS-C尺寸的CMOS，焦距转换系数为1.6X，有效像素为1220万（最大分辨率为4272 × 2848像素），比400D的1010万有效像素算是略有提高。

实事求是地讲，增加了200万像素还真的不足以吸引人。不过，450D使用的DIGIC III数字引擎比起400D采用的DIGIC II来说，还算具有一定的诱惑力。无论从动态范围、高感光度效果还是从色彩的还原来看，DIGIC II引擎都稍显落后。450D可以提供14比特的模数转换，而400D只有12比特，因此，450D提供的影像质量会明显提高。

DIGIC III 处理器也为450D 带来了技术参数方面的提升。首先是感光度方面。虽然450D 的最高感光度仍然与400D 一样，是ISO1600，但450D 的感光度可以在ISO 100-800 之间自动设置，而400D 是在ISO100-400 之间自动设置。450D 在高感光度下对于噪点的控制也要略好于400D。它增设了高感光度降噪功能，开启后，噪点问题会得到更明显的改善。优秀的高感光度成像质量对于夜景、高速摄影来说还是必要的，毕竟闪光灯会影响现场光的气氛，而三脚架虽然可以对抗手的抖动，却无法解决被摄体运动带来的模糊。

处理器的提升也带来了连拍速度的部分提高。450D 的连拍速度为3.5 张/秒，使用JPEG 大/优格式可以连拍53张，使用RAW 格式可以连拍6张，拍摄RAW+JPEG（大/优），则可连拍4张。而400D 的连拍速度为每秒3张，JPEG 大/优格式可连拍27张，RAW 格式10张，RAW+JPEG 大/优格式8张。450D 在连拍速度上提高了17%，但如果你是习惯使用RAW 格式的摄影师，那么连拍张数量上的下降对你来说可能会带来一些不便。

450D 的测光模式上有了重要突破。400D 之前这个系列一直因为不具备点测光功能而备受指责。在很多光线条件变化比较大的情况下，使用者"测光基本靠眼"（高手说那叫"经验"？！）只能靠反复拍摄观看效果，调整曝光。这样非常不方便，也不精确。佳能450D 终于解决了这个问题，它的点测光功能可以测量取景器中央约4% 面积景物的光线强度，基本能够满足相关的测光需要了。

此外，450D 比400D 多了柱状图显示，这对于更精确地掌握曝光质量来说，是非常必要的。450D 使用了新型1080 毫安的锂电池，续航能力更强，不开闪光灯可拍摄600张照片，闪光灯使用率50% 时可拍摄约500张；而400D 不开闪光灯可拍摄约500张，50% 使用闪光灯可拍摄约360张。此外，它还可以提供4张照片浏览、长时间曝光降噪、自动亮度优化、高光色调优先、添加原始图像校验数据等功能。

内部配置上最大的差异来自于存储卡上的变化。佳能公司在450D 上开始采用SD/SDHC 卡存储，执著于使用CF 卡的佳能公司在单反相机中单独使用SD 卡，这还是第一次。毕竟SD 卡更小，而且现在价格已经降低到和CF 卡差别不大，SD 卡在单反相机上的崛起也得益于它在整体电子产品市场上的普及，现在连硬盘型DV 摄像机上也开始使用SD 卡作为扩展存储设备。

显示屏方面，450D 的LCD 液晶屏比400D 扩大了一些，从400D 的2.5 英寸升级到3.0 英寸。但是液晶屏像素数仍然为23万，因此，清晰度还略有下降，这的确有些古怪。

450D 延续了从350D、400D 以来的轻巧体积。对于年轻女孩来说，不要说1系列的专业机，既便是40D 或者50D 这样的机型握起来都有点吃力。而450D 对于他们来说，体积和重量都更适合。当然，现在的4/3 系统阵营的松下、奥林巴斯则将小巧、精致发挥到了极致，但那些画幅的机器，镜头群的完善是个未来不明的风险。

在材质方面，450D 的机身依旧是塑料设计，轻且便宜；仍然没有使用相机右肩显示屏，因此，拍摄参数只能显示在取景器里和机背LCD 上，查看参数时往往需要开启显示屏，再关闭。由于机背按键仍然比较简单，没有方向键拨杆和机背拨轮，因此，450D 在调整感光度、连拍模式、光圈、快门，以及菜单操作上，也没有太大改进。

在450D 上市之后，由于入门机市场的竞争日趋激烈，佳能先后发布了500D 和1000D。500D 的画质和功能可是比450D 强大太多了，而1000D 作为450D 的简化版则以价格取胜。不过在此之后，450D 还并没有停产。毕竟，对于EOS 的爱好者来说，如果你不需要视频拍摄，和500D 相比，450D 依然是一个具有不错性价比而且轻便的选择。

EOS 400D

优势：

* 1010 万有效像素 CMOS 图像感应器
* 自动除尘功能
* 体积小、重量轻
* 性价比超高

缺点：

* 可靠性上不要有太高期望

从市场反馈来讲，EOS 400D 是 EOS 系列里一款非常成功的机型，它的用户覆盖了最大的客户群范围，但同时也是竞争最激烈的价格区域，很多厂家都有跟它价格和性能接近的产品。

虽然 EOS 400D 只是数码单反相机的入门机型，却是我个人非常强力推荐的机型，如果用于学习摄影而不是出于职业摄影工作，我不会推荐其他更高级的型号，除非你没有预算的压力，而且打算一步到位到全画幅。

EOS 400D 发布于 2006 年 8 月，虽然当时很多其他厂家也推出了 1000 万像素级的数码单反相机，但是 EOS 400D 成功地维护了佳能在这个领域的优势地位。它的前一代是 EOS 350D，而新机型性能提高主要包括：

* 新的 1010 万有效像素 CMOS 图像感应器，前一代产品只有 800 万象素；

* 先进的综合除尘系统。

总的来说，数码单反相机的画质在硬件上决定于两项因素：图像感应器和数字影像处理器。这两项对于任何器材厂家来说都是梦寐以求提高的核心技术。

佳能最近几年一直在独立开发和制造 CMOS 图像感应器，每一代新的 CMOS 图像感应器会比前一代产品具有更高的信噪比、更宽的动态范围，同时提高传输速度并减少耗电。当然，耗电低本来就是 CMOS 技术的强项。

EOS 400D 使用的是 APS-C 尺寸（22.2 × 14.8 毫米）的图像感应器，镜头焦距转换系数是 1.6 倍，这和 350D、300D、20D、30D、40D 都是相同的，它可以使用常规的 EF 系列或者 EF-S 系列镜头。EF-S 镜头是为使用 APS-C 尺寸图像感应器的相机开发的，焦距比较短而且体积和重量都较小（详见 176 页）。

400D 的有效像素提高到了 1010 万，拍摄的照片最大分辨率为 3888 × 2592 像素，它使用了 DIGIC II 数字影像处理器。

数字影像处理器和图像感应器对于数码相机来说

同样重要。同样的图像感应器常常被使用在不同厂家的机身内，而由于各个厂家处理结构和算法不同，使得最终得到的图像质量也存在很大的差异——这对于佳能来说不太明显，但是对于尼康、宾得等品牌的相机就很明显，因为他们会同样使用 SONY 公司提供的 CCD 产品。

好的图像感应器一直在试图提供更高的画质和更高速图像处理的能力，从而使照片具有丰富的细节、逼真的质感以及真实还原的色彩。另外，低感光度和高感光度下的影像质量都会有提高，这样可以帮助摄影者尽可能地利用各种光线条件。400D 的 ISO 感光度的设置范围由 100～1600。根据我的经验，在 ISO 400 时得到的影像质量在电脑上看依然可以入眼。

总的来说，新的 1000 万像素的 CMOS 图像感应器配合高性能的数字影像处理器已经可以得到足够好的影像，且不说在电脑上使用，即便用于参加摄影比赛或者用于报纸都不会有任何问题。印刷方面，偶尔在常规的文摘、时政类杂志上面发个稿，只要不超过一页的大小，而且有后期精细的色彩控制，也基本可以胜任。

在其他比较重要的性能指标方面，EOS 400D 采用了与 EOS 30D 相同的高精度 9 点宽区自动对焦系统，与前一代产品相比，自动对焦功能可以在光线更弱的环境下工作，对焦范围宽达 -0.5EV 到 18EV。测光系统提供了 35 区评价测光、局部测光和中央重点平均测光三种方式，不过没有点测光。400D 使用了 23 万像素的 2.5 英寸宽视角 LCD，非常大而且好看，设置菜单和浏览照片感觉都更好。

EOS 400 开始具备“照片风格（Picture Style）”功能（详见 P40 页）。不同的照片风格有点类似在胶片时代选择不同的胶片种类，主要依照摄影者不同的拍摄意图，预设中包括标准、人像、风光、中性、可靠设置和单色 6 种，另外还有 3 种自定义照片风格。每种风格都可以对锐度、反差、饱和度等参数进行精细调整。我个人喜欢风光模式，有略高的锐度和色彩饱和度，不过，如果你拍摄的是 RAW 格式，所有设置都可以在电脑中进行更精确地调整，会多费一点时间，但是效果会更理想一些。

有些摄影爱好者喜欢高色彩饱和度以及设定比较高的锐度，实际上，过高的色彩饱和度会有很强烈的虚假感觉，过分调高锐度的效果也会很古怪。对于 400D 来说，色彩饱和度到 2 已经足够高了，而锐度到 3 就有些锐化过度，到 4 几乎已经是常规照片的极限了。

EOS 400D 的启动速度是 0.2 秒，是一个还不错的开始；而连拍速度只有 3 张 / 秒，这是很多职业摄影师不会选择 400D 的原因，使用 35 毫米单反相机的职业摄影师多数会希望更高速度的连拍。它可以一次最多拍摄 27

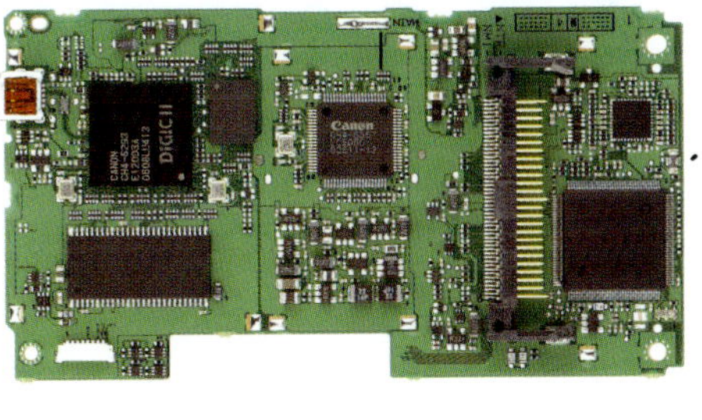

400D 使用的 DIGIC Ⅱ 数字影像处理器。

张 JPEG 或 10 张 RAW 照片，比它的前一代 350D 有了巨大的提高，这是非常重要的一个进步。

400D 的机身相当小，而且很轻。当然不会有专业相机那么气派和体面，不过换一个思路来考虑一下它的优点吧：为了在获得器材购买的财政支持的同时维持家庭生活的幸福稳定，很多男性摄影爱好者都在努力培养女友或者家中领导对于摄影的兴趣，如果你正在试图这么做，那么 400D 的体积和重量都很适合女性使用，这一点非常重要。

在胶片向数码过渡的时期，数码相机如果想达到胶片相机的效果付出的价格会很高。但是，对于爱好者来说，其实不必追求“完美”的影像质量（从我个人的角度，我不觉得 400D 和 30D、40D 的成像有多大差别）。如果你知道要把眼光更多地关注在影像的学习（400D 的功能实在是远远超出了入门的要求）和创意（需要高速连拍的例外）上面，那么 EOS 400D 则已经是绰绰有余。

机身小巧便携而且又能提供基础的影像水准，具有很高的性价比，是我很喜欢 400D 的原因。

花絮

新购 EOS 数码单反的选择

如果你看到别人用数码单反相机拍的照片很漂亮，打算购买你的第一台数码单反相机，而且不打算做商业化的使用，选择 APS-C 规格传感器的型号是明智的，价格便宜而且对于非商业使用也够用了。

我个人觉得 500D 这个系列——包括早先的 450D、400D、350D、300D 等等——是最适合摄影爱好者使用的相机，考虑到它的价格和性能，更高级的 40D 反倒不是必须的。

而 40D 的需求者至少应该是以下需求中的某一项：

需要高速连拍，比如拍摄运动、野生动物等；

在高寒、高热或者艰苦地区拍摄，需要更高的可靠性。如果只是偶尔去拉萨之类的地方旅行一下，以我的经验倒不是必须的；

如果你原来使用其他品牌的数码单反，准备换到 EOS 系统，我通常推荐 EOS 的全画幅数码相机，因为在这个领域 EOS 在技术和性价比上拥有领先优势，目前 EOS 5D Mark Ⅱ 还是全画幅数码相机里性价比最高的之一，超值！

EOS 1000D

优势：

* 有实时取景功能
* 体积和重量是EOS相机里最小的
* 最便宜的EOS数码单反

缺点：

* 性能也很“入门”，完全适用于“一分钱一分货”的法则

（参考价格：3069元）

2008年6月，佳能发布了入门机1000D。在此之前，尼康和索尼都靠着性能低但是价格更低的低端单反相机占据了大量的市场份额。这让佳能意识到，低端产品存在相当广阔的市场。此前半年，虽然450D作为升级版的入门机刚刚发布，但只有一款入门机还是略显单薄。由于老对手尼康廉价的D40和D40X在市场上掀起巨大的波澜，佳能甚至一度复产了性能并不突出但是价格低得多的350D。所以1000D的突然出现也就不难理解了。

通常来讲，像素数往往直接标志着档次，1000D推出比450D晚半年，却将像素维持400D的1010万，甚至低于佳能便携机G9和G10，由此可以看出它的低端定位。

在1000D中，降低的不仅仅是像素。为了降低成本，并且和450D在档次上区别开，1000D的配置也相当简化。增加到450D上的很多配置，在1000D上又被去掉了。比如被爱好者津津乐道的点测光功能；捕捉运动物体时非常重要的3.5张每秒的连拍速度也缩水了，显示屏亦只有2.5英寸，和400D相同。

这样配置的最大优势显然就是把成本降至最低，事实上，它也的确是目前为止佳能公司生产的最低端也最便宜的数码单反相机。其实，1000D在很多指标上流露着400D的遗迹。它甚至比400D还少了两个对焦点，是现在佳能少见的7点对焦的数码单反相机。不过，再怎么说也比对手尼康的D60的三点对焦强。

说到竞争对手尼康D60，EOS1000D另外还有一个重要的优势，就是实时取景功能，让刚刚使用单反相机的爱好者们更容易适应，也让俯仰拍摄方便了许多。

所以说，1000D也并不是简单的400D的廉价延续，它还是有一些自己独特的魅力。

首先，一个重要优势就是它超轻巧，在体积上是佳能单反相机中最小的；重量上，502克的质量也轻于556克的400D和524克的450D。这对于需要跋山涉水的旅行者、女性摄影爱好者来说都是一个好消息。

1000D使用了DIGIC III处理器，影像质量比像素数相同的400D还略有提高。托DIGIC III处理器的福，长时间曝光降噪功能和高感光度降噪功能都更好一些。总的来说，1000D的成像质量介于450D和400D之间。

另一个有趣的事情是，1000D连拍速度为3张/秒，不算什么了不起的指标，不过1000D连拍JPEG文件是无限量的，只要你的存储卡空间够。

小型化之后的1000D和450D一样也使用SD/SDHC卡，同时，新型1080毫安的LP-E5电池代替了400D用的720毫安的NB-2LH电池。它的续航能力从360张提高到500张。另外，一些重要而基本的功能，比如综合除尘系统都还在。

总的来说，对于EOS家族来讲，1000D会因为具有足够低的价格吸引家用便携机的用户而成为一款相当成功的产品。因此，直到上市一年后还依然不时有供不应求的局面。毕竟相对于小型数码相机的用户来讲，通过1000D可以体验到自由得多的创作方式和更丰富的效果，并且能够从数量庞大的佳能单反镜头家族中领会更多独特的影像魅力，至少感觉向“专业”的影像效果跨近了一大步。

EOS的综合除尘系统

落尘问题是可换镜头数码单反相机的大敌。每一个职业摄影师——无论在室内或者室外拍摄，都会被这个问题困扰。

落尘的主要起因是镜头的更换，所以，无论你的相机是否有除尘功能，都要牢牢记住：

1. 更换镜头的时候一定要关闭相机电源，防止感光元件吸附灰尘；

2. 更换镜头的时候接口要朝下，而且速度尽量要快，防止灰尘深入。

不过，在更换镜头的过程中，无论你多么的小心翼翼，灰尘还是很容易进入机身内部，而同时机身内部材料的使用过程中也会产生一些细微的灰屑（这在不能更换镜头的便携数码相机中也很常见）。一旦灰尘附着在图像感应器上，你会很容易在最终的图片效果上看到它们。如果遇到这个问题，你会需要花很多的时间在电脑上修图，得到一张没有被灰尘影响的照片是很费时费力的。在400D出现之前，比如350D，也可以提供一个“除尘”的模式，但是它只是通过相机菜单中的“清洁感应器”功能升起并锁定反光板（注意，一定要在电力充足的条件下使用这项功能啊！！），保持快门打开，然后需要你自己非常小心翼翼地用气吹轻轻吹走附着在感应器组件上的灰尘，但是这是一件非常困难的事情。

随着很多品牌使用了除尘功能，EOS 400D第一次采用了“EOS综合除尘系统”，这是一套包括抑制灰尘产生、积淀和去除的全面的应对感应器灰尘的系列措施。

首先是机身内部（如快门单元和机身盖等）采用了抑制尘屑产生的结构和材料，并进行了抗静电处理，可以大大减少尘屑的吸附和积淀。之后出现的机型对于快门帘、镜头接口密封都进行了改进，力图更有效地避免灰尘进入；而1Ds Mark III还专门改进了低通滤镜来避免产生静电，减少对灰尘的吸引。

而对于灰尘的去除，EOS综合除尘系统有三项措施：感应器自清洁单元、除尘功能和手动清洁感应器。

感应器自清洁单元是通过超声波振动来使第一层低通滤镜进行加速振动，从而震落附着在上面的灰尘，落下的灰尘会粘附在第一层低通滤镜底部的粘性材料上。至于粘性材料可以“承受”多少灰尘我并不清楚，不过我相信足以用到你更新你的相机为止。而低通滤镜和CMOS元件之间因为有封闭元件，是不会进入灰尘的。EOS的相机可以选择在相机开机和关机时启用感应器自清洁单元，当然也可以设置手动启动该功能。使用的结果表明，通过它可以有效去除绝大部分灰尘。另外，感应器自清洁单元每次工作时间约1秒钟，在感应器自清洁单元工作时，如果你突然遇到需要拍摄的画面，半按相机快门按钮会中断清洁而立即回到拍摄状态。额外要说一点，制造超声波振动的元件不能经受过长时间（超过3秒）的连续震动，如果在10秒钟内连续开启超过5次，很不幸，会有约10秒钟的时间你不能使用这个功能，所以没事的时候反复开关相机电源显然不是个好的习惯，好在感应器自清洁单元本身不费电。

有些特别顽固的灰尘通过感应器自清洁单元也难以清除，EOS综合除尘系统对于此还有一个备用方案。EOS 400D之后的机型有一个“除尘资料”功能会有些奇效，使用这项功能，需要你事先拍摄一张白纸，这样，相机可以记录下低通滤镜上的灰尘大小和位置数据并生成一个小文件，之后拍摄的图片都会附着这个小文件，然后在后期，你可以利用随机软件Digital Photo Professional来根据除尘数据减少灰尘对图像的影响，使灰尘影响尽量降到最低的程度。这招对于大的粘性灰尘还是有些用的，反正总比后期修片容易多了。

当然，如果上述方法都不管用，你依然可以使用传统的除尘方式——手动除尘。不过，我个人还是建议你找佳能指定的维修点进行这项工作。市场上有不少让你自己清洁感应器的套装工具，不过我自己目前还不敢尝试。

EOS 胶片相机

➔ 摄影：翟东风，Photo by Zhai Dongfeng
EOS-1N 相机，17-35mm f/2.8L 镜头，手动曝光，f/6 光圈，1/8 秒快门，柯达 E100VS 反转片。
加拿大魁北克城暮色

EOS胶片单反相机发展史

EOS系列相机的出现和AF技术的应用有着直接的关系。

AF技术的应用是改变图片质量和摄影观念的大事，这一点在AF技术应用普及很多年之后才被人们充分地意识到。佳能的AF技术在很长一段时间里一直是大家关注的焦点，也是它成功的法宝之一。

上世纪80年代初期是传统手动对焦（MF）相机向自动对焦（AF）相机转变的关键时刻，AF技术的萌芽出现在德国，后来在美国取得了技术上的突破，它刚刚出现的时候效果并不理想，不过全球的摄影器材厂家多数预见到它一定会取代MF技术因而加紧研发。

其中最早成功的是美能达（Minolta），它为实现AF，全面放弃老的卡口结构，推出了著名的α7000。可以说是一个创世之作！作为世界上第一台成功的商用AF单反相机，它的性能高，价格合理。1985年，在短短的半年内就销售了50多万架，从而使美能达当年的照相机销售量超过了连续八年保持销量第一的佳能公司。

在此之前，佳能已经是世界上最大的35毫米相机生产厂家了，很多爱好者喜爱高性价比的佳能产品，但是它的专业产品却并不是最成功的。虽然它的新 F-1受到很多职业摄影师的钟爱，但是同时代的尼康F3显然风头更劲！

佳能公司始终是一家在新技术开发上不遗余力的公司，当然不会甘心在新技术的竞赛中失败。实际上佳能在美能达α7000出现后两个月（1985年4月），曾推出了 T80（仍为FD卡口）以及三支AC系列AF镜头（50mm、35-70mm和75-200mm）。接着又于1986年推出了T系列的顶级机T90。当然，从现在的角度来看，T90是非常好的手动对焦相机，很多欧美的摄影师到现在依然很钟情于它。但是，T80因为售价高，而且性能并不比α7000优越，几乎是一败涂地；而T90在当时也没有得到佳能期望的成功。

自此，佳能痛定思痛，为了使新系列的照相机具有更卓越的性能和发展前途，它深知仅对原有卡口进行改良是很难奏效的，因而对其新的相机系列进行了革新，放弃了已使用近 30年的传统FD卡口，启用完全崭新的EF卡口。

这是一个非常令人震惊的决定，它意味着现有庞大的FD系列镜头群及所有的F系列、A系列、T系列照相机和附件都无法和新的相机相兼容。

可以想象，那时候佳能已经做了不成功便成仁的准备。幸亏，事实证明当初的决定是正确的！

1987年3月，全新的EOS系列相机出现在摄影师的视野里，佳能推出了其第一架新卡口的AF单反机EOS 650。

EOS表示电子光学系统（Electronic Optical System）。EOS 650展现了佳能对于相机的全新设想，它采用的是EF系列全电子信息传递镜头卡口，取消了所有的机械联动装置，只依靠八只触点来实现机身与镜头的信息交换，减少了因机械磨损所带来的误差，提高了精度。每只EF镜头内均有两只马达，一只用来自动聚焦；一只用来控制光圈的开启。

AF方式上，佳能将AF驱动马达装在镜头内，而不是像其他公司那样装在机身内。因为改变EF卡口之前有过一款失败的产品，佳能反而积累了设计这类镜头足够的经验。正因为将驱动马达装在镜头内，使得AF速度提高了许多，将美能达α7000等一众相机甩在了后面，成为当时AF速度最快的照相机。

在AF检测系统方面，EOS 650采用了佳能公司开发的BASIS（基存储影像感应器）作为传感器，与其他公司的CCD传感器有所不同，其灵敏度和AF速度均高于其他公司的AF系统。

EOS 650还首创了景深优先程序自动曝光方式。在拍摄时，分别对前后两点进行自动聚焦，然后重新构图拍摄，照相机会根据两点与照相机的距离，自动地选择适当的光圈，按光圈优先自动曝光。这种曝光方式尤其受到摄影初学者的喜爱。实践证明了这种新型的曝光方式是实用的，所以佳能在以后的许多AF单反机中也装备了这种曝光方式。

由于EOS 650具有一系列的优点，因此荣获了1987至1988年度的“欧洲相机”的光荣称号和1987年度“日本相机大奖”。同时由于佳能将超声波马达装入镜头内，也获得了当年的“欧洲科技创新大奖”（European INNO Award），可见佳能的新系列AF单反机的确身手不凡。

之后，佳能开始全面使用超声波马达来驱动镜头。佳能后来在这项技术上一直保持着领先，当时，它的主要竞争对手包括尼康根本不把超声波马达放在眼力，但是许多年后，他们也学习佳能使用了同样的技术。具有超声波马达的镜头在自动聚焦时，你能听到的只有调焦镜头组移动的声音，总的感觉它几乎是无声的。当然，环形超声波马达比传统的调焦系统要快很多，而且能耗低很多。另一个我认为很重要的优势是，它在极限温度下完全没有问题，这也是为什么后来很多登山队会改带着EOS的相机和镜头登顶珠峰的原因。

如果说1985至1988年间是美能达占据领先地位的话，那么从1989年开始，佳能则重新占主导地位。佳能公司推出多种高质量的AF相机，在市场上获得很大的成功。

但是佳能还是需要推出一台能够代表EOS技术的顶级专业相机来证明EOS系统的优越性。于是1989年9月佳能推出了其EOS系列的顶级机EOS-1来与尼康的新一代专业相机F4相抗衡。从基本技术指标来看，EOS-1与F4的差别不大，其主要技术指标，如1/8000秒的最高快门速度和1/250秒的闪光灯同步速度，AF检测范围扩展至-1EV等，两者是一样的。从设计策略上看，佳能是将自动聚焦作为其相机的基本出发点；而尼康则一直将它作为相机的一项附加功能来看待。我个人认为，这也是上世纪90年代之后它们在专业市场占有率上出现差距的最主要原因。

EOS-1的AF系统依然是当时最好的，它第一次采用了佳能新设计的新型CT-BASIS AF检测部件，使EOS-1的AF速度比以往的EOS相机要快得多，AF检测范围也扩展至-1EV。更为突出的是EOS-1的焦点预测AF方式，第一次采用了三次测距来预测焦点，因此精度和速度均高于其他机种，而且能预测出正在作加速运动的物体的焦点，与尼康F4和美能达Dynax 7000i 的两次测距方法相比，显然要更胜一筹。对于AF的重要性，很多相机厂商当时或许并没有意识到。

1989年年底，佳能推出了一款新颖别致的EOS RT。EOS RT是世界上第一架采用固定式半透明反光镜技术的AF单反机，其原型机是EOS 630。两者的基本指标是一样的，不过RT的最高过片速度达到5幅/秒。EOS RT的特点是取景反光镜固定，RT则表示“实时”（Real Time）的含义。在快门开启时，反光镜并不抬起来让出光路上翻，而是光线直接透过反光镜而到达胶卷平面进行曝光，因而使快门时间延迟由通常的1/ 15秒缩短至1/125秒，而且在拍摄过程中你可以一直观察到你拍摄的影像。该机对于从事于体育摄影和纪实摄影的人士是非常有用的，也是我最欣赏的EOS设计之一。EOS RT是限量生产的，不过产量不低，有25000架。

1992年8月，美能达和尼康分别推出了代表本公司最高水准的Dynax 9xi和F90，而作为老对手的佳能公司亦不示弱，于1992年11月1日推出了35毫米相机历史上划时代的新技术产品：EOS 5。

EOS 5装备了五个测距点，可以由用户自己选择其中任一个测距点，显然这是EOS 10三个测距点的发展。但EOS 5并不仅局限于多增加两个测距点，最精彩的是相机能自动跟随拍摄者的眼球而选择相应的聚焦点，这就是所谓的“眼控AF”功能，在取景器内向眼球发射红外线，根据眼球反射红外线的方向来判断视线方向，并以此为方向作为主体所在方向，从而完成对主体的聚焦和追踪。眼控对焦技术也是佳能最值得炫耀的技术之一。

而在测光系统方面，EOS 5采用了新的16区测光方式，而且可以随着聚焦点的不同而调整测光的重点。多区测光是有利也有弊的，它来源于厂家对数万甚至数十万幅好照片的分析和计算结果。好处是，使用它你拍摄照片的曝光不会离谱得太远；不好的地方是，它绝对是一个中庸的产物。对于它，最好的利用方式是在快拍的时候使用它作为一个比较可靠的参考依据，但是多数情况下，你依然需要对它提供的数值进行补偿修正来满足你的“主观”要求。

1994年11月，佳能终于推出了大家期望已久的EOS-1N，它代替EOS-1成为佳能新的专业顶级机。EOS-1N综合了当时35毫米相机所有的最前沿的技术，获得了巨大的成功，自此造就了EOS在35毫米单反相机上的领先地位。

在EOS-1N推出的同时，佳能也基本完成了EOS系列镜头的配置。佳能再一次成为职业摄影师手中最常见到的顶级相机。直到现在，即便它的新一代替代产品已经出来，很多摄影师依然认为EOS-1N是一台“没有缺点的相机”。

EOS-3是在EOS-1N之后推出的一台准专业机，它第一次使用了可以和45个对焦点联动的眼控对焦技术，使得它成为EOS系列里最便利的胶片相机。

而目前EOS系列最高端使用胶片的专业顶级机就是在新世纪推出的EOS-1V。

佳能公司EOS系列产品的成功应该说是最典型的高技术产品的成功。在EOS产品的初期，甚至在EOS-1出现的时候，佳能的产品还不足以对当时的霸主尼康 F4构成很大的威胁。但是，1N的出现标志着佳能的高技术策略赢得了胜利。起初人们对EOS系列注意的重点还只是在优异的自动对焦速度和对眼控对焦的惊讶之中，而1N的推出标志着佳能在35毫米制造技术上的全面领先。在1N推出之后的很长的一段时间，几乎没有什么35毫米的专业相机可以和它竞争，这在技术飞速发展的20世纪末，几乎可以说是一个奇迹。而现在，EOS-1V已经被认为是一部没有必要在技术上超越的相机了，或者说，在35毫米自动对焦单镜头反光相机里，EOS系列是绝对的顶级。

EOS-1V

➔ 摄影：奚志农，Photo by Xi Zhinong
EOS-1N 相机，500mm f/4L IS 镜头，
陕西秦岭，一场突如其来的冰雹之后，这只羚牛突然从嶙峋的怪石后探出一个脑袋，好奇地打量着摄影师。这时野生动物和摄影师都没有表现出任何的惊恐和疑虑，有的只是平静和一点点好奇心。

优势：

* 最强悍、坚固、可靠的 35 毫米相机
* 定义防水防尘性的新标准：可以在大雨中使用
* AF 速度与准确性性极高
* 最快过片速度可以达到为 9 幅 / 秒

不足：

* 机身的体积和重量都要求你有更强悍的身体

（参考价格：11300 元）

EOS-1V 是目前所有胶片相机中最强劲的，而同时它又具有独一无二的防水防尘性，所以，在胶片时代虽然我自己的主力相机不是 35 毫米单反，但是我的相机架上永远留着一台 EOS-1V，一旦需要拍摄一些环境特别艰苦的选题—— 无论是在喜马拉雅山脉或者在热带的雨林，总会有一两台 EOS-1V 和一些 L 镜头占据着我摄影包里的位置，这是任何其他相机都无法替代的。

EOS-1V 发布于2000 年2月2日，是佳能 EOS-1 系列专业机的第三代（之前是EOS-1 和EOS-1N）。从性能上看，直到现在它依然是传统 35 毫米相机的极限。

首先，1V 是一台强壮坚固的相机，它的金属机身集坚固性、耐用性和整体精度于一体。EOS-1V 机身采用了狭缝和混合框架结构作为各种部件的基础，框架由铸模铝和强化玻璃钎维碳化树脂（其强度等同于金属）组成，从而明显地提高了坚固性和精度。这些加在一起，保证了1V 成为现在世界上最强壮的胶片相机。

另外，EOS-1V 采用了轻型的镁合金来制造流线型的外壳。其实 1V 的前一代产品 1N 的机身坚固性已经非常好了，耐用而又坚韧。不过 1N 的机身是合成材料的，"高级感"不够（有点古怪哦！）。而实事求是地讲，其实很难说金属与塑料两种材料在相机上使用时哪一种更坚固、更耐用，EOS-1N 上使用的合成材料的韧性非常好，它在抗击冲击的时候性能可能会超过金属材料。但是从传统上看，还是有一些摄影师喜欢金属机身，而许多相机制造厂家一旦要标榜自己的产品是最专业且最坚固的时候，总要说我的相机是全部金属制造的，看来人的观念有时是很难改变的。

关于 1V 的坚固程度方面我没有什么可评价的。虽然我自信在很多恶劣的场合下使用了 EOS-1V，但是国外很多摄影疯子比我更疯狂百倍地虐待了他们的 1V，所以 EOS 专业顶级机的坚固性是非常有口碑的。

我要特别提到 EOS-1V 的防水防尘性。对于相机的封闭性和可靠性我比我周围的任何人都要挑剔许多。因为对于经常在野外拍摄照片的我来说，灰尘实在是太无孔不入了，而它会给你的相机带来一系列超乎你想象的麻烦。

同时，如果你是个真正的摄影师，你会明白往往越是恶劣的天气，越可以拍出与众不同的照片，而你也会明白，越是这样的天气，摄影师越不敢拿出他们的相机。

而 EOS-1V 给了摄影师这样的机会。EOS-1V 中 72 个主要机身缝口和动作部件，如快门释放按钮、选择按钮和主 / 副快速控制转轮，都采用了硅橡胶来密封，机背的边缘也是精心设计的。从而防水和防尘能力大大地加强了。而随着 1V 的推出，2000 年之后发布的所有新的 EOS-1 系列数码单反相机和 L 专业级镜头（除了 EF 85mm f/1.2L II USM 以外）都使用了 EOS-1V 的防水防尘标准。

EOS-1V 使用的防水防尘结构。

佳能公司宣称，EOS-1V 可以在"大雨"中使用，而我后来真的有幸在很多狂风骤雨中实践它的防水性能。真的很厉害！！

EOS-1V 采用了电子控制旋转磁体快门，快门系统的快门前帘和后帘是由非接触式的旋转磁体来控制，不会有因为集灰而引起的黏结问题。快门叶片由碳化钎维和用于制造飞机的超级杜拉铝制成。佳能宣称，室内测试已经证实该快门组件的寿命超过了 15 万次。

我们相信一般的来讲，专业相机的可靠性还是比较高的，很多摄影爱好者这辈子都没有遇到过快门的故障，因为在胶片时代，10 万次的快门使用保证一般几乎够用到老了。而这方面，专业的摄影记者和专题摄影师应该是最有发言权的。在本书的"摄影师与 EOS"单元，大家可以看到一些优秀的摄影师的拍摄经验，他们多数平均每年有 150 到 200 天在工作，一年快门的释放次数从 5 万～20 万次不等（很显然新闻记者、野生动物摄影师要比艺术摄影师按快门的次数多得多，而在数码时代，大家更是拼命地按快门！）。所以我们会要求快门更耐久以及更精确。

EOS-1V 采用的电子控制旋转磁体快门另一个优点是可以消除误动作的可能性，经过长期在严酷地区使用，其精度仍然保持不变。

在 1V 刚刚推出的时候，我曾经听到有记者问佳能的工程师：尼康 F5 上有快门监察机构，以确保快门工作的精度与可靠性，为什么 EOS 1V 没有用同样的机构？佳能

➔ 摄影：王瑶，Photo by Wang Yao
EOS-1V 相机，24-70mmf/2.8L 镜头

的回答非常简单，有力而自信："我们的快门有极高的可靠性，不需要此类装置就能够经受长期的使用考验，保持工作精度不变！"

EOS-1V具有和EOS 3一样的45点区域AF系统，45点对焦点密集地集中在8 × 15毫米范围内，可以手动或自动选择对焦点。EOS-1V的区域AF系统包含有两种传感器元件，这两类元件是互为补充的，其中区域内中心的7个对焦点具有纵向线条的检测传感器，其中6个传感器能配合f/2.8或更大口径的EF镜头工作，理论上它们的对焦精度是其他纵向传感器的3倍。这样的设计实际上形成了7个十字型中央对焦点，加强了物体的识别能力和提高了精度。中央一点十字形对焦点能配合f/4或更大口径的EF镜头工作，其中的水平检测元件能配合f/8或更大口径的EF镜头/增距镜组合工作。从而能充分发挥佳能 EF镜头与增距镜的组合潜力。

厂家宣称："当选择多个对焦点时，AF系统的对焦能力大大地加强，这是佳能所特有的技术，经过改进后加装在EOS-1V上，以满足专业人士的可靠性、精确性和高速对焦的要求。"不过我个人从来没有使用过这个功能，我还是认可自己对于对焦点的选择，不过说实话多点选择还是有些麻烦的，相比起来我更喜欢EOS-3的眼控对焦点选择或者CONTAX N1那样用操纵杆选择对焦点的方式。

其他的操控方面，佳能 EOS系列的双转轮设计是目前AF相机最方便的设计。经历全球职业摄影师的大量使用，没有什么负面的评价。

而EOS-1V的取景器也非常出色，对于一般的AF相机来说，对焦区域扩大，取景器的亮度应该有所降低，EOS 1V却没有这种现象，EOS-1V的设计人员甚至跟我说，EOS 1V的取景器相当亮，以至于佳能的工程师需要主动降低取景器的亮度，以适应专业摄影师的眼睛！酷吧。

十几年前，佳能和竞争对手关于AF速度的大战在世界各地的摄影杂志上打得不可开交。表面上是比比谁比谁快一点点，其实背后是谁技术高的问题。当然，最后，2000年的2月，佳能以EOS-1V的推出终止了这场竞争。此后，再没有人怀疑EOS-1V是世界AF性能最好的胶片相机。

AF技术难度最高的肯定就是预测AI伺服AF系统了，它能在保持对焦精度的同时快速地追踪移动物体，而在连续过片拍摄过程中，照相机要利用曝光的间隙来处理一个运算任务序列：AE、AF、驱动镜头、光圈控制、反光板和快门帘幕的运动等。在设计EOS-1V时，为了减少动作时间和实现并行处理，对每一个动作及其相应的所需时间、顺序等重新进行检验。1V的AI伺服AF方式中提供了世界上最快的焦点预测AF，同时最快过片速度可以达到9幅/秒，真是令人叹为观止。

EOS-1V是世界上现在最"劲"的胶片相机，一方面它拥有不争的飞一样的AF速度，另外，在锁定焦点拍摄时它拥有最高的过片速度——10幅/秒！

那么，到底快那么一点点有什么用呢？

对于拍摄动体的摄影师肯定是有用的，比如足球，或者赛车，往往就差那么一点点，你拍的清晰就是清晰，不清楚就什么用都没有。这时候量变已

经成为质变。而对于常规的摄影来讲，虽然高速AF的作用不是很明显，但是1V在照度很低和反差很弱的时候都可以得到比其他相机更精确的对焦。

其实MF相机，无论是单反相机或者旁轴相机都有很多方法可以提高对焦精度和反应速度（比较简单的就是依靠景深），而AF相机反倒是不容易靠使用者技术来提高速度和精度。

EOS-1V可以通过连接电缆ES与PC相连，再使用EOS连接软件ES-E1，可以对照相机进行自选组合、功能扩展、下载数据等。ES-E1软件是针对高级个人自选个性化的，EOS-1V的用户可以将照相机的功能编制成符合个人习惯、拍摄目的和条件，也可以管理拍摄的数据。

我觉得这里面最有用的个人功能设定是静音功能，因为自动过片的单反相机的噪音主要来自于高速卷片马达，所以这项设定允许你按下快门之后只释放快门，你会听到1V沉闷的快门声，而不会引发卷片，你可以一直按着快门不要松手，直到找到一个可以隔音的环境——比如用厚的衣服包一下——再松开手指过片。非常适合在一些特殊场合的使用，当然，效果不能和旁轴相机的低噪音相比，但是总是有一点用。

当然，即便是最顶级的AF单反相机，EOS 1V也不能说完全没有缺点的。

我始终觉得它太大太重，不是我喜欢的那种低调的相机，不过这是所有高性能AF相机的通病，并且一直延续到数码时代。其实当年佳能手动对焦的专业顶级机NEW F-1并不比旁轴的徕卡 M6大多少，但是现在随着加入更多的自动功能和追求性能的强劲，AF单反相机的个头迅速膨胀了起来，使用AF单反专业相机似乎已经变成了一个力气活儿。而同时体积大的单反相机的确在拍摄时会更加引人注意，这对于多数不喜欢炫耀，希望混入人群中拍摄的摄影师都不是个好消息。

当年1V刚刚发布的时候我和它的设计师聊起这个想法，他也说随着1V的性能已经达到期望，下一步的计划是希望把1V的体积和重量降下来。不过随着数码时代加速到达，1V已经是最后一代胶片顶级相机，这个未竟的期望也只能由佳能未来的数码单反相机来实现了。

EOS 3

优势：

* 极为便利的眼控对焦技术
* 体积和重量都适中
* AF 速度与准确性性极高
* 高性价比

不足：

* 防水防尘性没有达到顶级水准
* 取景器不是 100%

（参考价格：4000 元 - 二手）

EOS 3 于 1998 年 9 月发布，这个时间介于 EOS 1N 和 EOS 1V 上市之间，所以 EOS 3 很多配件，如电池盒、对焦屏等都可以和 EOS-1、EOS-1N 兼容，它的操作界面和 EOS-1N 也很象，虽然手感很轻，但是耐用性和防水防尘性能也可以达到 EOS-1N 的水准。

EOS 3 最值得骄傲的，就是它独一无二的和 45 点区域对焦联动的眼控自动对焦系统！而拥有这项特点的 EOS 3 正是佳能对构图优先概念作出最完美诠释的产品。

佳能早期的自动对焦相机仅是在相机取景屏的中央部位方能实现自动对焦，后来发展到多点或宽区域自动对焦。但是能实现自动对焦的面积都比较小，常常在拍摄时需要先锁定焦点，再重新构图。给拍摄工作带来许多麻烦。

EOS 3 的 45 点自动对焦区域被安排在一个椭圆形的 8 毫米 × 15 毫米的范围内，大约占取景器面积的 23%。自动对焦传感器采用的是拥有 10724 个像素 CMOS（互补型金属氧化物半导体，后来佳能的数码相机使用的是它的高级产品）传感器。这将使得 EOS 3 成为当时自动对焦速度最快，精度最高的相机。45 点区域自动对焦传感器中心部位的 7 个点，采用的是高精度十字型传感器（当然，中心的那个传感器性能最好），其余 38 个点用是垂直线传感。

EOS 3 结构上也有不少独到之处，由于自动对焦区域前所未有的大，为了保证 CMOS 传感器的检测精度，主反光镜后面安装了一块大型凹面副反光镜，这种副反光镜和 Z 字型光路等新技术的应用，确保到达 CMOS 传感器中心和边缘的光线同样精确。

在取景的时候，当然能实现自动对焦的面积越大越好，对焦点越多越好。但实际这又和精确选取对焦点相矛盾。如何在大面积的自动对焦传感器中识别出相应独立的精确的对焦点，EOS 3 的眼控系统配合 45 点区域自动对焦给了我们或许是迄今为止最好的解决方案。

眼控自动对焦功能的关键部件是眼控 BASIS 传感器。设想一下，45 个点只需用眼睛一瞄，焦点可以随心所欲地选择是多么的惬意，这一点，即便后来佳能推出的更高级的 EOS-1V 都无法比拟的。

EOS 3 的快门结构也与众不同。这是佳能第一款使用新型旋转磁铁焦平面快门的相机，完全不同于传统的衔铁式快门，不会出现由于衔铁表面太光滑或有油污而发生的粘连事故。更重要的是新型快门的使用寿命可以大大加长，厂家宣称可达 10 万次，媒体测试的数值则是厂家公布数值的数倍。而且这种快门非常省电，尤其是在使用 B 门时，比起传统电子快门来说节电效果更为明显。

需要提示的是，EOS 3 可以用自选功能设定选择 45 点区域自动对焦，或 11 点区域自动对焦。就实际使用而言，很多摄影师喜欢选择 11 点区域自动对焦。其中的一个重要原因是：11 点区域自动对焦，所选择的对焦区可以和点测光连动。

除此以外，EOS 3 也是一台功能完备的相机，包括高达每秒 7 张的最高连拍速度，1/8000 秒的快门速度，最高闪光灯同步速度 1/200 秒，使用 FP 焦平面闪光模式可以达到 1/8000 秒的闪光同步速度。加上强大的佳能附件系统的支持，EOS 3 是需要迅捷拍照的摄影师理想的选择。另外，虽然没有顶级机 1V 那样极限的性能和坚不可摧的体格，但考虑到它良好的性价比，或许它更值得适合广大的摄影爱好者。

EOS 3 也是我个人最喜欢的 EOS 胶片单反，当然，主要原因是眼控 AF，此外，和 EOS-1V 比，它的功能差不多，但是机身比较轻，只要不需要防水性的时候，我通常会选择 EOS 3。

花絮

多点对焦和构图优先

其实“多点对焦”的概念是徕卡首先提出并且实现的，徕卡曾经在 M4 上加上左右各一个对焦框，这样就在取景器里有左中右三个对焦框，靠手动切换。当然同时只能用其中之一，由于感觉市场对这种“改进”不会有什么反响，于是在造了几十台样机之后就没再发展下去。

佳能多点对焦技术的应用是从 EOS 10 三个测距点、五个测距点的 EOS 5 开始的。就此，佳能提出了“构图优先”的使用原则，以后它的多数相机都使用了多点对焦技术，而 EOS-1V 和 EOS 3 更达到了空前的 45 个对焦点。就实际使用的便捷性而言，似乎还没有其他相机能够和 EOS 3 加了眼控的 45 点多点对焦的便捷性相比。

眼控对焦技术

眼控对焦技术是佳能对它提出的“构图优先”概念的最有力的支持者。

实践证明构图优先的想法非常有用，特别是当被摄主体不在画面中央的时候，的确有利于摄影师更精确地构图、提高对焦以及拍摄速度。

佳能后期生产的多数EOS系列单反相机都使用了多焦点对焦技术，而且对焦点越来越多，EOS-1V和EOS 3更达到了登峰造极的45个对焦点。不过，后来发现快速而且精确的控制对焦点的选择是一个很大的问题。佳能自然想到了它的眼控对焦技术。

眼控对焦技术也是佳能最值得炫耀的技术之一。上世纪90年代初，佳能首先发明并推出了使用眼控自动对焦的EOS 5，利用非接触技术确定摄影者的目光透过取景器具体投向哪里，来选取5个横向排列的不同的对焦点。眼控装置很小，能够安装在相机的取景器里。它的原理非常巧妙，当摄影者透过取景器拍摄时，一束由二极管发射的红外线将会照射在他的眼睛上，这束红外线会被角膜反射，整个眼球表面的反射影像将透过影像合成镜头，在区域传感器上聚焦。然后据此来确定眼球中心和反射光的位置，并得出眼球的旋转角度，这样传感器根据眼球旋转的角度，就可以确定目光投向的具体方向。

EOS 5的对焦点是横向排列5个，但它不能在竖直方向实现眼控，这当然在进行竖拍时造成不便。1995年佳能公司推出了横竖都可以实现眼控的机型EOS 50E，完善了眼控自动对焦技术，受到了爱好者的空前欢迎。

在1998年11月推出的EOS 3上，45个对焦点分布在足够大的面积上，而且排列相当紧密，由于采用了更高速的微处理器，使得EOS 3的眼控对焦速度比EOS 5快了数倍，而且在相机水平或垂直状态都可以使用，同时也提高了响应速度，使得眼控对焦在卓越的精确度的前提下也达到了前所未有的便利程度。根据厂方提供的资料，相同的测试条件下，眼控的响应速度：EOS 3为65毫秒，EOS 50E为120毫秒，EOS 5为220毫秒（2000年推出的EOS 30更短，为55毫秒）。甚至很多摄影师都质疑佳能公司为什么不把这么有用的技术应用到它的专业顶级机（比如EOS-1V）上面！

答案是：眼控对焦并不是尽善尽美的。

第一，由于取景器附近要加上眼控对焦的系统，所以不能做到100%的取景范围，而通常100%的取景范围是专业顶级机的必要指标。（不过，从更实用的角度来说，我个人更喜欢眼控AF的功能，而宁愿牺牲取景范围。）

第二，眼控技术实现起来是有相当难度的，毕竟人和人的瞳孔不同；即便是同一个人，不同时间瞳孔也有差异；人眼视角也各不相同；还有人戴着眼镜或者隐形眼镜。虽然眼控对焦在不断研发中逐步解决这些问题，但目前眼控对焦还不能做到100%的准确。这也是为什么佳能没有把它加入专业顶级机的主要原因。

但是，眼控AF对焦技术依然是我认为非常实用的技术，它的使用窍门在于要经常在不同的光线下做眼球的数据输入。输入的数据越多，对焦会越准确。而在进入某一个新的拍摄环境，如果你特别在意眼控AF功能最好能先做几次眼球的数据输入，这样眼控对焦的成功率几乎可以达到90%以上。

固定式半透明反光镜技术

对于单镜头反光照相机来说，有些问题是单反结构天生决定的，是它难以解决的永远的痛，比如说时滞，比如说噪音。

因为单反相机取景时成像的光线是经过反光镜反射到取景器里，所以从你按下快门钮到快门真正释放中间相机还要忙活一阵子。反光镜需要翻起让出光路才能让快门打开进行曝光（当然曝光结束后，反光镜还要放下来），这样就一定会有一个间隔，一般的单反相机需要0.1秒左右。

当然，0.1秒的延迟拍摄花花草草没有问题。但是在拍摄快速移动的物体时就有问题了，比如你在希腊拍摄一次难得见到的民族舞蹈，一些美女穿着盛装旋转出一个个美丽的弧线，OK，你在她们笑靥如花的时候按下快门，等到回国冲出胶片，可能会发现那些美丽的异国面孔不见了，只剩下一些后脑勺——这就是单反相机常见的时滞问题。

所以，拍摄高速运动的摄影师需要非常多的经验，例如他们需要能揣摩花样滑冰运动员的动作，在他们跃起之前就按下快门——否则，冲出来的胶片显示运动员已经落在地上了。

另外，出于同样的原因，在快门开启的瞬间取景器里是一片漆黑的，在拍摄运动物体的时候，一旦快门低于1/30秒（别说运动物体不能用慢门拍，那可太菜鸟了！），你总会有一瞬间失去被摄者的恐惧。

而且也由于这一黑，在使用闪光灯的时候，你也常常会怀疑：它亮了吗？或者回忆一下你拍过多少闭着眼睛的人物照片。

这些都是单反相机因为结构造成的“硬伤”，也是旁轴相机的拥趸经常对单反相机撇嘴的原因。

似乎是不得不接受的现实，不过，别忙，另类的解决方案还是有的，这就是固定式半透明反光镜技术。

半透明反光镜不是很神秘的东西，很多高级的单反相机都在可移动的反光板中使用了它，主要是为了透过部分光线来进行AF或者测光，而固定式的半透明反光镜的差别在于它是不会移动的。这听起来这很简单，但是对于相机的影响绝对没有这么简单。

固定式反光镜采用一种叫分光薄膜的设计，会把少一部分通过镜头的光线转向取景器用于构图，而大多数光线可以透过反光镜继续照射到快门和胶片上，因此拍摄的时候反光镜不需要移动来让出光路。当然，这样会使得达到胶卷上的光线减少2/3档，而同时进入取景器的光线也减少了。这听起来好像不是“双赢”的模式，不过，带来的好处也是明显的：

1.摄影师可以在曝光的同时始终能够看到被摄对象。而常规单反相机在按下快门后，反光镜会升起，曝光的一刹那取景器里是漆黑一片，你实际是看不到曝光瞬间的实际景象的。如果你真认为这个“瞬间”是很短，你一定是刚刚开始拿起相机的人。对于摄影师来说，会不时有在低速快门下拍摄的经历。

2.在使用运动物体预测自动对焦功能时，可以确认拍摄瞬间被摄物的聚焦情况，确认自动对焦的实际效果。

3.始终可以看到取景器里的影像对于采用长时间曝光追拍方式非常有帮助。

4.常规的单反相机的反光镜升起会造成相当的相机震动，我们称为“机震”，这是为什么旁轴相机可以在很低的快门下手持拍摄而单反相机不能的原因，也因为如此，很多专业相机设置了反光镜预升锁定功能；而使用固定式半透明反光镜技术的相机不会有反光镜升起落下造成的震动。

5.传统单反相机的反光镜升起和落下会有相当大的声响，而使用固定式半透明反光镜的单反相机不会有这个问。

6.因为不需要移动反光镜，相机的快门时滞可以降得非常低，这一点非常非常的重要。EOS-1NRS只有6毫秒，EOS RT快门时间延迟也要比常规版本EOS 630短得多。

7.最后一个很小的好处是可以验证闪光灯操作正常，另外在使用频闪闪光模式时，能够观察到大概的摄影效果。

佳能有两款使用固定式半透明反光镜的相机：EOS-1N RS和佳能EOS RT。这两种机型目前在二手相机市场上很容易看到。

固定式半透明反光镜技术是佳能的看家法宝之一。根据厂家介绍，佳能最早的固定式半透明反光镜相机出现在1965年，是佳能 Pellix，此后基本上每一个系列的顶级机都有固定半透明反光镜的版本。

1972 年装有固定式半透明反光镜版本的佳能F-1达到了9.5张/秒的连拍速度；而1984年佳能特制的固定式半透明反光镜版本的新F-1创造了14张/秒的惊人记录，至今无人能敌；而EOS-1N RS实现了每秒10张的连拍速度记录，是现在最快的自动对焦相机之一。

当然，佳能的固定式半透明反光镜技术也并不是没有竞争对手，除了佳能，尼康也有能力制造固定式半透明反光镜单反相机（指商业产品），包括特殊版本的F3等等。

EOS RT是世界上第一台采用固定式半透明反光镜的AF单反机。RT在那个时代是非常好的机器，做工很扎实，用的是金属机身，而且可更换对焦屏，不过AF速度有点慢，另外倒片声音略大了点。现在不用花太多钱就可以试试它，二手价格很便宜，大概在1500～2500元。

EOS-1 N RS是EOS-1N的一个特殊的升级版本，也使用了固定式半透明反光镜技术，于1995年上市，目的是结合AF技术帮助摄影师在特殊的拍摄领域拍摄不寻常的画面。它的震动和噪音都极低，时滞极短，和徕卡 M系列相差无几，你会感觉按下快门钮的同时快门就释放了，为摄影师抓取稍纵即逝的瞬间创造了更多的机会，在RS模式下快拍可以达至每秒10张的惊人速度，几乎是现有AF相机里面最快的，因此是体育记者和野生动物摄影师的最爱。二手EOS-1N RS的价格现在在五六千元左右。

从实际拍摄上看，固定式半透明反光镜不会对最终成像有任何不好的影响，但是要注意的是因为反光镜参与了最终拍摄的光路，因此一定要保持清洁，万一有落灰，要用气吹小心地吹，不要用刷子或者任何东西擦它。自己解决不了的清洁工作，就交给佳能的维修站来做。

当然，固定式半透明反光镜也不是完美的，特别是由于主要的光线穿过了反光镜，即便使用高亮的取景屏，取景器也没有常规单反相机明亮，AF时候的感觉并不明显，但是如果使用手动对焦的时候会有些困难。

另外，毕竟通过固定式半透明反光镜投射到胶片上的光线是有损失的，有时候你或许需要在慢一点的快门、高速一点的胶片和因此带来的粗一点的颗粒之间做抉择。

另外要注意的是，使用固定式半透明反光镜的相机在测光上还事先设定了补偿，以补偿供曝光光线的减少。如果你使用额外的测光表，也需要对此作出补偿。

不过，很遗憾，或许在数码领域已经足够成功了，佳能目前没有发布数码版的固定式半透明反光镜相机，或许是因为目前高速的数码单反相机（比如1D MARK III）在拍摄上已经达到足够的高速度了？

很显然，由于单反相机的结构原因，固定式半透明反光镜相机也不可能做到能尽善尽美，但事实上，一旦尝试过采用固定式半透分光反光镜的相机，很多人会立刻对它着迷，这种能看到拍摄瞬间的快感的确是其他单反相机无法提供的。有些人则表示他们再也不能适应传统的单反相机了。

试试看，或者你也会有同感。

➔ 摄影：赵嘉，Photo by Zhao Jia
EOS-1V 机身，14mm f/2.8L 镜头，手动曝光，富士 RDP Ⅲ 胶片
匈牙利

EF 系列镜头

二

佳能的 EF 镜头巩固了 EOS 的优势地位，正是 EOS 机身之良配。每一支 EF 镜头都提供了和价格匹配的光学素质，它们对焦迅捷、安静、画质优良。

而 L 系列镜头在不停地挑战镜头设计和制造技术上的极限，其中不仅拥有一些世界上最大光圈的 AF 镜头，而且性能格外可靠耐用，能够和职业摄影师一同面对一切困难的拍摄条件，基本上每一支都有些可以说道的东西。

定焦镜头

定焦镜头是摄影者最早应该了解的镜头。

对于初学者来说，使用定焦镜头会更容易了解关于镜头焦段、视角、空间关系以及光圈之间的关系。

而对于有经验的摄影师来说，定焦镜头通常意味着更大的光圈、更好的色彩、更高的锐度和更完美的焦外成像效果。同时对于一些特殊的摄影领域，定焦镜头可以达到变焦镜头无法达到的拍摄效果，比如移轴镜头、微距镜头以及超长焦段镜头。

最近十几年随着变焦镜头成像质量的提高和成本的下降，摄影爱好者采购定焦镜头的比例也在下降。但我依然强力推荐使用定焦镜头，特别是对于摄影爱好者来说，如果你想在影像质量和个人摄影风格上有更高的提升，赶紧去试用一段时间定焦镜头，收获会远远超过你付出的费用。

Ⓣ摄影：赵钢，Photo by Zhao Gang
EOS-1Ds Mark II 机身，300mmf2.8L 镜头 +2 × 增距镜镜头，手动曝光，f/20 光圈，1/1250 秒快门，ISO 100

15 毫米鱼眼镜头

鱼眼镜头下令人惊奇的世界

由镜头焦距和相机画幅决定的能被拍摄到的景物角度即是相机镜头具有的视角。标准镜头（对 35 毫米胶片相机来说通常是 50 毫米，这也是 35 毫米胶片相机中画面对角线的距离）的视角是类似于人类眼睛的，大概 50 度。而 15 毫米鱼眼镜头视角达到了 180 度，也就是说在鱼眼镜头前的任何事物几乎都会被拍摄进画面。如果你端着相机，你上面的天空、下面的地面，还有从左到右的周围环境（甚至你不小心翘起的手指）都可以在取景器里看到，这些通常要通过转头才能看全的景象在鱼眼镜头里一览无遗。

这种镜头被称为鱼眼镜头，它类似于鱼在水中看外面世界的方式，鱼的眼睛视野广阔其实是和光线在水中的折射相关。

鱼眼镜头也有很多种，并不一定就是 180 度的。早期的鱼眼镜头效果非常不好，甚至需要摄影者把最终成像的一部分裁掉。后来随着镜头设计能力的提高，不仅成像质量有所提高，甚至还出现了超过 180 度视角的鱼眼镜头，历史上甚至有 8 毫米和 6 毫米的鱼眼镜头。不过，由于鱼眼镜头的使用率很低，多数厂家的鱼眼镜头都在 180 度视角以内。EF 系列的鱼眼镜头也是这样。

鱼眼镜头超越了人类视觉的界限，使视觉有了新的快乐感受，所以任何人使用它都可以得到十分“有趣”的照片，但是，鱼眼镜头的意义显然不止于此。

在极为狭窄的室内以及一些特殊的拍摄场合，鱼眼镜头往往可以大显身手，特别是用于科研目的的拍摄。使用鱼眼镜头的人士也包括天文学家—别以为他们只用长长的天文望远镜—鱼眼镜头在对天空记录的时候特别有用，比如记录流星雨的轨迹之类。

许多摄影师使用它拍出了令人难忘的作品，不少资深的时尚摄影师和体育摄影师都喜欢用它拍摄很个性的图片。

由于鱼眼镜头将 180 度视角内的所有内容容纳在长方

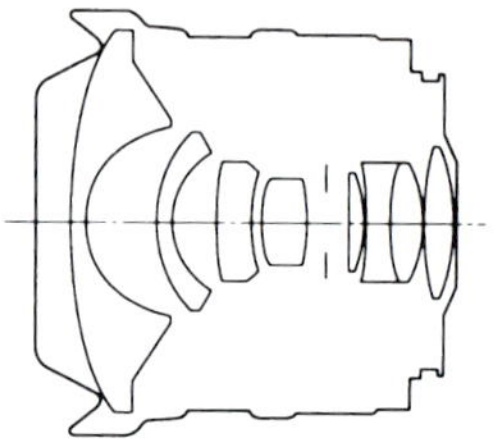

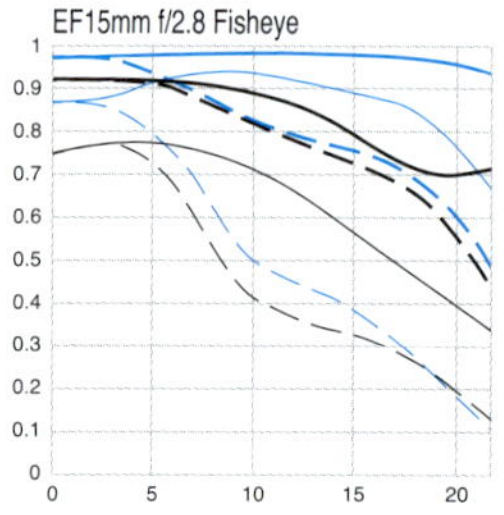

EF 15mm f/2.8 鱼眼镜头光学结构：

焦距和最大光圈：15mm，f/2.8
光学结构：8 片 7 组
对角线视角：180 度
调焦系统：线型马达自动对焦
最近调焦距离：0.2 米，0.14 倍放大率
滤镜口径：后置嵌入式凝胶滤镜插口
最大直径 × 长度：73 × 62.2(mm)
重量：330 克
（参考价格：5200 元）

摄影：谢墨、Photo by Xie Mo
EOS 5D 机身、15mm 镜头、手动曝光、f/8 光圈、1/125 秒快门、ISO 200、
印度尼西亚、瓦卡多比、巨型海柏与潜水者

形（比如 24 × 36mm 的画幅）或者正方形（比如 6 × 6cm 的中画幅相机）的胶片或感光元件上，所以照片的边缘部分会有很大程度的畸变。而且几乎所有经过照片中心以外的直线都会变为曲线。

同时，它的超焦距的作用极强，画面中每一个事物都会得到清晰的展现。也使得在画面中心的物体看起来格外大，越靠近画面边缘的物体其变形扭曲就越厉害，会造成一种强烈的透视感，但是对于不了解鱼眼镜头效果的使用者和观赏者而言就会有一些异样的感觉。

当用鱼眼镜头的时候，永远要记住视觉冲击是很强烈的，这和其他摄影器材有很大的不同。的确，鱼眼镜头是最难使用的镜头之一，摄影者很容易沉溺于其特殊的视觉效果和镜头的冲击力上而忽略了艺术表现。摄影者永远要记住，你要试图驾驭器材而不要让器材驾驭你的想法。因此，不要无选择地总是刻意使用具有强烈视觉冲击力的镜头，被它左右你的拍摄方式和风格，而是要用自己的艺术和创作感觉去选择拍摄的题材和画面。很好地运用鱼眼镜头可以创造出独特表现力的作品，而使用鱼眼镜头拍摄的平庸的作品却也比比皆是。

同时要提醒的是，在一些特殊情况下鱼眼镜头也可以作为超广角镜头来用，因为这种镜头拍摄的画面中心部分的物体的线条是不会变形的，所以很多有经验的摄影者会利用这个特性把“不能”变形的主体放在中间，而不会产生明显变形感觉的部分安排在四角。

EF 15mm f/2.8 鱼眼镜头：

这款 180 度视角的鱼眼镜头可以创造超乎寻常的视觉效果。由于具有超级大的景深，有时候你会有种不知道焦点在哪里的惶恐感，甚至感觉手动调焦有点“困难”，但是这并不是真的很困难，其实在绝大多数情况下，自动对焦能够带来迅速而精确的对焦。而依靠它本身的超焦距性能在手动对焦下也可以轻易地得到清晰的照片。甚至当被拍摄物体离焦平面只有 0.2 米时，鱼眼镜头的特点也足以使它应付这种特殊的拍摄情况。

因为视角过广，EF 15mm f/2.8 鱼眼镜头不能使用前置的滤光片系统，而使用后置嵌入式的滤光镜。这样的问题是不能使用 UV 镜来保护镜头最前面一片，所以使用和收存的时候都要比别的镜头小心。

另外，由于设计上的难度以及成本的考虑，这支镜头的分辨率不能和其他 EF 的定焦镜头相比。当然，这通常也不是它的使用者所苛求的。

14 毫米镜头

镜头外超现实广阔的影像世界

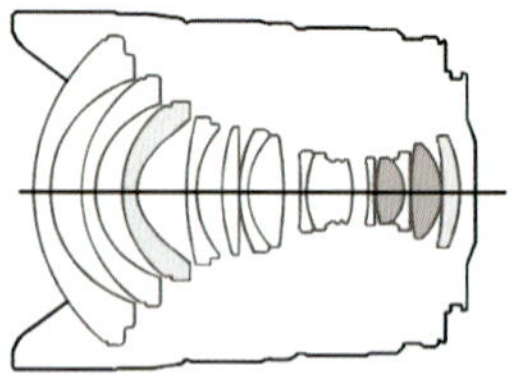

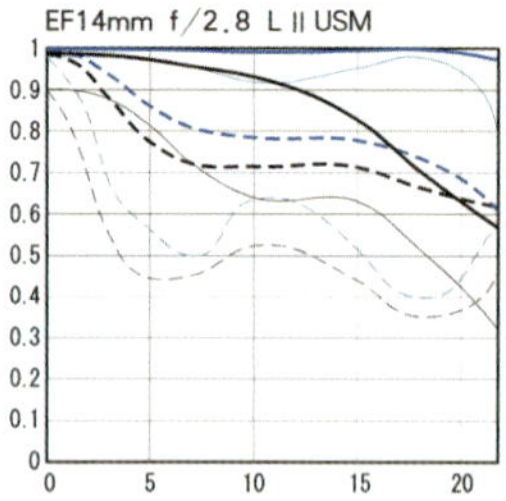

EF 14mm f/2.8 L Ⅱ USM 光学结构：

焦距和最大光圈：14mm f/2.8
镜头结构：14 片 11 组
对角线视角：114°
调焦系统：环形超声波马达，后组调焦系统，全时手动对焦
最近调焦距离：0.2 米，0.15 倍放大率
最大直径 × 长度：80 × 94.0mm
重量：645 克
（参考价格：14400 元）

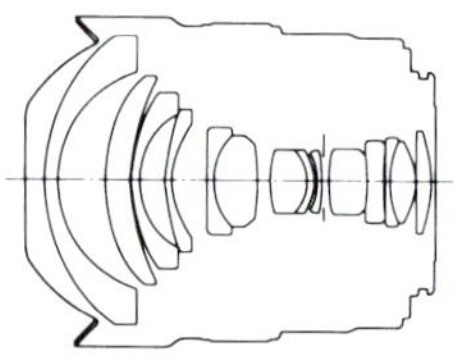

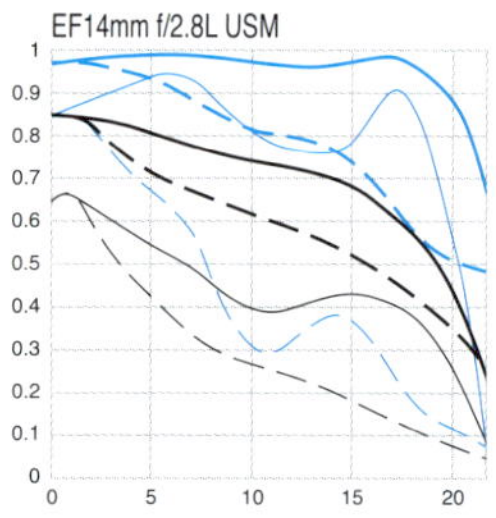

EF14mm f/2.8L USM 光学结构：

焦距和最大光圈：14mm f/2.8
光学结构：14 片 10 组
对角线视角：114°
调焦系统：环形超声波马达，后组调焦系统，全时手动对焦
最近调焦距离：0.25 米，0.1 倍放大率
最大直径 × 长度：77 × 89(mm)
重量：560 克
（已停产）

14 毫米镜头具有非常广阔的视角，能够创造超越人眼视角范围的影像，从取景器望出去，你会发现里面全都是故事。14 毫米超广焦距的镜头在 35 毫米相机规格下能拍出 114 度的视角。实际上它要超过你从汽车的挡风玻璃看出去一眼所能看到的所有东西，因此使用 14 毫米镜头拍摄的图片很容易有一种不真实的空间疏离感，摄影者要更小心通过取景的技巧对此加以控制。

这款广角镜头在你无法离得很远的情况下或者在狭小的空间里拍摄建筑最有利。它可以带来强烈的透视感，这种特性不仅仅可以体现在对风景大胆的表现中，在人物摄影中它也能制造出主体和背景强烈分离的感觉。不过，通常来讲，人物会有严重的变形，尤其是在距离镜头比较近的时候，不推荐你真的这么做。

这也是一只相当难驾驭的镜头，或许是 EF 镜头里最难用好的一个焦段，它的一切夸张的特性都在考验你的构图技巧以及对影像的把握。

使用这款镜头时，相机的角度对于最终拍摄的照片有着巨大的影响，很容易制造出富于动感的效果。水平端相机的时候，照片会显得比较自然，视觉变形的感觉最小。但一旦把相机稍微向下或向上倾斜就会产生鲜明的垂直线汇聚感。这些效果都可以运用到拍摄建筑物或艺术摄影中。

而在拍摄风景时，它的适用性存在相当的争议。一方面它很容易制造出宏大的场面效果，如果你试图在小景物中寻找“壮阔”的感觉，它会很容易令你满意。但是，问题在于，在真正“壮阔”的风景中，你会发现它的视角实在是太广了，你总是会被纳入取景器里的林林总总的东西干扰，不仅很难拍摄到干净的画面，你甚至很难找到一个足够高大的前景来丰富构图。

EF 14mm f/2.8L Ⅱ USM 特性

一支光学质量达到顶级的超级超广角镜头，除了具有很广阔的视角，可以用于特殊需要的狭窄场合以外，也适合一切充满创造力的使用者，尤其对于艺术摄影情有独钟的摄影者。EF 14mm/2.8 L Ⅱ USM的前一代是EF 14mm/2.8 L USM，也是一支著名的镜头。它是 35 毫米 AF 相机里面第一支 14mm 焦段的 AF 镜头。由于鱼眼镜头的变形特性使其使用领域受到相当大的限制，所以很多时候你也可以认为 EF14mm f/2.8L USM 是 EF 系列里最广的一支广角镜头。它完善了 EF 镜头群，并为佳能公司的镜头设计制造能力带来巨大的声誉。

EF14mm f/2.8L USM刚刚上市时仅仅是以世界上最广的 AF 镜头著称，其他厂家并不以为然，直到这支镜头后来在数码时代由于 CCD 面积引起的镜头系数的问题而大受欢迎，才又有很多厂家跟进这个焦段。进而 EF14mm f/2.8L USM 优质的成像质量也越来越被摄影者注意到。

这款高质量的超广镜头具有高清晰、高锐度、低变形的特点，在 L 系列镜头里成像质量也是很突出的。第一组镜片中大直径的特殊研磨非球面镜片能够非常好地修正经常在建筑摄影里出现的线性畸变现象。通过后组对焦系统，色散问题能够得到额外的纠正，同时提高了近距离时的成像质量和高速自动对焦能力。作为一支 14 毫米的超

➔ 摄影：傅兴，Photo by Fu Xing
EOS-1N 机身，14mmL 镜头，

广角镜头，它的变形控制非常好，即便在四个角上也有远远超过预期的表现。

与镜身一体的花瓣型遮光罩可以避免眩光，同时提高反差，并能够保护镜头的前端。这支镜头不仅使用超声波马达对焦，而且任何时候都可以进行手动对焦补正，而不需要切换对焦模式。这款镜头也可以在感光元件比 35 毫米胶片相机小的单反数码相机上作为超广角镜头使用，在摄影爱好者常用的 APS-C 型数字感光元件的数码相机上—如 40D、400D 上—它相当于全画幅相机的 22 毫米超广角焦段。

另外要说到，很多人喜欢这支镜头独特的造型，镜头第一片呈现出巨大的球体，而整个镜头的体积不大，但是却非常压手。虽然它并不是很常用的焦段，但还是拥有不少购买者，并且在二手市场上很少出现。

在胶片时代用这支昂贵镜头的摄影师非常少，但是数码时代到来之后这支镜头遇到了前所未有的追捧，更多的人开始使用它，因而出现了更高的需求。

还有一点要着重指出，由于第一片镜头过于突出，你要格外小心眩光的存在，不仅仅是在拍摄日出日落的时候，太阳光线从侧逆方进入镜头的时候同样要小心——特别如果你使用的是数码相机，来自 CMOS 的反射光很容易增加眩光发生的机率，并且导致成像浑浊。

当然，问题并不这么简单，过去很多日本镜头的中心成像和四角成像存在巨大的差异。（额外说一句，上世纪六七十年代的德国镜头也有不少类似的风格，不过，德国镜头的最佳成像区间有时并不一定在中心部分，而且四角成像的衰落没有那么厉害，当然，这和德国镜头成本高也有关系。只要有了钱，谁还不能把镜头做好点啊！）如果只是分辨率问题，还不算太大问题，但是数码相机到了 1600 万像素以上，很显然 14 毫米镜头用在顶级的数码相机上没有胶片上那么“超级的”好，再加上 CMOS 成像原理的限制，镜头四角残留的色差、失光问题实际上被进一步放大了。

简单来说，顶级数码相机对于镜头的要求不是降低了，而且增高了。这个说法大家估计不常听到，反正有些器材厂家是揣着明白装糊涂。所以有的厂家就像施奈德、佳能、蔡司这样的，能公开宣布自己更新镜头群，算是厚道的了。当然，最终佳能决定有必要对它进行升级了。

新的EF 14mm f/2.8 L Ⅱ USM使用的是全新的14 片11 组镜片光学设计，根据厂方流露出来的意思，他们希望这支镜头可以“重新定义 AF 单反相机超广角镜头的成像质量”。从 MTF 曲线上你可以明显看出它和老款之间巨大的差别，特别是边角的成像质量有了突破性的提高。之所以使用新设计的结构也是为了更好地解决超广角镜头最容易产生的眩光的问题，当然，新镜头使用的优化镀膜对此也会有帮助。

另外，EF 14mm f/2.8 L Ⅱ USM的镜头盖使用了新的设计，原来的镜头盖很精密，但是不利于在实际拍摄中使用，新款的变得实用了。

20毫米镜头

经典超广角和大景深

➔ 摄影：奚志农，Photo by Xi Zhinong
EOS-1Ds Mark II机身，20mm镜头，光圈优先，－2/3级，f/5.6光圈，1/60秒快门，ISO 400
海南霸王岭，海南岛硕果仅存的热带雨林。

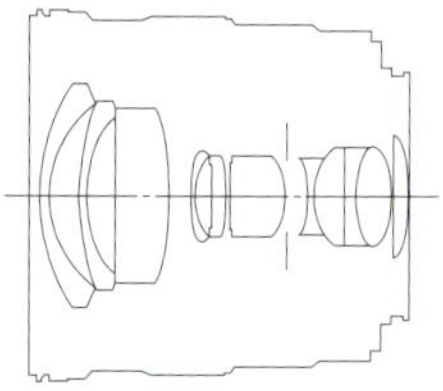

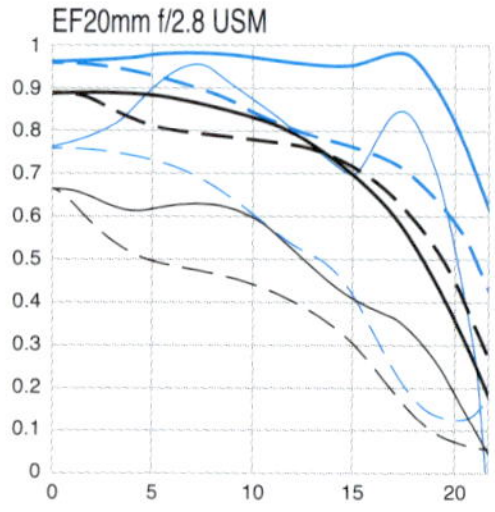

EF20mm f/2.8 USM 光学结构：

焦距和最大光圈：20mm f/2.8
光学结构：11片9组
对角线视角：94°
调焦系统：环形超声波马达，后组调焦系统，全时手动对焦
最近调焦距离：0.25米，0.14倍放大率
滤镜口径：72mm
最大直径×长度：77.5 × 70.6(mm)
重量：405克
遮光罩：EW-75
（参考价格：3680元）

20毫米镜头是最典型的超广角镜头，很容易制造出强大的视觉冲击力，而经过训练的摄影者可以比较容易摆脱超广角镜头透视畸变带来的视觉上的不适感。因此在很多摄影领域，20毫米超广角镜头有着特殊的魅力。各个镜头生产厂家都很重视这个焦段的镜头。

超广角镜头会强化广角镜头的特点，夸张的透视效果使主体越靠近镜头就越大，而随着离镜头越远就迅速缩小。同样光圈下超广角镜头景深要远远比标准镜头和中长焦距镜头大很多，这样的效果使前景和背景都非常清晰，甚至在较大光圈的情况下也是如此。

20毫米镜头具有94度的视角，让人眼视角范围内的物体几乎都能进入画面，并且显得比较自然，不像14毫米镜头那样有强烈的透视扩张现象。它几乎能用在任何地方，从上个世纪80年代开始，是最“时髦”的定焦镜头之一。

这款镜头对于想拍摄纪实或人像—特别是环境群像照

片的你是最理想的。因为用它拍出来的照片多数有着非同一般的视觉感受，尤其是强烈的真实感和现场感。它可以用到很多方面，比如建筑、室内摄影、抓拍和风光摄影。

不过，对于初学者来说，它和其他多数超广角镜头一样面临同样的使用困境，你会直觉性地希望把更多的“好”东西放进一张照片里，而结果却很容易产生空洞平淡的影像。所以，通过恰当的构图表现各构图元素之间的空间关系很重要，别忘了给你用超广角镜头拍的照片找个前景来展示空间感。

这款镜头对于已经有了标准镜头或者小广角镜头（比如35毫米镜头），但仍想要让自己的风光片和抓拍作品具备更宽广视角的摄影师来说也是很好的选择。但是要提醒你，即便是在很有经验的摄影者手中，20毫米镜头也容易显出少许透视变形——特别是在仰、俯拍摄的时候。如果你不喜欢这种变形，考虑焦段更长一点的广角镜头会更容易控制。

EF20mm f/2.8 USM

这支镜头使用了后组对焦系统以及浮动镜片结构，通过移动后部的镜片组以修正近距离对焦误差以及因此导致的像差。从最小对焦距离0.25米到无限远都能保证得到更高锐度和更清晰的影像。

后组对焦带来的好处之一是让自动对焦更快，它也使用了超声波马达使得对焦更加安静。当然，在这支镜头上手动对焦可以在任何时候做到而不需要更换对焦模式。使用后组对焦另外的好处是，在对焦的时候前组镜片不会旋转，使用偏振镜时会更易于操作。

另外要提到的是，虽然是常用焦段，但是这支镜头并不是L系列镜头，成像质量无论是分辨率、锐度、色彩的表现力在EF定焦镜头中也就属于中等。

24 毫米镜头

最易使用的超广角

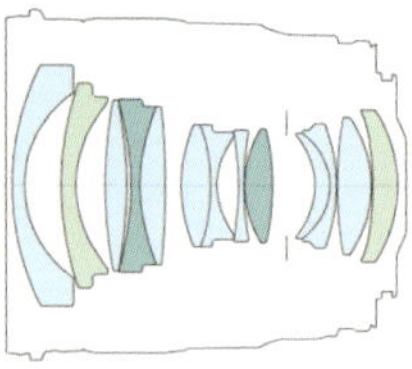

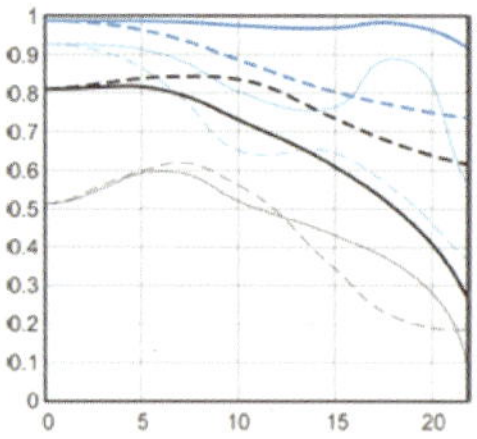

EF 24mm f/1.4 L II USM 详细规格：

焦距和最大光圈：24mm，f/1.4
光学结构：13 片 10 组
对角线视角：84°
调焦系统：环形超声波马达，后组调焦系统，全时手动对焦
最近调焦距离：0.25 米，0.17 倍放大率
滤镜口径：77mm
最大直径×长度：83 × 86mm
重量：650 克
（参考价格：10330）

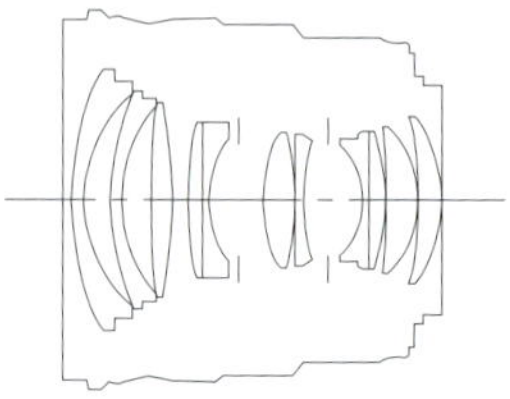

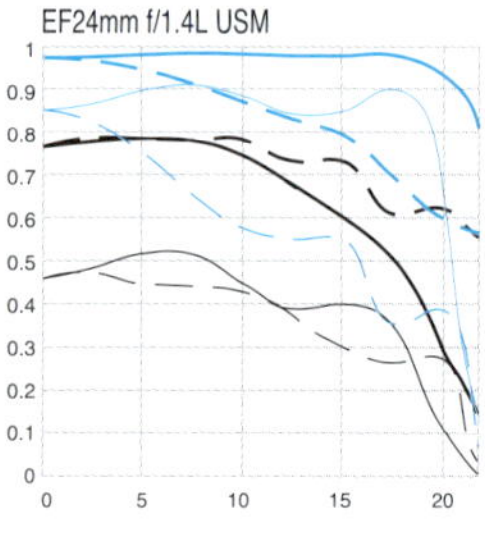

EF24mmf/1.4L USM 详细规格：

焦距和最大光圈：24mm，f/1.4
光学结构：11 片 9 组
对角线视角：84°
调焦系统：环形超声波马达，后组调焦系统，全时手动对焦
最近调焦距离：0.25 米，0.16 倍放大率
滤镜口径：77mm
最大直径×长度：83.5 × 77.4（mm）
重量：550 克
遮光罩：EW83D（附送）
其他：有红外线对焦标记
（已停产）

➔ 摄影：赵钢，Photo by Zhao Gang
EOS-5D Mark Ⅱ机身，EF 24mm f/1.4 L II USM 镜头，手动曝光，f/6.3 光圈，1.3 秒快门，ISO 100

24mm 镜头在近距离拍摄物体时具有强烈的现场感。它也是超广角镜头的“入门”焦段以及最容易使用的焦段。由于更广的广角常常会带来明显的变形，而更长焦段的广角镜头又被一些人认为“不够广”，类似焦段（包括德国厂家常见的 25 毫米镜头）是超广角镜头透视变形最轻微的，所以 24 毫米镜头获得很多讲究平衡的摄影者的喜爱。

24 毫米镜头也是野外摄影者的至爱，在拍摄广阔的风光图片的时候表现力非常好，不会丧失风光本身的宽阔感，很多野外摄影师将它和一支中长焦镜头配合使用。同时，它和标准镜头的配合也被很多报道摄影师采用。

EF 镜头在 24 毫米焦段有三个选择：昂贵但是性能超

群的新款EF24mm f/1.4L Ⅱ USM、老款EF24mm f/1.4L USM和轻巧而具有很高性价比的EF24mm f/2.8。

EF24mm f/1.4L Ⅱ USM

金牌推荐

前一代的EF 24mm f/1.4L USM在胶片时代是一支非常优秀的镜头，但是在数码时代，特别是机身发展到2000万像素，它曾经暴露出来的最大光圈时四周分辨率不足以及比较严重的色差等一系列问题都日趋严重，所以EF 24mm f/1.4L Ⅱ USM采用了全新的光学设计，镜头使用了新的13片10组的结构，包括2片UD低色散镜片以及2片非球面镜片。新镜头的畸变控制相当好，2片非球面镜没有白用。

另一方面，EF 24mm f/1.4L Ⅱ USM在解像力，特别是大光圈的解像力上得到了巨大的提高，尤其是最大光圈下，四角的画质得到了非常大的跃升，这是新的EF 24mm f/1.4L Ⅱ USM最让人心动的进步！而和前一代镜头一样，从分辨率来看，最佳光圈依然是f/4。

不过，虽然最大光圈的分辨率均匀度有了巨大的提高，但是镜头全开光圈下的暗角问题，新一代镜头和老一代镜头基本上如出一辙，都很明显。这是设计者对于畸变、分辨率、体积、成本等综合因素权衡妥协的结果。当然了，总的来讲，校正暗角还是容易的，EOS 5D Mark II 和 EOS 50D 现在都有了暗角修正功能，用其他很多软件也都可以对暗角进行修正。不过还是要注意，依靠软件削弱暗角会使画面边角噪点变得比中心更为明显。

要额外提到的是，EF 24mm f/1.4L II USM的第一片镜片采用了亚波长结构镀膜技术（简称为 SWC：SubWavelength Structure Coating）。这是佳能第一次亮相 SWC 镀膜技术。客观一点讲，虽然 EOS 系统的镜头在整体上和其他日本品牌相比有不少优势，但原来 EF 镜头的镀膜技术谈不到很出色，一些 L 系列的镜头，包括老款的 EF 24mm f/1.4L USM 甚至 EF 85mm f/1.2L USM 这样的顶级镜头在逆光下的效果都不怎么好。进入数码时代，镀膜技术得到了所有厂家格外的重视，佳能也不例外。亚波长结构镀膜技术有别于佳能传统的真空沉积（Vapor-deposition）技术，SWC 镀膜由众多大小不一的楔型结构所组成，厂方宣布可以更好的抑制玻璃的反射，特别是广角镜头常见的当入射光角度较大时经常出现的眩光和鬼影问题。这一点可以通过实拍得到有效的印证。

EF 24mm f/1.4L II USM的做工比前一代要好多了。镜头上大量使用金属材料，不再像前一代产品那样有浓烈的塑料感。镜身表面进行了防滑处理，使用上更为合手，重要的是，手动对焦的手感和准确性都提高了。对于佳能 L 系列镜头来说，可靠性及耐用性都是相当重要的条件。前一代的 EF 24mm f/1.4L USM 通常经过几年的使用后会有“晃荡”的感觉，二代产品看来能改善很多。

EF 24mm f/1.4L II USM和绝大多数近些年新推出的L系列镜头一样，在所有接合地方及接环部分都加了防水防尘胶环，配合 1 系列的相机可以应付恶劣的拍摄环境。这是我非常期待的性能，毕竟之前 EOS 的广角定焦镜头里只有 EF 14mm f/2.8L II USM 有这个功能，不过它实在是太广了，应用上非常受限制。

更新后的EF 24mm f/1.4L II USM依然价格不菲，体积和重量也算不上轻巧，但不管怎么说，优异的光学质量支撑着它的地位。它和 EF 14mm f/2.8L II USM 一起代表着目前 EOS 系统超广角镜头的最高水准，而对于绝大多数的摄影者来讲，它的应用面可是比 14 毫米镜头广太多了。

EF24mmf/1.4L USM

这支镜头的设计来自于 FD 卡口时代的一支声誉良好的同规格顶级镜头。

这支镜头融合了特殊研磨的非球面镜片和 UD 镜片来彻底地控制各种形式的像差，包括色散、球差和在数码单反相机里经常出现的严重的放大色差。这是第一支使用造价高昂的研磨非球面镜片制造的 EF 镜头。

同时，浮动镜片结构可以提供从最短对焦距离 0.25 米到无限远的高品质的影像，对焦的时候前组镜片不会旋转。

EF24mmf/1.4L USM 最有趣的就是 f/1.4 时候的成像。进行严格的分辨率测试，你会发现在全开光圈的时候四个角成像有一点松，和中央的分辨率有较大差异，而且四角有约半挡的光量下降，但是特殊的空间感觉和景深效果会令这一切显得不重要，你会深深地迷恋这支镜头特殊的影像效果。在实际拍摄中，建议你在这支镜头光圈开足的时候不把被摄的主体放在四个角上，当然，实际上也很少有人真的这么做。

实际拍摄的结果，在 f/2 的时候暗角可以基本消失，而 f/4 已经是这支镜头的最佳光圈了，分辨率几乎已经达到最高。这支镜头在 f/1.4 最大光圈下中心的分辨率相当高，和最佳分辨率光圈（f/4）时的差距只有 10%左右，但是这时四角分辨率只有中心的一半。而当光差圈收到 f/2 时，中心以及四角的分辨率都迅速提高，与最佳光圈的差别已经微乎其微，而且中央和四角的均匀性也非常好，对于一支超广角镜头来说真的是极为出色。

另外，这支镜头存在轻微的桶型畸变，不过依然比所有以 24 毫米作为开端的 L 系列变焦镜头要轻微。最大光圈存在严重的暗角，在全画幅数码相机上会更加明显，如果你很介意，收光圈到 f/2.8 之后会有明显改善。

另外，作为一支超广角镜头，它的像场弯曲很小，桶形畸变也很轻微（0.66%）。虽然这是一支诞生在胶片时代的镜头，但是它的眩光控制还是相当不错的，这对于数码相机的使用者非常重要！

作为EF系列最早的顶级镜头之一，EF24mmf/1.4L USM没有使用后来广泛使用在 L 系列镜头上的防水结构；当然它也没有对数码相机做特殊的镀膜优化，因此在逆光使用时或许需要你多少要对眩光和镜头内部反射问题注意一些。

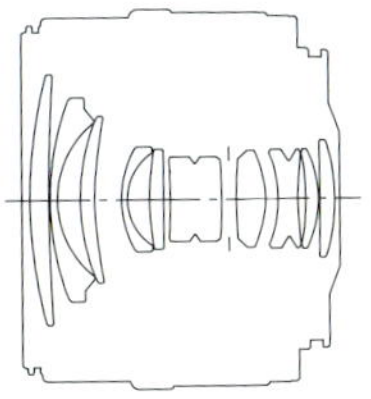

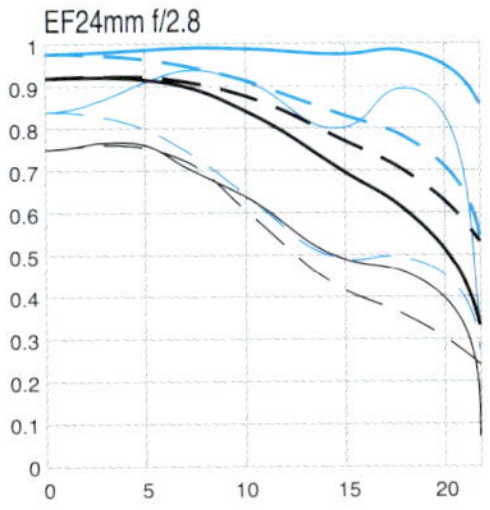

EF24mm f/2.8

这支镜头设计轻便、简洁，使用方便，自动对焦快速准确，是一款具有很好操作性和携带性的镜头。

它采用后组对焦方式，因此可以有效补偿在各种拍摄距离上的成像误差，特别是拍摄近处的主体也能获得清晰的图像。另外，镜头的长度是不变的，遮光罩和滤光镜也被设计成为不可旋转的，所以使用偏振镜很方便。当然，它的成像质量完全不能和昂贵的EF24mmf/1.4L II USM相比，但是轻、小、易于使用是它的主要优点。在使用APS-C尺寸感应器的数码相机时，它可以作为小广角使用，提供非常高分辨率的图像，还是有些吸引力的。

EF24mm f/2.8 详细规格：

焦距和最大光圈：24mmf/2.8
光学结构：10片10组
对角线视角：84°
调焦系统：带AFD的后组调焦系统
最近调焦距离：0.25米，0.16倍放大率
滤镜口径：58mm
最大直径×长度：67.5 × 48.5（mm）
重量：270克
（参考价格：2850元）

花絮

亚波长结构镀膜（简称SWC，是SubWavelength Structure Coating的缩写）

这是一种采用不同于普通蒸气镀膜原理以防止光线反射的全新镀膜技术。镜头表面产生光线反射现象，是由于镜片玻璃和空气边界处折射率发生突然改变引起的。反射能产生眩光和鬼影，影响图像画质。为抑制光线反射，空气和玻璃之间的折射率应该逐渐减小。如果在空气和玻璃之间有一种能够平稳地改变折射率的镀膜，那么进入镜头的光从空气到玻璃，或从玻璃到空气时，就不会产生很多的反射。这就是亚波长结构镀膜（SWC）的防反射原理。早在20世纪60年代人们就已经发现蛾的眼睛可以有效抑制光反射，原因就在于其眼睛不平的显微表面可以起到低折射率镀膜的作用。

亚波长结构镀膜（SWC）在镜头表面形成一个小于可见光波长的楔形显微结构，这种结构能够持续改变折射率，从而消除折射率会突然改变的边界，能够实现比蒸气镀膜更理想的抑制反射效果。蒸气镀膜是镜头表面形成的一层小于可见光波长的薄膜，可以抑制光线反射，但随着光线入射角的增大，它的效果也会随之下降；而采用亚波长结构镀膜（SWC），即使光线入射角很大，其防反射的效果依然出色。

佳能在EF 24mm f/1.4L II USM上率先使用了亚波长结构镀膜（SWC）技术，这项革新的技术对镜头特别是广角镜头，在抑制鬼影和眩光方面有着非常重要的价值。

（本花絮为佳能公司提供的官方资料）

28 毫米镜头

易于使用的标准广角镜头

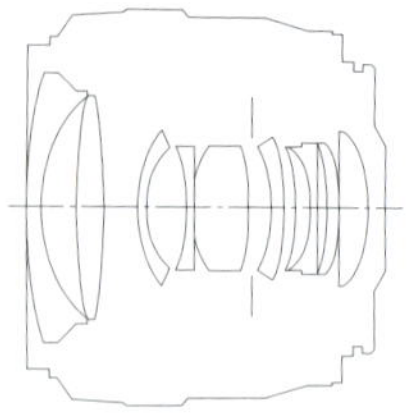

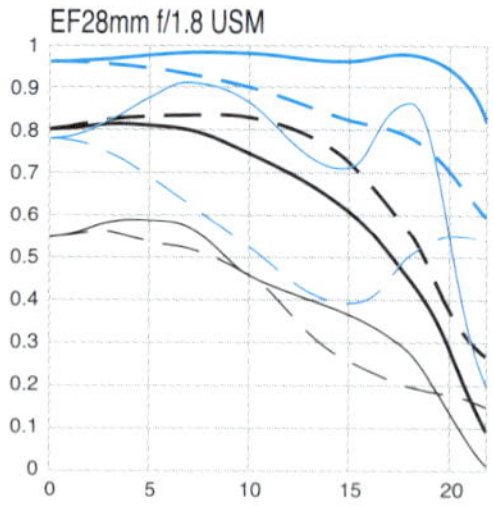

EF28mm f/1.8 USM 详细规格：

焦距和最大光圈：28mm，f/1.8
光学结构：10 片 9 组
对角线视角：75°
调焦系统：环形超声波马达，后组调焦系统，全时手动对焦
最近调焦距离：0.25 米，0.18 倍放大率
滤镜口径：58mm
最大直径 × 长度：73.6 × 55.6（mm）
重量：310 克
遮光罩：EW-63 Ⅱ
（参考价格：3800 元）

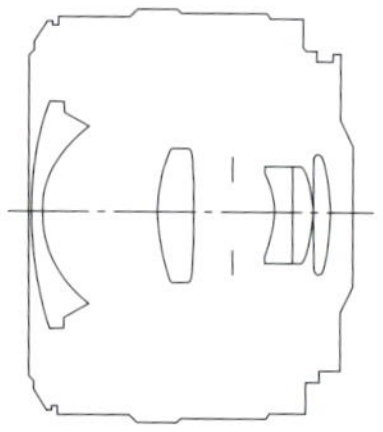

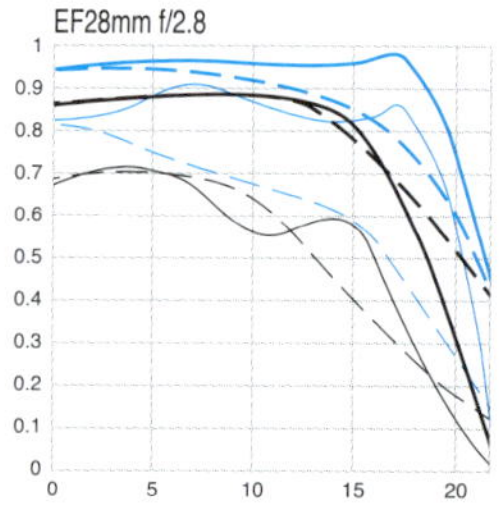

EF28mm f/2.8 详细规格：

焦距和最大光圈：28mm f/2.8
光学结构：5 片 5 组　对角线视角：75°
调焦系统：带有 AFD 的线性马达
最近调焦距离：0.3 米　0.13 倍放大率
滤镜口径：52mm
最大直径 × 长度：67.4 × 42.5（mm）
重量：185 克
（参考价格：1960 元）

→ 摄影：赵嘉，Photo by Zhao Jia
EOS-1V 机身、28mm 镜头、手动曝光、f/2.8 光圈、1/8 秒快门、富士 RDP Ⅲ 胶片、EI 400
捷克，布拉格，广场的小酒吧

由广角镜头拍摄的主体离镜头越近显得越大，所以使用广角镜头对于通过主体和背景之间的比例关系表现透视是很理想的，而焦段长些的镜头则倾向于通过虚化的前景和背景来表现空间关系。在所有的广角镜头中，28 毫米镜头被多数人认为在这一点上的平衡是最理想的。不仅对于拍摄风景照片，而且对于被摄体距离比较近的人像摄影，它都能依靠主体以及周围物体带来强烈的现场感，甚至能让日常事物看起来与往常有些不同。

因此，28 毫米镜头对于需要镜头视角较广的室内拍摄或被摄人物非常多的拍摄情况下是非常有用的。另外，定焦镜头相对于变焦镜头来讲色散和变形都比较小，对于新闻摄影或许不是很重要，但是对于建筑摄影则非常有用。

EF28mm f/1.8 USM

这是一款大光圈的广角镜头，能够带来令人印象深

刻的自然的表现和漂亮的影调，对于室内摄影来说，f/1.8 的最大光圈同样令其有着相当好的表现。使用了非球面镜片的光学系统不仅让镜头体积减小，而且减小了球差，带来更清晰的画面质量。

这支镜头的光阑安装在第一组镜片的后面，因此它可以减少眩光的影响，同时可以减少杂光的影响来保证更高的反差。环形超声波马达让镜头的操作性得到极大提高，带来安静、高速的自动对焦，同时可以进行全时手动对焦，当然它使用的是不会旋转的滤镜接口。

这支镜头的色彩饱和度很高，但是分辨率和 L 系列镜头相比还是差距颇大。最大光圈的分辨率实在是乏善可陈，而且中央和四角的差距直到 f/5.6 之后才不那么明显，最佳分辨率光圈介乎 f/8 到 f/11 之间。有广角镜头常见的明显可见的桶型畸变。

这支镜头对于喜欢广角镜头而又精明的摄影者来说是一个很好的选择，它不是 L 系列镜头，因而没有昂贵的价格，但是却有相当大的光圈。实际上，除了两支最大光圈达到 f/1.4 的 L 系列广角镜头以外，它就是 EF 系列中光圈最大的广角镜头了。

同时，随着变焦镜头越来越受到喜好操控便利特点的摄影爱好者的欢迎，新款的非 L 系列定焦镜头的发布基本陷于停滞，而 EF28mm f/1.8 USM 是 EF 系列中最后一款非 L 系列的定焦镜头。

EF28mm f/2.8

简洁的 5 组 5 片光学结构，使用了玻璃铸造的非球面镜片，因此可以获得不错的成像质量。

得益于简单轻便的光学系统，镜身伸缩式对焦系统使得它的自动对焦非常迅速，并且能够带来清晰、高对比度的影像质量。定焦镜头变形很轻微，使得这款镜头对于建筑摄影和其他景物里有直线的拍摄工作非常理想。

35 毫米镜头

一个带来柔和的透视和接近人眼的自然表现的焦距段

35 毫米镜头焦段是傻瓜相机最常选择的焦段，同时也是很多职业摄影师最常用的焦段。

35 毫米镜头提供了对物体相当接近自然的表现，这一点特性和标准镜头很像。但是如果你希望在你的照片中得到更多一点的景物，加大视觉的广度和深度，35 毫米的镜头则会更加理想。这种镜头既能清晰地表现前景和背景，也可以利用光圈开大或拍摄特写照片产生背景的虚化效果，加上标准广角镜头可实现的独特气氛，以及由控制光圈带来的不同的超焦距效果，带给照片一种视觉的张力。

由于视角不是太广，因此厂家有可能赋予这个焦段的镜头比较大的光圈。不仅对于摄影创作很有意义，略广的视角和最大光圈带来的大通光量，对于注重现场光条件下拍摄的科研摄影和现场监督摄影来说也是很有价值的因素。这种镜头尤其适合在低照度条件下的拍摄，而这往往是变焦镜头所不能及的。

除此以外，广角定焦镜头的用途非常广泛，很多职业摄影者喜欢它甚至要超过标准镜头。广角定焦镜头可以在许多种不同的条件下使用，特别是需要使用多一点透视感觉的时候，从环境人像、室内摄影、风景到抓拍摄影都有着广泛的应用。

对于很多摄影师来讲，35 毫米镜头也是定焦镜头的起始镜头，它和很多镜头的配合都可以形成很好的镜头体系。35 毫米镜头和一只人像镜头的配合在很长一段时间被认为是报道摄影师的标准配置，而 35 毫米和一支超广角定焦镜头、一支大口径长焦镜头的配合后来成为拍摄人文题材摄影师的最常用选择。

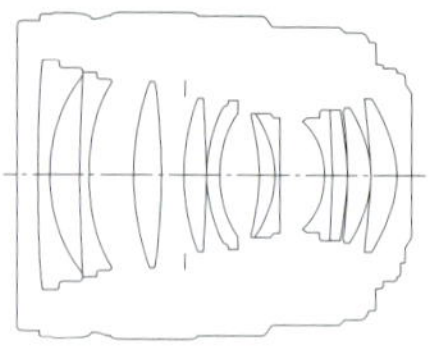

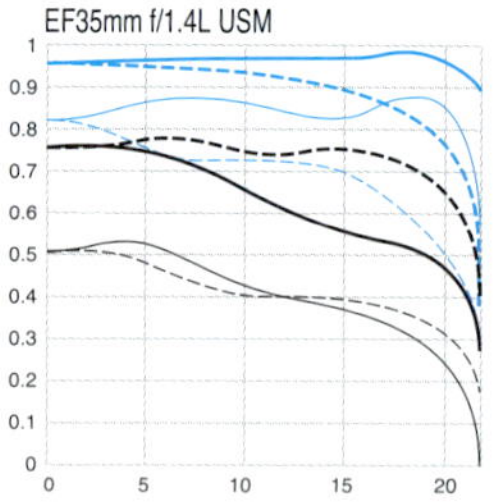

EF35mm f/1.4L USM 详细规格：

焦距和最大光圈：35 毫米 f/1.4
光学结构：11 片 9 组
对角线视角：63°
调焦系统：环形超声波马达，后组调焦系统，全时手动对焦
最近调焦距离：0.3 米，0.18 倍放大率
最小光圈：22
光圈叶片：8
滤镜口径：72mm
最大直径×长度：79 × 86（mm）
重量：580 克
遮光罩：EW-78C（附送）
（参考价格：10900 元）

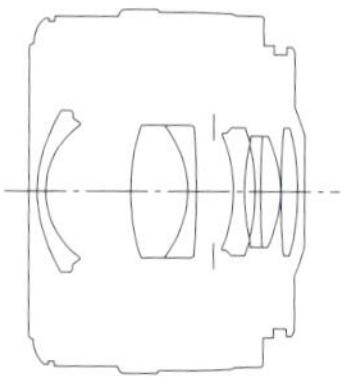

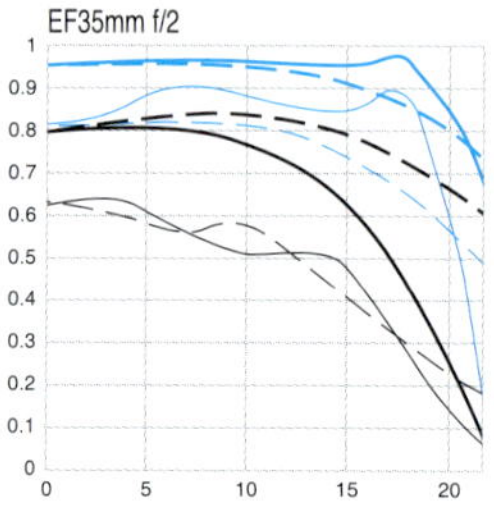

EF35mm f/2 详细规格：

焦距和最大光圈：35 毫米 f/2
光学结构：7 片 5 组
对角线视角：63°
调焦系统：带 AFD 的线型马达
最近调焦距离：0.25 米，0.23 倍放大率
滤镜口径：52mm
最大直径×长度：67.4 × 42.5（mm）
重量：210 克
遮光罩：EW-65 II
（参考价格：2300 元）

EF35mm f/1.4L USM

金牌推荐

EF 系列镜头的广角之王！

EF35mm f/1.4L USM 绝对是 L 系列中最值得拥有的一支镜头。不仅是所有 EF 系列广角镜头中解像力最好的一支，说到 AF 速度和精度，它甚至比最新的 EF50mm f/1.2L USM 还要好，在分辨率和焦外成像上这两支镜头也是各擅瑜亮。

虽然 L 系列拥有多支规格特殊的广角和超广角镜头，但我个人认为，就成像质量、镜头味道来说，L 系列广角镜头里最好的不是那些外表和规格看起来非常招摇的镜头，而是这支焦段看起来很常规的 EF35mm f/1.4L USM。

EF35mm f/1.4L USM 拥有同档镜头中最大的光圈，不要以为大光圈的 35 毫米的镜头好做，有很多器材大厂至今不肯推出 AF 版本的 35mmf/1.4 镜头，除了市场价格的原因以外，技术也是一个很重要的因素。

EF35mm f/1.4L USM 的第 9 片镜片是一片昂贵的研磨非球面镜片，它可以最大程度地消除在广角镜头中特别影响成像的畸变和大光圈镜头容易产生的球面像差，带来只有 L 系列定焦镜头才能达到的极端清晰、无误差的画面质量。即使在 f/1.4 的大光圈下，这支镜头也有极好的成像质量。而且它的整体焦外成像效果非常赏心悦目，同时暗部细节表现能力极强！

和EF24mmf/1.4L USM相同，EF35mm f/1.4L USM也采用了后对焦系统，由第 2、3 组镜片构成的浮动机构精确地补偿了中短距离对焦段的像差波动，保持了镜头从无限远到 0.3 米的最近调焦距离中的优秀成像质量。要特别提到的是它在最近调焦距离的成像非常好。不旋转的滤镜接口设计为无论是花瓣形还是其他形状的遮光罩都提供了简便的操作。

另外值得一提的是，EF35mm f/1.4L USM 所有的 11 片透镜都使用了对环境无害的无铅玻璃。

和另一支 L 系列的王牌镜头 EF24mmf/1.4L USM 相比，EF 35mmf/1.4L 虽然没有超广角焦段带来的强烈的视觉冲击力，但从成像质量上来看毫无疑问 EF35mm f/1.4L USM 要好很多，从我的拍摄感受来看，这是我使用的所有 EF 镜头里面最喜欢的一支，而且它的焦段、最大光圈都是我常用的。如果你喜欢 L 系列的镜头，绝对不要错过这一支镜头。实际上，我最常用的 4 支 EF 镜头就包括它。

如果说缺点，35mmf/1.4L 在最大光圈下的中心分辨率还不错，但是四角的分辨率比较低，而且整体反差偏小，会显得不够“锐”。所以，在极暗光下，除非有塑形能力特别强的光线构成足够高的反差，我通常会收小 2/3 档光圈使用。

EF35mm f/2 高性价比推荐

简单的 7 片 5 组光学结构在轻便紧凑的设计中达到了 f/2 的高通光量。成熟的镜头光学结构结合多层镀膜镜片，使得这支镜头可以得到非常清晰的影像质量，在消除鬼影和眩光方面也能显示出定焦镜头的优势。这款镜头的最近调焦距离是 0.25 米，是同档镜头中最近的，这使它能够拍摄放大率为 0.23 倍的近距离摄影，对于一款广角镜头来说已经非常不错了。

虽然没有 L 系列镜头那样显赫的身世，但是由于 35 毫米的常用焦段、定焦镜头的高素质以及相当低廉的价格，因此它得到了很多务实的职业摄影师的青睐。它谈不到有 L 系列镜头那样好的色彩表现，但是我自己很喜欢在不加电池手柄的 EOS 5D 上使用它，它有着锐利的成像而且非常易于携带，机身和镜头有很好的操作平衡性。

对于使用 APS-C 画幅相机的人而言，这支镜头常被当作传统的标准镜头焦段的替代品，它的相对焦距 56 毫米。EF 28mm f/1.8（相对焦距约 45 毫米）也有类似功用，它们经常被用来互相比较，我个人认为 EF 35mm f/2 的整体画质要更好，而且 EF 28mm f/1.8 大光圈下分辨率不高的弱点在一定程度上会加重紫边的出现。

花絮

同一焦段的大光圈镜头对小光圈镜头

早年，我们会经常听到一个理论：同一焦段的大光圈镜头虽然更昂贵，但是一旦收小光圈，常常还不及同焦段小光圈镜头收小光圈的效果。

而通常镜头光圈增大一挡，镜头的价格则要增加一倍左右（甚至更多！）因此，有人会说，如果你常用小光圈，则不如购买最大光圈比较小的镜头。

这种说法不是完全没有道理，多数大光圈镜头会更多地考虑大光圈下的拍摄效果，而俗话说“针无两头利”。镜头设计本身就是多种要素妥协的结果，要求一支镜头在各挡光圈下都达到完美是极其困难的，通常也意味着更高的成本。

但是绝大多数 EF 系列镜头特别是 L 系列镜头的情况并不是这样。和有些厂家不同，同样焦段的 L 系列镜头，往往光圈越大的成像越好，而即便 L 镜头收小光圈后也会比非 L 系列镜头更好！

这当然和上述的“常识”判断是有悖的，原因只有一个，就是佳能在大口径 L 头上倾注了更多的顶级技术，使用了更昂贵的质材和工艺。比较常见的有特殊研磨的非球面玻璃、UD 镜片或萤石玻璃等等，它们会保证 L 系列镜头在收小光圈后分辨率、反差和色彩传递都可以保持优势。

当然，说到底，还是成本决定了品质。而其他品牌的相机也有少数这样的例子，比如尼康的 AF 28mm f/1.4D 镜头、AF Micro 200mm f/4D IF-ED 微距镜头以及手动对焦镜头时代著名的 300mm f/2、AF-S VR 200mm f/2G IF-ED；美能达的某些 G 系列镜头；宾得的 FA 43mm f/1.9 等等，它们都要比同厂同焦段的小光圈镜头更优秀。

➔ 摄影：赵嘉，Photo by Zhao Jia
EOS 1Ds Mark II 机身，35mmL 镜头，程序曝光，－1 级，f/2 光圈，1/50 秒快门，ISO 400
四川，甘孜

50 毫米镜头

非常接近人眼透视效果的自然影像

虽然是最基本的镜头焦段，但是一旦你知道如何使用它，标准镜头的无限可能就永远不会让你失望。

用标准镜头拍摄的照片有着一种自然的视角，和一种未被扭曲的距离感受。因为这种镜头具有与人眼差不多相同的视角，它对摄影师的要求也就更高。

另外，好的一方面，标准镜头最大光圈往往比较大，因此你可以通过控制景深来制造独特的视觉效果。

有技巧地使用标准镜头的关键是在拍摄距离、透视和由光圈控制的背景虚化效果之间保持有效的平衡。举例来说，用小光圈进行低角度或高角度的拍摄，你可以创造出一种像用广角镜头拍摄的照片一样的动态效果的感觉。甚至在用更传统的视角进行拍摄时，大光圈可以用来虚化背景并得到与用中长焦镜头拍摄的效果相似的影像。还有，仔细注意微距摄影的透视和构图你可以得到看起来更加专业的效果。50 毫米镜头是一支考验摄影师所有方面技术的镜头。

EF50mm f/1.2L USM

这是一支实用性和把玩性都非常好的镜头，如果你对光学质量要求很苛刻或者醉心于暗光下的魅力影调，强力推荐你考虑它。

EF 系列刚刚上市的时候曾经生产一支著名的大光圈标准镜头：EF50mm f/1.0L USM，这是世界上光圈最大、最高速的可更换式单镜头反光相机镜头之一，同时是世界上光圈最大的自动对焦镜头。为了达到 L 系列要求的高素质，它采用了 2 片非球面镜片及 4 片高折射镜片，镜头重量达到了惊人的 985 克。这支镜头作为 L 系列中最有“炫耀”能力的镜头，在最大光圈下有着独特的影像味道。但是它的体积和重量都过大，自动对焦速度很慢，价格又很昂贵，使得它的使用环境受到相当大的限制（似乎很多电影剧照都是用它拍的，可是谁能比电影工厂更有钱啊！人家随随便便一支镜头动辄是几万美金！）因此，它的存在更多的是一种象征意义，来展现 L 系列设计制造能力。而 EF 50mm f/1.4 USM 虽然物美价廉，但是大光圈下的成像实在乏善可陈，而且其可靠性也远远不能满足职业摄影师艰苦环境下的大量拍摄。

因此在很长一段时间里，摄影师对于 EOS 推出一款更实用更轻便的标准镜头的呼声就很高。

EF50mm f/1.2L USM 在 2006 年发布，展现了 L 系列比较新的镜头设计制造能力。在历史上，佳能公司 1956 年曾经发布过 S 系列的 50mm f/1.2 规格的镜头，7 片 5 组的。

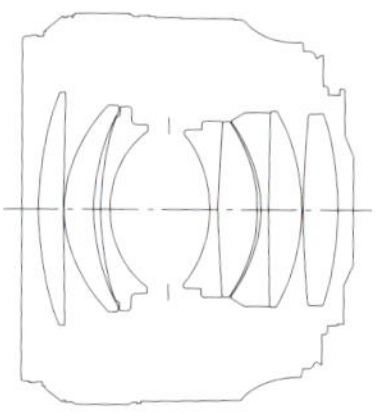

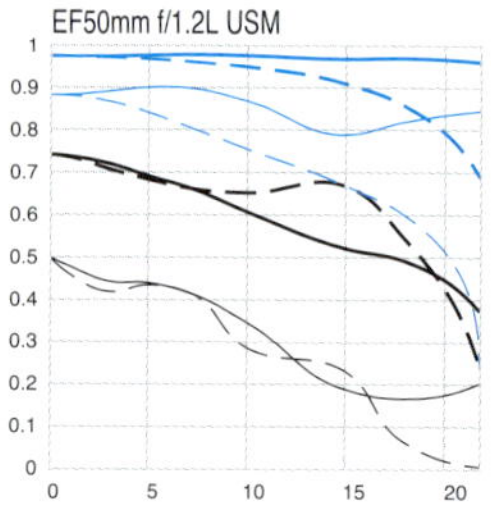

EF 50mm f/1.2L USM 详细规格：

焦距和最大光圈：50mm f/1.2
光学结构：8 片 6 组
最小光圈：F16
对角线视角：对角线 46°（垂直 27°，水平 40°）
调焦系统：环形超声波马达，后组调焦系统，全时手动对焦
最近调焦距离：0.45 米，0.15 倍放大率
滤镜口径：72mm
最大直径 × 长度：85.8 × 65.5（mm）
重量：590 克
遮光罩：ES-78（附送）
（参考价格：9990 元）

➔ 摄影：赵嘉，Photo by Zhao Jia
EOS-1Ds Mark II 机身，50mm f/1.2L 镜头，手动曝光，f/4 光圈，1/500 秒快门，ISO 100
四川，甘孜

FD 卡口时代里，1980 年曾经发布过两款 50mm f/1.2（7 片 6 组）和 50mm f/1.2L（8 片 6 组），L 系列那支使用了萤石玻璃和非球面技术，成像色彩浓郁，大光圈下的暗角效果也很迷人，很讨摄影师的喜爱，不过几乎比前者贵一倍。

虽然在数码时代充斥着快餐图片以及永无止境的便利需求，但是依然有很多摄影师—别忘了业余摄影师和职业摄影师都是摄影师—继续坚持挖掘着 35 毫米相机的影像潜力。而对于他们来讲，的确需要一只大口径标头来弥补 EF35mm f/1.4L USM和EF85mm f/1.2L USM之间过大的透视差异。一旦 EOS 系列的整体布局接近完成，作为世界上在产的光圈最大的标准镜头 EF 50mm/1.2L USM 的出现就可以说是理顺成章了。

这支镜头是 2006 年 8 月随着 EOS 400D 的发布同时推出的。

标准镜头的设计和生产工艺应该说是没什么秘密可言的，但是这支镜头还是给我们带来了一些惊喜。

首先，它的镀膜非常漂亮，不用装在机身上你就可以感觉到它的深沉和通透。镀膜技术的提高主要是为了适应数码相机的需求，数码相机对于镜头内抑制反射的要求要比胶片相机苛刻得多，因此新的 L 系列镜头采用了优化的镜片镀膜（升级了的超级光谱镀膜技术），另外镜片位置也有利于抑制鬼影和眩光。

这支镜头比其他品牌的 f/1.2 的标准镜头要轻和短，重量适中，持握很舒适。光学结构为 8 片 6 组，包括 1 枚非球面镜片（第 8 片），全部采用无铅玻璃制造。8 片光圈叶片收缩之后相当圆，可以帮助带来更出色的焦外成像。变形的控制也很好，近距离拍摄也不会带来影像质量的明显下降。

它的做工、对焦方式切换开关、参数指示窗都很像传奇的 EF 85mm f/1.2L USM，但是手感要比 85L 更扎实。一旦装到机身上，你会发现它和 EF 85mm f/1.2L USM 之间最大的区别：它的对焦速度非常快，一扫EF 50mm f/1.0L USM和EF 85mm f/1.2L USM令人倦怠的AF速度，和EF 24mm/1.4L USM、EF 35mm/1.4L USM 基本在伯仲之间。另外，很重要的是，它可以全时手动对焦了，这对于一支大光圈镜头而言很重要，而EF 50mm f/1.0L USM和EF 85mm f/1.2L USM 都是做不到的。

必须要另外指出，从我自己配合 1Ds mark II 的使用体会上来看，这支镜头在最大光圈下配合机身非中心 AF 对焦点时，对焦不是很坚决，准确率也不足 80%（景深很浅或许加重了 AF 的难度），即便切换单点对焦和伺服对焦也不会有太大提高。所以强烈建议你为了达到最好的对焦的精确度，在使用最大光圈拍摄时使用手动对焦，或者更仔细地检查使用自动对焦时的焦点。

令我很满意的是，它采用了密封设计，拥有了和很多新的 L 系列镜头相同的防水防尘功能，可以在大雨里拍摄了。不过有一点要注意，EF 50mm/1.2L USM 对焦时第一组镜片在镜身中是前后移动的，虽然它内部也做了防水处理，但是加上 UV 镜对于提高防水防尘性会更好。

EF 50mm/1.2L USM 在全开光圈下的成像已经具有相当的实用价值了，画面感觉相当有味道。虽然略有暗角，但是整体锐度很好，有足够高的反差，反差对于大光圈镜头在暗光下的拍摄来说比分辨率和锐度似乎更重要，因为暗光下拍摄的主要是气氛。收到光圈 f/2 时会极大地提高锐度，f/2.8 已经几乎达到最好的分辨率了，再收小光圈带来的主要是全像场内更好的均匀度和色彩表现。镜头的色彩表现也很突出，没有EF 85mm f/1.2L USM那么明显的暖调，但色彩的饱和度很高。分辨率上，它几乎达到了 L 系列最高的水准，其实最大光圈时中心分辨率已经和最佳光圈相差无多，画面的均匀度在 F/5.6 之后达到惊人的水准。

EF 50mm/1.2L USM焦外成像效果是值得多说两句的，虽然使用了非球面镜片，不过这支镜头的焦外成像相当细腻，层次丰富，在 EF 系列镜头里不是很常见。它的焦外风格和EF 85mm f/1.2L USM迥然不同，散焦没有EF 85mm f/1.2L USM 那么厉害。EF 85mm f/1.2L USM 的特点（也是优点）是在大光圈下将焦外的物体和细节都融入不可辨认的浓稠之中，而 EF 50mm/1.2L USM 既有很好的柔化效果又在相当程度上保留了焦外物体的可辨认性，这对应于 EF 50mm/1.2L USM 的某些用途—无论对于是专题摄影中的抓拍，还是带有环境的人物肖像都是恰当的。

总的来说，EF 50mm/1.2L USM 最大的特点在于能够代表 L 系列镜头最新光学成就顶级镜头的成像素质，同时高速的 AF 系统又保证了它非常好的实用性（这对于职业摄影师来说具有极大的实用价值）。同时，这支镜头大异于常规日本器材厂家对于标准镜头过于追求性价比的含混态度，独树一帜的镜头效果也很适合器材爱好者仔细玩味—这在最近几年的 EOS 镜头中不是太多见。

因为上市的时间较短，还不是很了解它的可靠性，如果过两年我的 EF 50mm/1.2L USM 还没有出问题，我会把它作为金牌推荐的镜头之一。

➔ 摄影：刘展耘，Photo by Liu Zhanyun
EOS-1Ds Mark II 机身，50mm f/1.4 镜头，手动曝光，f/22 光圈，1/50 秒快门，ISO 100

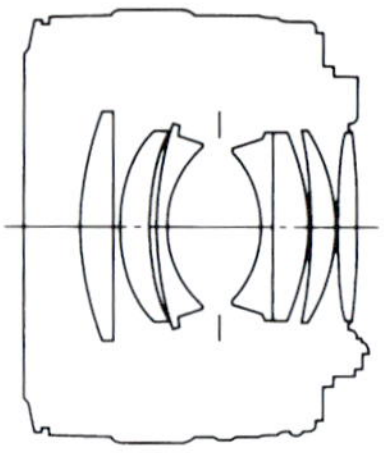

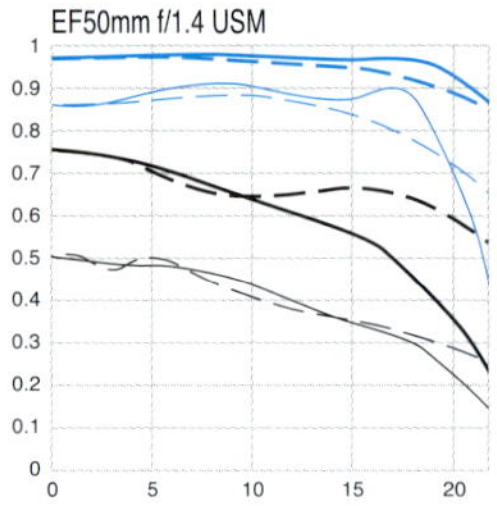

EF50mm f/1.4 USM 详细规格：

焦距和最大光圈：50mm，f/1.4
光学结构：7片6组
对角线视角：46°
调焦系统：微型超声波马达，全时手动对焦
最近调焦距离：0.45米，0.15倍放大率
滤镜口径：58mm
最大直径×长度：73.8×50.5（mm）
重量：290克
遮光罩：ES-71
（参考价格：2380元）

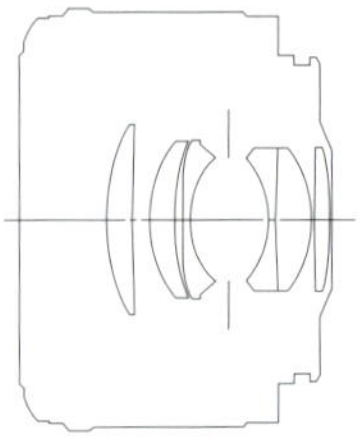

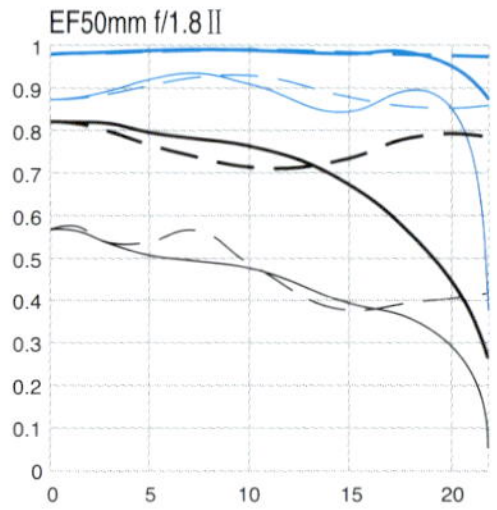

EF 50mm f/1.8 II 详细规格：

焦距和最大光圈：50mm，f/1.8
光学结构：6片5组
对角线视角：46°
调焦系统：微型线型马达
最近调焦距离：0.45米，0.15倍放大率
滤镜口径：52mm
最大直径×长度：68.2×41（mm）
重量：130克
遮光罩：ES-62
（参考价格：680元）

EF50mm f/1.4 USM

几乎全世界所有的50mm f/1.4镜头都采用了经典的双高斯型设计，这支镜头也不例外。

两片高折射镜片带来非常好的像质，最大光圈下的眩光被减到极弱。虽然在色彩和耐用性上不能和L系列镜头相比，但它依然是一支讲求平衡性和性价比的镜头，在获得高清晰度的影像质量的同时可以提供相当漂亮而真实的背景虚化效果。微型超声波马达的使用提供了高速、安静的自动对焦，同时还保持了全时手动对焦。

厂方宣布它的色彩平衡与ISO（国际标准化组织）的推荐参考值是完全一致的，我个人觉得略显清淡。有些人觉得它的调子有点冷。

我谨慎地推荐它在最大光圈下使用，当光圈收小到f/2之后在影像上会带来耳目一新的感觉，特别是如果之前你一直使用变焦镜头。分辨率方面，从测试结果看，最大光圈时中心部分和最佳光圈其实不大，只是因为反差低，所以感觉没那么好。不过最大光圈时四角的成像和中心实在差距太大了。当然，这差不多是所有标准镜头的通病，按照我个人的接受程度，在f/2.8之后它的分辨率均匀性问题能得到比较好的解决。

摄影：刘展耘、Photo by Liu Zhanyun
EOS-1Ds Mark II 机身、50mm f/1.8 镜头、手动曝光、f/7.1 光圈、1/60 秒快门、ISO 100

和其他标准镜头一样，这支镜头在APS-C尺寸感应器的数码相机（400D或30D）上可以作为大口径人像镜头使用，而价格并不是很昂贵。这似乎比在全画幅相机上使用它更有价值。

EF 50mm f/1.8 II 高性价比推荐

EOS系列中最便宜的定焦镜头，经典的对称6片5组标准镜头光学结构，相对于它的价格，很多爱好者认为它绝对有物超所值的影像质量。客观地说，虽然存在轻微可视的桶形畸变和相当稀松的四角成像，但是它依然可以从无穷远到0.45米最近调焦距离的整个对焦范围中提供清晰而又柔和自然的表现力。

这支镜头的成像效果相当有趣：最大光圈时有着明显的暗角，中心分辨率很高而四角相当松散，用好了倒也有很酷的效果。而四角成像不高的顽疾一直到f/8都挥之不去，所以强烈建议你使用比较大的光圈时把拍摄主体尽量放在比较靠近中央的位置。不过光圈收小到f/11或者f/16还是可以带来非常锐利的画面质量—当然边缘成像你依然不要太苛求。

对焦系统使用一个简单的凸轮马达，虽然没有使用USM马达，但是也可以实现迅速和相对宁静的自动对焦，并达到了130克的超轻重量。尤其要提到，它的中性色彩平衡或许对有些摄影者来说有些清淡，但是它达到了与国际标准化组织推荐数值几乎相同的色彩还原水平。

EF50mm f/1.8 II在APS-C尺寸感应器的数码相机（400D或40D）上使用折合80毫米的焦段，因此非常适合作为一支焦段合适又拥有较大光圈的人像镜头（详见“花絮：人像镜头”）使用。同时很重要的一点，它是EF定焦镜头中价格最便宜的，因此花钱不多，你就可以得到一支与标准变焦镜头的使用方式完全不同的定焦镜头，其中独有的乐趣可以让每个人都轻易享受到。这也是EF50mm f/1.8 II的独特魅力。

考虑到多数摄影爱好者都对人像拍摄有兴趣，这支镜头也是最早推荐给APS-C尺寸感应器的数码相机用家的镜头之一。无论你的第一支镜头是套机的镜头还是更好的17 – 40mm L，无论你打算为你的朋友拍摄肖像还是捕捉孩子的有趣的生活瞬间，如果你不苛求顶级的光学质量，使用强度又不高（也就意味着对它的耐用性的要求不高），考虑到APS-C尺寸感应器的数码相机的价格配套问题，这支镜头比其他昂贵的镜头更值得推荐。

85 毫米镜头

最常用人像镜头，生活中的每一个影像看起来都靓丽、自然

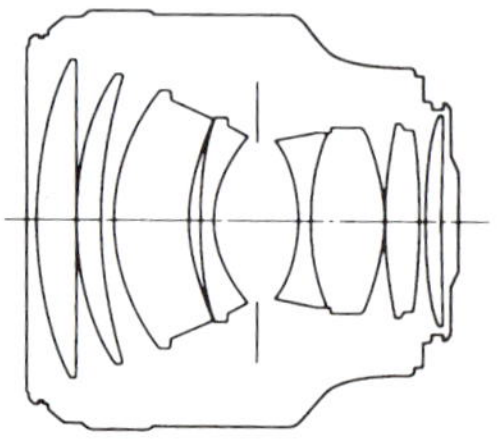

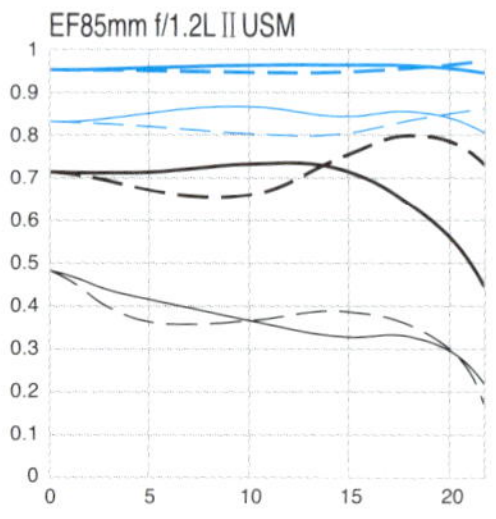

EF 85mm f/1.2L Ⅱ USM 详细规格：

焦距和最大光圈：85mm f/1.2
光学结构：8 片 7 组
对角线视角：28° 30'
光圈叶片：8
最小光圈：f/16
调焦系统 环形超声波马达 Ⅱ 型
最近调焦距离：0.95 米，0.11 倍放大率
滤镜直径：72mm
最大直径×长度：91.5 × 84.0mm
重量：1025 克
遮光罩：ES-79 Ⅱ （附送）
注：不可以使用 EF1.4x Ⅱ 和 EF2x Ⅱ 增距镜
（参考价格：13880 元）

EF 85mm f/1.2L Ⅱ USM

金牌推荐

一款超高速、高质量的中焦距镜头，具有同焦距镜头中最大的光圈孔径，亦是全球目前最好的人像镜头之一，EF 系列中最名副其实的顶级镜头之一。

85 毫米镜头各个厂家几乎都有生产。从设计上看，多数 85 毫米镜头都是从标准镜头的双高斯结构改进而来的，卡尔・蔡司 c/y 卡口的 plannar 85mm f/1.4 依然是很多类似规格镜头的标杆，也是各家人像镜头参照的主要标准。但是 plannar 85mm f/1.4 也是一支脾气有点怪的镜头，它在最大光圈的分辨率并不高，反差也不高，但收小光圈后会变得非常好（实际上多数大口径人像头都有类似的特性）。对此，评价分为两派，一派认为它在最大光圈时并没有太多的使用价值；而另一派则认为，最大光圈的分辨率虽然不高，但是它的焦外成像很好，而且有特殊的味道，况且因为它可以在收小光圈时得到非常锐利的影像，这就意味着在一支镜头上可以得到两种风格的影像，这是一件好事情。

不过，随着镜头设计技术的进步以及需求的改变，人们对于人像镜头的期望和观念也在发生变化。差不多十年前，卡尔・蔡司还出过一款限量的 plannar 85mm f/1.2，在最大光圈时就有非常惊人的影像质量。可以想象，价格极其昂贵，没办法，德国造的（不过说实话，这种镜头也不是给摄影师工作用的）。幸好，还有其他的选择—这就是佳能的EF 85mm f/1.2L USM。

大口径镜头无疑是昂贵的，但是厂家还在不断推出更大口径的镜头，为什么呢？一方面大口径镜头可以提供在更暗环境下的现场光摄影，而很多摄影师更看中的恐怕还是大口径镜头不一样的视觉效果。这一点在中焦人像头上更明显，由于人像镜头无论对于业余摄影爱好者还是职业摄影师都很常用，因此各家镜头厂商在人像镜头上展开了非常激烈的竞争。很多厂家都有自己得意的 85 毫米镜头，佳能在这个焦段拥有最大光圈的 EF 85mm f/1.2L Ⅱ USM。

第一代的EF 85mm f/1.2L USM镜头是1988年推出的，同时推出的还有另外两支顶级镜头：EF 50mm f/1.0L USM和EF 200mm f/1.8L USM，而那时候佳能还没推出专业顶级机呢。

EF 85mm f/1.2L USM使用的是8片7组的光学结构，一片大直径磨制非球面镜片（第 3 片）用于校正球差，同时，两片高折射率镜片被用来使其光学系统的能力分配达到最优化，从而实现在各级光圈下都能达到极少的眩光和高反差的影像再现。在进行中近距离的拍摄时容易产生的强烈彗差也被浮动镜片结构校正。

既然是 f/1.2 的光圈，f/1.2 时的表现肯定就是最重要的。可以想象，不会有疯子花那么高的价钱去买一支 f/1.2 的镜头，然后总是收小到 f/11 去用它。对于这种镜头，谈论收小两三挡之后的最佳光圈是没什么意义的。它最大光圈下的中央解像力已经超过很多定焦镜头在最佳光圈时候的解像力了。f/4 之前光圈下，四角的分辨率一直不高，之后则得到飞越性的提高，不过，这个信息其实不是太有用。在它擅长的人像领域，使用这支镜头的有经验的摄影者其实不是太看重这些。

➔ 摄影：赵嘉，Photo by Zhao Jia
EOS-1Ds Mark II 机身，85mm L II 镜头，光圈优先，f/2 光圈，1/250 秒快门，ISO 400
印度尼西亚，巴厘岛，乌布的民间舞蹈。85mmL 锐利的焦点、近乎完美的焦外成像和色彩表现一览无遗。

EF 85mm f/1.2L USM 的实拍效果也极为出色，不考虑限量版的有价无市的Carl Zeiss plannar 85mm f/1.2（C/Y卡口），全球没有对手。即便全开光圈，分辨率和反差足够用，相对于它的设计难度我觉得已经无可挑剔。不过要提到的是，EF 85mm f/1.2L USM 在光圈收小到 f/5.6 或 f/8 之后，MTF 实测的结果惊人的高，几乎是所有 L 镜头里面最高的水平，这支镜头真的很厉害！

这款镜头可以说带来了绝对值得信赖的高影像质量，而手动调焦允许拍摄者对焦点进行附加的调整也很重要。这款镜头也是大多数专业摄影师在拍摄时尚照片和人像摄影时最希望使用的镜头，他们可以用它来最大限度地使用自然光线，并用最大光圈产生虚化背景的美感，是商业摄影师在多种环境下拍摄的必备镜头。

人像镜头除了焦点成像要好以外，还有很重要的一点就是焦外成像。这方面 EF 85mm f/1.2L USM 实在是柔和得没什么可加以评价的了。说到这里，我要提到从取景器里看 EF 85mm f/1.2L USM 是一种很独特的感受。虽然更长的镜头可以达到类似的浅景深，但是，它们又没有人像头那么好的透视效果。

EF 85mm f/1.2L USM 整体上感觉反差不是很高，但是色彩很浓郁。我个人非常不喜欢依靠分辨率低的镜头通过增加反差来提高锐度，换来的高锐度禁不起放大。反差低一点的镜头，如果需要反差高的图片可以用高反差的胶片或者后期处理来解决，而高反差的镜头，很多细节在通过镜头的时候就已经损失了，你没有任何办法来找回它。

虽然不是每个人都有机会拥有这支镜头，但是我还是想推荐给大家，只要有可能一定要考虑它。这是极少见的可以和德国头媲美的日本镜头。

另外，在这里要说一句，在使用像 85mm f/1.2 这样的镜头时，在开足光圈的情况下，一定要使用手动对焦，因为景深实在太浅了。在接近最近调焦距离的时候拍摄人像，如果对准被摄者的瞳孔对焦，那么他的鼻尖就有可能是虚的。而如果想要精确对焦，最好还是使用带有裂像或微棱镜的对焦屏。

当然，EF 85mm/1.2L USM也不是一只完全没有缺点的镜头，由于镜头内部的光学元件的体积和重量都很大，因此AF速度很慢。第一代由于出现得比较早，甚至没有使用L镜头常用的环形USM技术；第二代佳能 EF 85mm f/1.2L Ⅱ USM使用了环形 USM 马达，厂家宣传对焦速度提高了 1.8 倍，不过说实话还是比较慢。好在这支镜头我使用的时候还是以手动对焦为主，第二代的 AF 速度能提高一点，也算不错了。

另外要注意的是，EF 85mm f/1.2L USM的对焦行程非常长，达到 270 度。而且这支镜头在 AF 时不是全时手动对焦补偿的，如果要使用手动对焦只能把对焦模式开关调到 MF（手动对焦）挡。EF 85mm f/1.2L USM 的对焦环不是机械联动的，而是由对焦马达用电动的方式牵动对焦组进行对焦，这会给对焦环带来很奇特的手感，可能你需要适应一下。

EF 85mm f/1.2L Ⅱ USM和第一代的EF 85mm f/1.2L USM在光学结构上基本没有差别，在镀膜上做了近一步的改进，很显然，这是为了更好地适应数码相机对镜头的要求，可以减少因为感光元件反光造成的眩光和鬼影（数码相机和镜头的匹配问题请参见拙作《兵书十二卷》中《墨菲法则的背后》一章，中国摄影出版社 2007 年修订版）。

不过遗憾的是，第二代的佳能 EF 85mm f/1.2L Ⅱ USM 和第一代一样，依然没有像其他新的 L 头一样进行防尘处理，厂家肯定是觉得这支镜头多数不会在野外使用，殊不知我很喜欢在各种各样的场合用它呢！

花絮

人像镜头

人像镜头通常是指从75毫米至135毫米的大光圈镜头。

人像镜头的视角相当于人眼近距离专注地观察物体的实际效果，它自然的视角和大光圈下虚化的效果使它们成为人像摄影的理想选择。无论是模特的全身像、半身像或者只有头和肩部分的近景人像，都非常适于用这种镜头表现。

另外，由于人像镜头多数拥有比较大的光圈，很容易将物体从背景中脱离出来从而对主体加以强调，因而使得影像更容易具有“镜头化”的特性。即便如此，由于人像镜头的视角和人眼的主观感受非常接近，它依然很容易还原出人们对这些画面的真实体验。

同时你也可以利用镜头本身的大光圈，来拍摄自然、明晰的薄暮和室内景象。这种十分吸引人的能力是变焦镜头所无法达到的。

而在人像镜头中，85毫米镜头因为可以把光圈做得更大（达到f/1.4甚至f/1.2），因此也是最常见的人像镜头，各个摄影器材品牌对它都非常重视，几乎每个厂家的85毫米镜头都是自己的看家镜头。

使用更长的镜头作为人像镜头则可以得到更强烈的压缩效果，当然也需要在稍微远一点的地方拍摄，因此带来的改变并不能简单地用好或者不好来概括。比如使用135毫米镜头拍摄人像，拍摄全身肖像时距离需要比较远，如果在影室内会有些不便，而对于一些报道摄影师来讲，题材决定很多时候你不方便接近被摄者拍摄（想想那些陌生地区带着头巾和面纱充满神秘感的妇女），135毫米镜头可以在稍远距离拍摄特写反倒成了优势。

另外要提到的是，处于75毫米至135毫米的大光圈镜头未必都会被称作“人像镜头”，比如在100毫米左右的微距镜头是否适合拍摄人像上就存在着相当大的争议。微距镜头在设计上会更倾向于细节的刻画能力以及近距离像场的平整，所以很多人认为它过于“纤毫毕现”了，不符合传统人像的审美需求。很显然，持类似观点的人不在少数，否则，佳能也不会出带柔焦功能的EF135mm f/2.8柔焦镜头，尼康也不会有DC镜头，而罗敦斯德的Imagon柔焦镜头也不会成为经典了。

不过，我个人并不认为主流的看法就一定是正确的，在这本书中，大家可以看到一位顶尖的人像/明星摄影师闻晓阳先生一直在使用微距镜头拍摄人像作品。在这里我也想再次声明，本书阐述的观点和这个案例的情况一样，都不能说只有一种方式是最好或者唯一正确的。

L 系列镜头的私房话——针对顶级光学质量的追随者

摄影是一个很宽泛的领域，既然大家多数都是用相机摄影，所以纯粹地就器材谈器材其实也是挺有趣的。

当然，谈器材到了极端，也并不一定再能作为拍摄的参考。光学质量好的镜头可不一定就能拍出好的照片，毕竟最好的器材都不是万能的，不可能适合每一个摄影者。

L 系列镜头得到不少器材发烧友的追捧，优势的确是多方面的，特别在于：

1. 更好的成像质量；

2. 更高的可靠性；

3. 比较保值。

我个人也强烈推荐所有 EOS 相机的使用者选择 L 系列镜头。

下面一些关于 L 系列镜头的观点基于我个人对光学效果的不懈追求，仅供器材同好沟通，和图片的实际拍摄关系不大。

首先要说的是变焦镜头，变焦镜头本质上是给拍快照的人预备的，要是你对成像要求很苛刻，还是算了吧。L 系列不缺好的定焦镜头。

在 L 系列镜头中就成像质量而言有几支镜头是全球非定制镜头里最好的，它们是：

85mm f/1.2 L，包括第一代和Ⅱ型；

200mm f/1.8 L 和 200mm f/2L IS；

400mm f/2.8 L IS。

上面几支镜头在全球 AF 镜头里无敌手，都可以达到德国顶级镜头的水准。

另外有几支镜头是其他厂家没有达到的规格，而且质量也是世界上同类镜头中最好的之一，包括：

24mm f/1.4 L 和 24mmf/1.4L Ⅱ；

50mm f/1.2 L，如果不把它和手动的德国镜头相比，基本也是最好的了；

1200mm f/5.6 L。

还有几只镜头虽然其他厂家也有类似规格的 AF 镜头，但是 L 系列的光学质量明显在对手之上，或者是最好的之一，这几支镜头是：

14mm f/2.8 L Ⅱ；

35mm f/1.4 L；

180mm f/3.5 L。

如果对 L 系列镜头的光学质量有特殊的癖好，上述这些镜头则是应该优先考虑的。而即便你已经拥有很多其他品牌的顶级器材，但是上述镜头在 AF 镜头适合使用的领域还是难以被替代的。

另外，L 系列镜头是多年来在市场上磨合得非常成功的产品，所以各支镜头的性价比其实差别不大，基本上是“一分钱一分货”，很少有性价比特别高或者特别低的型号。

EF 广角定焦镜头里 L 头有 5 款：14mm f/2.8L、24mm f/1.4L、24mmf/1.4L Ⅱ，TS-E 24mm f/3.5L 和 35mm f/1.4L。这几支镜头每支都有可圈可点之处。

我在胶片时代很喜欢 24mm f/1.4L 和 35mm f/1.4L 的广角配合（现在又加上 50mm f/1.2L），它们是纪实摄影的完美利器，很符合我对于现场光拍摄的狂热需求；而在拍摄风光照片时（无论是自然风光还是城市风光）TS-E 24mm f/3.5L 和 35mm f/1.4L 的搭配很好。使用数码相机的时候，由于设计上的原因，TS-E 24mm f/3.5L 在像场均匀度方面要比 24mm f/1.4L 更好，而且毕竟还有移轴功能，在常见的旅行和风光摄影中尤其有用。但是，24mm f/1.4L 有大光圈的优势，而且分辨率更高，色彩表现也更好。

24mm f/1.4L 和 35mm f/1.4L 都是 EF 系列里面的看家镜头。24mm f/1.4L 在大光圈下拥有震撼的超广角透视和迷人的焦外虚化效果，在全球 AF 镜头中几乎可说独步。但是，超广角镜头的使用难度也更高和更受局限，因此多数时候它在暗光下的拍摄工作可以被 35mm f/1.4L 替代，况且 35mm f/1.4L 在数码相机上成像质量要比 24mm f/1.4L 好很多，所以在选择上还是要看个人的具体需求。

佳能 L 系列的标准镜头有两支，除了上述强力推荐的 50mm f/1.2 L 之外，还有已经停产的 50mm f/1.0 L，世界上光圈最大的 AF 镜头。关于这支镜头的评价有着一些截然不同的观点，由于我本人使用它并不多，因此我还不能客观地判断上述观点之间的差异，希望未来本书的更新版中我有机会这样做。

L 系列的两支中焦人像镜头中，135mm f/2 L 是一支性价比超高的镜头，但是单从镜头的高级感而言则是远远不及 85mm f/1.2 L 了。

L 系列的望远镜头可以说每一支都很好，尤其是大光圈的几支，按你需要的焦段买就可以了。

结论：

1. 购买 L 系列镜头可以按图索骥；

2. 如果还有没花出去的预算，考虑购买本书的姊妹书《顶级摄影器材》，继续购买其他品牌的顶级产品。

85 毫米镜头

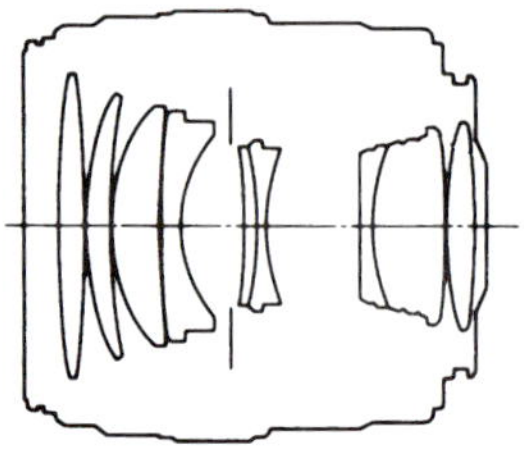

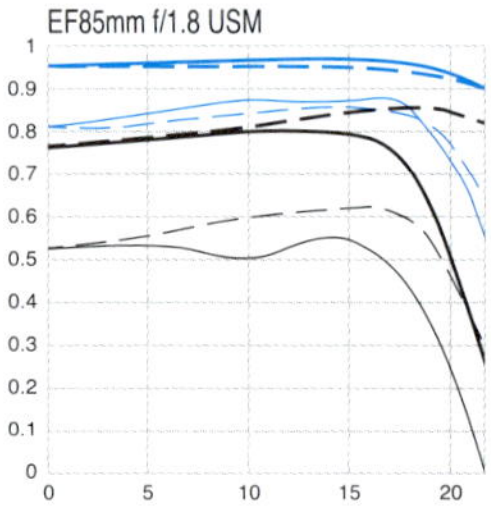

EF 85mm f/1.8 USM 详细规格：

焦距和最大光圈：85mm f/1.8
光学结构：9片7组
对角线视角：28° 30'
最小光圈：f/22
光圈叶片数：8
调焦系统：：环形超声波马达，全时手动对焦
滤镜口径：58mm
最近调焦距离：0.85米，0.13倍放大率
最大直径×长度：75 × 71.5mm
重量：425克
遮光罩：ET-65 III
（参考价格：2650元）

EF 85mm f/1.8 USM 高性价比推荐

这款镜头最显著的特点是它出色的便携性。虽然光学性能远远不能和传奇的EF 85mm f/1.2L II USM相比，但是EF 85mm f/1.8 USM也有不错的锐度和很好的焦外虚化效果——显然至少要超过变焦镜头，像场均匀度又非常好，而且价格相当可人，所以一直受到摄影爱好者以及务实的摄影师的强力追捧。

后组调焦系统为从最大光圈起的每一级光圈都带来了锐利、清晰的影像。f/2.8时的锐度已经很实用，而收小光圈后会在全画面上带来成像质量均衡的提高，在f/11达到最佳光圈。

迅速、宁静、准确的自动对焦系统也因全时手动对焦带来的附加调整而得到了完善。辅助手动对焦对于人像镜头非常重要，当拍摄人像时，甚至像将焦点从睫毛顶端移到眼睛本身这样的细微调整都经常遇到。精确的对焦可以带来细微而又明确的、具有表现力的影调变化。作为一支f/1.8的镜头，它能够达到的自然柔和的虚化效果同样是非常吸引人的。

同时，由于在调焦时镜头长度不会改变，不会旋转的第一片镜片使运用遮光罩时更加简单，因此这款镜头的操控性也是非常出众的。

EF 85mm f/1.8 USM在数码时代受到了新的欢迎。对于不少使用APS-C传感器的数码相机（比如400D或者30D）的用户来说，它常常比EF70-200mm f/2.8L USM或者EF70-200mm f/4L USM更适合人像的拍摄，尤其在室内和人工光环境下，毕竟它有更大的光圈，定焦镜头的质量也勿庸置疑。另外，它也比上述两支镜头更便宜。

也有很多摄影师拿它和70－200mm L之类的变焦镜头搭配使用。EF 85mm f/1.8 USM的色彩还原谈不上有什么特色，不过，对于需要借助数字化处理的商用摄影来说也不是大的问题。特别要提到的是，它也是EF系列早期设计制造的一款镜头，因此做工非常扎实！我也见到过一些要求高质量图片又希望轻装上阵的报道摄影师在使用它。

只提醒一点，它在最大光圈时的解像力真的不高，加上设计年代过早，在数码相机上使用如果遇到高反差的情况容易出现紫边。

➔ 摄影：刘展耘，Photo by Liu Zhanyun
EOS-1Ds Mark II 机身，85mm f/1.8 镜头，手动曝光，f/9.1 光圈，1/40 秒快门，ISO 100

100 毫米中焦镜头

通过自然捕捉被摄体来完美地满足摄影者的创意。

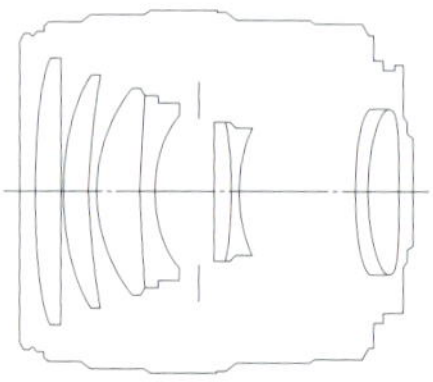

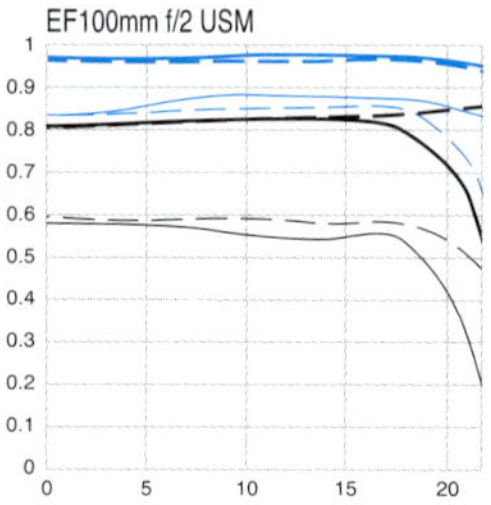

EF100mm f/2 USM 详细规格：

焦距和最大光圈：100mm，f/2
镜头构造：8 片 6 组
对角线视角：24°
调焦系统：环形超声波马达，后组调焦系统，全时手动调焦
最近调焦距离：0.9 米，0.14 倍放大率
滤镜口径：58mm
最大直径 × 长度：75 × 73.5(mm)
重量：460 克
遮光罩：ET-65 Ⅲ
（已停产）

和 85 毫米镜头相比较，100 毫米镜头的特点在于其类似于人近看物体的角度。同时它还具有更显著的压缩景深的作用。这一作用使被摄体和背景构成一种超现实的关系，让被摄体更加突出，可以根据摄影者的意图来突出被摄体。由于这种镜头可以让主体更加明显而不用让镜头物理上靠近被摄体，因此人物肖像摄影就变得更加简单，因为模特可以很放松也更加自然，而不用去顾及距离她特别近的照相机。

EF100mm f/2 USM

如果你想让照片看起来更真实自然—无论是在风光摄影、人物摄影还是在街头抓拍中—这款大光圈、中等焦距的镜头都很理想的，而且也很轻便。

这镜款头使用的是中焦镜头常用的后组光学对焦系统，除了提高对焦速度以外，也有利于充分补偿各种光学缺陷，使影像更加出色，拍摄的画面锐利、清晰，甚至在最大光圈的情况下也有不错的表现。许多人像摄影的创意和想法都倾向于自然柔和的效果，使得这款镜头有很大的用武之地。这种镜头带来快速、安静的 USM 自动对焦和顺畅、手感极好的全时手动对焦模式。像EF85mm f/1.8USM 镜头一样，这种镜头具有恒定的镜头长度和较宽的手动调焦环和不旋转的滤镜以及遮光罩接口，这使其操控性能更加出色。

柔焦镜头

强调主体美感的人像摄影的最佳选择

利用柔光技术拍摄女性人物肖像和花卉可以获得一种神秘的美感。在人像摄影中，柔光技术可以柔化模特的轮廓以及皮肤的色调，这在图片摄影和电影摄影一百多年的历史中一直被使用。

柔光技术的使用可以通过好几种方式。最简单的方式是在拍摄时或者放大照片时使用柔光镜来形成一种柔光的效果。

这些柔光镜表面比较粗糙，会分散进入镜头的光线以形成看起来有层薄雾罩在景物上的效果。比较直观的效果可以参考电影《北非谍影》（又译作《卡萨布兰卡》），大美女英格丽・褒曼（Ingrid Bergman）几乎所有的镜头都是加用柔光镜的效果，而和他配戏的男主角则都是不加柔光效果的，这在两人演对手戏的时候显得非常有趣。

柔光镜的特点是它可以全面柔化拍摄到的景物，而柔焦镜头则不同。柔焦镜头的影像表现力在于制造一个独特而美丽的世界，它可以用模糊的光晕为主体蒙上一层面纱，这种光晕可以突出主体，同时可以始终保持主体焦点的锐利。这种效果和柔焦镜完全不同。

柔焦镜头的秘密在于它有效地控制了镜头的球形像差（球差）。球差是镜头设计中一个让人烦恼的问题，通常它会引起模糊主体的结果，降低镜头的锐度并且严重降低边缘的成像。所以通常在镜头设计中设计者总是希望减少球差来获得更锐利的影像。不过，例外也是有的，柔焦镜头就是运用球形像差原理来进行特殊设计的。

和一般人想象的不同，在风光摄影和花卉摄影中，柔焦镜头也有用武之地——它能形成一种魔幻般的氛围。

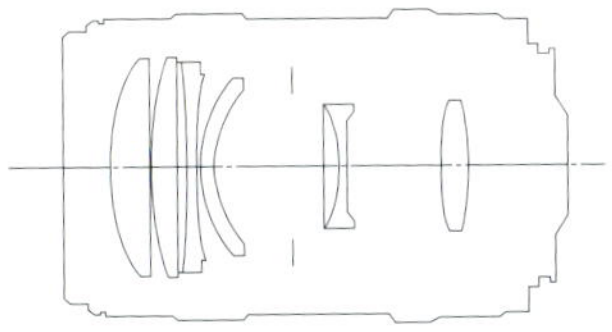

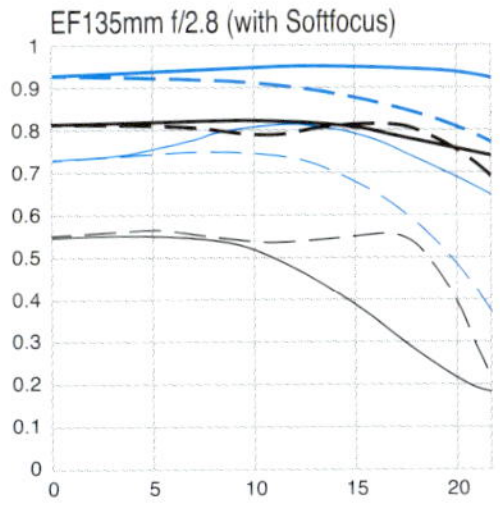

EF135mm f/2.8 柔焦镜头

这支特别的镜头是 EF 系列中唯一内置了特殊的柔焦功能的镜头，是一支利用球形像差原理以拍出柔和影像的中焦镜头，很显然主要用途是在人像拍摄领域。

这款镜头有两挡柔化效果可以选择：1- 弱、2- 强。另外，还有 0 挡，这时候使照片具有正常的锐度。1、2 挡柔焦配合精确的光圈调节可以更加准确地控制你想要的柔焦效果，虽然理论上你可以通过景深预测看到效果，不过通常并不是真的很实用，还是推荐你通过数码相机的回放功能放大图像检查实际效果。影像的柔焦效果最适合于唯美的人像摄影和风光摄影。它使得部分影像清晰，而又被适当程度的光晕柔化，会有相当的感染力。

（根据厂方提供的资料，不仅理想的柔光效果能通过按照需要的柔化程度调整内部非球面镜片来实现，而且还能消除由于距离的变化带来的误差波动，并且不用麻烦去考虑对焦点进行补偿，自动对焦系统会根据最适当的柔焦效果来对主体进行恰当的对焦。）

EF135mm f/2.8 柔焦镜头详细规格：

焦距和最大光圈：135mm，f/2.8
镜头构造：7 片 6 组
对角线角度：18°
调焦系统：带线性马达的后组自动对焦系统
最近调焦距离：1.3 米，0.12 倍放大率
滤镜口径：52mm
最大直径 × 长度：69.2 × 98.4（mm）
重量：390 克
遮光罩：ET-65 Ⅲ
（参考价格：3500 元）

135 毫米镜头

把主体最重要的部分突出出来而又不失背景的表现

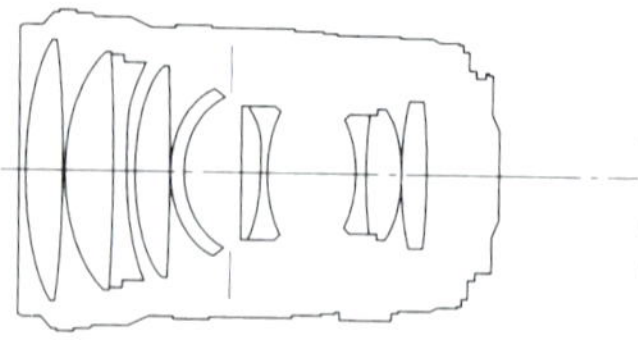

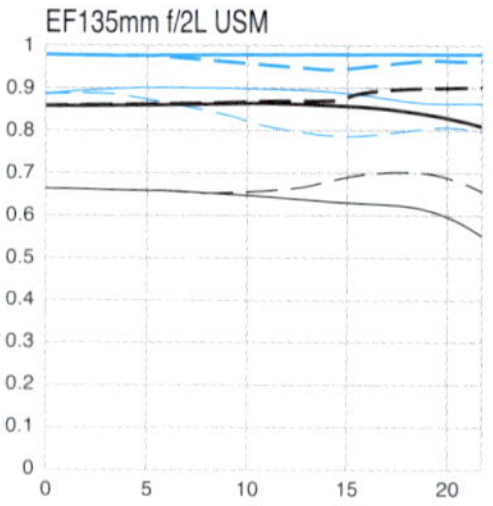

EF135mm f/2L USM：

焦距和最大光圈：135mm，f/2
镜头构造：8 组 10 片
对角线视角：18°
调焦系统：环形超声波马达，后组调焦系统，全时手动调焦
最近调焦距离：0.9 米，0.19 倍放大率
滤镜口径：72mm
最大直径×长度：82.5 × 112（mm）
重量：750 克
遮光罩：ET-78（附送）
（参考价格：6930 元）

中长焦镜头最有利于用一种简单、直接而不加修饰的方式来表达摄影者的感觉。摄影者的意图很容易通过选择让什么包含在作品里，以及以何种方式包含在作品里来表现。你可以去掉任何不需要的细节，并且得到你想要的自然的表达。这要归功于相机和主体之间恰当的距离。

你可以选择让主体不受周围物体的影响，来强调主体或者主体的一部分。同时，利用中长焦镜头小景深的特点，你还可以通过景深的控制来加深这种效果。

而以上这些优势都很容易在 135 毫米镜头上体现，而且比其他更长的镜头更加容易掌握，使 135 毫米镜头和其它中焦镜头一起成为人像摄影的首选。

同时，它也是客观抓拍的理想工具，例如抓拍朋友的照片或者小孩在院子里玩耍嬉戏等等。另外，通过压缩景深强调狭窄的视角形成的紧密效果，不仅用于人像摄影，在有限度地利用镜头提供的压缩透视时你也可以想到它，这在风光摄影和自然摄影中都会经常被使用。摄影教材中拍摄一排排盛开的鲜花、树木或者栏杆的照片经常是用这种镜头完成的。

这个焦段的镜头本身的长度不长，使得它更加轻便，很多厂家的 135 毫米镜头都具有很高的性价比（这的确是一个很有趣的现象），对于学习如何使用中长焦镜头来说是理想之选。

EF135mm f/2L USM 高性价比推荐

首先我需要强调这是一款拥有极高素质的镜头。同时，虽然有着相当完美的成像质量，它的价格却相当平实，是 L 系列中性价比最高的镜头之一！

这款镜头拥有 f/2 光圈的大通光量，因此拍摄的范围相当广泛。对于人像摄影来说，可以拍出漂亮的影调和头肩比例，如果你喜好拍摄舞台演出和室内体育运动，这支镜头也是再理想不过的。而这都有赖于通过镜头的大光圈和最小焦距（0.9m）来实现。两个超低色散（UD）镜片的运用很好地补偿了色散并保证了高锐度的画面质量。虽然在最大光圈下焦外成像存在轻微的二线性，但是它各挡光圈下的总体成像依然可以得到极高的评价。轻巧的机械元件使它成为同类镜头当中最轻的（750g）。环状 USM 马达和后组调焦系统保证了快速和安静的自动对焦。它的高速对焦能力对于另一支 L 系列人像镜头 EF 85mm f/1.2L II USM 来说实在是巨大的优势（刻薄一点地评价，EF 85mm f/1.2L II USM 的自动对焦性能对于很多人来说可能真的不如手动对焦快和好用）。出色的性能平衡使这种镜头成为一款极易操作的镜头。

另外一个优势，它的最近对焦距离是 0.9 米，放大倍率达到了 0.19 倍。

同时，它的像场均匀度异常出色。最大光圈下四角和中央都可以得到非常高的分辨率。和另一支“神镜”EF 85mm f/1.2L II 相比，两者的中心分辨率从最大光圈一直到 f/5.6 都差不多，但是在四角上，EF 85mm f/1.2L II 比 EF 135mm f/2L 差得实在太远了！

由于有足够大的光圈，所以它支持两款增距镜：EF1.4 × II 或者 2 × II。加装了增距镜之后它可以作为自动对焦的 189mm f/2.8 和 270mm f/4 镜头拍摄，这是其他 L 系列人像镜头不具备的优势。

→ 摄影：赵嘉，Photo by Zhao Jia
EOS-1V 机身，135mm L 镜头，手动曝光，f/4 光圈，1/500 秒快门，富士 RDP Ⅲ胶片
波兰

200 毫米镜头

充分利用景深压缩来加强影像的紧凑感和表现力

一旦一支镜头的焦距达到了 200 毫米以上，视角就变得非常狭小，景深压缩得也会相当厉害。这种镜头拍出的影像会更加引人注意，也会因此带来强烈的视觉冲击力——尤其配合大光圈的效果。

在高速运动的体育摄影中，为了渲染主体的效果，长镜头是不可或缺的。同时，它也适用于时尚和人像摄影——典型的例子是 T 台秀，摄影师善于通过强调极小的景深带来漂亮的背景虚化效果，使服装或模特更加惹眼。

镜头焦距越长，景深就越小，这使得最大光圈下清晰的范围只在一个非常小的区域，同时使这一区域前后的每一样物体都虚化了。这就是我们在使用长焦镜头时应当常常用到的一个技术——用虚化的方式削弱背景，使其难以辨认，只将焦点放在你感兴趣的那一个点上。

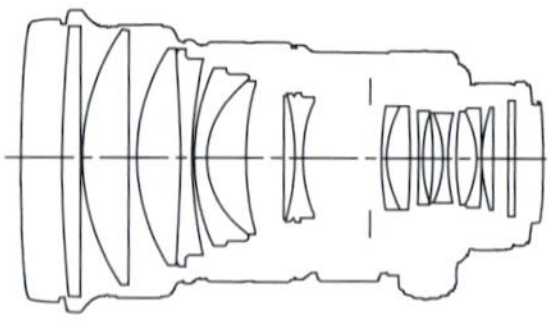

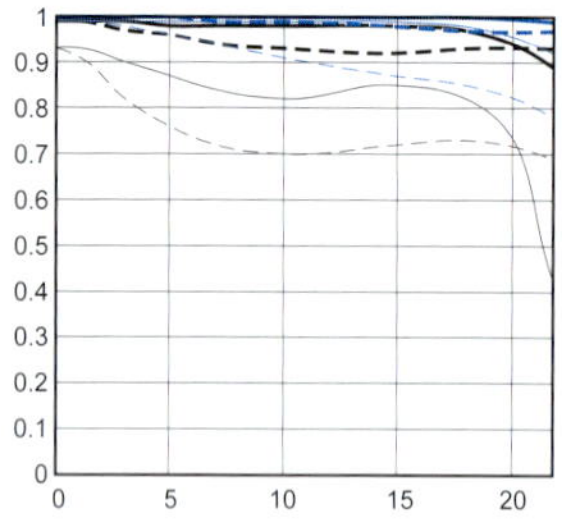

EF 200mm f/2L IS USM 详细规格：

焦距和最大光圈：200mm、f/2
光学结构：17 片 12 组
对角线视角：12°
最近调焦距离：1.9m、0.12 倍放大率
最小光圈：f32
光圈叶片：8
滤镜：52mm （后置落入式）
最大直径 X 长度:128 × 208（mm）
重量：2520g
遮光罩：ET-120B
镜头盖：E-145B
（参考价格：39490 元）

EF 200mm f/1.8L USM

金牌推荐

对EF 200mm f/1.8L USM的赞誉程度很难用语言来表达，它是 L 系列王冠上最璀璨的钻石，曾经也是世界上光学质量最顶尖的自动对焦长焦镜头，当时在相近的领域全球无敌手。如果坚持要找，只能考虑德国原厂的手动对焦的徕卡或者蔡司镜头。不过在长焦段坚持使用大光圈手动镜头的人真的都是器材狂魔或者影像天才。

客观一点地介绍，它被哈苏实验室测试 MTF 后评为 35 毫米相机镜头中的第一名。作为一支口径这么大的镜头，力压所有其他品牌镜头的成像，包括多支德国和日本厂家的经典手动镜头，当然也包括所有理论上设计制造工艺最容易达到极限的标准镜头和中焦距微距镜头，坐上哈苏实验室测试的头把交椅，其出色程度简直不知如何言述。同时也是它很多摄影师极力推崇的非常实用的顶级镜头。

从规格和实际成像上来看，这都是一支有独特魅力的镜头。在最大光圈下，影像已经非常清晰明锐，而背景虚化效果更是其他镜头所不具备的。MTF 不能对色彩作出评价，但是这支镜头色彩也非常出色，这支镜头使用了 3 片 UD（第 2 片、第 3 片和第 5 片）镜片，一方面能有效地降低残留色差，另外对色彩表现也有更好的贡献。

在国外，也不是所有的摄影师和有钱的摄影爱好者都有兴趣和能力拥有太多的镜头，特殊的镜头通常也是昂贵的，尤其是大口径的长炮。对于国外的职业摄影师来说，偶尔使用的长焦镜头通常是去租赁店租来用的。我知道不少对图片质量要求非常严格的摄影师自己买的最贵的长炮就是这支佳能的EF 200mm f/1.8L USM，很多在欧洲的时尚摄影师都在用它来拍商业片或者 T 型台的表演照片。

EF 200mm f/1.8L USM 重量达到 3 公斤，还不算太重，没有 IS 功能，不过由于光圈够大，所以我还是经常手持它拍摄，它差不多也是我能够长时间手持拍摄的上限了。不过，手持拍摄时精确构图确实不是很容易，所以还是推荐你使用三脚架，如果觉得麻烦好歹用个独脚架吧。

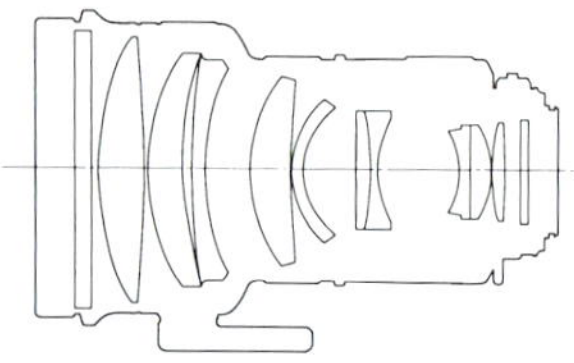

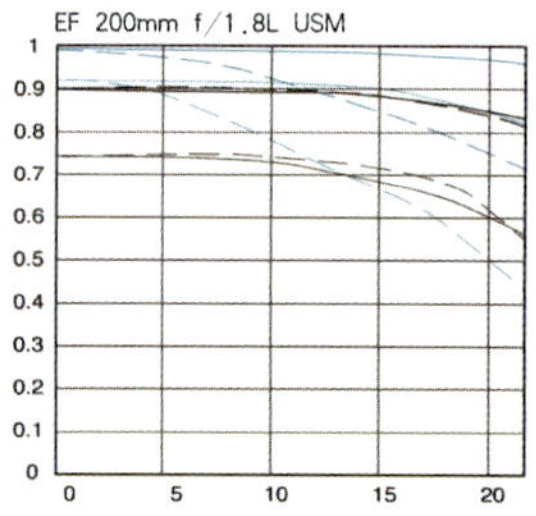

EF 200mm f/1.8L USM 详细规格：

焦距和最大光圈：200mm，f/1.8
光学结构：12 片 10 组
对角线视角：12°
最近调焦距离：2.5m，0.09 倍放大率
最小光圈：f22
光圈叶片：8
滤镜口径：48mm（后置落入式）
最大直径 × 长度：130 × 208（mm）
重量：3000 克
遮光罩：ET-123（附送）
其他：AF 时不能实现全时手动调焦
（已停产）

虽然已经被认为几乎是一支非常完美的镜头，但实际上 EF 200mm f/1.8L USM 的设计并不是很新。1988 年

摄影：赵嘉，Photo by Zhao Jia
EOS-1V 机身，200mm f/1.8L 镜头，手动曝光，f/2 光圈，1/4000 秒快门，富士 RDP Ⅲ胶片
西藏，拉萨

上市，是早期的L系列镜头，之后再没有改款，这一点从它镜身上的按钮设定上就能看出来，包括单点的焦点记忆按钮，居然还有蜂鸣器和蜂鸣器开关。如果一定要找一个明显的缺点，它和EF 50mm f/1.0L USM、EF 85mm f/1.2L USM一样，在自动对焦时是不能全时手动补正的。

由于光圈很大，EF 200mm f/1.8L USM配合增距镜也可以有很好的效果。可惜的是由于在200毫米使用定焦镜头的摄影师越来越少，而且成本很高，前几年它已经停产。等很多器材发烧友意识到这曾经是L系列里最“牛”的一支镜头时，任凭你砸锅卖铁也很难淘到一支新的EF 200mm f/1.8L USM了。

EF 200mm f/2L IS USM 金牌推荐

这支镜头的前一代，传奇的EF 200mm f/1.8L USM上市于1988年，那是L系列最早的三只定焦镜头之一。经历了近20年风光无限的生活，2007年10月，佳能预报了其升级版本—EF 200mm F/2L IS USM。不过，实际上在此之前很多年，EF 200mm F/1.8L USM（下文本页内或称为“老款镜头”）已经买不到了。

由于老款镜头的成像质量已经臻于完美，所以EF 200mm f/2L IS USM推出前想必设计师的压力也不小。EF 200mm f/2L IS USM的光学结构是全新设计的，采用了17片12组（原来是12片10组）的光学结构。使用了1片特殊工艺的萤石玻璃镜片和2片超低色散（UD）镜片，因此这支镜头对色差的控制更好一些，这是光学上唯一比前一代有重要进步的地方。在这样的镜头上用萤石玻璃，也差不多是佳能目前最有效的“撒手锏”了。

另外，采用新的镜头结构和IS技术的使用也有很大的关系。而IS技术的使用，在我看来，才是新款EF 200mm F/2L IS USM镜头最大的进步。拖了这么多年，佳能终于在这支顶级L系列镜头上使用IS影像稳定器了！厂家宣布它使用的是最新型的IS防抖技术，按照官方的说法已经可以达到相当于提升5档快门速度的稳定效果了，是目前佳能最高水准的IS技术。

新光学结构使得最近对焦距离缩短为1.9米，比前一代产品近了0.6米，这也是一个比较重要的改进，因此最大摄影倍率到了0.12倍。使用新设计的8枚光圈叶片，非常的圆。EF 200mm F/2L IS USM的体积和前代几乎没有差别，不过因为主要部件采用了镁合金，重量下降到了2520g—手持拍摄者的福音啊。

当然，还有一些可以预先想到的小改进，包括使用更圆的光圈让背景虚化得更自然一点，以及为适应数码化而优化了镜片镀膜，镜片位置的调整也是为了更有效地抑制来自CMOS反光造成的鬼影和眩光。另外，对我个人很重要的是进步，新款镜头终于有在大雨中拍摄的防尘防水性能了。

操控方面，最大的进步是，新款镜头终于可以全时手动对焦了，这方面就显出老款的200mmf/1.8L还是太早出的镜头了。全时手动对焦对于人像、野生动物或者体育摄影都非常非常的重要。另外，镜身上设置了4个对焦启动/停止按钮，均匀围绕镜头一圈，这样无论横拍竖拍都能很方便地操作，而老款镜头只有一个对焦启动/停止按钮。

EF 200mm f/2L IS USM镜头的AF速度非常快，这主要得益于f/2的大光圈。不过，要提到的是，其实相对于前一代EF 200mm f/2L IS USM的对焦速度还略有提高，厂家解释说是超声波马达技术有新的进步。

光学表现方面，分辨率上EF 200mm f/2L IS USM保持了前一代产品惊人的细节描绘能力。全开光圈的时候已经非常好，中心分辨率甚至比前一代稍胜。中心分辨率在收小一级光圈下已经和最佳分辨率相差无几，从f/4开始，相场的均匀度就已经非常完美了，可以持续到f/11。需要多说一句，虽然它最小光圈达到f/32，但是如果你使用的是超过2000万像素的相机，由于衍射的影响，不建议你使用小于f/16的光圈。

要特别提到的是，老款镜头和新镜头对于形体的描绘能力都非常强，再加上大光圈带来的视觉效果，使得这两支镜头对于空间感的表现令人印象非常深刻。200mmf/1.8或者f/2的镜头在全开光圈在最近距离对焦时，景深不足20毫米，这是一种异乎寻常的虚化效果，因而也一向被爱好者们所津津乐道，这方面我觉得这两支镜头之间没什么可以观察到的变化。

当然，最大光圈收小了1/3级，从过去的f/1.8变为现在的f/2，变得和竞争对手尼克尔AF-S VR 200mm f/2G IF-ED（一支更大、更重、更复杂的镜头）同样的规格。也许佳能现在比当年更务实也更有自信了，不用在意争夺最大光圈的“光环”了，但对于EOS的爱好者而言，缺少了独一无二的快感，多少还是有些遗憾的。

➔ 摄影：UNICEF/ 赵嘉，Photo by UNICEF/Zhao Jia
EOS-1Ds Mark Ⅲ机身，EF200mm f/2L IS USM 镜头，手动曝光，f/2 光圈，1/125 秒快门，ISO 400

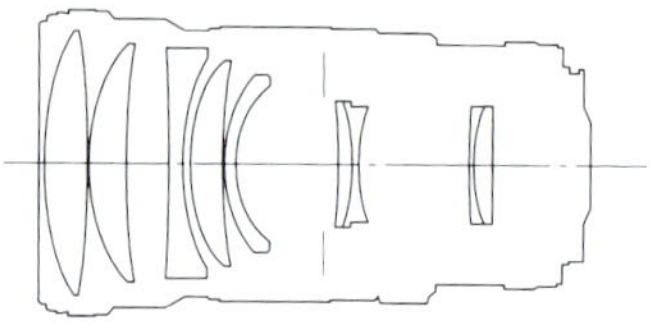

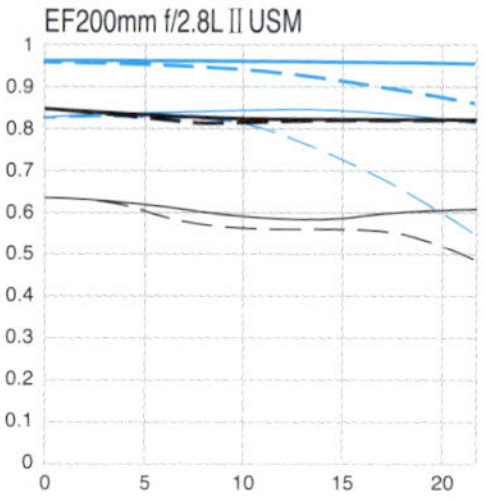

EF 200mm f/2.8L Ⅱ USM 详细规格：

焦距和最大光圈：200mm，f/1.8
光学结构：9片7组
对角线视角：12°
最近调焦距离：2.50m，0.09倍放大率
最小光圈：32
光圈叶片：8
滤镜口径：72mm
最大直径×长度：83.2 × 136.2（mm）
重量：765克
遮光罩：ET-83B Ⅱ（附送）
（参考价格：6370元）

EF200mm f/2.8L Ⅱ USM

这是一款轻便、紧凑的用于随身携带的长焦镜头。使用了两个UD镜片用于消除色散，色彩表现以清淡自然取胜。新型的后组对焦设计完全减轻了可移动镜片的总体重量并且提高了对焦的精确度和速度，据称也会减少对焦误差。环形超声波马达带来了敏捷而安静的AF模式。

由于佳能自家的多支70-200mm L镜头涵盖了200毫米焦段，而且也可以达到f/2.8的光圈，所以这支没有IS功能的镜头谈不上有很强的吸引力，但它以在全程对焦距离上出色的锐度和清晰的影像而闻名（变焦镜头在最长焦段的成像显然没有那么好），而且背景虚化也显得更自然。另外，它也是L系列镜头中最便宜的之一，尤其在二手市场上，因此用不多的钱感受一下L系列长定焦镜头的魅力还是件合算的事情。

花絮

IS技术：稳定压倒一切

抖动是影像质量的大敌，那些喜欢现场光拍摄的摄影师会有更强烈的体会。在“稳定压倒一切”的大环境下，佳能公司的IS技术应运而生。IS是英文IMAGE STABILIZER的两个词的字头，意为“图像稳定器”。

通常，手持相机拍摄时，难免会有各方面的原因引起相机振动。为了避免相机振动带来的不良影响，很多摄影书会说：基于“1/焦距”秒的快门速度，常被认为是在没有影像稳定系统的情况下手持摄影时快门速度的最低极限。也就是说，经过训练的摄影者手持50毫米标准镜头的相机，为保证

拍摄质量，最低使用快门应为1/50秒。而作为一个职业摄影师，大量使用的是比较细的低感光度的胶片，因此，三脚架成为摄影师身上的标志物之一。

由于带图像稳定器的镜头允许再降低两挡（甚至3～4挡）快门，所以若使用带图像稳定器的镜头，同样是50毫米的镜头，手持拍摄最低快门可达1/15秒。这样就等于给拍摄者创造了更多的机会，这就是佳能公司开发带图像稳定器镜头的实际意义所在，真的是大大地提高了拍摄的成功率，而且拓宽了镜头的使用范围。

IS技术是佳能发明的，但是最早它被使用在昂贵的广播级电视镜头上，而且使用的原理和35毫米相机的IS并不完全一样，只不过这个技术太成功了，佳能也就动了把它放在35毫米相机上的念头。

目前的图像稳定器技术包括两只陀螺传感器组成的检测单元、微处理器和光学修正系统三个部分。工作原理是靠两只陀螺传感器分别检测来自水平方向和垂直方向的振动，而且可以检测到相机振动的方向和大小，再将检测到的信号传送给微处理器；微处理器经过判断和计算，再对镜头的光学修正系统发出驱动指令，使光学修正系统向某一方向移动，（光学修正系统是一个由线圈驱动，可上下左右移动的光学镜组，其位置另由红外线装置检测定位），通过光学修正系统的补偿运动，使投射到焦平面的影像保持稳定。

佳能装了图像稳定器的镜头型号标注上，后面都有“IS”的字样，如：EF 300mm f/4L IS USM。

图像稳定器技术的开发也是具有划时代意义的。

第一次把影像稳定效果系统（IS）应用在EF镜头上具有相当的试验性质，所以第一款装备了图像稳定器的镜头不是L系列镜头，甚至不是定焦镜头，而是EF75-300mm f/4-5.6 IS USM变焦镜头。这就是第一代IS系统，第一代IS开始启动时间约半秒，一秒左右可以进入“稳定”状态，这时候按下快门会有最好的效果，可以在手持拍摄时用低于倒数规则的曝光时间2～3挡拍摄，推荐2挡比较安全。这样当然会给摄影师更大的手持拍摄范围，也就意味着可以使用更多灵活的拍摄方式，而能改变“拍摄方式”的技术突破是件令人鼓舞的事情。

佳能EF75-300mm f/4-5.6 IS USM获得1996～1997年度TIPA最佳镜头奖。另外一支装备了图像稳定器的镜头EF 300mm f/4L IS USM镜头第二年也获得1997～1998年度TIPA最佳镜头奖，其实EF 300mm f/4L IS USM和前一代没有IS功能的EF 300mm f/4L USM相比成像质量并没有提高，得奖的原因也只是因为使用了IS技术。

[注：TIPA（全称Technical Image Press Association）是全球著名的专业机构，是由来自12个欧洲国家的31个出版社共同组成的专门协会，其宗旨是促进影像技术在欧洲的发展和应用。每年，TIPA都要评选出被认为是当年最出色的影像产品，而获此殊荣的产品则可以在宣传材料中使用获奖标记。]

IS镜头上设有IS-1和IS-2两种模式选择，IS-1是全方向防抖动模式，适于通常的手持摄影；IS-2是横向定向防抖动模式，适于追随拍摄运动物体时的手持摄影，IS-2可以自动识别追随运动物体时相机的连续移动和手持相机常见的上下抖动，然后取消对追随摇动的IS补偿仅对上下抖动IS进行补偿校正，从而避免追随拍摄中出现不正常的影像效果。

在佳能的IS技术大获成功之后，其他厂家也相继开始推出自己的防抖技术。拥有类似技术的厂家还有使用镜头防抖的尼康和机身防抖的索尼（由原来美能达的技术发展而来），此外奥林巴斯和松下也都有自己的防抖技术。

这里要说的是，有些厂家在宣传上说自己的便携型数码相机上有“防抖技术”，实际上是依靠相机主动提高感光度来避免抖动。考虑小型数码相机提高感光度会带来画质严重的下降，我通常认为这是一种“伪防抖”，当然，如果你不在乎画质的下降，它的确能带来更清晰的图像（不过，如果不在乎画质，你看这本书干嘛啊？）。

IS镜头到现在一共有四代：

第一代从1995年开始，可以提供2级快门防抖。

虽然第一代IS效果不错，但是它也有一些不足，尤其在使用三脚架时要关掉IS功能，否则IS有可能（注意，是有可能）“当没有足够的运动被IS系统检测到的时候，镜头运动可能被某种电子反馈所影响，……使得照相机在三脚架上的时候IS镜头组被移动”，或者由于对反光板回落或其他相关部件的震动做出不必要的补偿，反而会降低成像质量。所以第一代IS在使用三脚架的时候要关上影像稳定器开关，这样IS镜头组被锁死。第一代的IS专指用在下面四支镜头上面的IS技术：EF 28-135mm f/3.5-5.6 IS USM、EF 75-300mm f/4-5.6 IS USM、EF 300mm f/4 L IS USM、EF 100-400mm f/4.5-5.6 L IS USM。

第二代从1999年开始，不仅可以提供2级快门防抖，而且开始有三脚架自动检测功能。在使用三脚架等稳定的摄影状态中，镜头会自动将IS补偿镜组锁定在光轴位置，防止错误补偿动作；而在使用独脚架时，IS功能会视相机的稳定程度正常发挥作用，这对于体育记者很重要。另外，当相机的自选功能设定为反光镜预升摄影模式时——意味着一定使用三脚架或者其他支撑系统——镜头的IS补偿动作也会自动取消。

第三代从2001年开始，可以提供3级快门防抖，有三脚架自动检测功能，半按快门后0.5秒IS补偿镜组即可达到最佳控制状态，比前一代IS快了一倍。

第四代从2006年开始，可以提供4级快门防抖，有三脚架自动检测功能。第一支使用这项技术的镜头是EF 70-200mm f/4L IS USM。

IS技术是EOS系列最重要的成就之一。如果有可能，我希望所有的L系列都能装上这项有用的技术，不仅仅在长镜头上，广角镜头也一样，因为广角镜头要更经常在室内使用，所以IS技术的采用也非常有必要。

从实际的使用来看，新的IS技术的镜头，效果更可以到3～4挡（比如新的EF70-200mm f/2.8L IS），不过，有一点非常重要，IS技术只是提高影像清晰的成功率，并不能保证拍摄的所有的照片都是清楚的。按照我个人的经验，第二代IS在降低两挡拍摄时有超过95%的成功率；降低3挡可能有超过90%的成功率；4挡的时候大概也有超过60%的成功率。降低得再多，成功率就会下降很多了，但是你还是可以看出IS功能在发挥作用，说不定有时候还能起到意想不到的效果。所以，使用IS功能的时候，不论降低几挡，即便只是降低2挡，多拍几张还是有价值的，反正现在用数码相机又没什么成本！

300 毫米镜头

强烈压缩景深效果的吸引力

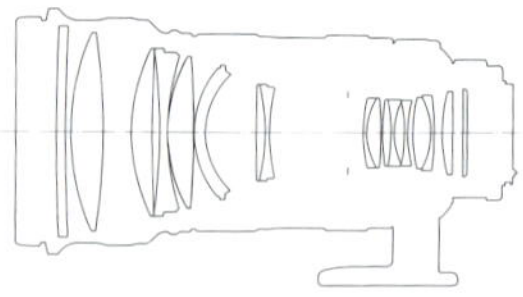

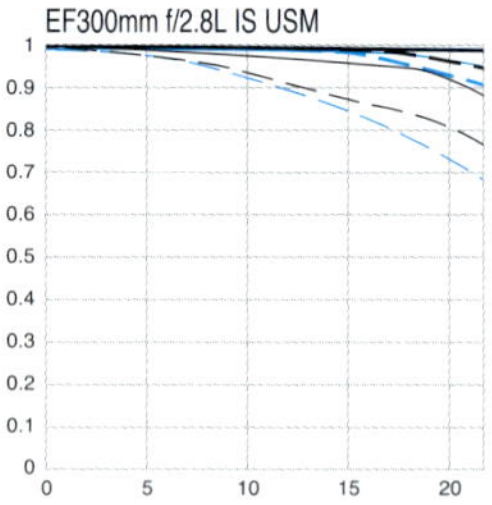

EF300mm f/2.8L IS USM 详细规格：

焦距和最大光圈：300mm，f/2.8
光学结构：17 片 13 组，（护镜和落入式滤镜也包括在内）
对角线视角：8° 15′
调焦系统：环形超声波马达，后组调焦系统，全时手动对焦
最近调焦距离：2.5 米，0.13 倍放大率
最小光圈：32
光圈叶片：8
滤镜口径：52mm 落入式
最大直径 × 长度：128 × 252（mm）
重量：2550 克
遮光罩：ET-120（附送）
（参考价格：37660 元）

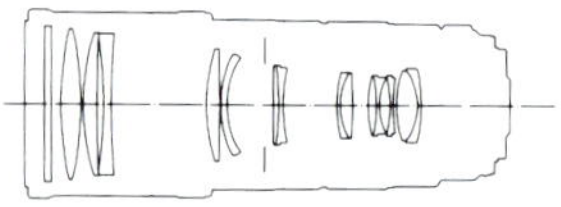

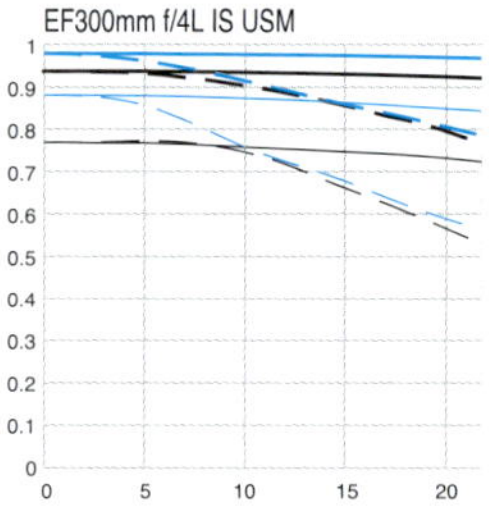

EF300mm f/4L IS USM 详细规格：

焦距和最大光圈：300mm，f/4
光学结构：15 片 11 组
对角线视角：8° 15′
调焦系统：环形超声波马达，后组调焦系统，全时手动对焦
最近调焦距离：1.5 米，0.24 倍放大率
滤镜口径：77mm
最大直径 × 长度：90 × 222（mm）
重量：1190 克
遮光罩：内置
（参考价格：10960 元）

一支超级望远镜头可以给照片带来强烈的生命力，它可以轻易超越人眼的观察力并据此拍摄出具有强烈视觉冲击力的照片，这些照片给人以强烈的景深压缩感。300 毫米正是超级望远镜头的起点。300mmf/2.8 的规格很长时间内基本就是超级长炮的代名词，超级镜头的所有特点在它身上一览无余。最近二十年，由于超级望远镜头被越来越多地应用在各个不同的拍摄领域，因此 EF 系列更加重视轻便紧凑的设计，辅以 IS 技术，使得 EF 系列的 300 毫米超级望远镜头也具备了相当的手持拍摄运动物体的能力。

300 毫米镜头的应用面非常广，不仅仅在运动场四周，其他很多领域的摄影师，包括野生动物摄影、报道摄影、时装摄影等领域都会有使用它的机会，因此佳能的 300 毫米 L 系列镜头有多支：EF 300mm f/2.8L USM 是 L 系列最早的一批镜头，而且是第一款使用 USM 技术的 EF 镜头。经过数代的更新，最新一代的EF 300mm f/2.8L IS USM 依然是很多体育记者很喜欢的镜头。300mm f/4 对于很多需要轻便器材的摄影师（比如人文地理摄影师、野外摄影师）来说是很有吸引力的镜头，而 EF 系列中有两款此规格的镜头，其中带 IS 功能的比较新。

EF300mm f/2.8L IS USM

300 毫米镜头是佳能公司的看家焦段之一，历来为 EOS 系统所重视。

这支新一代的大口径 L 系列镜头在光学上进行了全新的设计，集佳能所有影像技术于一身，使用了 17 片 13 组的结构（之前两代都是 11 片 9 组的），1 片萤石镜片和 2 片 UD 镜片组成的影像系统能够彻底消除二级色差。高质量的画面在最大光圈时已经拥有了很高的反差，同时可以在中心以及四角得到几乎最佳的解像力。另外由于采用了大型的 USM 元件、内对焦系统以及新的运算方式，因此对焦速度是第一代 AF 款的 2 倍，佳能宣称它是世界上最快的自动对焦镜头之一。当然，它依然可以全时手动对焦，

➔ 摄影：奚志农，Photo by Xi Zhinong
EOS-1N 机身，300mm f /4L IS 镜头加 1.4x 增距镜
牛背鹭，云南大理。鹭类是很多摄影爱好者非常喜欢拍摄的题材，特别是在繁殖期。它们归巢时都有固定的路线，因而能拍到一些很漂亮的画面。

这对于长炮来说是必须的。

另外，因为使用了比较新的 IS 技术，可以使快门速度降低 2～3 挡拍摄，从而在不同情况下取得更好的拍摄效果。同时增加了适合连续拍摄的 IS 模式 2 和使用三脚架自动检测装置，更使得长炮的性能如虎添翼。最近拍摄距离为 2.5 米。

考虑到竖拍和操作的方便，在镜头上增加了 4 个自动对焦停止按钮加，它升级的焦点预设功能使操控更加便利。这支镜头改用了镁合金的镜身和碳纤维的遮光罩，镜身比上一代轻了 295 克。

这支镜头最前面是一块不参与成像的保护镜片，为了防止平面 UV 镜容易产生的重影和眩光，做成了有一定曲度的凹凸透镜。

这款镜头也在按钮和接圈等处采用了防滴防尘设计，可以配合 EOS-1V 之后所有的专业机身在大雨中使用。

EF300mm f/4L IS USM

EF300mm f/4L IS USM的前身是不带IS功能的EF300mm f/4L USM。EF300mm f/4L USM 在成像上已经非常优秀了，而且应用面非常广，所以 EF 系列就拿它做了“小白鼠”，成为最早使用 IS 功能的 L 系列镜头之一。

EF300mm f/4L IS USM保持了前一代产品高质量的影像表现，又由于图像稳定器的帮助而具备出色的机动灵活性。在 IS 模式下，摄影者有两种选择：模式 1 是用于拍摄相对静止物体的；模式 2 用于追踪拍摄移动物体的。不过，它使用的是第一代 IS 技术，如果你在三脚架上使用，一定要关闭 IS 功能，它不能识别反光板升起和落下的震动，会出现一些怪怪的影像。

这支镜头使用 2 片 UD 镜片的光学设计能够彻底消除二级色差。另外要强调，它近至 1.5 米的最近拍摄距离在 300 毫米焦段镜头中显得非常突出，你甚至可以尝试像微距镜头一样尽可能地近距离拍摄被摄体，这也显示出这支镜头是为更广泛的摄影领域而设计制造的。事实上，也的确有很多不同领域的摄影师喜爱它。

还要提到的是，图像稳定器在 EOS-1N 之后的 1 系列机型上使用 EF1.4X Ⅱ 或者 EF 2 X Ⅱ 增距镜时仍能发挥作用，从而提供600 毫米的拍摄能力。

多说一句，如果你并不在乎 IS 功能（比如经常拍摄风光），并考虑到二手市场上的价格因素，老款的但是更便宜一些的 EF300 毫米 f/4L USM 也很值得推荐。

400 毫米镜头

最具人气的超级望远镜头

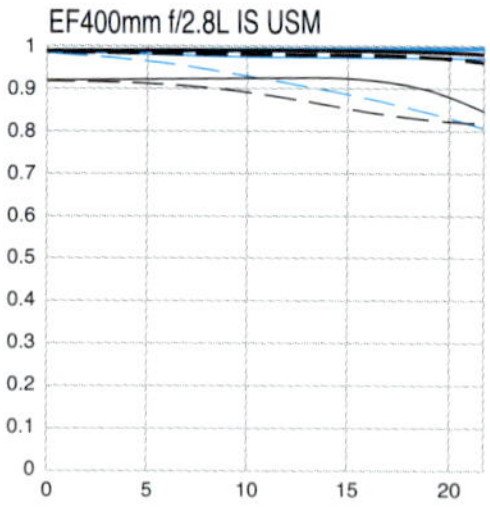

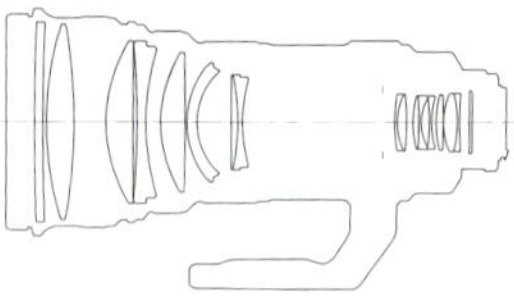

EF400mm f/2.8L IS USM 详细规格：

焦距和最大光圈：400mm，f/2.8
光学结构：17 片 13 组，（护镜和落入式滤镜也包括在内）
对角线视角：6° 10′
调焦系统：环形超声波马达，后组调焦系统，全时手动对焦
最近调焦距离：3 米，0.15 倍放大率
最小光圈：32
光圈叶片：8
滤镜口径：52mm 落入式
最大直径 × 长度：163 × 349（mm）
重量：5370 克
遮光罩：ET-155（附送）
（参考价格：59770 元）

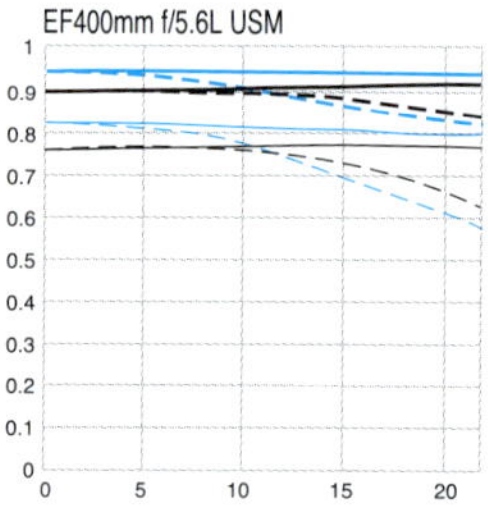

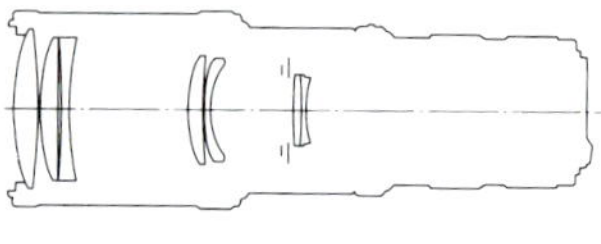

EF400mm f/5.6L USM 详细规格：

焦距和最大光圈：400mm，f/5.6
光学结构：7 片 6 组
对角线视角：6° 10′
调焦系统：环形超声波马达，后组调焦系统，全时手动对焦
最近调焦距离：3.5 米，0.12 倍放大率
滤镜口径：77mm
最大直径 × 长度：90 × 256.5（mm）
重量：1250 克
遮光罩：内置
（参考价格：9370 元）

400 毫米镜头比 300 毫米镜头的景深压缩效果更明显，可以更好地把主体和背景分开，创造出更有视觉冲击的照片。最近 10 年左右，在国际性的体育比赛上—无论是奥运会还是世界杯—400 毫米镜头几乎成为摄影记者必备的器材。400 毫米的超望远镜头捕捉那些富有表现力和强烈视觉效果的画面—无论是起跑线上运动员全神贯注的表情还是足球运动员争顶时候的冲突场面—都非常实用。

而它的用途也远远不止于此，超长的焦段可以令摄影者可以直接拍到以前很难拍摄的野生动物的特写，或者是一辆在拐角处风驰电掣的拉力赛车，风光摄影师也使用它准确地表现远处山顶的颜色和质地的结构。

EF400mm f/2.8L IS USM

金牌推荐

EF 400mm f/2.8L IS USM是L系列新一代长焦镜头最典型的代表。

400mm f/2.8 规格的镜头现在超受职业摄影师的追捧。在历史上 300 毫米镜头曾经是使用长焦镜头的摄影师的“标准镜头”，但是现在情况发生了很大的变化，比如拍摄足球等项目的体育摄影师多数从 300 毫米镜头改用了 400 毫米镜头；此外，它也是商用 AF 镜头能做到 f/2.8 规格的最长的镜头，因此也受到很多野生动物摄影师的喜爱。所以佳能一直很重视这个规格镜头的研发，之前 L 系列镜头有两款 400mm f/2.8 规格的镜头。而最新款的 EF 400mm/2.8L IS USM 是 1999 年上市的，当时已是 L 系列长镜头如日中天的时候，佳能一口气发布了四款镜头，还包括EF 300mm f/2.8L IS USM、EF 500mm f/4L IS USM和EF 600mm f/4L IS USM。

这支镜头在光学上进行了全新的设计，使用了 17 片 13 组的结构（之前两代都是 11 片 9 组的），2 片 UD 玻璃镜片和 1 片萤石玻璃镜片组成的影像系统能够彻底消除二级色差，产生高反差的优秀画面质量。考虑到绝大多数德国厂家不生产 400 毫米以上自动对焦的长镜头—唯一例外的是Carl Zeiss Tele-Apo tessar T* 400mm f/4，用于已经停产的 CONTAX N 系列相机—这支 400mm 的超级望远镜头依靠优质的影像质量和高速可靠的自动对焦系统可以说是全球无敌。

这支镜头使用新设计的光学结构也更利于提高对焦速度，同时因为采用了新的大型环形 USM 元件和新的数学运算，因此对焦速度是第一代 AF 款的 2 倍，也使之成为世界上最快的自动对焦镜头之一。当然，它依然可以全时手动对焦，且不需要电力。最近拍摄距离也减少到 3 米。

摄影：徐岩冰，Photo by Xu Yanbing
EOS-1D Mark II N 机身，400mm f/2.8 镜头，手动曝光，f/5.6 光圈，1/790 秒快门，ISO 200
曲棍球比赛

由于这支镜头比较大，另外考虑到竖拍和操作的方便，因此在镜头上增加了 4 个焦点预设和自动对焦停止按钮。镁合金的镜身和碳纤维的遮光罩使得这款镜头很轻。提供了在恶劣条件下的非常优秀的防尘和防潮功能，可以配合 EOS-1V 之后所有的专业机身在大雨中使用。而这恰恰是使用长焦镜头的摄影师经常会不期而遇的情况。

这支镜头的图像稳定器可以提供降低两到三挡快门速度时使用。IS 镜头上的图像稳定器可以根据发现的横向或纵向的移动进行高速纠正，从而扩大了手持拍摄的范围。有些摄影者甚至声称使用它来手持拍摄时装表演，如果赶上“大秀”（专业术语，指挡次高、规模大、时间长的时装表演），很显然这可以在相当程度上替代你在健身房里的锻炼效果。建议还是加个独脚架。

当然，乐观地看，能够达到这样的手持拍摄也不是没有原因的，因为它使用了比较新的 IS 技术，而且增加了适合连续拍摄的 IS 模式 2 和使用三脚架自动检测装置，更使得长炮的性能如虎添翼。

这支镜头最前面使用的是一块不参与成像有一定曲度的凹凸保护镜片，为了防止平面 UV 镜容易产生的重影和眩光。

EF400mm f/5.6L USM

最早的 L 系列镜头之一，也是一款品质非常高的镜头，虽然没有 IS 功能，但是具有非常好的成像效果。由于 400 毫米的焦段通过增距镜达到的影像质量普遍不好，因此对于那些要求镜头灵活机动且便于携带的摄影师来说，值得强力推荐！一些有经验的野外摄影师很喜欢它，并在一些需要轻装的时候携带它。

光学结构方面，一片超级 UD 镜片和标准 UD 镜片组成的影像系统能有效地纠正色差，同时这支镜头具有非常高的解像力和优质的色彩表现。常见的变焦镜头＋增距镜的方式虽然也可以得到足够的焦距，但不要说 EF70-200mm f/2.8L IS USM，即便是更高素质的EF200mm f/2.8L Ⅱ USM 定焦镜头配合增距镜后得到的成像结果也远远不及这支镜头。如果你刚刚开始喜欢拍摄鸟类之类的题材，并且在你作出痛苦的决定，将镜头升级到超级“大炮”之前，这支镜头就是最好的选择。对于这支性价比超高的镜头来说，遗憾或许是没有 IS 功能。另外，这支镜头上市的时间比较早，对于一支经常要在野外使用的镜头来说，如果将它的防水防尘性提高到具有后期 L 系列镜头的水平就更好了。

同样出于便携性的考虑，这支镜头的遮光罩是内藏式的，使用可以拆卸的套环式三脚架座，对焦范围可选择从 3.5 米至无穷远或者 8.5 米至无穷远。

➔ 摄影：徐岩冰，Photo by Xu Yanbing
EOS- 1D Mark II N 机身，400mm f/2.8 镜头，手动曝光，f/5.6 光圈，1/30 秒快门，ISO 200

最少的EF镜头配置（上）

购买镜头的第一金科玉律是：“明白自己摄影的出发点”。清楚自己喜欢拍什么是最重要的事情，这样的话往往很容易选择镜头。如果实在拿不定主意，可以考虑先买二手镜头试试，不成还可以卖掉，损失减少为最小。

购买镜头的第二金科玉律是：“选择你买得起的最好的镜头”，与其买一堆差镜头，不如这笔钱买一支好镜头！这是很多爱好者在经过多年血淋淋的付出后才能明白的教训。

下面的内容主要供摄影爱好者和业余摄影师参考，考虑比较多性价比和便于使用的因素，因此并不特别适合职业摄影师，尤其不适合比较多进行商业性图片拍摄的摄影师和以摄影为创作手段的职业艺术工作者，建议他们还是从前面每支镜头的具体介绍中分析适合自己使用的器材。

一支镜头的选择

很多APS-C规格CMOS数码相机（400D或者40D系列）在购买的时候都会搭一支普通又经济的标准变焦镜头，这支镜头非常便宜，如果单独买，可能只要三五百元，但是如果你收小光圈并且在三脚架上使用，和比它贵5倍的镜头相比其实在分辨率上并不逊色。

不过，多数的使用者一段时间之后都会对原配的变焦镜头的成像质量感到并不满意。毕竟“小光圈＋三脚架”太局限了。所以，镜头升级的需求也可以理解。

虽然L系列的镜头是EOS的看家法宝，但是多数L系列镜头在设计时没有过分考虑小尺寸感光元件相机。考虑到要乘一个1.6的系数，如果对质量没有专业级的苛刻要求，EF-S 17-85mm f/4-5.6 IS USM和EF-S 17-55mm f/2.8 IS USM这两支标准焦段变焦镜头都是首选的升级选择。这两支镜头应用面比较广，旅行、风光、报道、家庭照通吃。现在的确400D和40D套机就是直接组合EF-S 17-85mm f/4-5.6 IS USM销售的。这样一支镜头和入门机身——比如400D——的配合在万元左右，也不算太奢侈。如果偶尔在单位拍个会议或者朋友的婚礼之类的，再加上一只闪光灯就足够了，不一定非要580 EX Ⅱ那样顶级的，430 EX已经很好了。

不仅是爱好者的选择，这两支EF-S镜头对于职业摄影师来说也同样具有吸引力。前者比较便宜，而且焦段适合在旅行中使用；后者有恒定f/2.8的光圈，成像更好一些，不过也比较贵。这两支镜头都使用了防抖技术，共同的特点是不能升级使用在全画幅相机上。

额外要多说一句，EF-S 17-55mm f/2.8 IS USM并不是一支便宜的镜头，所以很多人升级的时候宁可选择17－40mm L，毕竟是L系列镜头啊！焦段没有那么长，也不具备IS功能，光圈也小了点，但是具有更好的成像质量，虽然分辨率不比上面的两只EF-S高多少，但拍风光之类对色彩表现要求比较高的时候还是有优势的。反正数码相机现在高感光度的画质也越来越好，而且未来使用全画幅数码相机的时候这支镜头还可以继续使用。

而对于使用全画幅感应器的数码相机的摄影者来说，配置一支镜头的情况比较少见。

EOS系列在相机中属于偏重实用的品牌，对于摄影师来说具有非常好的实用性，但是不算很有个性的器材，通常使用唯一一支镜头的摄影师都是很有个性的人，他们多数对影像质量有着苛刻的要求，而且很强调自己对于影像独特的理解。这样的摄影师的作品通常不会通过常规的商业途径销售，所以这样的职业摄影师即便只选择一支EF镜头的也很罕见。

不过，我的确见到一些摄影师在使用顶级机和一支镜头的配合，多数是大光圈的标准变焦镜头；少数是他们使用其他体系的相机（比如旁轴相机），但是需要借用单反相机的某些特性，那样的摄影师会选择EOS的中长焦镜头，尤其是大光圈的中长焦变焦镜头。

另外，如果你现在在使用非全幅感光元件相机，还没确定自己是不是要升级到全画幅，那么先买一支L系列的超广角变焦镜头也是安全的做法。在这个焦段里，16-35mm L Ⅱ和17－40mm L无疑是摄影者最喜好的选择，这两支镜头在成像质量上的差别不大。当然，16-35mm L Ⅱ是最新发布的L系列镜头之一，充分考虑了数码化之后的各种问题，不过，主要的优势依然是大一挡的光圈和更好的可靠性和耐用性。所以，如果你很倚重超广角镜头的使用，16-35mm L Ⅱ是不二之选，否则17－40mm L也足够用了，省下来的钱可以购买一个很好的闪光灯或者一支定焦镜头了。买超广角变焦镜头另外巨大的好处是以后配合其他镜头都很方便。

对于喜欢标准变焦镜头的摄影者，我个人倒是觉得24-105mm L IS是目前最好的选择，成像锐利，带IS功能，防水防尘，畸变严重点但算是白璧微瑕。24-70mm L比它贵很多，但是更适合有特定用途的职业摄影师，一般的摄影就算了，省下来的钱能买好多东西呢。

24-105mm L IS也是一支扩展性很强的镜头，它的缺点主要是光圈不够大，未来如果你喜欢广角镜头的现场光效果可以补充一支35mm f/1.4 L或者24mm f/1.4 L；如果你拍人像多，随便搭一支人像镜头也很容易。

要补充一点的是，EF-S系列镜头中新增加了18-200mm的规格，而很多其他厂家都有类似规格的镜头在产，焦段非常适合旅行中使用，而且价格多数很低廉，也的确有一些摄影爱好者在第一次购买镜头时选择了类似的规格。但是我个人非常不推荐这样的镜头，低廉的价格决定了它的素质，成像质量我觉得多数情况下不能接受，可惜了数码单反相机。

结论：

1. 预算不高，就接受套机镜头；

2. 有较高预算，现在使用非全幅数码单反，有未来升级到全画幅的打算，就买17-40mm f/4 L；

3. 全画幅相机中性价比最高的一机一镜组合是5D Mark Ⅱ +24-105mm L IS。

400毫米DO镜头

多层衍射光学元件，为超级望远镜头更加轻便而奋斗！

➔ 摄影：奚志农，Photo by Xi Zhinong
EOS-1D Mark II N机身，400mm DO镜头、光圈优先，－1/3级，f/4光圈，1/500秒快门，ISO 400
晨曦中的马可波罗羊，新疆，帕米尔高原。"帕米尔"是塔吉克语"世界屋脊"之意，喜马拉雅山脉、喀喇昆仑山脉、昆仑山脉、天山山脉在这里聚首汇结。拥有起伏丘陵和宽阔河谷的帕米尔，也同时孕育着一个高原上丰富多彩的生命世界。

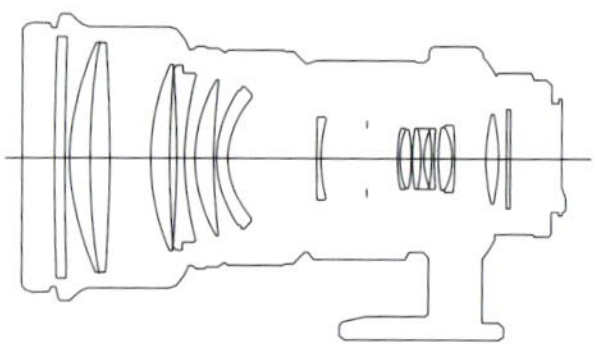

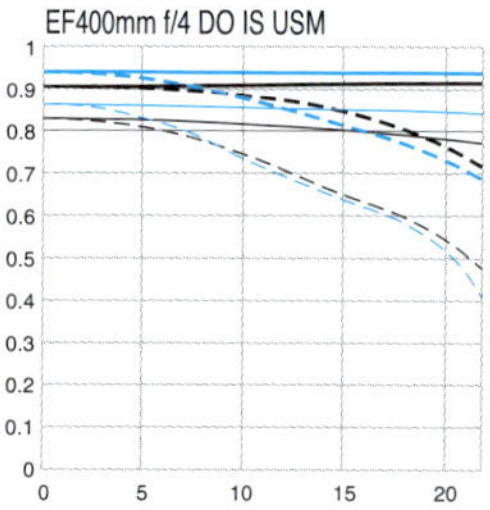

EF 400mm f/4 DO IS USM详细规格：

焦距和最大光圈：400mm，f/4
光学结构：17片13组，（护镜和落入式滤镜也包括在内）
对角线视角：6° 10′
调焦系统：环形超声波马达，后组调焦系统，全时手动对焦
最近调焦距离：3.5米，0.12倍放大率
滤镜口径：52mm落入式
最大直径×长度：128 × 232.7(mm)
重量：1940克
遮光罩：ET-120（附送）
（参考价格：44900元）

EF 400mm f/4 DO IS USM是一支非常特殊的镜头，即便在以应用新技术见长的EF系列镜头中它也是非常特殊的一支，因为它是世界上第一支应用多层衍射光学元件的摄影镜头。同时它也是一支带有"脾气"的镜头。

超级望远镜头存在一个同样的问题，就是体积和重量。即便受过严格训练的摄影师也很难持稳，所以手持拍摄基本不可能（我常听说有些摄影爱好者喜欢端着超级长炮矗立在街头拍美眉，顺便练练臂力，不过这依然是一个很难改变的事实）。因此导致的拍摄模糊很显然破坏了照片的效果，这在非常需要手持拍摄的体育摄影和野外摄影上更加常见。模糊是多数拍摄的天敌，所以对轻便且画质好的镜头的需要是很迫切的。

超级望远镜头很难改变又大又笨重的现状，在试图改变它的努力中，新的具备多层衍射光学元件的镜头是目前最新颖的解决方案。采用多层衍射光学元件，可以让镜头

更轻便，这的确是普通镜头难以达到的。

佳能开发的多层衍射光学元件是光学设计和制造上的又一个里程碑，它具有萤石透镜和非球面镜的双重特点，因此从理论上说这支镜头具有非常高的成像素质。

从使用效果来看，DO元件主要的贡献在于使用它的镜头比采用一般光学元件的镜头要小得多（厂家提供的资料说是30%左右），当然也更轻便。因此，如果你希望在轻便和长焦镜头的便携性之间找到最好的选择，它非常值得考虑。

EF400mm f/4DO IS USM 镜头上有一个绿色的环，这是佳能镜头在设计和生产上使用创新技术的标志。第一支标有绿环的镜头是佳能在1969年生产的FL-F300mm f/5.6，也就是世界上第一支使用萤石镜片的单反相机镜头。

EF400mm f/4DO IS USM不仅在镜头的大小和重量上都达到了前辈们无法企及的轻便水平。这支镜头的对焦速度也是同类镜头中最快的之一。同时由于采用了图像稳定器和彻底的防尘防潮功能，它可以在非常恶劣的条件下使用，这一切都是为了适应于它的拍摄环境——户外、手持、机动。

厂家甚至提出使用多层衍射光学元件的镜头画质还可以更好，从MTF的角度来看，这支镜头的的画面质量是非常好的，结合DO技术的优势——厂家提出它另外的特点是极佳的矫正色差性能——它的色差的纠正可以达到萤石的水平。不过，这也是一只在色彩上相当有“脾气”的镜头，目前我依然不能很好地掌握它在色彩表现上的特性。从我个人使用来讲，EF400mm f/4DO IS USM的色彩表现和其他L系列镜头有明显的差异，总的来说色彩风格会更加趋于饱和，想必是采用多层衍射光学元件的结果。不过，我们这本书采访的摄影师中的确有人使用这支镜头获得了一些非常好的照片，对此我也意识到对一支技术创新镜头的评价还需要经过更多摄影者的检验。不过，我在这里对于它的推荐依然持比较谨慎的态度。

500 毫米镜头

超出人眼观察范围的图像

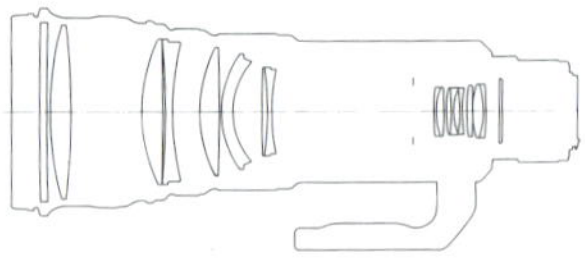

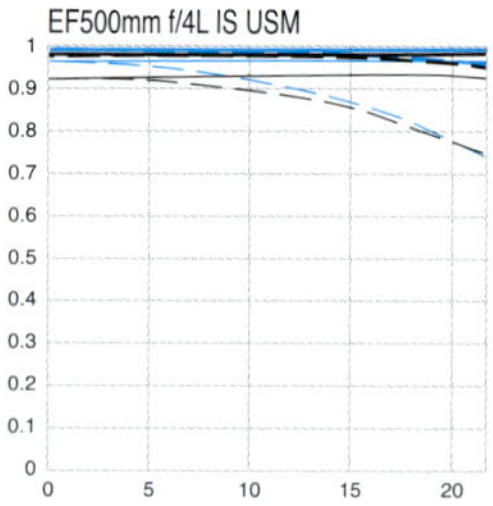

➔ 摄影：奚志农，Photo by Xi Zhinong
EOS-1N 机身，500mm f/4L IS 镜头，
滇金丝猴，云南，白马雪山。滇金丝猴是生活在世界海拔最高、生存环境最严酷地区的非人灵长类动物，它们栖息于海拔3000米以上的高山暗针叶林带，分布区域狭小，为中国的特有种。由于高山景观一旦破坏之后恢复极其缓慢，所以对于金丝猴栖息地景观的保护，决定着这一珍稀物种的命运。

EF500mm f/4L IS USM 详细规格：

焦距和最大光圈：500mm，f/4
光学结构：17 片 13 组
对角线视角：5 度
调焦系统：环形超声波马达，后组调焦系统，全时手动对焦
最近调焦距离：4.5 米，0.12 倍放大率
最小光圈：32
光圈叶片：8
滤镜口径：52mm 落入式
最大直径×长度：146 × 387（mm）
重量：3870 克
遮光罩：ET-138（附送）
（参考价格：56300 元）

摄影历史上最家喻户晓的名言大概就是卡帕的那句：“如果你拍的不够好，那是因为你不够近”。话虽然这么说，不过不是所有的照片都可以让你在梦想的最近距离拍摄到，很多远处的敏捷的运动也只有通过超级望远镜头才能拍摄到。比如在一辆时速超过 200 公里的正在拐弯的赛车上车手的表情，或是丛林里正在捕食的一只饥饿狮子的眼神！

无论如何，在这些情况下，近距离拍摄都是非常危险和不太可能的。而这也正是超长焦距镜头存在的魅力，可以让非常远的物体占据画面的一大部分。

超级望远镜头通过对图像景深的直接压缩可以帮助你拍摄到富有冲击力的场面，无论是用于追踪远处野生动物的身影或者抓住足球场上运动员激情碰撞的瞬间，超级望远镜头可产生独一无二的景深压缩效果。摄影师可以把主体和背景几乎放在一个视觉平面上，创造出很难模仿的小景深，而这是超级望远镜头最擅长的。

不过，通常情况下这种级别的镜头必须要使用三脚架和足够稳定的云台（有时甚至需要使用特殊的云台），而因为有了图像稳定器，很多摄影师开始在这个焦段使用独脚架，并因此提高了拍摄的机动性和灵活性。

EF500mm f/4L IS USM

这是一支兼具新颖的图像稳定器和 f/4 大光圈，而且灵活方便的超级望远镜头。

灵活地手持拍摄是每一个使用超级望远镜头的摄影师的终极梦想之一。不过超长镜头拍摄运动物体必须要面对手或者镜头的抖动造成的图片模糊，实际上即便是有经验的职业摄影师在抓拍时也经常出现这样的情况。而升级的

IS 技术的使用为许多专业摄影师赢得了更多的选择机会，他们可以根据实际的拍摄环境来选择是否手持拍摄，或者在一些情况下使用独角架或图像稳定器来拍摄高清晰度的照片。在这个领域，做到极限的就是EF500mm f/4L IS USM。而在过去，面对只有标准镜头视角十分之一的狭窄视角，试图依靠手持拍摄获得高清晰度的照片几乎是不可能的。

这支镜头在光学上进行了全新的设计，使用了 17 片 13 组的结构，同样采用了 2 片 UD 玻璃镜片和 1 片萤石玻璃镜片，几乎消除了所有失真，达到了前所未有的高解析度和对比度。因为采用了环形的 USM 和新的数学运算方法，使之成为世界上最快的自动对焦镜头之一。最近拍摄距离也减小到只有 4.5 米。配备了全时手动对焦、焦点预设和自动对焦停止按钮。具备良好的防尘防水特性，可以配合 EOS-1V 之后所有的专业机身在大雨中使用。f/4 大光圈使得它的使用范围很广。另外，因为使用了新的 IS 技术，这支镜头快门速度可以降低 2～3 挡拍摄。增加了适合连续拍摄的 IS 模式 2 和使用脚架自动检测装置，因此图像稳定器可以和独角架一起使用。

此外，这支镜头在焦段、口径、光学质量和镜头重量之间达成了异常完美的结合，改良后的镁合金的镜身和碳纤维的遮光罩减小了不少重量，体积也不是很大，有可能被放入一些中型双肩背摄影包中。这支镜头被很多摄影师认为是手持使用长炮的极限—包括本书采访的野生动物摄影师奚志农先生（见 P221 页）—因此他们没有一个不希望镜头的体积和重量能减少的。

这支镜头最前面使用的也是一块不参与成像的保护镜片，为了防止平面 UV 镜容易产生的重影和眩光，做成了有一定曲度的凹凸透镜。

600 毫米镜头

完美展现旷野和丛林里野生动物的身影

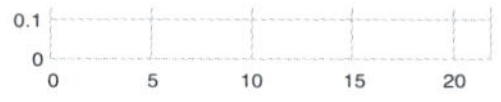

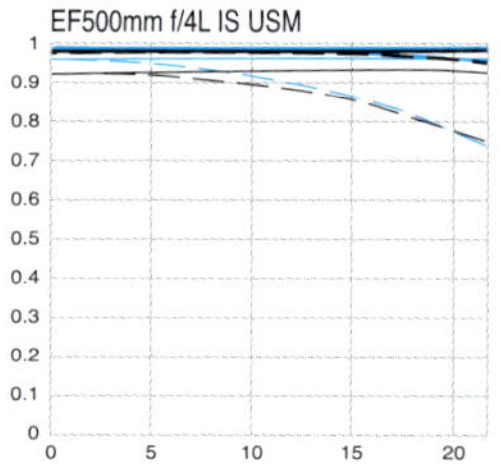

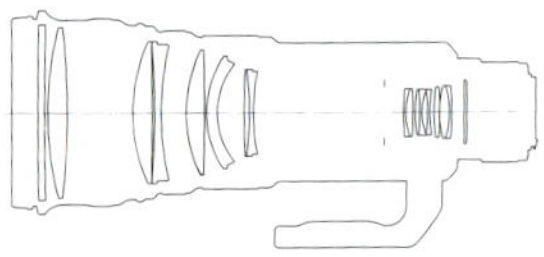

EF600mm f/4L IS USM 详细规格：

焦距和最大光圈：600mm，f/4
光学结构：17 片 13 组
对角线视角：4° 10′
调焦系统：环形超声波马达，后组调焦系统，全时手动对焦
最近调焦距离：5.5 米，0.12 倍放大率
最小光圈：32
光圈叶片：8
滤镜口径：52mm 落入式
最大直径 × 长度：168 × 456mm
重量：5360 克
遮光罩：ET-160（附送）
（参考价格：67200 元）

EF600mm f/4L IS USM

这支全新的 600 毫米超级望远镜头配备了图像稳定器，拥有 f/4 的光圈。佳能对于超级望远镜头有足够的经验，使得这支镜头在同类镜头中具有出类拔萃的成像效果，1 片萤石镜片和 2 片 UD 镜片组成的影像系统能够彻底消除二级色差，达到了过去很难达到的画面质量。采用了新的数学运算方法，使它的对焦成为世界上最快的镜头之一。虽然也有一些德国厂家生产类似焦段的高素质手动对焦镜头，但是 EF 系列的 AF 和 IS 技术使得出片的成功率大大提高了，因此，我也认为它实际上是同焦段镜头中最好的。

这支镜头在野生动物和体育比赛的拍摄中很得摄影师的信赖。和它的前一代产品相比，最近拍摄距离减小到了 5.5 米，提供全时手动对焦，自动对焦停止按钮使拍摄更简单。镁合金的镜身减轻了重量，令手持和移动更自由。具备出色的防尘防水特性，可以配合 EOS-1V 之后所有的专业机身在大雨中使用。

➔ 摄影：奚志农，Photo by Xi Zhinong
EOS-1D Mark II N 机身，600mm f/4L IS 镜头加 1.4X 增距镜，光圈优先，－1/3 级，f/10 光圈，1/1250 秒快门，ISO 400
马可波罗羊的公羊体型雄壮，它们以头顶一对雄伟的巨角而举世闻名，是帕米尔高原的象征。巨角代表着公羊的力量和地位，也是它们争夺配偶的武器。然而，巨角也让它们生活在盗猎者的威胁之中。

花絮

EOS 和三脚架的使用

对于使用长镜头和某些领域（比如风光、建筑、微距摄影等），三脚架是必须的附件。

对于单反机来说，通常的经验是手持拍摄的最低速度为使用镜头焦距的倒数，比如说，使用 50 毫米标头的时候，快门速度不能低于 1/50 秒。但是，严谨的职业摄影师其实另有一套理论，那就是：能用三脚架，尽量用！

虽然EOS系统的IS技术在一定程度上可以帮助摄影者克服手持相机带来的影像模糊，但是它并不能完全替代三脚架，原因有两个：

IS 技术只是提高拍到清晰图片的概率而不能保持 100% 的成功；

IS 技术是有限度的，最多只能达到 4 级快门速度。

而上述问题三脚架都不存在。另外，通常镜头的最佳光圈都在 f/8～f/16 之间，考虑到不同的光线条件，如果你追求最好的成像质量，三脚架在很多情况下是不可或缺的。

三脚架的选择是和承载的器材以及拍摄题材密切相关的，而要正确的选择三脚架要考虑三个重要的因素：

1. 最大负载能力要足够坚固去支撑你的器材；

2. 要有足够的扭转强度来保证所拍摄影像的稳定性；

3. 是否便于携带。

关于三脚架更丰富的内容推荐大家参考《顶级摄影器材》（中国摄影出版社 2009 年第 2 版）一书中对于三脚架和云台系统的详细介绍。这里只简单讲讲。捷信三脚架是我在《顶级摄影器材》中唯一推荐的三脚架，我们继续以它为例。对于 EOS 的使用者来说，捷信 1 号的三脚架只适用于不长于 100 毫米的镜头配合比较轻的机身（不要重过 EOS 5D）。而不长于 200 毫米的镜头可以使用捷信的 2 号三脚架，300 毫米 /2.8 镜头可以勉强使用 2 号三脚架，但是更长或更重的镜头一定要使用 3 号以上的三脚架。

你可以偶尔使用 1 号脚架和 200 毫米的镜头配合，但是它在长时间曝光或有风的情况下未必有足够的扭转力度来保证影像的清晰，这时候尽量不要升起三脚架的中柱，同时在三中柱下面挂一个重的背包也会有一些帮助，但依然不及使用更高号数的三脚架来得稳当。

当然，越大的三脚架也就越重，所以三脚架的材质的选择上，如果你的预算允许，强烈推荐 3 号（含）以下的脚架都考虑碳纤维或火山石之类的轻型材料，真的便利很多。

800 毫米镜头

寻天边野身动物的身影

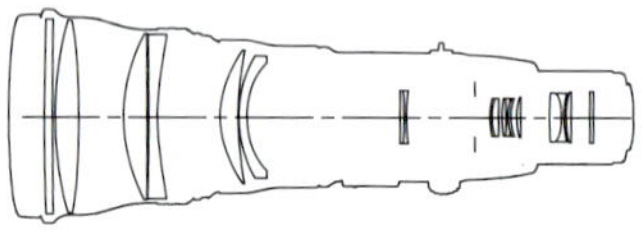

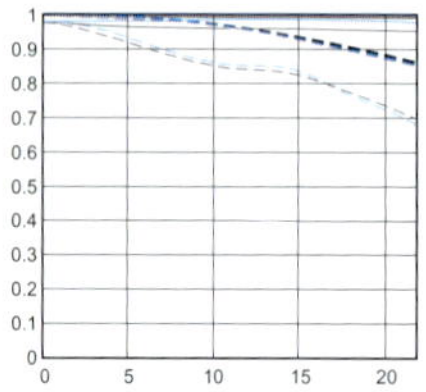

EF 800mm f/5.6L IS USM 详细规格：

焦距和最大光圈：800mm，f/5.6
光学结构：18 片 14 组
对角线视角：3° 5'
最近调焦距离：6m，0.14 倍放大率
最小光圈：32
光圈叶片：8 枚
滤镜：52mm，(后置落入式)
最大直径 X 长度:163 × 461（mm）
重量：4500 克
价格：83300 元
（参考价格：79900 元）

EF800mm f/5.6L IS USM

一支超长焦距定焦 L 镜头，主要适合野生动物摄影和室外的运动摄影等专业领域。

800 毫米这个焦段的镜头原来佳能并不生产。不过，对于野生动物摄影师来说，在财力能够支持的情况下镜头是越长越好，600 毫米的定焦镜头有时候就显得不够长了，当然，可以通过使用增距镜的方式来解决，但成像上又要打不少折扣。

2005年的时候，适马公司(Sigma)倒是发布了一款APO 800mm f5.6 EX DG/HSM，也使用了 HSM 超声波马达，四五万的价格也不算太贵。

EF 800mm f/5.6L IS USM 于 2008 年 5 月 30 日正式上市，和竞争对手比价格还不算过于昂贵。光学方面，它采

➔ 摄影：奚志农 Photo by Xi Zhinong
Canon EOS-1D Mark III 机身 EF Canon EF 800mm f/5.6L IS USM 镜头 自动曝光 曝光补偿：+2/3、f/7.1 光圈、1/400 秒快门、ISO 400、手动白平衡

用了 2 片萤石镜片、1 片 UD 镜片和 1 片超级 UD 镜片，成像质量保持了和EF 500mm f/4L IS USM、EF 600mm f/4L IS USM 相同的超高水准。在 AF 超长镜头的画质上，EOS 系统的优势非常明显，12 片 9 组的适马 APO 800mm f5.6 EX DG/HSM 显然不是对手。

做工和操控性与其他 EF 系列超级大炮一脉相承，内置了 IS 影像稳定器，效果相当于提高约 4 挡快门速度，采用 8 片光圈页片的圆形光圈具有更出色的背景虚化效果。另外，作为最新的镜头，它使用了优化的镜片镀膜，镜片位置也充分考虑到了在数码相机上的使用，可以更有效地抑制鬼影和眩光。镁合金的镜身轻巧坚固。和 EF 600mm f/4L IS USM 相比，体积差不多大，重量还稍稍轻了一点。同时具有出色的防尘防水性能。

厂家方面强调这支镜头使用了强化了的 AF 算法，可以得到非常高的自动对焦速度。不过，由于焦距更长，光圈更小，它的AF速度还是要比EF 500mm f/4L IS USM以及EF 600mm f/4L IS USM差不少，大概和EF 300mm f/4 L IS USM 是一个水平的。

总的来讲，这支镜头的成像非常好，如果你一定需要800mm的焦段，它的优势是画质比EF 600mm f/4L IS USM加 1.4X 增距镜的画质要好很多。但是如果 800mm 焦段不是你必须的，建议你要考虑到它的对焦速度真的要比 EF 400mm f/2.8L IS USM和EF 500mm f/4L IS USM慢不少！

1200毫米镜头

超越人眼极限的镜头世界

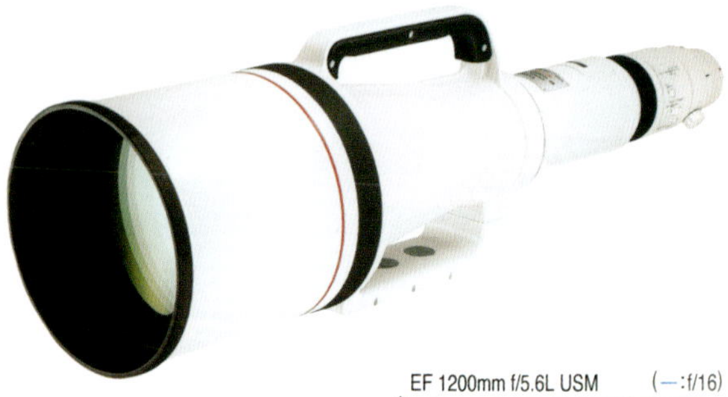

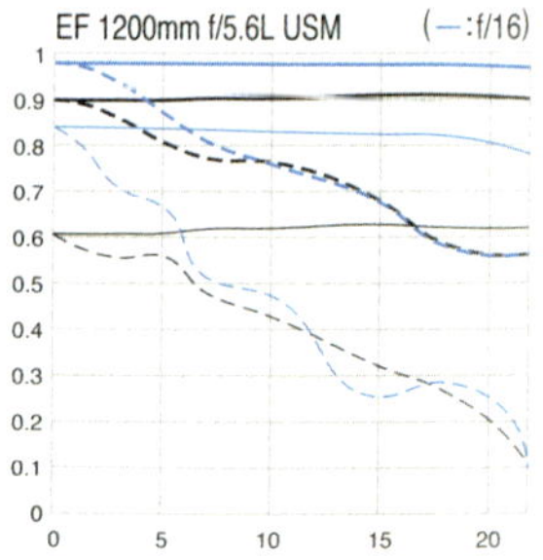

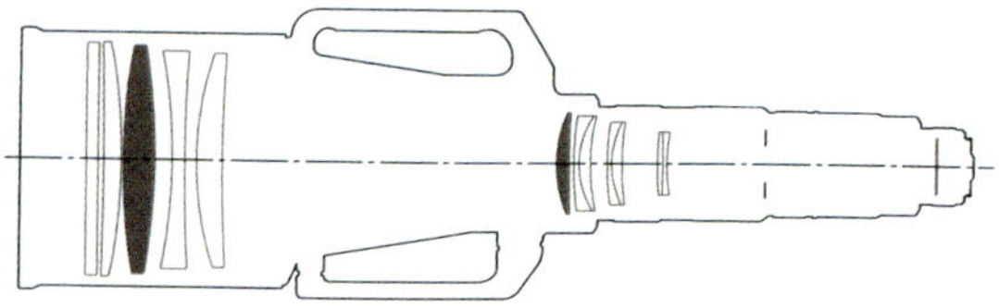

EF1200mm f/5.6L USM 详细规格：

焦距和最大光圈：1200mm，f/5.6
光学结构：13 片 10 组
对角线视角：2° 05′
调焦系统：环形超声波马达，后组调焦系统，全时手动对焦
最近调焦距离：14 米，0.09 倍放大率
滤镜口径：48mm 落入式
最大直径 × 长度：228 × 836（mm）
重量：16.5 千克
（已停产，停产前约 80 万元）

EF1200mm f/5.6L USM

这是世界上自动对焦单镜头反光相机可以更换的焦距最长光圈最大的超级望远镜头，被认为是EOS王朝最骄傲的财富之一。EOS系统首创性地利用超声波马达和后对焦系统使得这款超级望远镜头拥有不可思议的静音和自动对焦速度。光学系统中两片大口径的萤石镜片彻底消除了色差，呈现了高锐度和高清晰度。它使用了非线性聚焦凸轮来带动对焦透镜组。由于镜身巨大，为了方便操作，它采用了焦点预设和三段切换式控制手动对焦速度。触控式回转机构可以轻易将相机切换成横向或纵向，以方便构图需要。

可以想象这是一支富有进取心的超级望远镜头，使用它的人也是超级富有进取心的摄影者。拍摄旷野上非常远的、肉眼几乎无法分辨的物体，1200毫米镜头带来了一个超越人眼极限的镜头世界。无论是拍摄远方平原上的野生动物的生活，还是抓拍它们的表情。过去认为不可能拍摄到的物体，现在你本人不用移动就可以拍摄。

厂家的宣传材料上说它可以“加用 EF1.4X Ⅱ 增距镜变成 1700mmF/8，或加用 EF 2 X Ⅱ 使其成为 2400 mmf/11 的超超级望远镜头”。

谁会这么用它呢，用它来拍什么题材呢？

我也想知道。

最少的EF镜头配置（下）

两到三支镜头的选择

两到三支镜头的选择很多。

拥有第一支标准变焦镜头（全画幅和胶片相机类似28－80毫米；APS-C画幅数码相机类似17－55毫米之类）的摄影者增加镜头时的选择多数都是一支中长焦变焦镜头，再以后可能是一支超广角的EF-S变焦镜头。对于使用APS-C画幅相机来说，EF-S镜头在分辨率上的表现非常好，如果只是一般家庭使用或者要求不高的印刷都没什么问题。

但是，如果你对自己作品的画质有更高的要求，我还是认为它们的整体素质远远不及L系列镜头，与其买几支EF-S镜头还不如投资在一两支更好的L系列镜头上面。

很多有经验的摄影爱好者会选择一支超广角变焦镜头＋一支中长焦变焦镜头的组合，这是非常有眼光的组合，通常很多新闻摄影师也会这么做，焦段覆盖面广，又不用携带过多的镜头。

预算充足又有体力的话16-35mm L Ⅱ +70-200mm f/2.8L IS当然是上佳，不过17-40mm L+70-200mm f/4L IS也几乎可以提供无差别的影像素质——缺少的只是大一级的光圈。总的来说，17-40mm L+70-200mm/4L IS显然更适合旅途中使用，而16-35mm L Ⅱ +70-200mm f/2.8L IS看起来要专业感更强一些，但真的重很多。

16-35mm L Ⅱ +70-200mm f/2.8L IS的配合同时也是一个扩展性比较好的配置，在此基础上增加一支大光圈的定焦镜头可以很容易地给多种拍摄领域搭把手。实在没什么可买的，来个1.4X增距镜也不错。

当然，三支大光圈L镜头16-35mmL Ⅱ +24-70mm f/2.8 L+70-200mm f/2.8L IS算是最保守的配置方案，虽然没什么个性，但也算是全面。而如果不经常使用三脚架，17-40mm L+24-105mm L IS+100-400mm L IS的组合更便宜而且焦距覆盖得更广，成像质量还是一样的好。

不过，两三支镜头的选择有很多更有创意。

我经常会和爱好者们聊起他们购买数码单反的原因，发现多数人的起因是因为小数码相机的成像不够好而且对焦速度不够快，而在他们买数码单反的时候多数还并不知道自己未来会对摄影痴迷到什么程度，也不知道自己到底对拍摄什么题材有兴趣。

所以我通常推荐他们试水佳能单反的第一支镜头是物美价廉的EF17-40mmf/4 L。不过如果你想更有个性一点，用定焦镜头可以得到更好的成像质量。

从市场上来看，在广角端用定焦镜头的摄影爱好者非常少，当然，L系列的定焦镜头更是上佳之选。但其实使用一下你会发现在广角和超广角焦段非L系列定焦镜头的成像质量也要比变焦镜头好得多！

一支广角镜头＋一支标准镜头是很多大师级报道摄影师的常规装备，你也可以考虑一下。但是，在胶片时代的多数非L系列广角镜头的色彩谈不上多么令人兴奋，不过，幸运的是我们现在进入了数字时代，如果你是一个数码处理高手，或许可以部分地解决这个问题。

不过，我还是要指出一个镜头设计中常识性的知识：同样的成本之下，广角镜头焦距越短，成像就越差。这个规律在非L系列EF镜头中很有指导意义，所以你不要期望EF 20mm f/2.8和EF 24mm f/2.8会有接近标准镜头和小广角镜头的表现。

另外，对“扫街”、民俗、抓拍等拍摄方式以及报道、纪实摄影钟情的爱好者可以额外考虑一下EF 28mm f/1.8和EF 35mm f/2那两支镜头。它们体积小、分辨率高，虽然乘上系数之后视角和标准镜头差不多，不过标准镜头在很多摄影领域也是很实用的。

有了广角镜头（或者标准变焦镜头）不久之后，很多摄影爱好者会经常感觉自己缺乏一只焦距更长一点的镜头。不过，很不幸的是，根据我们的统计，大多数摄影爱好者的长焦镜头的使用率非常低。所以强烈建议你先不要急于立刻把钱投资在长镜头上，而是先问问自己要拍的东西是什么。

人像和旅行是爱好者最喜欢的题材，常规来讲70-200mm f/2.8L IS和70-200mm f/4L IS最方便。但是这两支镜头价格都不便宜，而且对于人像的拍摄来说，光圈也不够大。

而放眼定焦镜头中，物美价廉的人像镜头选择有很多，你可以根据你的预算依次选择。毕竟定焦镜头有更高的分辨率、更大的光圈——也就会带来更好的背景虚化和焦外成像效果。如果你使用的是APS-C规格CMOS的数码相机，50mm f/1.8、50mm f/1.4已经可以作为人像镜头来使用，而且价格都不贵。对于全画幅相机的使用者，85mm f/1.8、100mm f/2之类的会更适合一点。135毫米的镜头对于全画幅相机来说是很适合拍人像的焦段，但在APS-C规格CMOS的数码相机上有点过长了，万一要在室内拍个全身像什么的要退后太远了。

另外，如果你发现自己喜欢微距世界，100毫米微距镜头是一个超高性价比的选择。EF 17-40mm f/4 L USM +EF 100mm f/2.8 Macro USM的配合尤其适合喜欢户外运动和喜好自然摄影的人，即便对于职业摄影师来讲，都非常完美。

比人像镜头更长的焦段，截至到400mm焦段之前，实事求是地说，在多数的拍摄领域中变焦镜头的确要比定焦镜头更实用（除非大光圈对你很重要）。EF系列在中长焦段有四只L镜头，从最便宜到最贵依次是：

EF 70-200mm f/4L USM 5500元左右

EF 70-200mmf/4L IS USM 8400元左右

EF 70-200mm f/2.8L USM 9000元左右

EF 70-200mm f/2.8 L IS USM 14000元左右

这四支镜头几乎提供了无差别的优秀像质，区别仅仅在光圈、体积和是否有IS上面。有足够预算和足够体力的人当然首选是EF 70-200mm f/2.8 L IS USM，拍风光喜欢用三脚架的则没必要用IS。不过我个人更倾向于EF 70-200mmf/4L IS USM，我认为好的影像不一定来自于大光圈。

对更长的300或400mm焦距有需求者，EF 70-300mm f/4.5-5.6 DO IS USM这支镜头使用了先进的DO技术可以考虑，但是它的贡献主要在轻巧的体积和重量上，成像则不能和EF 100-400mm f/4.5-5.6 L IS USM相比。EF 100-400mm f/4.5-5.6 L IS USM是一支非常锐利、综合性能极佳的镜头，比70-200mm f/2.8 L镜头加上增距镜的效果要好得多，而且焦段设置上和超广角变焦镜头或者标准变焦镜头的配合也非常好。

微距镜头

提供了从动物的视角看到世界的样子

微距镜头的乐趣不仅仅是能让你看清细小的东西那么简单，从摄影的乐趣上来说，它会让你的每一天都充满了戏剧性。到离那些植物非常近的距离去捕捉大自然创造的美丽，或者抓住一只蝴蝶拍打着它优雅的翅膀展翅欲飞的瞬间。在这些情况下，你最需要的就是一支微距镜头，它可以允许你以高放大倍率或等同于原尺寸的放大倍率进行近距离拍摄。这些镜头还是科学和医学研究的理想选择。

微距镜头的光学设计不同于其他镜头，有很多独特的要求来保障近距离拍摄的影像表现力，同时，微距镜头要求在整个画幅内都达到均匀的影像质量。对于非微距镜头来说，中央分辨率比四角高很多或许不是什么问题（特别是在大光圈下），但对于微距镜头来说则是不能接受的。从设计的角度来说，微距镜头通常也比同焦段的其他镜头更加锐利。

另外需要指出的是，微距摄影需要比较多的附件支持。

EOS 系列相机的直角取景器附件是微距摄影必须的装备。当年佳能 FD 卡口的顶级相机 F-1 采用的是可拆卸的机顶取景器，不过进入 EOS 时代之后，再没有采用这样的设计。而35毫米顶级相机中只有尼康曾经在它的专业顶级机中坚持过一段可拆卸的机顶取景器（直到 F5），不过采用这种设计带来的弊端—防水防尘性降低、成本提高等问题—也令尼康公司困扰，并最终在 F6 中取消了这个设计。

对于摄影师来说，这真的是一件很无奈的事情，可拆卸的机顶取景器对于微距摄影非常实用，对于其他摄影领域虽然并不是必须的，但是也可以带来很多灵活的拍摄可能。目前EOS系列的解决方案是使用直角取景器（目前在产的是“弯角取景器 C”），没有可拆卸的机顶取景器那样强的远视点取景能力，但是对于微距摄影来说，也算是够用了。

➔ 摄影：谢墨，Photo by Xie Mo
EOS 5D 机身，100mm 微距镜头，手动曝光，f/13 光圈，1/125 秒快门，ISO 200，
印度尼西亚，蓝壁

50 毫米微距镜头

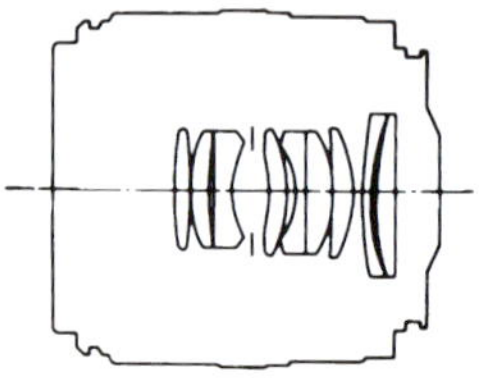

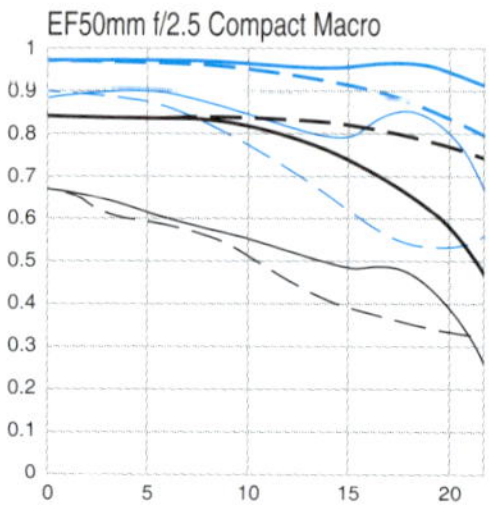

EF 50mm f/2.5 Compact Macro 小型微距详细规格：

焦距和最大光圈：50mm，f/2.5
光学结构：9 片 8 组
对角线视角：46°
调焦系统：线性马达自动对焦
最近调焦距离：0.23m，0.5 倍放大率
滤镜口径：52mm
最大直径×长：67.6 × 63（mm）
重量：280 克
（参考价格：2550 元）

EF50mm f/2.5 Compact Macro 小型微距

这是一款轻便的50mm微距镜头，近距离摄影时放大倍率可以达到 0.5 倍，也就是原尺寸 1/2 的大小。它使用了浮动镜片系统来帮助提高从微距到无穷远的成像质量，可以带来更锐利、清晰的画面。

这支镜头拥有所有自动对焦微距镜头中最大的光圈—f/2.5。值得一提的是，随着拍摄技术的进步，有些摄影者不再使用大口径的标准镜头，而是倾向使用比较大光圈的微距镜头来代替它—毕竟增加了一个很实用的功能。

大光圈可以带来近距离摄影时更小的景深效果，主体清晰背景模糊的漂亮肖像谁不喜欢呢？另外，因为有更大的光圈，如果把它当作标准镜头在日常拍摄中使用也有更广阔的余地。不过，要注意一点，这支镜头不能直接带来 1:1 的微距效果，如果你想达到 1:1 的微距，需要加用专门的原尺寸 EF 转接环。

原尺寸 EF 转接环

EF 50mm f/2.5 Compact Macro小型微距是不能达到1:1的放大比率的，而这款原尺寸转接环是专为EF50 毫米 f/2.5 轻便型微距镜头设计的。它使摄影的影像放大率可以从 0.5 倍扩展到原尺寸（1:1）。光圈降低了一级，但自动对焦还是很快，使本来对焦困难的近距离摄影变得轻松。

原尺寸 EF 转接环（专为配合 EF 50mm f/2.5 Compact Macro 小型微距使用）
光学结构：4 片 3 组
最大直径×长：67.6 × 34.9（mm）
重量：160 克

65毫米显微摄影镜头

专为达到极限追求而特别设计

拍摄照片的乐趣之一在于发现整个肉眼无法看到的世界。比如使用望远镜头和微距镜头进行拍摄。极度接近某个物体会使你觉得你自己变成了一个很小的生物。这种不寻常的感受经常会使你发现观察物体的新的方式，而这些方式是你通常会忽略的。就连一只虫子在一片玫瑰花瓣上最微小的运动，或者瓷盘表面上的完美的花纹，都可以引起惊叹。显微摄影镜头就是专门为这种高放大倍率摄影所准备的。这些镜头在从显微摄影中寻找新的表达方式上有着精彩的表现。由于它们是经过特殊设计的，降低了影像波动和畸变，同时还提供了对焦和照明的可行性和便利性。拍摄时使用可选购的对焦轨道将使捕捉被摄体更加简单并可以对焦点和放大倍率进行轻微调整。

MP-E 65mm f/2.8 1-5x Macro Photo 1-5倍显微镜头

在不需要任何附件的情况下，这款显微镜头可以将被摄体从原尺寸放大5倍。特殊的用途决定它只能采用手动对焦，对于特别细小的物体它是一个理想的拍摄工具。新的光学设计和超低色散玻璃组可以降低色差，使成像更加出色。采用3片镜片的浮动系统来提供在近距离区域内的大变化范围的放大倍率。它可以有效地校正变换放大倍率时所带来的影像失真和焦点漂移。第二枚镜片使用了UD镜片，使得在高放大率镜头中经常出现的色散问题得到非常好的抑制，保证了出众的影像表现。这款镜头还装备了EMD（电磁光圈）来提供AE（自动曝光）摄影*。加宽的调节环也会对放大倍率的附加调整起到帮助，有一根闪光灯连接线被整合进镜头的前端，可以防止当离被摄体非常近的时候闪光连线的影子进入画面。这种设计使该镜头可以使用微距摄影环形闪光灯MR-14EX和微距摄影镜前双闪光灯MT-24EX。这款镜头带有一个可以摘掉的三脚架连接座，它可以使垂直拍摄和水平拍摄之间的转换更加顺利，同时提供了稳固的支撑。闪光拍摄时，近摄闪光灯ML-3可以接到镜筒上。

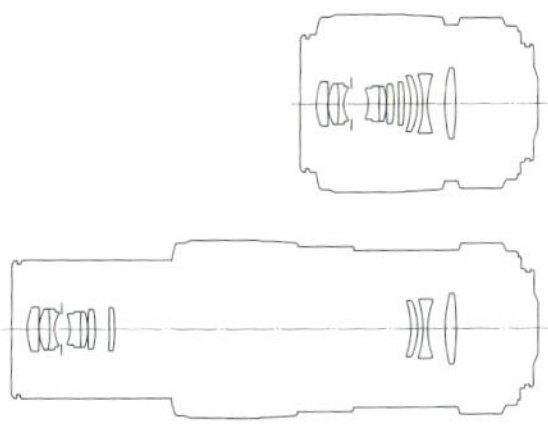

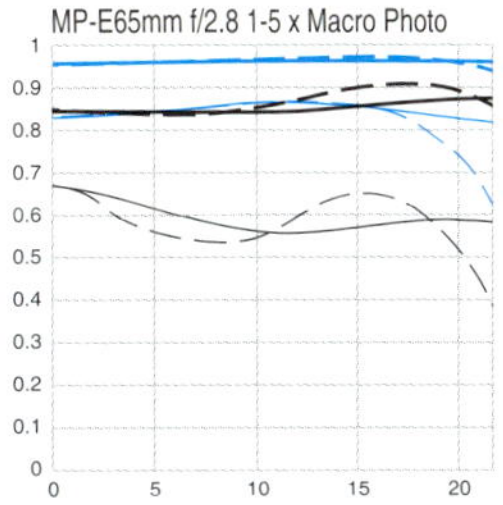

MP-E 65mm f/2.8 1-5x Macro Photo 1-5倍显微镜头详细规格：

焦距和最大光圈：65mm，f/2.8
光学结构：10片8组
对角线视角：在一倍放大率时18° 40′
调焦系统：手动对焦，前组直线延长
最近调焦距离：0.24米，5倍放大率
滤镜口径：58mm
最小光圈：16
光圈叶片：6
最大直径×长：81 × 98mm
重量：710克
遮光罩：该镜头无遮光罩可用
（参考价格：7280元）

*配合以下相机使用时，该镜在所有放大率（1～5倍）可以实现AE（自动曝光）摄影：EOS-1V/HS、EOS-1、EOS-1N/DP/HS、EOS-3、EOS-1Ds Mark III、EOS-1Ds Mark II、EOS-1Ds、EOS-1D Mark III、EOS-1D Mark II、EOS-1D。对于其他EOS相机，需要开启曝光补偿，实际光圈需要随放大率的升高而提高。所以佳能推荐使用曝光补偿或使用微距摄影用环形闪光灯MR-14EX或者MT-24EX。佳能还推荐使用可供选购的调焦轨道来进行对焦点的轻微调整。

100 毫米微距镜头

提供优秀光学质量的多面手

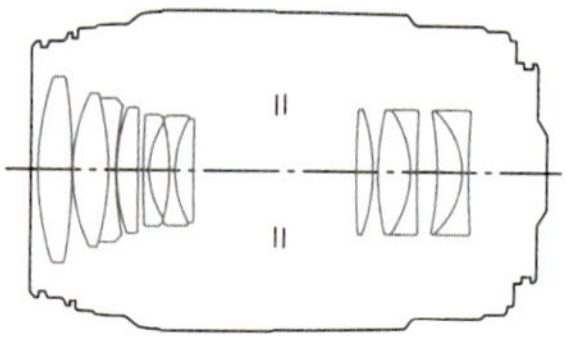

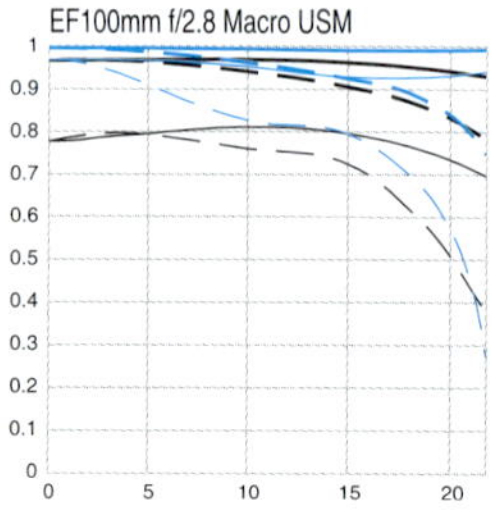

EF100mm f/2.8 Macro USM 详细规格：

焦距和最大光圈：100mm f/2.8
光学结构：12 片 8 组
对角线视角：24°
调焦系统：环形 USM 马达，内对焦系统，全时手动调焦
最近调焦距离：0.31m，1 倍放大率
最小光圈：32
光圈叶片：8
滤镜口径：58mm
最大直径 × 长：78.6 × 118.6（mm）重量：560 克
遮光罩：ET-67
（参考价格：4190 元）

EF100mm f/2.8 Macro USM 高性价比推荐

一款适用性非常广的中焦距微距镜头，全面、轻巧、廉价、高素质，因此在很多领域都有良好的应用。它不仅可以提供精彩的画面质量，而且不借助任何附件就可以近距离拍摄原尺寸的图片（放大倍率 1:1）。

光学方面，3 组透镜组成的浮动系统可以保证在所有对焦距离内的出色成像。镜头的变形几乎不用考虑，当然，这本来就是微距镜头的长项。要特别指出的是，如果坚持要求“完美”效果，f/5.6 在各方面的平衡上能达到最好的效果。这支镜头的分辨率均匀度在 f/5.6 之后达到惊人的水平。具体的分辨率，最佳光圈介乎于 f/8 到 f/11 之间，这也是微距镜头最常用的光圈。最大光圈下的分辨能力建议你就别试了，收一挡光圈后成像质量会得到巨大的提升。

这支镜头在设计上特别优化了浮动镜片组，尤其可以减少在近距摄影时球差的波动，在全程对焦中可以提供持续高质量的画面。内对焦系统带来的另一个好处是拍摄的工作距离（从镜头前端到被摄体的距离）是不变的，而且前组镜片也是不会转动的，这对于使用前置闪光灯很重要。EF100mm f/2.8 Macro USM 在原尺寸放大时工作距离是 149 毫米——是前一款50毫米微距镜头的两倍，这样会给摄影师的拍摄操控和布光都带来方便。

手动对焦调整对于微距摄影是非常重要的，所以这支镜头可以使用全时手动补正对焦，方便再对焦点进行精细的调整。如果使用可供选购的三脚架连接环 B（B）（带有 EF100 毫米微距镜专用的接口），在水平和垂直拍摄中转换而不影响光轴就是一件简单的事情。

自动对焦对于微距镜头而言还是比较新鲜的事情，如果仅仅作为微距镜头使用，客观地说，AF 并不是特别有意义，反正多数情况下都需要手动补正。不过使用 AF 可以大大帮助这支镜头扩展更广的拍摄领域——包括在使用广泛的人像摄影中。

EF100mm f/2.8 Macro USM 前一代产品是没有超声波马达的 EF100mm f/2.8 Macro，两者的光学结构几乎是完全相同的。超声波马达驱动能额外实现几乎毫无声音的高速对焦，除此以外，我觉得前一代 EF100mm f/2.8 Macro 也很完美了。

EF100mm f/2.8 Macro USM有一个对焦范围选择开关，0.31米到无穷远一挡专门用于微距拍摄，日常拍摄放到0.48米到无穷远一挡会提高对焦效率。

关于 EF100mm f/2.8 Macro USM 另外要说的一点是它的成像质量几乎能够达到 L 系列定焦镜头的水准，但是价格却不很贵，加之无论是全画幅相机还是使用APS-C传感器的数码相机（在 40D 和 400D 上相当于 135 相机的 160mm 镜头）焦段都很常用，所以受到很多摄影师和爱好者的欢迎就一点不奇怪了。很多人把它当作微距/人像两用镜头来使用，这其中就包括本书中采访到的著名摄影师闻晓阳先生（详见 P218 页）。

另外，强烈建议这款镜头的使用者关注EOS系列的两款微距闪光灯：MR-14EX 和 MT-24EX。

➔摄影：谢墨，Photo by Xie Mo
EOS 5D 机身，100mm 微距镜头，手动曝光，f/8 光圈，1/125 秒快门，ISO 200，
豆丁海马，印度尼西亚，蓝壁

180 毫米微距镜头

发现隐藏在植物和昆虫身上的美丽

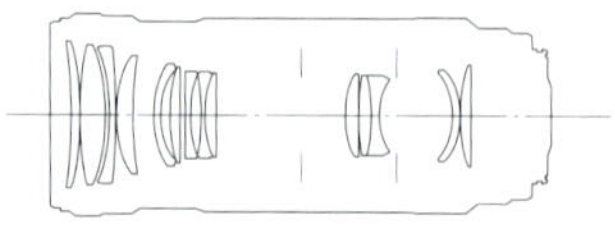

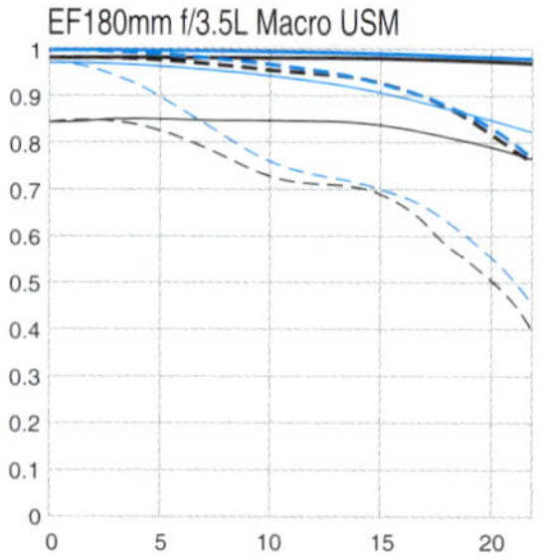

EF 180mm f/3.5 L Macro USM 详细规格：

焦距和最大光圈：180mm，f/3.5
光学结构：14 片 12 组
对角线视角：13° 40′
调焦系统：环形 USM 马达，内对焦系统，全时手动调焦
最近调焦距离：0.48 米，1 倍放大率
滤镜口径：72mm
最大直径×长：82.5 × 186.6（mm）
重量：1090 克
遮光罩：ET-78 II（附送）
（参考价格：11500 元）

➔ 摄影：王放，Photo by Wang Fang EOS 20D 机身，180mm L 微距镜头，光圈优先，-2/3 级，f/11，1/250 秒快门，ISO 200

从事近距离摄影的摄影者总的来讲并不是很多，其实微距摄影的题材非常非常的丰富，包括相当多不同的主题和目的，一旦你迷上它，或许有一天就必须面对选择最适合拍摄情况的镜头来发挥它全部的作用。

选择微距镜头一个需要重点考虑的问题就是摄影放大倍率和拍摄工作距离之间的关系。拍摄工作距离是指从镜头的最前端到被拍摄物体之间的距离。举个例子，当你同样拍摄一个物体的原尺寸放大的照片时，100毫米中长焦微距镜头的拍摄距离是50毫米微距镜头的两倍。当然，有些情况下使用50毫米微距镜头距离被摄物体很近地拍摄不会有什么问题，但如果你拍摄昆虫或非常小的动物的话，就很难靠近它们了，这时，一只 100 毫米或 180 毫米微距镜头就会成为更合适的选择。

另外，视角的选择也是一个比较重要的因素，选择使用一支 50 毫米微距可以运用它适用范围大的特点，进行抓拍和其它常见拍摄目的的拍摄；而用 100 毫米微距可以顺带拍摄肖像；用 180 毫米微距镜头则可以很方便地拍摄动物和其他难以接近的物体。

我个人最喜欢接近标准镜头的微距镜头，这是使用面最广的微距镜头，在微距领域适合拍摄固定的、可以足够接近拍摄的物体，另外也可以拍摄日常场景。这个焦段各个厂家都有自己的产品，由于生产的年头很长，各家的质量都不会太差。100 毫米左右的微距则更适合拍摄需要和主体保持一定距离的场景，野外摄影师都很喜欢这个焦段，这样在野外使用挡风板的时候也不会对自然光产生遮挡；另外，美容题材的摄影师也很喜欢这个焦段。

而像 180 毫米或者 200 毫米这个焦段更适合拍摄一些不便于很接近拍摄的题材，比如有些昆虫和人工花卉，而且这个焦段也更容易使用闪光灯进行补光。有些不经常使用长焦镜头的摄影师也把它作为长焦里唯一的配置。

虽然现在有些变焦镜头也标榜自己有微距功能，但是实际上微距镜头是需要对近摄进行特殊校正的，常规的变焦镜头能把普通照片拍清楚就已经很不容易了，自带的微距功能多数要受很大的限制，牺牲的要么是价格，要么是成像，要么就是近摄能力。

另外，对于一般的镜头来说，焦距越长景深范围越小，这也使移动相机成了一个问题。微距镜头不可能有很大的景深，所以拍摄的时候或许你需要一些专门的附件系统来更灵活地移动放置在三脚架上的机身和镜头。

EF 180mm f/3.5 L Macro USM

EF 微距镜头里唯一的一支 L 系列镜头，特殊的用途使得它有着异于其他镜头的超强的影像还原能力，在它完美的 MTF 曲线的表现面前，几乎所有的 L 系列镜头都会赧然失色。

和全世界其他顶级微距镜头一样，它的最大光圈在分辨率上几乎已经可以达到最高了，而且解像力的全像场均匀度也异常完美。变形几乎为零。

它当然可以拍摄 1 倍放大率的近距离照片。180 毫米的焦段对于拍摄昆虫和小动物来说是非常理想的，因为这样的题材是需要远距离拍摄的。对焦范围可以轻松地在 0.48 米到无穷远和 1.5 米到无穷远之间切换，适用于常规题材和需要“真正”微距的情况下。

它使用了 3 片 UD 镜片来校正二级色散，包含后组浮动结构来保证被摄体在任何距离上都可以得到锐利的表现。由于使用内对焦结构，对焦时镜身长度不会改变，所以也不必担心对焦时镜头会与被摄体接触到。环形超声波马达提供了安静的自动对焦，同时还具备全时手动调焦功能。

另外要提到的是这支镜头可以使用 EF 系列的增距镜，而加用增距镜不会改变镜头的最近调焦距离，因而同时也就意味着提高了镜头的放大倍率，使用 EF1.4 × II 增距镜或 EF2 × II 增距镜可以使最大放大率增至 1.4 倍或 2 倍。

移轴镜头

曾经只有技术型相机才能实现，现在可以在 EOS 上更便捷地使用。

在摄影中，"平移"指通过将镜头进行垂直于光轴的移动来校正变形，"倾斜"靠改变镜头光轴与相机焦平面之间的垂直关系来控制调实焦距的区域。这两个技术的使用在大中画幅技术相机中比较常见，对于建筑摄影是至关重要的。

从前，如果你要想拍摄具有移轴效果的图片，多数需要使用大画幅的座机或者特殊的中画幅技术相机，但是实际上并不是所有的移轴摄影都需要如此大的画幅。TS-E 镜头现在为 35 毫米 AF 相机完善了"平移"和"倾斜"的功能，使得这项专业性的摄影变简单了。

用广角镜头拍摄的时候，建筑物总是显得越到顶部越窄，趋向于画面顶部的一点。使用移轴镜头拍摄可以校正这种偏差。通过设置，相机的焦平面与墙面平行。将 TS-E 镜头向上平移，逐渐尖细的墙面会变为成垂直的，这样可以保持建筑物的真实矩形。

当然，反过来使用，你也可以加强建筑物的这种形变，TS-E 镜头可以在 ± 90 度的范围内旋转，所以也可以实现水平的平移。使用这种技术拍摄接片也具有相当的优势，你就可以在拍摄全景时将一个场景横向分成若干个小画面，然后在边缘处将它们连接起来。这个技术说起来简单，但是用起来实际很麻烦，美国有些技术狂魔特别喜欢搞这些东西，效果相当令人震撼。

通过使用倾斜和平移系统，TS-E 镜头大大拓展了 EOS 相机的表现范围，使它们可以做到很多从前只有中大型座机（或者称为技术相机）才能够做到的事情——校正透视形变和控制焦点范围。这就意味着你可以拥有35毫米胶片相机或数码相机的所有便携和快速的优势，包括可以拥有自动光圈控制，同时使自动曝光（AE）和包围曝光方式成为可能。特别要提醒一下：使用移轴功能之后机内的测光会变得非常不可靠，包围曝光还是挺重要的。

另外，这种移轴镜头的拍摄方式在拍摄画面中有可以反光的物体（尤其诸如橱窗或者金属物体）时有特殊的用途，可以有效防止相机和摄影师的影子出现在画面中。

要额外提到，移轴镜头的使用方法的限制只来自于摄影师的想象力，很多新颖的拍摄方式还在不停地为世界各地的摄影师所发明。

所有 TS-E 镜头的平移范围都是 ± 11 毫米，倾斜的调整范围在 ± 8°。

➔ 摄影：傅兴、Photo by Fu Xing
EOS-1Ds Mark II 机身，TS-E 24mm 移轴镜头，光圈优先，f/11 光圈，+ 1 级，2 秒快门，ISO 200

TS-E 镜头的强大表现力

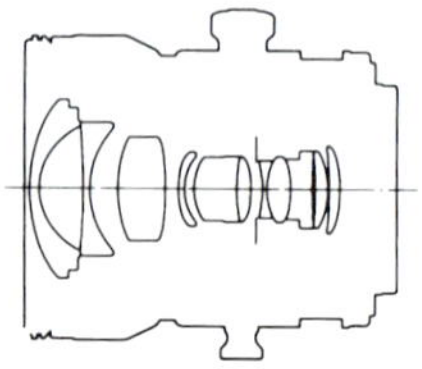

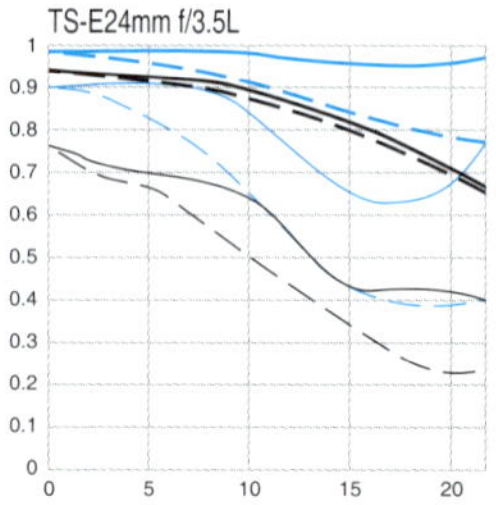

TS-E 24mm f/3.5L 详细规格：

焦距和最大光圈：24mm，f/3.5
光学结构：11 片 9 组
对角线视角：在一倍放大率时 84°
像场直径：58.6mm
倾斜 / 平移幅度：± 8° / ± 11mm
旋转角度：± 90°
调焦系统：手动对焦，全镜直线延长系统
最近调焦距离：0.3 米，0.14 倍放大率
滤镜口径：72mm
最大直径 × 长：78 × 86.7（mm）
重量：570 克
遮光罩：EW-75B Ⅱ（附送）
（参考价格：9630 元）

移轴镜头的魅力不仅仅表现在建筑摄影中，在很多拍摄中，它都能为我们创造一个奇幻的世界。对于移轴摄影来说，倾斜与平移的动作都非常重要。通过倾斜改变光轴与焦平面之间的角度，可以轻易地拍到一张从近到远的所有物体都是清晰的照片—它的范围可以比收小光圈的景深范围更大。举个例子，当你需要图片的前景和远景都清晰时，除了常用的收小镜头光圈以外，你还可以使用 TS-E 镜头使光轴倾斜 ± 8 度，这样即便在比较大的光圈下，你也可以得到你需要的景深效果，而且同时可以兼顾更高速的快门。而另外的办法，当你想要更强烈的虚化背景时，利用倾斜的方式也可以最大程度地减小景深，大幅度反向倾斜镜头可以减少画面中合焦的区域。举个例子，如果在一幅肖像照片中，你只想让一个人的面部清晰而同一平面的其他部分都是模糊的，倾斜就可以创造出这种独特效果。

成功的移轴摄影中最重要的因素之一是要保证相机是水平架设在三脚架上的，而且一定要从取景器里确认画面构图的精确。这时候，我要强烈推荐使用取景器范围 100% 的专业相机（所有的 EOS-1 系列）或者通过使用 LCD 显示率为 100% 的相机回放检查拍摄效果也是可行的。不过对于职业摄影师来说，100% 的取景器范围依然是不可替代的。另外，对于移轴摄影来说很重要的是，最好使用可换对焦屏的相机，然后换一个网格对焦屏来帮助你精确校准画面中的横向和纵向的线条。

2009 年 2 月，佳能发布了两款新的移轴镜头，TS-E 24mm f/3.5L II 和 TS-E 17mm f/4L。这两款镜头的光学结构和 TS 旋转机构都是全新设计的，而且都使用了新的亚波长结构镀膜（SWC）。这两支镜头已经于 2009 年 6 月在日本本土上市，从试用的反馈来看，成像非常的好。但是在本版《EOS王朝》出版的时候我们还没有完成这两支镜头的测试，所以更多的资讯请大家关注我们的网站：www.aisheying.com。

TS-E 24mm f/3.5L

35 毫米相机厂家中生产移轴镜头的不止佳能一家，不过，这支镜头在相当长一段时间里却是所有移轴镜头中焦段最短的镜头之一（另一支 24 毫米的移轴镜头是 Olympus 手动单反相机时代生产的，产量很少，造型超酷，一些收藏家很喜欢。尼康的 24 毫米移轴镜头则是很近的事情）—— 也就意味着设计难度是最高的。不过，视角更广对于越来越经常要在狭窄环境下拍摄图片的建筑摄影师的确具有非常实际的意义。

这支镜头对于大像场广角镜头容易出现的色散问题补偿得相当好，这要归功于一片特殊研磨的非球面镜片。镜片浮动对焦结构的设计保证了从 0.3 米到无穷远的整个对焦范围内都能带来相当高的影像质量，同时，也减小了镜头的体积和质量。

TS-E 24mm f/3.5L 也是佳能第一代 3 支 TS-E 镜头中唯一的一支 L 系列镜头，由此也可以看出这支镜头具有相当广泛的应用。

这款镜头对于拍摄建筑内景和外景都特别有用，尤其在拍摄建筑物内景的时候，广角＋移轴的效果被很多职业摄影师所需要。不仅仅如此，在风光摄影和其它广角摄影中都有广泛的应用，事实上，很多钟情风光摄影的人士都认为，它比佳能其他广角镜头都有更广阔的创作潜力。

要特别说明的一点是，镜头的一个常识性的知识：更大的像场和更高的分辨率通常不能兼顾，如果想鱼和熊掌兼得，只能依靠提高成本来做到。客观地说，这款镜头由于扩大了像场范围，如果苛刻地要求分辨率，虽然也可以达到 L 系列镜头的水准，但会稍不及 L 系的其他顶级广角定焦镜头。另外，在移轴的情况下，建议你不要使用小于 f/11 的光圈。

摄影：傅兴，Photo by Fu Xing
EOS-1Ds Mark II 机身，TS-E 24mm 移轴镜头，光圈优先，f/11 光圈，+ 1 1/3 级，4 秒快门，ISO 200

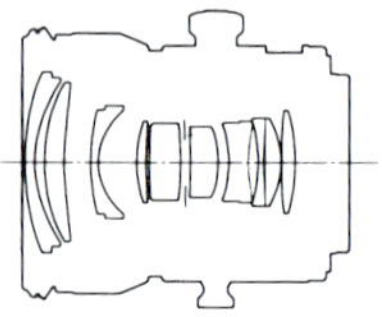

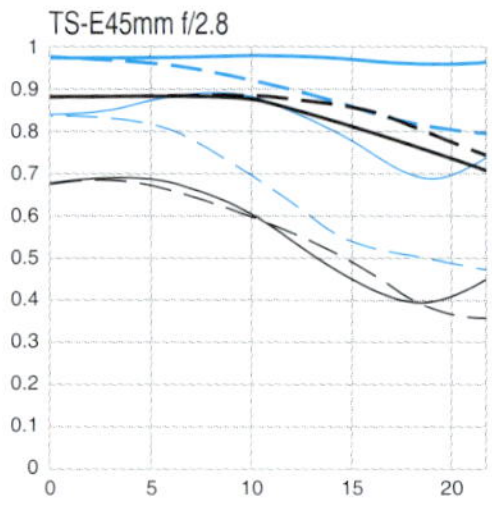

TS-E 45mm f/2.8 详细规格：

焦距和最大光圈：45mm，f/2.8
光学结构：10 片 9 组
对角线视角：51°
像场直径：58.6mm
倾斜 / 平移幅度：± 8° / ± 11mm
旋转角度：± 90°
调焦系统：手动对焦，后组对焦系统
最近调焦距离：0.4m，0.16 倍放大率
滤镜口径：72mm
最大直径 × 长:81 × 90.1（mm）
重量：645 克
遮光罩：EW-79B Ⅱ
（参考价格：9240 元）

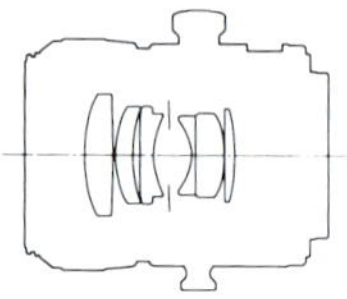

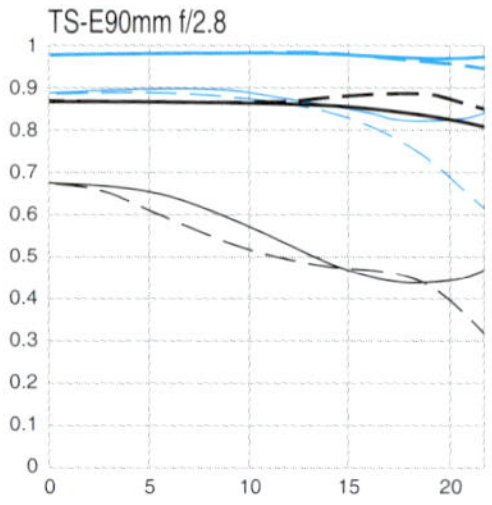

TS-E90mmf/2.8 详细规格：

焦距和最大光圈：90mm，f/2.8
光学结构：6 片 5 组
对角线视角：27°
像场直径：58.6mm
倾斜 / 平移幅度：± 8° / ± 11mm
旋转角度：± 90°
调焦系统：手动对焦。
最近调焦距离：0.5 米，0.29 倍放大率
滤镜口径：58mm
最大直径 × 长：73.6 × 88（mm）
重量：565 克
遮光罩：ES-65 Ⅲ
（参考价格：9240 元）

TS-E 45mm f/2.8

建筑摄影拍摄的未必都是米兰教堂恢宏的外观或者伊斯坦布尔蓝色清真寺壮阔的穹顶。当你拍摄建筑物结构之类的图片时，或者想用镜头的平移功能来保持它们自然的透视关系时，这款 45 毫米的 TS-E 镜头就是你最佳的选择。它把浮动镜片结构和后组对焦系统融合起来，保证了在全程拍摄距离上可以尽量得到锐利、稳定的画面质量。由于滤镜接口在对焦过程中是不会旋转的，所以使用环型偏振镜或渐变灰镜也没有问题。

不过，这支镜头和 TS-E 90mm f/2.8 的分辨率特性类似，如果你指望移轴镜头既有更大的像场又有超过其他标准镜头的锐利程度，很显然会失望。不过，既然有那么多的摄影师用它，也不会差多少的。务实的考虑，不推荐使用太大和太小的光圈，f/8 或者 f/11 是最佳光圈。

TS-E 90mm f/2.8

移轴镜头一样可以通过控制镜头的光轴来调校影像的形变，同时调整处于合焦区域的范围，可以通过更精确的调整得到你所需要的特殊效果。但是，如果想真地挖掘出这些镜头的潜力，得到最好的影像，你需要理解更多的东西，而不仅仅是进行以上校正和调整。首先需要做到的是，你必须仔细观察被摄体的环境，并且明确拍摄的目的，这样才能真正了解到哪款镜头才是你最佳的选择——不要忘记 TS-E 镜头涵盖了从超广角到中焦的三个焦段。

TS-E 90mm f/2.8 是世界上第一款中焦移轴镜头，也是世界上焦段最长的 35 毫米相机系统的移轴镜头，因此使得移轴镜头具有新的适用范围，它在商品摄影、实物摄影、人像摄影和自然风光摄影等多方面都有用武之地。

TS-E 90mm f/2.8 采用的是 6 片 5 组的高斯型光学系统，90 毫米以上的镜头可以采用的光学结构有很多，它采用高斯系统考虑的主要还是在比较大的像场下可以有更均匀的光学质量。不过，高斯结构也不是完美无缺的，尤其要照顾更大的像场直径，这支镜头和 TS-E 45mm f/2.8 一样都不推荐使用太大和太小的光圈，f/8 或者 f/11 是最佳光圈，可以达到出众的影像表现力和十分自然的虚化效果。

特别要提到，使用反向转动来调整景深的定位，这使摄影师可以达到一般镜头甚至是大口径镜头都达不到的独特、新颖的摄影方式，这在广告摄影和人像摄影上都多有应用。

除了可以作为一般中长焦距镜头使用，TS-E 90mm f/2.8 也可以用作一只近距离工作的镜头。这支镜头最近对焦距离只有 0.5 米，可以进行有效的近距离摄影，它的最大放大倍率是 0.29 倍。拍摄商品的照片需要准确再现产品而不能有任何变形，中焦 TS-E 镜头提供了有效的移轴摄影方式，由此带来了自然的透视关系，是非常理想的选择。

TS-E 90mm f/2.8 和其他 TS-E 镜头一样只能进行手动调焦，但是它们都可以自动控制光圈，这要感谢内置的 EMD（电磁光圈）系统。在 2008 年以前还只有 TS-E 系列镜头可以提供带 AE 功能的移轴摄影，因此可以带来更方便的曝光控制，这是 EOS 系统最早使用全电子接口的优势之一。

摄影：傅兴，Photo by Fu Xing

EOS-1Ds Mark II 机身、TS-E 45mm 移轴镜头、光圈优先、f/11 光圈,1/60 秒快门、ISO 100

增距镜

增加焦距的轻便之选

增距镜最重要的特性是，它们能够让你在不改变最近调焦距离的情况下起到增加焦距的效果。

也就是说：

1. 你可以加长你所拥有的镜头焦距长度，来增加主体的视觉压缩效果；

2. 你不会因此失去足够近的工作距离，也就意味着你可以使用长焦距镜头“更近”地去接近被摄主体。

当然，增距镜在多数情况下受欢迎的原因是它拥有轻便和小巧的特性，可以让你更加有效地使用你的长焦距镜头，特别是超长焦镜头。比如，一款300毫米的镜头，加上EF1.4×II增倍镜或者EF2×II增距镜，可以轻松地把它变成420毫米或者600毫米超长焦镜头，更加轻松地拍摄到远距离的物体。增距镜同样可以应用在多款中长焦变焦镜头上，比如很多喜欢偶尔拍摄鸟类的摄影爱好者常把70-200毫米的变焦镜头配上EF2×II增倍镜，可以使镜头的最长焦距达到400毫米，同时镜头的大小重量也还可以接受。

多数EOS相机的中央自动对焦点可以令最大光圈f/8的镜头实现自动对焦，所以多数情况下你不用担心AF问题。

另外，新型的增距镜是带有防水防尘设计的，如果使用佳能EOS系列相机配合具有同样防水防尘功能的EF镜头，那么可以使镜头的功能在极其苛刻的拍摄条件下被充分地利用。当然，最好的防水防尘性能是被使用在EOS所有1系列的相机上。

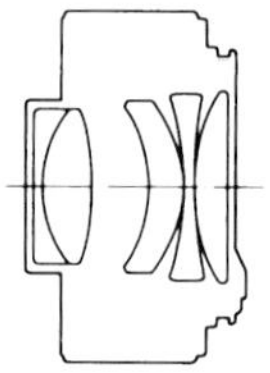

EF1.4×II增距镜详细规格：

光学结构：5片4组
最大直径×长：72.8×27.2（mm）
重量：220克
（参考价格：2700元）

EF1.4×II增距镜

EF系列增距镜中以这款的性能为高，可以使镜头的焦距增加1.4倍，同时最大实际光圈会减少一挡。而且它可以支持绝大多数镜头的自动对焦系统，当你想要保持镜头的灵活性和灵敏性，又不想损失太多光学质量时，这款增距镜相当值得推荐。II型是比较新的设计，镜身内部采用了更有效地减少眩光设计，被视为几乎可以彻底防止内反射，这在数码摄影中非常重要。EF1.4×II增距镜新增加的特点也在于它的防尘防水的构造。

总的来说，它的光学性能要好于EF2×II增倍镜。

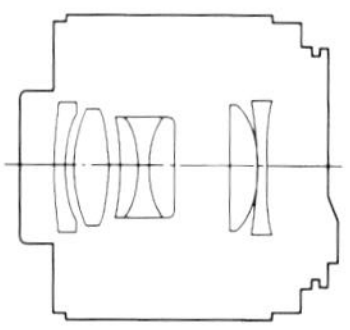

EF2×II增距镜详细规格：

光学结构：7片5组
最大直径×长：71.8×57.9（mm）
重量：265克
（参考价格：2500元）

EF2×II增距镜

这款增距镜可以双倍增加镜头的焦距，使镜头能够在超长焦距的范围内理想地实现更大的视觉压缩。它同样具有同EF1.4×II增距镜一样的防尘防水和降低眩光的设计。这些设计试图尽量让它减小对图片的质量或主镜头自身表现的影响。

它会使最大光圈减少两挡。而且我必须再罗嗦一句，真的不建议在最大光圈下使用它。

匹配镜头：L 系列焦距在 135 毫米以上的定焦镜头和变焦镜头，比如说佳能 EF100-400mm f/4.5-5.6L IS USM、EF70-200mm f/2.8L IS USM、EF70-200mmf/4L USM、EF 135mmf/2 L USM 等等。

增距镜使用说明：

1. 当把佳能 EF1.4 × II 或者 EF2 × II 增距镜使用在佳能 EF100-400mmf/4.5-5.6L IS USM 上，或者把佳能 EF2 × II 增距镜用在佳能EF300mmf/4L IS USM、EF400mmf/4 DO IS USM、EF500mmf/4L IS USM、EF600mmf/4L IS USM 上时，能够使影像稳定器（IS）起作用的机身仅限佳能 EOS-1N 之后发布的机型。

2. 当把佳能 EF1.4 × II 增距镜使用在佳能 EF100-400mmf/4.5-5.6L IS USM 上，或者把佳能 EF2 × II 增距镜用在佳能 EF70-200mmf/4L USM、EF300mmf/4L IS USM、EF400mmf/4 DO IS USM、EF500mmf/4L IS USM、EF600mmf/4L IS USM 上时，只有以下相机能够支持自动对焦且仅限于中央对焦点：EOS-1V/HS、EOS-3、EOS-1Ds Mark III、EOS-1Ds Mark II、EOS-1Ds、EOS-1D Mark III、EOS-1D Mark II 和 EOS-1D。

3. 当把佳能 EF1.4 × II 或者 EF2 × II 增距镜使用在佳能EF70-200mmf/2.8L USM上时，支持自动对焦的机身仅限具备多个对焦点的机型，且仅有中央对焦点可以自动对焦。

4. 当把佳能 EF1.4 × II 增距镜使用在佳能 EF180mmf/3.5L Macro USM上时，自动对焦范围仅限0.8米至无限远。

花絮

使用增距镜对镜头成像的影响

增距镜的优势在于本身的体积和重量都不是很大，但是却能有效地增加镜头的焦距。

而问题似乎不仅仅如此简单，使用增距镜也会给你带来麻烦。

首先的负面影响是镜头的有效光圈会变小。更严重的是你需要直面绝大多数镜头加用增距镜后会带来成像质量下降的惨淡现实。

厂家当然都宣传自己的增距镜增加镜头焦距时仍能尽量保持主镜头的理想表现，而实际上使用廉价的增距镜往往会带来成像质量严重的降低，即便使用原厂设计、质量良好、价格昂贵的增距镜也可能面临同样的风险，或许只不过程度可以轻微一些。反正蔡司、徕卡做不到的事情，你也不要指望佳能能做到。

建议你谨慎地使用增距镜，并且记住最基本的原则：

1. 多数情况下，倍率越小的增距镜对于最终成像质量的影响越小。也就是说，使用 1.4 倍增距镜后的效果 99.99% 的情况下要好于 2 倍的（其他厂家还有可怕的 3 倍增距镜呢！）；

2. 除非对影像质量不在乎，否则根本不要考虑叠加使用多支增距镜来换取超长焦的效果；

3. 使用增距镜时，尽量使用中央对焦点来提高自动对焦的速度和精确性；

4. 增距镜对定焦镜头的影响会远远小于对变焦镜头的影响；

5. 一般情况下，变焦镜头加用增距镜后不同焦段的结果不会很稳定。

但有趣的是，有些时候一支设计良好的增距镜不仅不会严重降低最终的成像质量，反而会提高最终成像质量中的某些要素。这种惊喜有点像你去参加父母安排的相亲活动，结果发现对面坐着的是韩国影星全智贤。其实类似事情是有可能出现的，发生在 EF 镜头上通常有两种因素：

1. 在设计某些中长焦镜头时已经考虑到需要使用增距镜的情况；

2. 无规律的表现可能出现在某些专业变焦镜头的不同焦段上。

这种现象其实在其他厂家的中长焦镜头中也并不少见，因为镜头设计本身就是多种要素平衡的结果，增加了一个增距镜可以理解为增加了一组成像单元，如果恰如其分地利用它可以消除掉主镜头原有的一些残余像差。当然，它并不能解决主镜头所有的问题，但是带来的改变有可能在某些程度上影响到最终成像，并使得视觉感受变得更好（偶尔甚至会带来分辨能力的提高！）。

不过，这样的事情当作趣闻了解一下就可以，别太执着了。

变焦镜头

摄影：翟东风，Photo by Zhai Dongfeng
EOS-1N 机身， EF28-70mmf/2.8L 镜头，手动曝光，f/8 光圈，1/4 秒快门，富士 Provia 100F 反转片。
芬兰波尔沃小镇的成人仪式

摄影作品多数是图片内容和影像质量的完美结合。但是在实际拍摄中，摄影者因为往往要在更快速的拍摄和更高的影像质量之间做权衡，所以定焦镜头和变焦镜头都有各自的地位。

变焦镜头最大的好处，它一支可以顶好几支定焦镜头来用，可以在拍摄时减少更换镜头的时间，也就意味着可以抓住更多精彩的瞬间，让你可以少些遗憾；另外，携带变焦镜头可以更好地控制你的摄影包的体积和重量，让摄影者有更多的体力和精力投入拍摄中。而事实上，注意一下很多大牌的摄影师，尤其是使用EOS的新闻摄影师和报道摄影师，EF16-35mm f/2.8L USM和EF70-200mm/2.8L IS USM是他们最心仪的配置。

从我个人的出发点来讲，一张图片，除非是突发性的、绝无仅有的内容，否则，摄影者都应该尽可能地提高它的影像质量。理论上，变焦镜头的成像依然很难和定焦镜头相比较，因此变焦镜头只可能在便利性和成像之间做折中。但是，我们也不能无视厂家对于提高变焦镜头成像质量所做出的卓越努力和成绩。

而我是一个对各种有趣拍摄方式有浓厚兴趣的人，出于高速拍摄的诱惑也会不时使用一些L系列的变焦镜头。我也承认佳能L系列变焦镜头之中的一些即便是以比较高的要求来衡量，也已经非常接近L系列定焦镜头的成像质量了。总的来讲，L系列变焦镜头的成像质量和操控性也是目前所有生产AF镜头的厂家里最完善的，而它们的口碑从销量上看也得到了全球职业摄影师强烈地肯定。

当然，这种选择和个人拍摄题材以及拍摄风格是密切相关的。从带来高质量的画面素质的角度，你可以把定焦镜头作为主力镜头，变焦镜头作为必要的补充；而有些摄影师可能正好相反，捕捉到精彩的瞬间对他们来讲是最重要的，我们的确要看到，历史上很多伟大的照片都不是完美成像质量的产物，即便分辨率再高一点或者再细腻一些也不会更加感人。

总的来讲，记住以下规律对于你使用变焦镜头会有帮助：

1. L系列的变焦镜头在分辨率上通常不及L系列的定焦镜头，但是色彩表现能力和L系列定焦镜头差别不大；

2. L系列变焦镜头在色彩表现上通常比非L系列定焦镜头要好；

3. 中长焦变焦镜头通常长焦段的成像不及中焦段；

4. 标准变焦镜头通常在广角端存在桶型畸变，中焦段存在枕型畸变，需要你利用构图技巧来弱化这个缺点；

5. 超广角变焦镜头通常更广的一端变形更严重；

6. 就焦外成像的效果而言，变焦镜头和定焦镜头的差距很大。

超广角变焦镜头

让你靠近你所拍摄的物体，带来独特的广度和深度

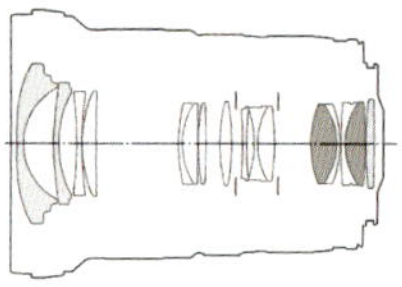

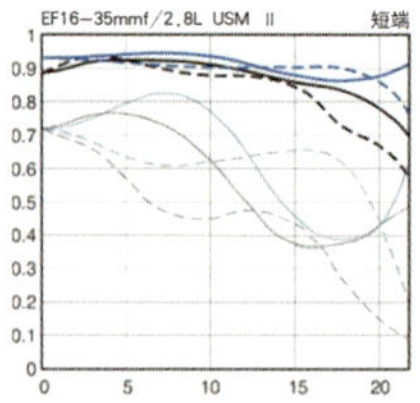

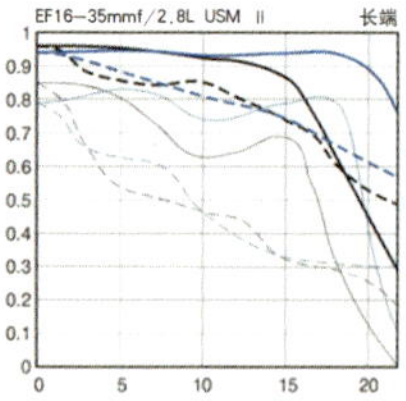

EF16-35mmf/2.8L USM Ⅱ详细规格：

焦距和最大光圈：16-35mm，f/2.8
光学结构：16 片 12 组
对角线视角：108° 10′-63°
调焦系统：环形超声波马达，后组调焦系统，全时手动对焦
光圈叶片：9
最近调焦距离：0.28 米，0.22 倍放大率
滤镜口径：82 mm
镜头尺寸：88.5 x 111.6（mm）
重量：635 克
遮光罩：EW-88（附送）
（参考价格：10320 元）

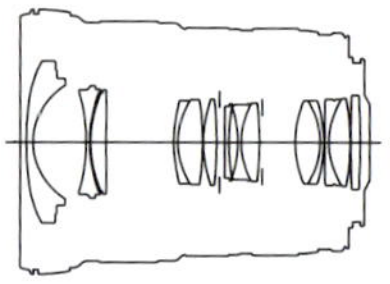

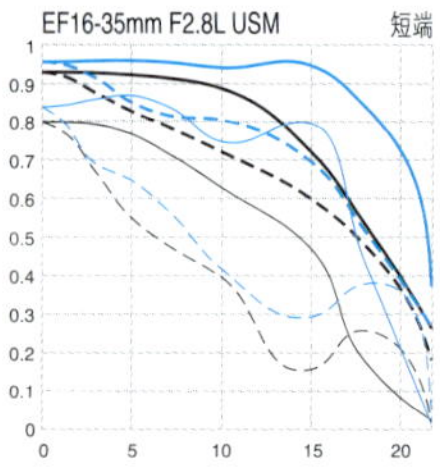

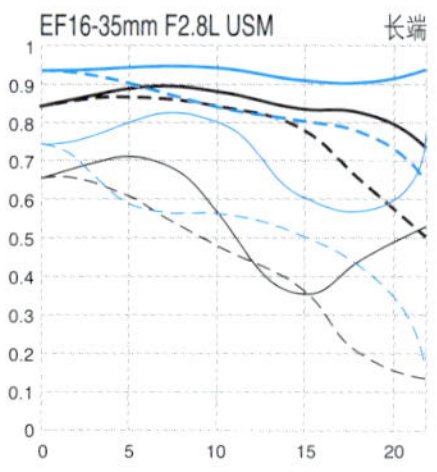

EF 16-35mm f/2.8L USM 详细规格：

焦距和最大光圈：16-35mm，f/2.8
光学结构：14 片 10 组
对角线视角：108° 10′-63°
调焦系统：环形 USM 超声波马达，内对焦系统，全时手动对焦
最近调焦距离：0.28 米，0.22 倍放大率
最小光圈：22
光圈叶片：7
变焦系统：旋转型
滤镜口径：77mm
最大直径 × 长：83.5 × 103（mm）
重量：600 克
遮光罩：EW-83E（附送）
（已停产）

超广角变焦镜头对于大多数摄影领域都很重要，它的广阔视角符合人眼四顾观察眼前景物的方式，而且很容易带来超过视觉习惯的、有冲击力的图片。

广角镜头最大的要求就是得到广阔的视角和透视感，你对广角镜头了解越多，这一要求就会越强烈。超广角变焦镜头在你调整透视时为你提供了寻找你想要的画面的乐趣。同时，它也是感光元件面积小于 35 毫米胶片相机的数码单反相机的迫切需求，EOS 400D 或者 EOS 40D 这样的相机装上这样的镜头后，也可以感受到在大范围变化的视角中寻获广角摄影的乐趣。

当然，要得到这些特征之外最重要的东西，还是对于广角镜头与摄影之间关系的更深入的体会。使用好超广角变焦镜头，你必须具有一双富有经验的眼睛，但积累这种经验的本身也是充满乐趣的，因为你挖掘得越深，器材和技术对于你的帮助也就会变得越有效。

从实用性来说，超广角变焦镜头是真正多才多艺的镜头。不论应用在室外拍摄或者在狭窄的室内拍摄都很方便。狭窄的室内，你不可能距离被摄体很远，这时，你就需要用到广角镜头的优势，它不仅可以使你拍摄大群的人，还可以囊括周围的环境。当对运动中的物体进行抓拍时，你可以使用最短焦距端跟随主体，当时机成熟时调到长焦段固定下最佳的画面。当然，你也可以用镜头的短焦距端的效果来表现主体与背景之间的对比，这样就能够将镜头的功能发挥到极致。在肖像摄影中这种效果在距离被摄体很近进行拍摄时可以用来表现一种身临其境的感受。

对于超广角变焦镜头来说，透视的控制是非常重要的。透视是超广角摄影中给人印象最强烈的效果，焦距越短，透视效果越强烈，近处的物体令人感觉更近，而远处的物体令人感觉更远。比如在拍摄一个广阔的陆地风景时，你可以借用几朵浮云放在主体的后面，来给画面增加一些抽象意味，使天空看起来好像永远向远方延伸，或者在画面构成中放进一棵单独的枯树，来加强这一地点的孤独感。在拍摄肖像时，你可以走近被摄体两三步，来为主体和背景增加一些统一性，给这张照片以现场感。

不过当你使用最广的视角进行拍摄时，需要注意的是，它容易导致“无主体”的效果，也就是说会缺乏吸引注意力的中心（这算是初用超广角镜头的摄影者的通病）。你必须避免过分依赖视角的广阔，取而代之的是，你要时刻记住使人注意到你的照片的三个基本元素——广度、深度、主题。如果你是一个初学者，尝试着用超广角镜头时给你的图片加个足够引起注意的前景，这很重要。

另外需要提醒的是，无论选择哪一支超广角的变焦镜头，你都需要在逆光的时候非常小心地使用，它们通常要比其他镜头更容易产生鬼影和眩光。

超广角变焦镜头的应用范围非常广，而且易于和其他镜头配合使用，所以如果你打算走职业摄影之路，值得考虑把它定为你最早购置的专业镜头之一。

EF 16-35mm f/2.8L USM

超广角变焦镜头的设计难度相当高，以高质量镜头闻名于世的德国镜头厂家对于此类镜头的设计都非常地保守，目前市场上流通的也只有区区数款，卡尔 · 蔡司唯一的一款自动对焦的 Vario-Sonnar T* 17-35mm f/2.8 镜头已经停产；徕卡 M 的系列的 Tri-Elmar-M 16-18-21 mm F4 ASPH 三焦点镜

➔ 摄影：赵钢，Photo by Zhao Gang
EOS-1Ds Mark II 机身，16-35mm L 镜头，手动曝光，f/8 光圈，1/320 秒快门，ISO 100

头实际上并不能说是一支严格意义上的“变焦镜头”，R 系列的变焦使用者则非常少。

佳能的这支 EF16-35mm f/2.8L USM 以拥有 EF 变焦镜头中最广的视角、超大的光圈、大变焦和高速的 AF 性能而自豪。类似焦段的 EF 镜头有多代，最早的 EF20-35mmf/2.8L USM 就是一支描写能力非常强的镜头，很多器材爱好者都认为它的成像质量甚至要超过后面两代镜头。客观地说，对于胶片相机而言，这是有可能的，主要原因在于它的广角端只到 20 毫米，设计难度会低不少。第二代的 EF17-35mmf/2.8L USM 的主要贡献在于扩展了视角，它在多数焦段的光学质量上也保持了前代的高水准。由于素质好而且二手市场上价格不高，这两代镜头现在都很受爱好者的欢迎。

第三代的EF16-35mm f/2.8L USM出现在数码时代，由于数码相机对于镜头的质量要求更高，因此它在设计上做了比较大的改进。它是EF镜头历史上第一支拥有三种非球面镜片（研磨、复合、玻璃模铸）的镜头，三片非球面分布在最前面两片和最后一片，带来很高的分辨率。主要考虑分辨率，这支镜头的最佳光圈界乎于f/8和f/11，再小的光圈下，衍射效应会明显地降低分辨率。

它在 16 毫米段有明显的桶型畸变—不过这是超广角变焦镜头的通病，全球几乎无一例外；在 35 毫米端的变形则已经很微弱了。超广角变焦镜头的通病之二是暗角，全开光圈下 16 毫米端有接近 1.5 挡的暗角，如果在大光圈下使用要注意。

超广角变焦镜头的通病之三是偏色，不少厂家的同类镜头类似问题都很严重。EF16-35mm f/2.8L USM 在后组使用了两片超低色散镜片来纠正各种各样的成像偏差，以达到相当锐利、高对比度和高质量的画面，残留的色差、眩光和鬼影也得到很好的控制，色彩表现也相当不错，没有明显的色彩偏差。使用圆形光圈使虚化的部分更加漂亮，背景模糊得更自然。所以，无论你是用传统胶片相机还是数码相机，都会得到出众的影像质量表现。事实上，它也是 EF 系列看家的超广角变焦镜头。

这个焦段的镜头是新闻摄影师的最爱，因此防尘和防水设计就显得格外重要。要说明的是防尘、防水设计特别适用于：EOS-1V/HS、EOS-1Ds Mark Ⅲ、EOS-1Ds Mark Ⅱ、EOS-1Ds、EOS-1D Mark Ⅲ、EOS-1D Mark Ⅱ和EOS-1D 等相机。

该镜头最近调焦距离达 0.28 米，也是一项值得夸耀的指标。

EF16-35mm f/2.8L USM Ⅱ

这支镜头是 EF 16-35mm f/2.8L USM 的升级版。虽然在焦距上没有任何变化，但是光学结构是完全重新设计过的，16 片 12 组的镜片中使用了 2 片 UD 超低色散镜片以及 3 片非球面镜（又是一支使用了三种不同非球面制造技术的镜头），能够更有效地校正畸变、提高画质。镜头滤镜口径也由之前的 77 毫米增加到了 82 毫米，考虑到很多 L 系列镜头的滤镜都是 77 毫米的，使用新镜头意味着可能需要额外购买偏振镜之类的滤镜系统。不过，这肯定能够带来更高的画质，而且可以符合未来更高像素的数码相机在解像力上更严格的要求。实际上，EF16-35mm f/2.8L USM Ⅱ的确有比上一代 EF16-35mm f/2.8L USM 有更好的分辨率和明显减轻的暗角。

另外一些细节部分也有改进，优化了镜片镀膜，调整了镜片位置以减少空气面，可以更有效抑制超广角变焦镜头常出现的鬼影和眩光。另外厂家特别强调使用圆形的光圈设计带给新镜头更好的散景效果等等，不过升级主要还是为了更好地适应佳能顶级数码相机的要求，现在看来比较直观的是 16 毫米端的成像质量有了比较明显的提升。

镜身设计依然采用了高级别的防尘防水滴的设计，整体重量则比上一代产品增加了 35 克左右。

摄影：赵钢 Photo by Zhao Gang
Canon EOS-1Ds Mark II 机身，EF 16-35mm/2.8L II 镜头，手动曝光，f/5.6 光圈，1/160 秒快门，ISO 400，手动白平衡

摄影：王建军，Photo by Wang Jianjun

EOS-1Ds Mark II 机身，16-35mm L 镜头，光圈优先，-1/3 级，f/10 光圈，1/160 秒快门，ISO 100

➔ 摄影：毕远月，Photo by Bruce Yuanyue Bi
EOS 5D 机身，16-35mm L Ⅱ镜头，光圈优先，-1/3 级，f/5.6 光圈，1/5 秒快门，ISO 250

→ 摄影：赵嘉，Photo by Zhao Jia
EOS-1Ds Mark II 机身，17-40mm L 镜头，程序曝光，f/16 光圈，1/250 秒快门，ISO 100

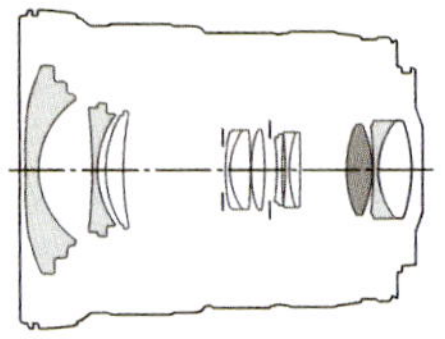

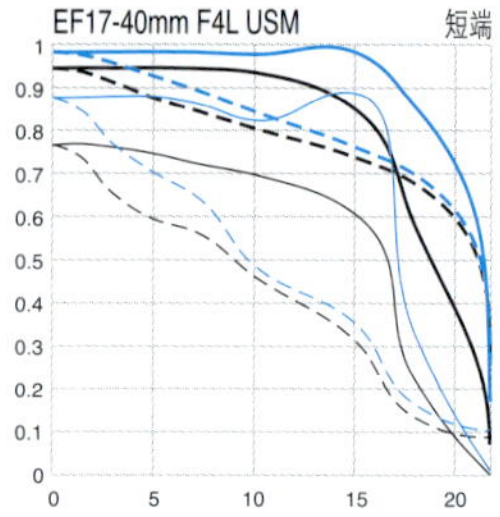

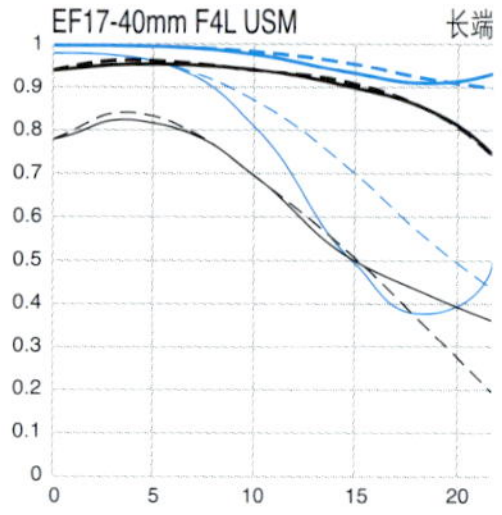

EF17-40mm f/4L USM 详细规格：

焦距和最大光圈：17-40mm f/4
光学结构：12 片 9 组
对角线视角：104° -57° 30 '
调焦系统：环形 USM 超声波马达，内对焦系统，全时手动对焦
最近调焦距离：0.28 米，0.24 倍放大率
变焦系统：旋转型
最小光圈：f/22
光圈叶片：7
滤镜口径：77mm
最大直径 × 长：83.5 × 96（mm）
重量：475 克
遮光罩：EW-83E（附送）
（参考价格：4960 元）

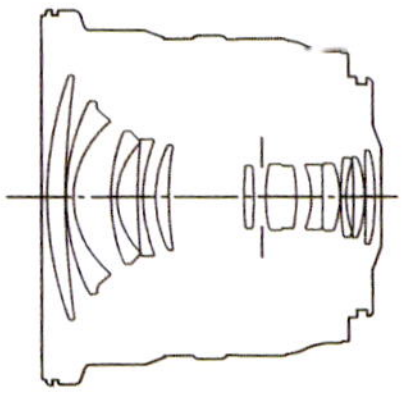

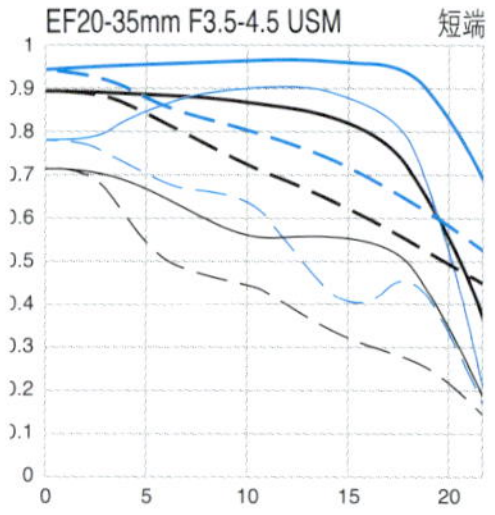

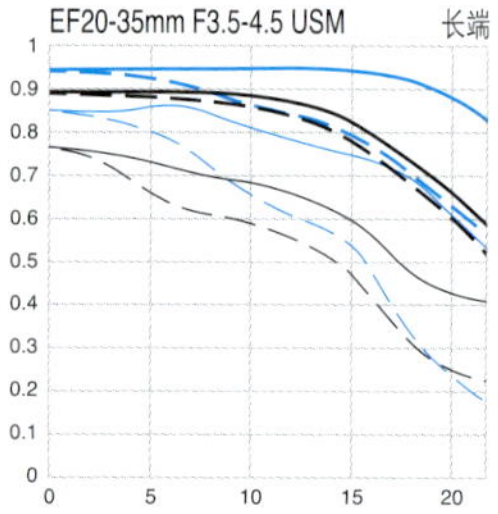

EF20-35mmf/3.5-4.5 USM 详细规格：

焦距和最大光圈：20-35mm，f/3.5-4.5
光学结构：12 片 11 组
对角线视角：94° -63°
调焦系统：环形 USM 超声波马达，内对焦系统，全时手动对焦
最近调焦距离：0.34 米，0.13 倍放大率
变焦系统：旋转型
滤镜口径：77mm
最大直径 × 长：83.5 × 68.9（mm）
重量：340 克
遮光罩：EW-83 Ⅱ
（参考价格：3510 元）

EF17-40 mm f/4L USM 高性价比推荐

EF 17 40mm f/4L USM 是 L 系列里最便宜的一支镜头，但是我强烈推荐你关注这支镜头。

超广角变焦镜头很多年以来不仅仅一直是新闻摄影师、纪实摄影师的最爱，也越来越多地被其他领域的摄影师所接受，成为快速拍摄不可缺少的镜头。

这款超广角变焦镜头可以让你拍摄出宽广视角的照片，就连使用感光元件面积小于 35 毫米胶片的数码单镜头反光相机也不例外。这对于很多使用 APS-C 尺寸 CMOS 数码相机的用户非常重要，而它也是我最多推荐给 400D、40D 系列摄影爱好者用于升级的镜头。

L 系列的超广角变焦镜头有多代，f/2.8 规格的超广角系列一向以高素质著称。不过我个人始终更喜欢 EF 17-40mm f/4L USM。

EF 17-40mm f/4L USM 是 2003 年初推出的，是在 10D 推出之后发布的。它覆盖了年轻摄影师们最爱的从超广角的 17 毫米到标准的 40 毫米的焦距范围。厂家宣传这是一支胶片、数码相机两用的镜头。由于数码相机对于镜头的要求要超过传统的胶片相机，所以这支镜头下料也很足，其中第 1 片的玻璃铸模非球面镜片口径达到 55 毫米，在 EF 系列镜头中是最大的；第 2 片和第 11 片也是非球面镜片；第 10 片是 UD 玻璃镜片，用于对放大型色差提供尽可能精准的校正。镀膜也根据数码相机的要求做了特殊的处

➔ 摄影：奚志农，Photo by Xi Zhinong
EOS-1Ds Mark II 机身、17-40mm L 镜头、手动曝光、f/5.6 光圈、20 秒快门、ISO 800
由夏勒博士率领的一支考察队穿越羌塘之后进入了三江源地区。由于现代数码技术的发展，才有可能呈现出星空下的宿营地。

理，眩光和鬼影也被控制在尽可能小的范围。厂家宣称其"光学特性与 EF16-35mm f/2.8L USM 镜头在同一标准上"，全程变焦范围内最近调焦距离都维持在 0.28 米，和 EF16-35mm f/2.8L USM 镜头也是相同的，可以在构图上为摄影者带来便利。

从实用的效果来看，无论是使用在胶片相机上或者数码相机上，EF 17-40mm f/4L USM成像和EF 16-35mm f/2.8L USM成像差别都不大，总的来说，两支镜头在超广角端解像力上几乎没有差别，而 EF 17-40mm f/4L USM 在较长端的成像要比 EF 16-35mm f/2.8L USM 明显好。解像力的均匀度方面，两支镜头都是收小一挡光圈后会得到巨大改善，而整体上还是 EF 16-35mm f/2.8L USM 要略略胜出。

但是自从1Ds MARK Ⅱ 发布之后，苛刻的使用者指出它在四角的色散问题上没有 EF 16-35mm f/2.8L USM 解决得好；暗角控制和 EF 16-35mm f/2.8L USM 在伯仲之间；通过严格地测量，畸变控制比 EF 16-35mm f/2.8L USM 还要好一点。根据数码相机的实拍，最佳光圈界乎于 f/11 和 f/16 之间。

当然，如果你没有打算使用定焦镜头，而且又很在乎现场光拍摄，也可以使用EF 16-35mm f/2.8L USM，毕竟大了一挡光圈。不过考虑到 EF 17-40mm f/4L USM 的价格只有 EF 16-35mm f/2.8L USM 的一半不到，我觉得还是前者超值，尤其适合配合 24mm/1.4L 或者 35mm/1.4L 这样的定焦镜头使用，可以兼顾方便性和最好的成像质量。

在 EF 24-105mm f/4 L IS USM 上市之前，它也是我最常用的 4 支 L 系列镜头中唯一的一支变焦镜头。

需要提到的是，它和现在所有的 L 系列镜头一样拥有出众的防尘防水性能，而且体积轻重量小，使它极其便于外出拍摄。它的前组镜片在调焦时不会旋转，所以无论使用偏振镜还是其它滤镜都很方便。

对于爱好旅行的摄影师来说，它如果与EF70-200mm f/4L IS USM 镜头配合使用，你几乎可以在任何地方拍出你想要的画面。

最后要指出一点不足，EF 17-40mm f/4L USM 卖得便宜也是有代价的，除了光圈小以外，它也远远没有同时代的 EF 16-35mm f/2.8L USM镜头皮实，如果你经常带着它到处跑，还是尽量避免各种大大小小的磕碰。

EF20-35mm f/3.5-4.5 USM

这是一款价格合理的质量轻、紧凑型的广角变焦镜头，是胶片时代最超值的两只 EF 镜头之一（另一支是 EF28-135mm f/3.5-5.6 IS USM）。

它覆盖了最常用的广角焦距段，大滤镜口径和内变焦结构有助于校正畸变和其他像差，在整个焦距范围内提供出众的影像表现力。在安静、快速的自动对焦之外，还有全时手动对焦，前组镜片不转动以及宽变焦环设计使得这款镜头使用起来非常简便易用。该镜头还附带一个用来阻挡多余光线的花瓣形遮光罩。如果你是以拍摄胶片为主，并且需要一款性价比非常高的超广角变焦镜头，或者你很喜欢旅游，它都是一个不错的选择。

标准变焦镜头

从初学者到大师的全面性选择

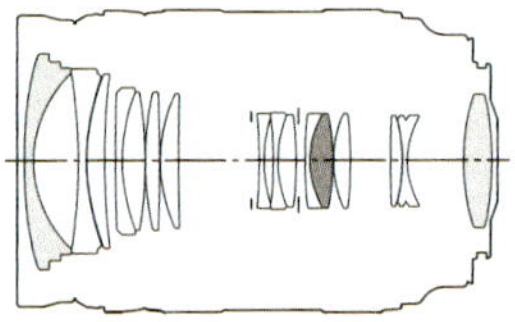

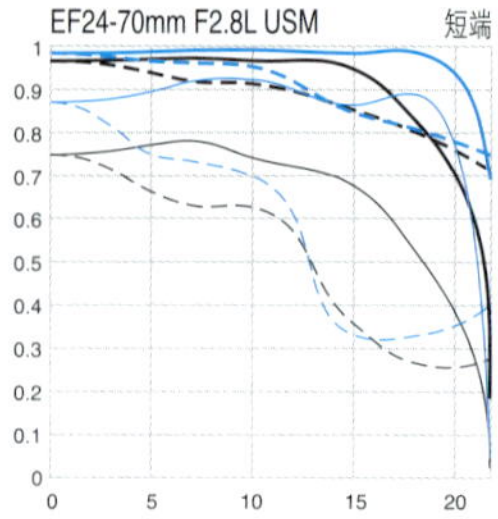

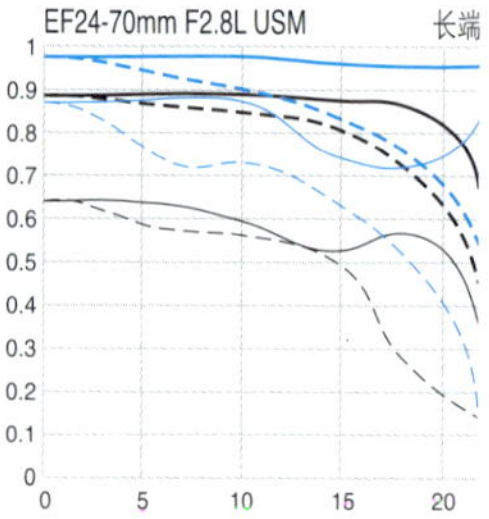

EF24-70mmf/2.8L USM 详细规格：

焦距和最大光圈：24-70mm f/2.8
光学结构：16 片 13 组
对角线视角：84°-34°
调焦系统：环形 USM 超声波马达，内对焦系统，全时手动对焦
最近调焦距离：0.38 米，0.29 倍放大率
最小光圈：22
变焦系统：旋转型
滤镜口径：77mm
最大直径×长：83.2 × 123.5（mm）
重量：950 克
遮光罩：EW-83F（附送）
（参考价格：11000 元）

➔ 摄影：王建军，Photo by Wang Jianjun
EOS-1Ds Mark II 机身、28-70mm L 镜头，程序曝光，-1/3 级，f/5.6 光圈，1/125 秒快门，ISO 100

标准变焦镜头，包括从广角到标准再到中长焦的焦距段，这种镜头通常是摄影初学者步入镜头世界的第一步，但常常也是顶尖摄影师最常用的镜头。变焦区域以最接近人眼一般透视的 50 毫米焦距为中心，从可以包括整个场景的宽阔的广角端一直到集中视线于其中一点的中长焦段，都非常接近人的视觉习惯。

你可以用这种镜头将世界拍摄成像你所看到的一样。尤其是在家庭外出度假和日常生活摄影中，你遇到的多数情况它都非常容易解决。

对于初学者来说，其实使用定焦镜头学习是最好的，不过，多数人并没有这个条件，反倒是标准变焦镜头是更常见的选择。使用这种镜头的一个简便方法是，用广角端框住整个场景，然后调到中长焦段来抓取每个引起你的注意力的细节。当你找到了镜头的感觉的时候，你可以让眼睛先离开取景器看看焦段，慢慢的，你就会从不同的视角、不同焦距的透视关系，以及背景上处于焦点之外的物体的虚化程度的变化中找到你自己的喜好。这是使用这种镜头的好处之一，因为在你观察你要表现的物体时，它能够准确再现你所看到的物体的样子。

如果你在同类镜头中寻找在低照度条件下更具表现力的、焦外成像效果更好的镜头，当然的选择是 EF24-70mmf/2.8L USM 镜头；如果你需要更机动灵活地拍摄而又对成像质量有苛刻的要求，EF 24-105mmf/4 L IS USM 是不二之选；但如果不太在意专业的成像质量的话，类似 EF24-85mmf/3.5-5.6 USM 镜头提供了更轻的重量和紧凑的镜身设计。

EF24-70mmf/2.8L USM

一款大光圈标准变焦镜头，这支镜头是在EOS全面转型数码化之后研发的，在2002年9月推出，用来替代原有的EF 28-70mm f/2.8L USM，厂家宣传是为特别适应数码单反相机而设计的。当然，实际上它同样也适用于传统相机。

光学结构为16片11组的EF 28-70mm f/2.8L USM焦段很实用，但是有不少摄影者对它的成像有些微词，觉得它比早年的EF 28-80mm f/2.8-4L USM并没有什么进步。

EF 24-70mm f/2.8L USM算是下了猛药：使用了两种非球面镜片，包括两片高成本的特殊精细研磨的玻璃非球面镜片，结合一片UD镜片来校正色差；优化的镜头镀膜在使用数码相机时会有更好的反光抑制效果，这些经常出现在广角镜头中的设计保证了这款镜头更高的画面质量。

它将L系列标准变焦镜头的广角端扩展到了更常用的24毫米，因此即便在配合感光元件面积小于35毫米胶片相机的数码单反相机时也可以在一定程度上拍摄广角照片。

这支镜头具有严密的防尘防水结构；另一方面，安静、迅速的自动对焦系统、全时机械手动调焦、宽变焦环设计又使这款镜头易于使用。同时，环形光圈提供了美丽的虚化效果。最近调焦距离从上一代的0.5米缩短到了0.38米，影像放大率是0.29倍，使这款镜头在近距摄影中也比较理想。总而言之，这是一款比较均衡、全面素质很高的镜头，这一点从成像上也可以得到验证——没有令你意外惊喜的刻画能力，但是总体上不会让你失望。

不过遗憾的是这支镜头还是没有用IS技术，也许是保守，也许是为了保证更好的画面质量吧。和EF 24-105mmf/4 L IS USM相比，EF24-70mmf/2.8L USM不仅仅在最大光圈上有整整一级的优势（这对于喜欢现场光摄影的摄影师来讲非常重要，现场光线多数情况下要比干预性的使用闪光灯美妙得多！）；同时，EF24-70mmf/2.8L USM在24毫米端有更好的畸变控制；另外，它有更加可靠的机械性能以及更好的耐用性；最后，它的焦外成像明显要更好一些。

标准变焦镜头

更高分辨率，更轻便，更易使用

➔摄影：赵嘉，
Photo by Zhao Jia
EOS-1Ds Mark II 机身、24-105mm L 镜头、程序曝光、f/10 光圈、1/250 秒快门、ISO 400
当时我在伊拉克、叙利亚、土耳其交界的一个冲突地区拍照，有时候当地的朋友会安排我乘坐一辆防弹汽车，因为玻璃很厚，我很罕见地在晴朗的白天把机身的 ISO 调到了 400，并切换到自动曝光和手动对焦，以便能迅速按下快门。

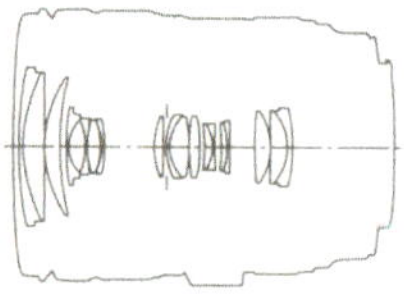

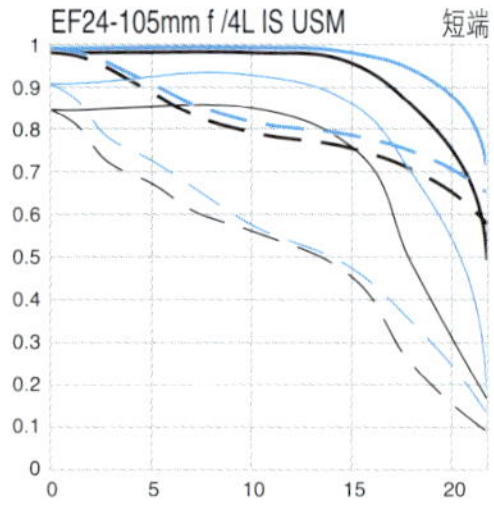

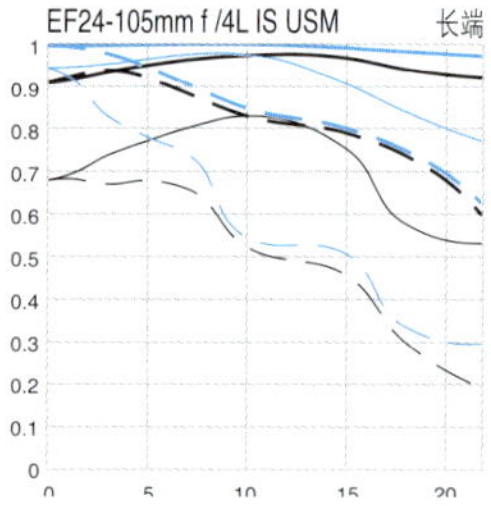

EF 24-105mmf/4 L IS USM 详细规格：

焦距和最大光圈：24-105mm，f/4
光学结构：18 片 13 组
对角线视角：84° -19° 20'
调焦系统：环形 USM 超声波马达，内对焦系统，全时手动对焦
最近调焦距离：0.45 米，0.23 倍放大率
最小光圈：22
变焦系统：旋转型
滤镜口径：77mm
最大直径×长：83.5 × 107（mm）
重量：670 克
遮光罩：EW-83H（附送）
（参考价格：7800 元）

EF 24-105mmf/4 L IS USM 高性价比推荐

一支令我爱恨交加的镜头，优点非常突出但并非完美无暇。它是我目前最常使用的 L 系列变焦镜头，也值得强力推荐给大家。

这支方便好用的 F4 恒定光圈标准变焦 L 镜头使用了一片超低色散镜片（UD）和三片非球面镜片（第 4 片、第 11 片、第 16 片），用于尽可能地控制畸变和色差。内置最新的影像稳定器（IS）功能，降低三级快门速度依然可以得到清晰的影像，开启防抖时间约为快门半按后 0.5 秒钟，比老的 IS 技术提高了差不多一倍。而且它可以自动判断是否使用三脚架，使用三脚架时会关闭防抖功能。它还使用了更好的多层镀膜技术以及优化的镜片排放位置，可以有效抑制鬼影和眩光。采用圆形光圈，可全时手动对焦，并具有良好的防尘防潮性能。这一切都使得这支镜头看起来完美异常！

不过，它也有不好的一面，就是广角端的桶形畸变和

其他L系列镜头相比实在太明显了，在取景器里就一览无余（而它最长端的枕形畸变控制相对还好一些，不是很容易觉察）。不过，这支镜头的其他特性实在是太优秀了，我只能奉劝大家，在最广角端尽量使用构图技巧来弱化它的畸变，特别是不要把明显直线的物体（电线杆、窗户、墙角线等）放在靠近四边的位置。

和它的老大哥EF24-70mmf/2.8L USM相比，EF 24-105mmf/4 L IS USM体积更小，重量也减少了很多，而最长焦段则延长到了更为实用的105毫米。虽然最大光圈小了一级，但是如果你不是拍摄运动的物体，可以降低三级快门速度的IS功能在多数时候更为实用。结合非常高的光学素质，如果你很喜欢旅游摄影，那么毫无疑问，它会是你的最爱！

要着重指出的是，根据很多职业摄影师的使用经验，EF 24-105mmf/4 L IS USM的锐度也要高于EF24-70mmf/2.8L USM。因此我更推荐这支镜头。

花絮

使用L系列变焦镜头的另一个重要原因

很多对影像质量要求苛刻的摄影师都是以使用定焦镜头为主，我也是其中一员。

不过，即便如此，我还是会在身边常备一支L系列的变焦镜头，除了用于特殊情况下的快速拍摄以外，另一个很重要的原因是L系列的广角定焦镜头发布的年代比较早，多数不具备和EOS-1系列匹配的防水防尘性能。而往往越是在复杂天气条件下越是有好照片，所以如果想在天气不好的条件下拍照片，你总是要准备一支焦段常用的又具有防水防尘性的备用镜头。曾经我的选择是EF 17-40mm f/4L USM，而现在是EF 24-105mmf/4 L IS USM。

摄影：赵嘉，Photo by Zhao Jia

EOS-1Ds Mark II 机身，24-105mm L 镜头，程序曝光，f/5 光圈，1/50 秒快门，ISO 200

土耳其，伊斯坦布尔的渔市。渔市的光线通常很昏暗，24-105mmL 的最大光圈只有 f/4，我不敢全开光圈，又不愿意提高 ISO，指望 IS 功能能帮助到我一点。

➔ 摄影：毕远月，Photo by Bruce Yuanyue Bi

EOS 5D 机身，24-105mm L 镜头，手动曝光，f/6.3 光圈，1/3 秒快门，ISO 250

摄影：李鹏 Photo by Li Peng

Canon EOS-5D 机身，EF 24mm 镜头 f/1.4L USM，自动曝光，曝光补偿：-1，ISO 320，f/11 光圈 1/250 秒快门，自动白平衡

轻便型标准变焦镜头

不要错过拍摄机会

一支轻巧、便携的标准变焦镜头通常是从28毫米焦段开始，便于你追求不断变化的表达方式。通常来讲，它的变焦范围覆盖了从广角到中长焦距，这与人眼的观察范围是非常接近的，也就意味着它可以顺利地拍摄下像人眼看到的一样的被摄体。

所以它适用于各种摄影方式，从室外风光摄影、室内抓拍、群像拍摄到自然摄影。它的表现手段相当多样，举例来说，当你在拍摄风景照片时，它可以用来表现景色的雄伟，你也可以使用它来表现局部的细节，或是把这一点周围的环境也囊括进来去表现它们之间的关系。当然，你也可以凝固下其中某个物体令人难忘的瞬间。

合理地运用一只轻便型标准变焦镜头的关键在于把握拍摄中动与静的关系。调至长焦段你可以拍摄一个奔跑中的孩子的笑脸，或者你也可以调至广角端，记录下整个场景中的事件。如果你想充分发挥一支轻便变焦镜头的能力，要记住，轻便型标准变焦镜头的特性之一是收小光圈后会带来成像质量比较大的提高，如果你想更多地享受大光圈下的美妙世界，还是考虑定焦镜头吧。

EF24-85mmf/3.5-4.5 USM

EF24-85mmf/3.5-4.5 USM 详细规格：

焦距和最大光圈：24-85mm f/3.5-4.5
光学结构：15片12组
对角线视角：84°-28°30′
调焦系统：环形USM超声波马达，内对焦系统，全时手动对焦
最近调焦距离：0.5米，0.16倍放大率
变焦系统：旋转型
滤镜口径：67mm
最大直径×长：73×69.5（mm）
重量：380克
遮光罩：EW-73 II

一款3.5倍大变焦比广角标准变焦镜头，使用多组可移动镜片变焦系统，并且使用了一片非球面镜片，使镜头在各焦距段都能提供锐利的影像质量。在胶片时代是很受欢迎的一支高性价比镜头。

同时，该镜又具有轻便、紧凑的镜身设计。环形超声波自动调焦马达结合内对焦系统，提供安静、快捷的对焦表现。全时手动调焦使你不用调整对焦模式就可以对焦点进行调整，加之滤镜接口不转动的设计，提高了镜头的表现力。花瓣形遮光罩在广角端时它可以有效地阻挡多余的光线进入镜头。

EF28-80mm f/3.5-5.6 II

EF28-80mm f/3.5-5.6 II 详细规格：

焦距和最大光圈：28-80mm f/3.5-5.6
光学结构：10片10组
对角线视角：75°-30°
调焦系统：前组旋转向前延伸系统，带微型马达
最近调焦距离：0.3米，0.26倍放大率
变焦系统：旋转型
滤镜口径：58mm
最大直径×长：67×71（mm）
重量：220克

一款覆盖了最常用焦距段的轻便型的标准镜头，从28毫米的广角到80毫米的中长焦距。可以防止眩光的光圈随着变焦移动位置，它位于眩光最易产生的第二组和第三组镜片之间。在最长焦距和最大光圈下能够提供锐利、高反差的图像。迅速、宁静的自动对焦系统使用了微型超声波马达。它还装备了易于使用的宽变焦环。作为胶片时代一款具备出众的便携性和低廉的价格的标准变焦镜头，是单镜头反光相机理想的入门使用镜头。

EF35-80mmf/4-5.6III

EF35-80mmf/4-5.6 III详细规格：

焦距和最大光圈：35-80mm f/4-5.6
光学结构：8片8组
对角线视角：63°-30°
调焦系统：前组旋转向前延伸系统，带微型马达
最近调焦距离：0.4米，0.23倍放大率
变焦系统：旋转型
滤镜口径：52mm
最大直径×长：66×63.5（mm）
重量：175克

极轻便的镜身设计使一款标准变焦镜头具有出众的价格优势和在整个变焦范围内高反差和清晰的影像表现。全程最近调焦距离是0.38米，在80毫米时即可拍摄明信片大小的近距离摄影（影像放大率0.25倍）。镜筒前可以附加一个刺刀形遮光罩（EW-54 II），有手动对焦能力。对焦时前组镜片会旋转，会给偏振镜的使用带来不便。

EF28-90mmf/4-5.6 II USM

EF28-90mmf/4-5.6 II USM 详细规格：

焦距和最大光圈：28-90mm f/4-5.6
光学结构：10 片 8 组
对角线视角：75°-27°
调焦系统：前组旋转向前延伸系统，带微型超声波马达
最近调焦距离：0.38 米，0.3 倍放大率
变焦系统：旋转型
滤镜口径：58mm
最大直径 × 长：67 × 71（mm）
重量：190 克

这是一款轻便型标准变焦镜头，变焦系统巧妙地使最长焦距达到 90 毫米的同时保持镜身全长很短。第 9 片镜片为非球面镜片，用于校正变焦时带来的影像偏差，帮助在全程对焦距离上获得良好质量的画面效果，同时也减少了镜片的数量。自动对焦系统使用微型超声波（USM）马达，对焦宁静而迅速。

EF28-90mmf/4-5.6 II / EF28-90mmf/4-5.6 III

EF28-90mmf/4-5.6 II 详细规格：

焦距和最大光圈：28-90mm，f/4-5.6
光学结构：10 片 8 组
对角线视角：75°-27°
调焦系统：前组旋转向前延伸系统，带微型马达
最近调焦距离：0.38 米，0.3 倍放大率
变焦系统：旋转型
滤镜口径：58mm
最大直径 × 长：67 × 71（mm）
重量：180 克

EF28-90mmf/4-5.6 III 详细规格：

焦距和最大光圈：28-90mm，f/4-5.6
光学结构：10 片 8 组
对角线视角：75°-27°
调焦系统：前组旋转向前延伸系统，带微型马达
最近调焦距离：0.38 米，0.3 倍放大率
变焦系统：旋转型
滤镜口径：58mm
最大直径 × 长：67 × 71.2（mm）
重量：190 克

EF28-90mmf/4-5.6 II 型镜头在镜身轻便、价格低廉的方面有非常好的表现。这款 3 倍变焦镜头在设计上与 EF28-90mmf/4-5.6 II USM 镜头一样，应用了 4 组全移动变焦结构的光学系统使镜头的全长降至最短，并且将第 9 片镜片设计为非球面镜片。它具备不错的像差校正能力，镜片数量也比较少。出于成本考虑没有使用超声波马达，不过微型电动马达带来的自动对焦效果也算比较安静而迅速。

此外，EF28-90mmf/4-5.6 III 型镜头和它的前一代使用相同的光学系统和几乎完全相同的结构特征，但它具备了为配合 E-TTL 闪光系统而设计的距离信息测量元件，使得相机在自动闪光时可以读取镜头的距离数据来进行计算。

28-105 毫米标准变焦镜头

横跨广角镜头和中焦镜头的使用范围

EF28-105mm f/3.5-4.5 II USM 详细规格：

焦距和最大光圈：28-105mm f/3.5-4.5
光学结构：15 片 12 组
对角线视角：75°-23° 20'
调焦系统：环形超声波马达，后组调焦系统，全时手动对焦
最近调焦距离：0.5 米，0.19 倍放大率
变焦系统：旋转型
滤镜口径：58mm
最大直径×长：72 × 75（mm）
重量：375 克
遮光罩：EW-63 II
（参考价格：1950 元）

EF28-105mm f/4-5.6 USM 详细规格：

焦距和最大光圈：28-105mm f/4-5.6
光学结构：10 片 9 组
对角线视角：75°-23° 20'
调焦系统：环形超声波马达，后组调焦系统
最近调焦距离：0.48 米，0.19 倍放大率
变焦系统：旋转型
滤镜口径：58mm
最大直径×长：67 × 68（mm）
重量：210 克
遮光罩：EW-63B

EF28-105mmf/4-5.6 详细规格：

焦距和最大光圈：28-105mm f/4-5.6
光学结构：10 片 9 组
对角线视角：75°-23° 20'
调焦系统：带有小型马达的内对焦系统
最近调焦距离：0.48 米，0.19 倍放大率
变焦系统：旋转型
滤镜口径：58mm
最大直径×长：67 × 68（mm）
重量：210 克

对于喜爱日常拍摄的 EOS 相机的使用者来说，28-105 毫米镜头集合了相当有吸引力的特征。它能让你在眨眼间轻松实现广角和中长焦距的转换，不论是你想看到要求特别强调突出前景的 28 毫米广角拍摄的画面，还是能够压缩画面前景的 105 毫米中长焦镜头拍摄的画面，或者在中间的 50mm 标准镜头的自然效果，它都可以轻松做到。轻巧结实的镜身使它成为非常实用的镜头，可以适用于多种类型画面的拍摄，从拍摄主体的特写到广阔风光的远景，一个镜头就可以完成。

EF28-105mm f/3.5-4.5 II USM

它和它的前一代产品都是很受摄影爱好者欢迎的，多组变焦系统组合成这支小巧轻便的变焦镜头，这是一款可以获得优秀质量画面的高性价比变焦镜头。最近调焦距离是 0.5 米。自动对焦采用了超声波马达和内对焦系统，所以它既快又安静。它的全时手动对焦装置可以让你在不改变自动对焦模式的情况下，迅速用手动进行焦点的细微调节。宽变焦环和第一组镜片不旋转设计提供优质的操作性。

EF28-105mm f/4-5.6 USM

在同类级别的标准变焦镜头中是最轻的。新的光学系统的设计包含了移动的 5 个光学透镜组。使用一个非球面镜片补偿成像的偏差，使镜头能够在全程对焦距离内获得高质量的画面。内对焦系统和超声波马达的结合可以给你一个满意的安静和快速的自动对焦装置。这支镜头可以在最短 0.48 米的对焦距离内拍摄，这是一个非常近和私人的距离。它的第一组非旋转的镜片设计可以使它比以往更加容易使用偏振镜和其他镜头附件。

EF28-105mmf/4-5.6

这一款镜头拥有与EF28-105mm f/4-5.6 USM镜头相同的光学系统。唯一的区别是没有使用超声波马达（USM），不过用于驱动自动对焦的微型马达也可以提供相对高速安静的自动对焦效果。

摄影：赵嘉，Photo by Zhao Jia
EOS-3 机身，28-105mm 镜头，程序曝光，RDP II 反转片
印度，蓝色之城 Jodhpur

28-135毫米/28-200毫米变焦镜头

高放大倍率让你取景更自由

EF28-135mm f/3.5-5.6 IS USM详细规格：

焦距和最大光圈：28-135mm f/3.5-5.6
光学结构：16片12组
对角线视角：75° -18°
调焦系统：环型USM马达，内对焦系统，全手动对焦
最近调焦距离：0.5米，0.19倍放大率
变焦系统：旋转型
滤镜口径：72mm
最大直径×长：78.4 × 96.8（mm）
重量：540克
遮光罩：EW-78B
（参考价格：3500元）

EF28-200mm f/3.5-5.6 USM详细规格：

焦距和最大光圈：28-200mm f/3.5-5.6
光学结构：16片12组
对角线视角：75° -12°
调焦系统：带有微型USM马达的内对焦系统
最近调焦距离：0.45米，0.28倍放大率
变焦系统：旋转型
滤镜口径：72mm
最大直径×长：78.4 × 89.6（mm）
重量：500克
遮光罩：EW-78D
（参考价格：3390元）

EF28-200mm f/3.5-5.6详细规格：

焦距和最大光圈：28-200mm f/3.5-5.6
光学结构：16片12组
对角线视角：75° -12°
调焦系统：带有小型马达的内对焦系统
最近调焦距离：0.45米，0.28倍放大率
变焦系统：旋转型
滤镜口径：72mm
最大直径×长：78.4 × 89.6（mm）
重量：495克
遮光罩：EW-78D

➔ 摄影：奚志农，Photo by Xi Zhinong
EOS-1N机身、28-135mmf/3.5-5.6 IS镜头，
云南德钦，从上世纪70年代以来，滇西北地区的原始森林就开始了大规模的商业采伐。由于地处高寒地区，原始森林的恢复几乎是不可能的。30年过去了，当年的采伐迹地仍然惨不忍睹。

作为标准变焦镜头焦段的延伸，在广角端可以达到常见的28毫米，长焦距端则可以达到135毫米甚至200毫米，提供5倍到7倍的高变焦比。这对于旅游摄影来说非常实用。当你出外旅行而背囊里又没有足够的空间携带一大堆各种焦距镜头的时候，一只高变焦比的镜头不仅占用空间不多，而且还可以给你多种焦段功能合一的使用感受——从广角、标准镜头到中焦甚至长焦距。另外，多数时候它还具有你不能够忽视的不错的放大倍率。

高变焦比镜头优势还在于可以让拍摄者快速地进行景物捕捉，展现主体和背景的空间透视，可以达到多种镜头能够达到的效果。28-135mm/28-200mm能够几乎像眼睛一样快地在广角和长焦距之间进行变换，让你在转瞬间拍摄到完美的构图。使用这款镜头可以帮助你发现新的摄影艺术的世界。

EF28-135mm f/3.5-5.6 IS USM

这是一款在胶片时代深受摄影爱好者好评的优秀镜头。

它也是最早配有防抖装置（IS）的EF系列镜头之一，它可以让你在手持拍摄的情况下，使用比正常拍摄速度低两挡的快门速度进行稳定拍摄（以“1/焦距”秒的快门速度为依据，被认为是没有防抖装置手动拍摄的极限）。虽然有大约5倍的变焦比，这款镜头的镜身设计还是很紧凑的，这要归功于使用了紧凑的电磁光圈和多组变焦系统，这款镜头在高速拍摄的情况下也能工作得非常好。光学系统使用了磨制非球面玻璃透镜，有助于克服像场内的弯曲、球差以及在整个变焦范围内通常所会产生的失真，从而得到高质量清晰的图片。这支镜头于1998年发布，并成为那个时代EOS使用者标志性的镜头，很多摄影爱好者为这支高性价比镜头良好的光学素质和IS技术革命性的成就而折服，因此投入佳能旗下。

操控方面，高速安静的自动对焦系统要归功于环型超声波马达的使用以及内对焦系统。这支镜头可以提供全时手动对焦，不旋转的第一组镜片，便于偏振镜的使用。

EF28-200mm f/3.5-5.6 USM

这款变焦镜头以拥有超大的7倍变焦比为优势。第4透镜组中使用的是铸模非球面镜片，第14透镜组中使用了玻璃附膜制非球面镜片，使得镜头在整个变焦范围内都能够得到高质量的画面，也保障了轻巧的镜身设计。两组内置的对焦系统使最近调焦距离达到了0.45米。微型超声波马达的使用使得自动对焦快速而且安静。不会旋转的第1组镜片令偏振镜的使用更加现实方便。

EF28-200mm f/3.5-5.6

这款镜头有与EF28-200mm f/3.5-5.6 USM镜头相同的光学系统，也是小巧轻重量的高放大倍率的变焦镜头。唯一的区别是它的自动对焦系统使用了一个微型马达而不是超声波马达。

EF28-300 毫米镜头

高变焦比＋高素质＋高价格的L系列变焦镜头，几乎可以承担所有景别的拍摄

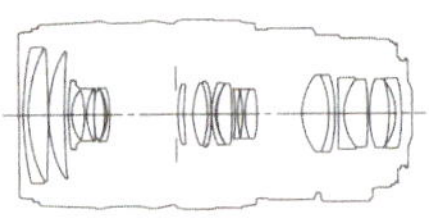

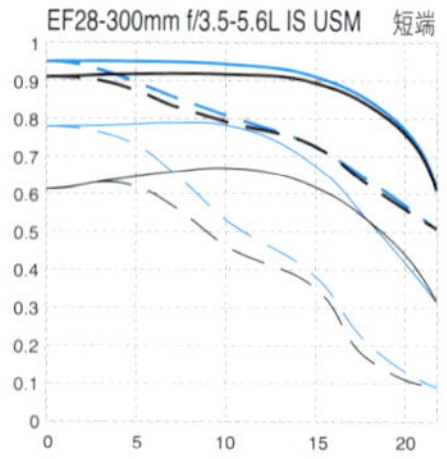

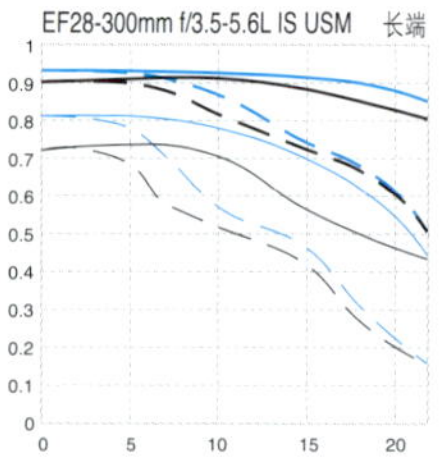

EF28-300mm f/3.5-5.6L IS USM 详细规格：

焦距和最大光圈：28-300mm，f/3.5-5.6
光学结构：22 片 16 组
对角线视角：75°-8° 15`
调教系统：环形 USM 马达，内对焦系统，全时手动对焦
最近调焦距离：0.7 米，0.3 倍放大率
最小光圈：22-40
光圈叶片：8
滤镜口径：77 毫米
最大直径 × 长度：92 × 184（mm）
重量：1670 克
遮光罩：EW-83G（附送）
（参考价格：18300 元）

“一镜走天涯”是很多人的美好梦想，如果你是一个拍摄目标明确而又有强烈个人风格的摄影师，是可以实现的，甚至有一些著名的摄影师在长时期的拍摄过程中只使用一支定焦镜头（参见《兵书十二卷》中《最少的镜头配置》一卷，中国摄影出版社出版）。不过，特别强烈的个人风格多数也就意味着为此你要放弃很多其他的拍摄可能，或许你不想这样做，而是对周遭的很多事情都有着强烈的好奇心。这在旅游摄影中非常常见，旅行者面对的是和日常生活完全不同的体验，一切都是那样的新奇，所以，会想把一切令你兴奋的感觉都记录下来，而携带不同的器材、更换镜头之类的事情或许会让很多旅行者感到厌倦，这样“一镜走天涯”这个想法就有了不少认同者。如果你真的发现你有那么多感到新奇的东西需要加以记录，那么这支 EF28-300mm f/3.5-5.6L IS USM 大概是最适合你使用的镜头，它有你需要的一切以及优质的光学质量，不过代价不菲。

在不远的过去，高变焦比镜头还是劣质成像质量的同义语，但是随着光学设计上的进步，特别是铸模非球面技术的进步，可接受的高质量的高变焦比镜头也出现在 L 系列镜头中。

这支镜头提供了从 28 毫米到 300 毫米近乎 11 倍的变焦比，因此带来无与伦比的便利，可以满足多种构图需要。从具有明显透视线条的 28 毫米广角端，到能有效地把远处物体拉近、压缩透视效果强大的 300 毫米长焦。从焦段上看，使用者只需带着这一支镜头就能拍摄几乎任何物体。你可以用 28 毫米广角端拍摄壮观的风景，也可以调至 300 毫米的长焦端来拍摄远处的事件。你可以拍摄任何你能看到的、想要拍的东西；此外，影像稳定系统还可以帮助你在比较暗的光线下或者手持拍摄时依然能够感受到 L 系列镜头的影像质量。

想想看，一场运动会上，你只用一支镜头就可以既拍摄宽阔的体育场又可以跟拍运动员的运动，捕捉他们敏捷的动作，是不是很爽？不过，条件是光线要足够好，使得你在长焦端 f/5.6 的光圈下能获得足够高的快门速度。这时候我们要庆幸数码技术的发展，现在佳能的 35 毫米专业顶级数码相机高 ISO 下的成像效果比原来的专业高速反转片还要好。

在这支镜头发布之前，EOS 系列曾经有一支 35－350mm 的超高变焦比 L 系列镜头，主要是为新闻摄影师使用。28－300mm 这支镜头进一步缩短了广角端的焦距，并达到 11 倍的超大变焦倍率，使得它的实用性更加提高了，得益于光学技术的进步，成像质量也有了提高。

如果想它在实现近于 11 倍的变焦范围的同时还能够符合 L 系列镜头的影像质量，当然付出的代价是高昂的，这支镜头的价格相当的贵，事实上，它是 EOS 所有变焦镜头中最贵的！它使用了 3 片超低色散（UD）镜片来校正全焦段范围内可能出现的色差；同时它还使用了 3 片非球面镜片，其中包括 2 片玻璃铸模非球面镜片和 1 片复合非球面镜片，因此色差和畸变控制得都还算不错，分辨率也尚可。为了适合数码相机的使用优化了镜头镀膜并且精心调整了环保的无铅镜片的位置，可以更有效地抑制在数码相机上容易出现的鬼影和眩光。

这款镜头使用的影像稳定系统可以补偿接近 3 挡的快门速度，使用者可以充分利用它的能力使用 300 毫米的长焦段拍摄，并解决一部分在光照不充足的情况拍摄时常遇到的难以保持影像稳定的问题。此外，它的另一个独特之处是采用了一种变焦环摩擦力控制系统，这使得变焦操作更加便捷自由。

作为一支需要“一镜走天涯”的镜头，满足在各种恶劣环境下的拍摄自然很重要，EF 28-300mm f/3.5-5.6 L IS USM 具有防尘防水的设计，在镜头接环、开关面板、变焦环、对焦环等处都做了密封处理，具备优异的防尘防水性能，可以在非常恶劣的条件下工作。

这款镜头同样具备高速自动对焦和全时手动对焦系统。作为一款高质量的超级变焦镜头，不考虑大光圈以及极限的光学质量要求的因素，它几乎能够满足从专业摄影师到业余爱好者的全部需要。

不过，从我个人来讲，我并不支持靠变焦镜头“一镜走天涯”的概念。同样的价钱，我宁愿选择 EF 24-105mmf/4 L IS USM 加 EF 70-200mm f/4L IS USM 的镜头组合，当然，这是从成像质量的角度来考虑的了。

➔ 摄影：赵嘉，Photo by Zhao Jia

EOS-1Ds Mark II 机身，28-300mm L 镜头，程序曝光，-1/3 级，f/5.6 光圈，1/160 秒快门，ISO 100

西藏，我当时坐在一艘运送漂流船的卡车去林芝，突然看到一只很大的鹰在远处的公路上散步，很巧机身上装着 28-300mm L 镜头，我推到最长焦段探身出车窗迅速拍下这张有趣的照片。

70-200 毫米变焦镜头

自然地捕捉远景画面和富有戏剧性的场面

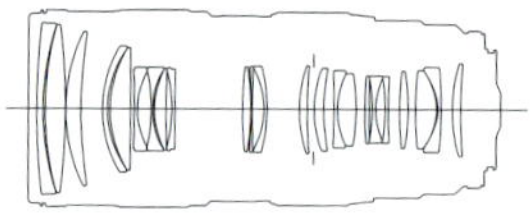

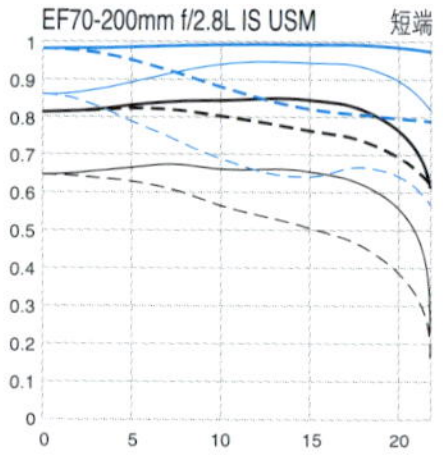

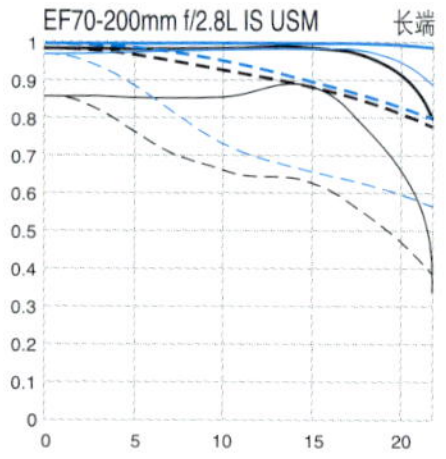

EF70-200mm f/2.8L IS USM 详细规格：

焦距和最大光圈：70-200mm　f/2.8
光学结构：23 片 18 组
对角线视角：34°-12°
调焦系统：环形超声波马达，后组调焦系统，全时手动对焦
最近调焦距离：1.4 米，0.17 倍放大率
滤镜口径：77mm
最大直径 × 长度：86.2mm × 197（mm）
重量：1470 克
遮光罩：ET-86（附送）
（参考价格：12980 元）

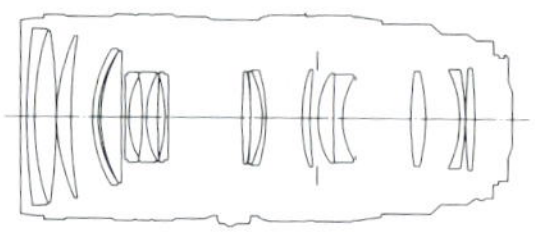

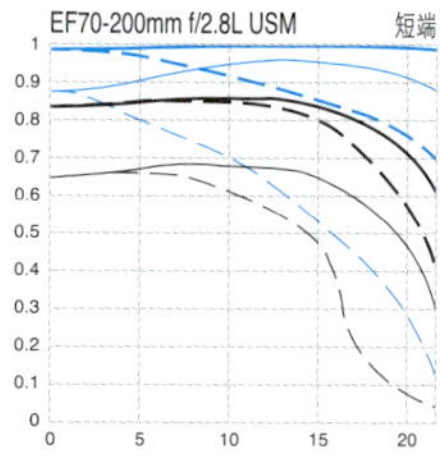

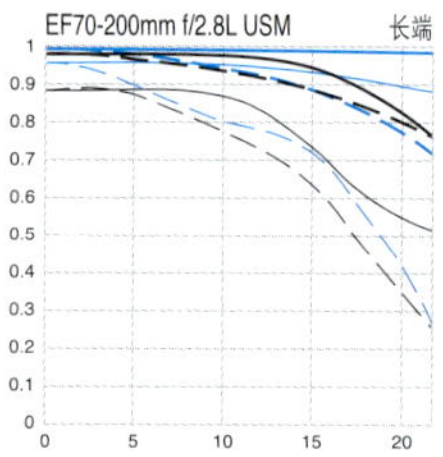

EF70-200mm f/2.8L USM 详细规格：

焦距和最大光圈：70-200mm　f/2.8
光学结构：18 片 15 组
对角线视角：34°-12°
调焦系统：环形超声波马达，后组调焦系统，全时手动对焦
最近调焦距离：1.5 米 /5.5 英尺 0.16 倍放大率
滤镜口径：77mm
最大直径 × 长度：84.6mm × 193.6（mm）
重量：1310 克
遮光罩：ET-86（附送）
（参考价格：8700 元）

70-200 毫米镜头跨越了从中焦到长焦的焦段，历来为 EOS 系列所重视，同时也被摄影师和高级爱好者充分印证为 L 系列变焦镜头中最具有实用性能的两个焦段之一（另一款是超广角变焦镜头，见 P140 页）。

如果你对你所拍摄的题材和影像质量都持严谨的态度，它几乎是必备的镜头。EF70-200 毫米镜头全部是 L 系列的，客观地说，你不用过多考虑它们在成像上的不同，它们最大的不同仅仅在是否使用图像稳定器以及最大光圈上。

对于是否使用变焦镜头以及应该在什么时候使用变焦镜头，即便是顶尖摄影师之间也有不同的答案，这一点大家可以在本书“摄影师与 EOS”的访谈中更明显地感受到。

对于摄影初学着来说，中长焦变焦镜头的价值不仅仅在于可以方便地控制构图，而且它可以给你带来观察事物方式上的提高。

很多摄影者在刚刚开始拍照时总是觉得眼前的景象很有趣而立刻按下快门，他们常犯的一个错误是忘记了图片中最重要的元素之一：主体。

当你的眼睛被一个事物或者事件吸引之后，你需要发现并选择一个你真正的兴趣点，这通常就是所谓的“主体”。然后你要做的事情是通过构图来强化它的表现来成为你的作品，这通常意味着你需要在它身边加入或者减少一些元素。而这种方式通过使用一支中长焦变焦镜头最容易拥有满意的效果。这种镜头通常涵盖了 70 毫米或 80 毫米中焦距到 200 毫米长焦距，也就是说从容易产生非常自然景深效果的中焦镜头到明显的长焦效果，视觉效果上会有很大的变化。它对于你观察事物的方法也有很好的训练作用。

摄影：毕远月，Photo by Bruce Yuanyue Bi
EOS 5D 机身，70-200mm f/2.8L IS 镜头，光圈优先，-1/3 级，f/4.5 光圈，1/400 秒快门，ISO 200
巴黎

即便EOS系列在中长焦段有很多L系列的高质量定焦镜头，但是L系列的70－200毫米变焦镜头的地位依然是不可替代的。从销量来讲，它们更受欢迎。

对于不同的摄影领域来讲，高素质的70－200毫米变焦镜头是善于捕捉高速运动瞬间的镜头。在体育摄影和新闻摄影中很多有趣的场景，因为其高速的运动和节奏性的距离的改变，只有通过快速的变焦和对焦才能被捕捉。对于一些转瞬即逝的影像，比如抓拍人像，如果需要一些较近距离的特写，同时要照顾到漂亮的模糊背景，这个焦段的镜头也很适合。而对于风光摄影师来说，这个焦段的变焦镜头意味着灵活的焦段、高素质的影像，同时你可以用它来精细地试验构图，它几乎可以适应一切拍摄需要。

对于摄影爱好者来说，如果你对摄影非常非常的认真，这是一款十分理想的可以体验摄影工作的镜头。

EF70-200mm f/2.8L IS USM

带有IS功能的EF70-200mm f/2.8L IS USM是在2001年8月推出的，光学结构达到了23片18组，而它前一代的EF 70-200mm f/2.8L USM只有18片15组，加上新型的IS系统，重量从1310克增加到了1570克。虽然价格也提高了不少，但还是得到了使用者的肯定，毫无疑问是因为IS系统的应用。

使用了最新图像稳定器，在半按下快门钮后影像稳定功能可以瞬间生效（在0.5秒后），这比第一代IS系统快了将近一倍的时间。这还是佳能第一支可以在快门速度降低3挡下使用（以前的只能降低2挡）的IS镜头，而且在三脚架或者独脚架上使用时，可以消除由于反光板回落而引起的影像模糊。

这款镜头的对焦速度非常快，不过，我听不少要求苛刻的体育摄影师反映，和L系列定焦镜头相比，这支镜头在拍摄运动物体时候AF的准确性和速度都还应该提高。

良好的防尘防水特性使其可以在恶劣的环境下使用。改进之后的影像系统提高了对比度，我询问的摄影师们多数都认可新款的EF70-200mm f/2.8L IS USM可以产生更锐利的画面质量。虽然这里面有光学结构改进的因素，但是通过仔细分析两只镜头架设在三脚架上拍摄的图片可以看出，提高的影像质量很大一部分原因还是来自于IS系统。

基于“1/焦距”秒的快门速度常被认为是没有影像稳定系统的情况下手持摄影时快门速度的最低极限。实际上，使用“极限”快门或者比它更高一两级的快门在很大程度上依然存在发生手振的风险，只是程度不是很严重，不做放大时容易被忽视。在这种情况下，使用IS技术可以很大程度地提升图片的质量。所以从主观上会容易产生带有IS功能的EF70-200mm f/2.8L IS USM比前一代产品成像质量有明显提高的印象。

另外的进步还包括最近拍摄距离减少到1.4米；在卡口处、开关面板、变焦环和对焦环等处采用了防尘防水设计；此外，它配合EF 1.4X Ⅱ和EF 2X Ⅱ依然可以实现自动对焦和IS功能，这也是不少摄影师看重的。

从画质上看，70毫米到135毫米焦段的表现都非常好，200毫米端在分辨率、反差、四角成像上都有相当程度的下降。

从实拍中得到的另一个有价值的信息是EF70-200mm f/2.8L IS USM在反差上比EF70-200mm f/2.8L USM有所提高。反差是EF70-200mm f/2.8L USM曾经被批评的主要因素。虽然开玩笑的时候我经常把EF70-200mm f/2.8L USM的反差问题归咎于国内空气质量不好之类，但是我个人还是觉得目前L系列的中长焦变焦镜头应该进一步提高反差，现在EF70-200mm f/2.8L IS USM的效果还是略嫌柔和，色彩的表现也不及其他L系列定焦镜头有味道，这也是我自己较少使用变焦镜头的一个重要原因—事实上，我经常背着沉重的EF 85mm/F1.2L USM 和EF 200mm f/1.8L USM到处跑。

EF70-200mm f/2.8L USM 高性价比推荐

这支镜头受到中国摄影爱好者强烈而且广泛的喜爱，大家亲切地称它“小白”。

“小白”是一支素质非常高的变焦镜头，它使用的4片低折射的UD镜片可以有效地纠正色差，可以在各种复杂的光线条件下表现出锐利、干净的画面。环形USM和内对焦系统又快又安静。全时手动对焦，使用EF1.4X Ⅱ增距镜或者EF 2 X Ⅱ增距镜变成98-280mm f/4或者140-400mm f/5.6，同时还可以保持AF功能。

虽然考虑到在中长焦镜头上IS功能很实用，很多人改用了新款的带有IS的“小白”，但是如果你在意的多数是架在三脚架上得到的光学质量，相信我，老款的EF70-200mm f/2.8L USM已经足够好了。

需要指出的一点不足是，EF70-200mm f/2.8L USM在长焦段的成像并不能令我感到满意，在加用了增距镜之后情况会更加严重，因此，不推荐你在使用大光圈拍摄时拉长到极限。

➔ 摄影：赵钢，Photo by Zhao Gang
EOS-1Ds Mark II 机身，70-200mm f/2.8L IS 镜头，手动曝光，f/8 光圈，1/400 秒快门，ISO 100

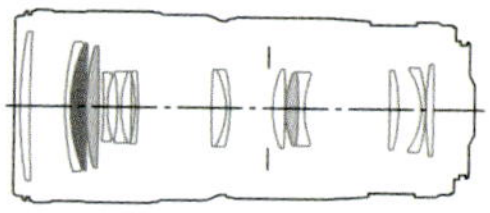

EF70-200mm f/4L IS USM

金牌推荐

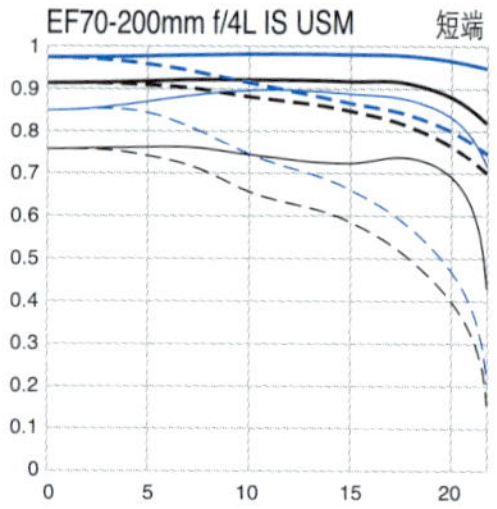

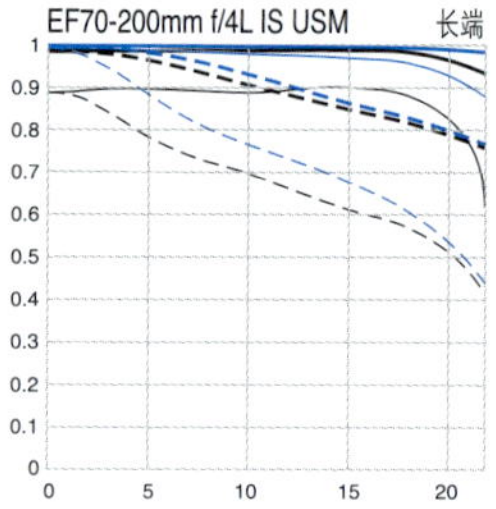

EF70-200mm f/4L IS USM 详细规格：

焦距和最大光圈：70-200mm　f/4
光学结构：20 片 18 组
对角线视角：34°-12°
调焦系统：环形超声波马达，后组调焦系统，全时手动对焦
最近调焦距离：1.2 米，0.21 倍放大率
滤镜口径：67mm
最大直径 × 长度：76 × 172（mm）
重量：760 克
遮光罩：ET-74（附送）
（参考价格：8240 元）

70-200mm f/4 这种规格的镜头如果在胶片时代，绝对不会作为 L 系列镜头受到如此欢迎的，f/4 的光圈对于惯于追求低速胶片细腻效果的职业摄影师来讲，无论如何都是太小了一点。而在数码时代，数码单反相机可以轻易地改变感光度设定，而且EOS专业相机的高感光度下的影像质量在多数情况下已经超越了高速反转片的效果，因此，小一点的光圈反倒不是制约性的问题了。

这支镜头是 2006 年 8 月发布的，之前不带 IS 功能的 EF70-200mm f/4L USM 上市已有 7 年。EF 70-200mm f/4L USM 光学素质相当出色，也轻巧便携，不过，随着数码单反相机的普及，用户很容易在电脑上看到 100%的图像，这样，由于最大光圈不够大在暗光下容易造成图像模糊的问题就比较明显地被“揪”出来了。这种情况下，增加光学影像稳定器（IS）就成为它品质提升的必然选择。

也许由于IS技术的使用，EF 70-200mm f/4L IS USM光学上改为 20 片 18 组的结构，其中包括 1 枚萤石玻璃镜片和 2 枚超低色散（UD）镜片。从整体效果来看，比它的前一代要更加锐利，分辨率上不输定焦镜头许多。它的最近调焦距离和前一代相同：1.2 米；也采用环形超声波马达驱动镜头来获得宁静而迅速的自动对焦，同时具有全时手动对焦功能。更完善的密封效果提高了防尘及防水滴的性能。

要提到的是，新的 IS 光学影像稳定器可以获得相当于最多降低 4 挡（！！）快门速度的防抖动效果。作为一支小光圈的中长焦镜头，它会极大地帮助你拍摄到更加清晰的照片。

从实用的选择来看，EF 系列两支 70-200mm f/2.8 规格的镜头当然都有非常好的成像质量，但是重量都不轻，长时间拍摄即使对于训练有素的职业摄影师来说也是个巨大的考验。要是你是一位女性摄影者，那真的是……严重需要鼓励。因此这支镜头超级推荐女性爱摄影人士以及所有摄影者在旅行中使用！

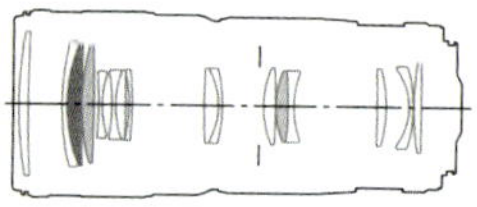

EF70-200mm f/4L USM

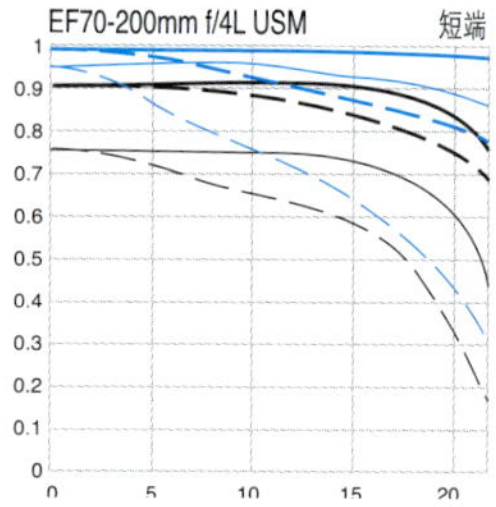

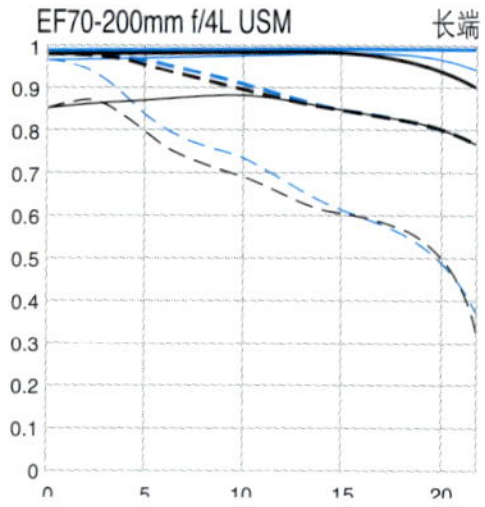

EF70-200mm f/4L USM 详细规格：

焦距和最大光圈：70-200mm　f/4
光学结构：16 片 13 组
对角线视角：34°-12°
调焦系统：环形超声波马达，后组调焦系统，全时手动对焦
最近调焦距离：1.2 米 0.21 倍放大率
滤镜口径：67mm
最大直径 × 长度：76mm × 172（mm）
重量：705 克
遮光罩：ET-74（附送）
（参考价格：4720 元）

705 克的重量、轻便紧凑的镜身使其非常便于携带。沿用 EF70-200mm f/2.8L USM 的命名方式，它被大家称为“小小白”。

“小小白”的价格不贵，不过 1 片萤石玻璃镜片和 2 片 UD 镜片组成的影像系统能够很好地消除二级色差，提供非常好的成像质量。最近拍摄距离为 1.2 米，0.21 倍的放大率使拍摄特写性画面成为可能，这些都是它受欢迎的重要原因。如果再配上一支 EF17-40mm f/4L USM 镜头和一支小闪光灯，你就可以很方便地在旅途中享受摄影，不用再携带沉重的摄影包了。

同时，对于很多摄影师来说，中长焦变焦镜头虽然不常用，但是缺了又不行，这时候，物美价廉的 EF70-200mm f/4L USM 是个不错的选择。

➔ 摄影：赵嘉，Photo by Zhao Jia
EOS-1V 机身，70-200mm f/4L IS 镜头，手动曝光，f/8 光圈，1/125 秒快门，富士 RDP Ⅲ反转片
斯洛伐克

300 毫米变焦镜头

差异性设计为你提供多种选择

EF70-300mm f/4.5-5.6 DO IS USM 详细规格：

焦距和最大光圈：70-300mm　f/4.5-5.6
光学结构：18 片 12 组
对角线视角：34° -8° 15′
调焦系统：环形超声波马达，后组调焦系统，全时手动对焦
最近调焦距离：1.4 米，0.19 倍放大率
变焦系统：旋转式
滤镜口径：58mm
长度 × 直径：82.4 × 99.9（mm）
重量：720 克
遮光罩：ET-65B
（参考价格：9470 元）

EF70-300mm f/4-5.6 IS USM 详细规格：

焦距和最大光圈：75-300mm　f/4-5.6
光学结构：15 片 10 组
对角线视角：32° 11′ -8° 15′
调焦系统：前组旋转推进式，微型马达
最近调焦距离：1.5 米
滤镜口径：58mm
长度 × 直径：78.5 × 132.2（mm）
遮光罩：ET-65B
重量：650 克
（参考价格：4300 元）

EF 75-300mm f/4-5.6 III USM 详细规格：

焦距和最大光圈：75mm-300mm　f/4-5.6
光学结构：13 片 9 组
对角线视角：32° 11′ -8° 15′
调焦系统：前组旋转推进式，超声波马达
最近调焦距离：1.5 米，0.25 倍放大率
滤镜口径：58mm
长度 × 直径：71 × 122（mm）
重量：480 克
（参考价格：1670 元）

EF75-300mm f/4-5.6 III 详细规格：

焦距和最大光圈：75mm-300mm　f/4-5.6
光学结构：13 片 9 组
对角线视角：32° 11′ -8° 15′
调焦系统：前组旋转推进式，超声波马达
最近调焦距离：1.5 米，0.25 倍放大率
滤镜口径：58mm
长度 × 直径：71 × 122（mm）
重量：480 克
（参考价格：1300 元）

EF80-200mm f/4.5-5.6 II 详细规格：

焦距和最大光圈：80-200mm　f/4.5-5.6
光学结构：10 片 7 组
对角线视角：30° -12°
调焦系统：前组旋转推进式，超声波马达
最近调焦距离：1.5 米，0.16 倍放大率
滤镜口径：52mm
长度 × 直径：69 × 78.5（mm）
重量：250 克

EF90-300mm f/4-5.6 USM 详细规格：

焦距和最大光圈：90mm-300mm　f/4-5.6
光学结构：13 片 9 组
对角线视角：27° － 8° 15′
调焦系统：前组旋转推进式，超声波马达
最近调焦距离：1.5 米，0.25 倍放大率
滤镜口径：58mm
长度 × 直径：71mm × 114.7（mm）
重量：420 克
（参考价格：1400 元）

EF90-300mm f/4-5.6 详细规格：

焦距和最大光圈：90mm-300mm　f/4-5.6
光学结构：13 片 9 组
对角线视角：27° － 8° 15′
调焦系统：前组旋转推进式，超声波马达
最近调焦距离：1.5 米，0.25 倍放大率
滤镜口径：58mm
长度 × 直径：71mm × 114.7（mm）
重量：420 克
（参考价格：1150 元）

EF100-300mm f/4.5-5.6 USM 详细规格：

焦距和最大光圈：100-300mm　f/4.5-5.6
光学结构：13 片 10 组
对角线视角：24° -8° 15'
调焦系统：环形超声波马达，后组对焦系统，全时手动对焦
最近调焦距离：1.5 米 /4.9 英尺，0.2 倍放大率
变焦系统：旋转型
滤镜口径：58mm
最大直径 × 长度：73 × 121.5（mm）
重量：540 克
（参考价格：2380 元）

很多爱好者的第一支镜头会是购买相机时候搭配的标准变焦镜头，所以未来会选择把一支轻便的望远镜头和一支标准变焦镜头结合在一起使用，就可以拥有从广角到长焦的焦段，覆盖非常大的拍摄范围了。比如，你可以用一支标准镜头拍摄在公园里玩耍的孩子以及周围的环境，而使用望远镜头来捕捉到孩子们生动的表情特写。摄影者要以自然为题材拍摄艺术作品时，也可以带上一款这样的镜头，使用它可以拍摄到远处无法触及的山崖上的动物，或者石缝中生长的一朵小花。

轻便型望远镜头也可以在一定程度上显现出长焦镜头的特性—依靠超常的小景深，只有使用精确对焦捕捉到的主体是清晰的，而其它所有景物都是模糊的。当然，为了保证这些效果达到最佳的程度，除了需要 300 毫米左右的超长焦距以外，还需要镜头可以呈现清晰的影像、足够高的反差以及漂亮的色彩还原。

摄影爱好者的拍摄领域多数比职业摄影师更广泛，因此长焦距镜头在很多场合都需要，无论是在日常生活的拍摄，还是在体育运动、舞台表演、野生动物甚至新闻摄影领域、突发事件的报道以及充满未知因素的户外生活的拍摄中，捕捉完美的一刻要求你的变焦镜头有一种能够跨越更多视角的能力，这样你才可以在瞬间就找到最适合的构图。当然，在这个机动过程中保持你以及器材的灵活性也很重要。

300 毫米镜头是很多人的梦想。在很多种情况下我们

需要把远方的物体拉近到眼前，有触摸到它们的感觉，同时强烈的景深压缩会产生很强的视觉冲击力，漂亮的虚化效果使主体好像浮在一个模糊的背景之上。不过大家也都知道，一支望远镜头达到最大焦距 300mm 端时就会严重的限制手持拍摄的可能。

EOS 系列提供了多支强调更高性价比、轻巧紧凑、便于携带的中长焦变焦镜头。使得你在长焦距、图片质量以及机动性的平衡方面有多个风格迥异的选择。不过，轻便型变焦镜头的通病是固然强调了足够的便携性和性价比，但是由于最大光圈的不够大，对于暗光下的拍摄以及不用三脚架的手持拍摄都会有相当多的限制。一支具备图像稳定系统的镜头会在很大程度上扩大手持拍摄的范围，当然，带有 IS 功能的大光圈镜头的确是昂贵的。

EF70-300mm f/4.5-5.6 DO IS USM

通常来讲，长焦距镜头本身的长度也会增加很多，因而带来携带和拍摄的不便。而新研发的多层衍射光学元件和铸模玻璃非球面镜片的使用令这支望远变焦镜头非常紧凑。这支镜头在 300 毫米一端的长度只有 99.9 毫米，体积大概只有传统镜头的三分之二。紧凑的设计使其携带非常方便，能让摄影者感到在移动中拍摄的乐趣，特别适合在需要轻便的旅途中使用。

这支镜头涵盖了从景深效果非常自然的 70 毫米一直到令很多人兴奋的 300 毫米焦段。无论你拍摄人像、风景、体育运动还是野生动物，它会保证你很少错过拍摄机会，而同时给你带来轻松的感受。

多层衍射光学元件不仅使望远变焦镜头变得更加紧凑，对画质的提升也作出了自己独特的解释。多层衍射光学元件本身就可以大大降低在变焦过程中产生的眩光，同时可以有效补偿色差和球差；锐利干净的画面显示出多层衍射光学元件特有的色彩表现，就解像力而言几乎可以和同级的L系列镜头媲美。和EF400mm f/4DO IS USM一样，这支镜头在镜身上也有一个绿色的环，作为采用了创新技术的标志。不过，它的色彩表现真的有些另类。

其他方面，图像稳定器可以降低将近 3 挡的快门速度，作为一款光圈不大的镜头扩展了其手持拍摄的范围；携带时，变焦环锁会使镜头保持在最短的状态；同时具备全时手动对焦系统。

对于这支镜头客观的评价是：与其他变焦镜头相比，它在追求分辨率和紧凑的设计之间达到了另类的超酷平衡。而考虑到它在色彩上的表现，这是一支适合在数码相机上使用的镜头。

EF70-300mm f/4-5.6 IS USM

它的前一代镜头EF75-300mm f/4-5.6 IS USM可是EF系列里一支大名鼎鼎的镜头，是人类摄影历史上第一支拥有图像稳定器的可以更换的 135 单反相机镜头，在当时是一个突破性的进步。作为一支创新性的镜头，它令你能够更自由地选择手持拍摄方式，在光线不足时，它可以补偿两挡快门速度，你可以选择使用低感光度的胶片或者在数码单反相机上使用比较低的感光度设置—都会带来色彩更好、更细腻的画面质量。加上这支镜头本身解像力和反差也都还不错，因此一推出就受到爱好者的广泛好评。由于它获得了巨大的成功，EF 系列其他更高素质的中长焦镜头纷纷加用了 IS 技术。

新的EF70-300mm f/4-5.6 IS USM和老款最大的差别是增加了一片 UD 镜片来提高素质，特别是改善了长焦段的成像质量，中焦焦段延伸到了 70 毫米，最近调焦距离依然是 1.5 米，更新的 IS 系统可以达到降低 3 级快门速度的效果，配合小光圈拍摄还是有不错的成像质量。在现在 IS 技术在 L 系列里遍地开花的情况下，它虽然谈不到有什么突出的特色，不过还是一款性价比很高而且焦段实用的镜头，因此颇受摄影爱好者的欢迎。相对于售价来说，它的缺点是在长焦段的 AF 速度实在太慢；另外，对焦的时候前组镜片会转动，不利于偏振镜的使用。

EF75-300mm f/4-5.6 III USM

一款高放大倍率的望远镜头，能够覆盖常用的 75 毫米到 300 毫米，它能使你就站在原地寻找最佳的构图。在 EF 系列这一级里最轻最小，拥有非常好的性价比。使用了轻型的光学材料，也是为了减少在自动对焦时操作上的负荷。使用超声波马达，自动对焦快速安静。镜身很细，变焦平顺，操作手感还不错。

EF75-300mm f/4-5.6 III

使用和EF75-300mm f/4-5.6 III USM相同的光学系统设计，这支镜头小巧，紧凑，而且有很高的放大倍率。自动对焦系统通过微型马达而不是超声波马达驱动。

EF80-200mm f/4.5-5.6 II

一支轻便紧凑、画质优良、价格适中的镜头。7 组 10 片的镜片结构提供全部焦距范围内均匀的画面质量，尤其是在长焦距时成像相当不错。宽大的变焦环使变焦容易且快速，在移动拍摄时也非常好使。

EF90-300mm f/4-5.6 USM

拥有比较新的设计并使用非常环保的玻璃镜片。圆形光圈带来漂亮的背景虚化效果。1.5 米的最近调焦距离和 0.25 倍的放大率非常适合近距离拍摄。根据厂家的资料，它在这一级别的镜头中率先使用了更高速的 CPU 和新的运算方式，因此提高了自动对焦速度。

EF90-300mm f/4-5.6

使用和EF90-300mm f/4-5.6 USM相同的光学系统设计，差别在于自动对焦系统使用的是线性微型马达而不是超声波马达，安慰你一下，由此换来的优势可能是性价比更高。

EF100-300mm f/4.5-5.6 USM

一款轻巧、紧凑的 3 倍变焦长焦镜头，携带起来非常方便。超声波马达推动第 4 组镜片带来了快速而宁静的自动对焦。在所有焦距段，这款镜头的最近调焦距离都是 1.5 米，长焦段最大影像放大率是 0.2 倍，在同类镜头中是最好的。加宽的变焦环设计、全时手动对焦功能，以及不会旋转的前组镜片设计共同造就了这款镜头良好的操作性能。

100-400 毫米变焦镜头

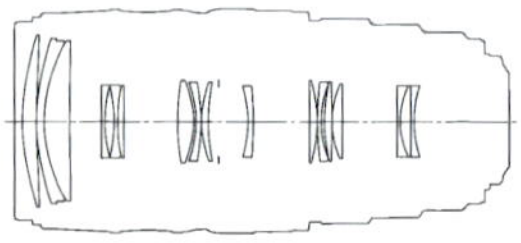

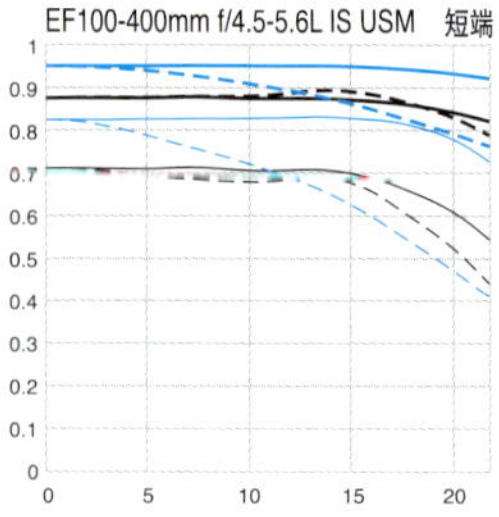

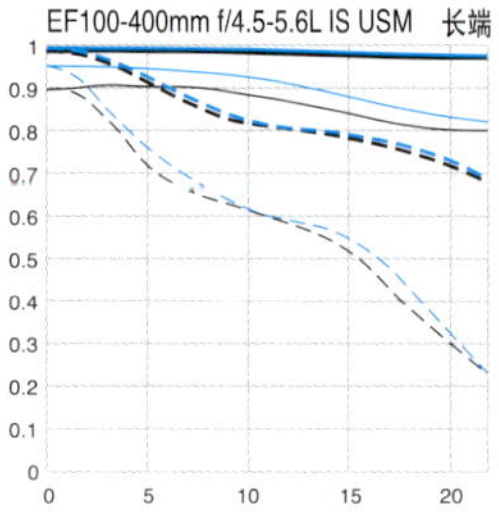

摄影：李少白
Photo by Li Shaobai
EOS 1Ds 机身、100-400L 镜头、光圈优先、f/14 光圈、1/250 秒快门、ISO 100
北京，故宫

EF100-400mm f/4.5-5.6L IS USM 详细规格：

焦距和最大光圈：100-400mm f/4.5-5.6
光学结构：17 片 14 组
对角线视角：24° -6° 10'
调焦系统：环形超声波马达，后组对焦系统，全时手动对焦
最近调焦距离：1.8 米，0.2 倍放大率
变焦系统：推拉型
滤镜口径：77mm
最大直径 × 长度：92 × 189（mm）
重量：1380 克
遮光罩：ET-83C（附送）
（参考价格：10750 元）

如果你一心希望使用一款焦段足够长的变焦镜头，而又对使用增距镜换来的画质不满意，那么 EF100-400mm f/4.5-5.6L IS USM 值得你仔细关注。

EF100-400mm f/4.5-5.6L IS USM 于 1998 年 11 月推出（同时代的相机是EOS 3），使用了1片萤石玻璃镜片（第3片）和 1 片超低色散（UD）玻璃镜片，二级色差消除得相当好。虽然具有 4 倍的高变焦比，但依然具有高对比度的色彩再现能力，并能带来非常清晰的高质量影像。

得益于后组对焦系统和浮动镜片结构，中距离的成像以及变焦全程的畸变控制得相当不错。实际上，这也是 EOS 系统将浮动镜片结构安装在变焦镜头上的第一次成功尝试。这款镜头的最近调焦距离是 1.8 米，对于这个焦段的镜头算是很不错了，在近距离拍摄时浮动镜片结构有利于带来更好的画质。

它使用了环形超声波马达，因此自动对焦宁静迅速，

可以全时手动对焦。这支镜头使用的是佳能最早的影像稳定（IS）系统，可以降低两挡快门拍摄。

由于变焦倍率比较大，使用了推拉式变焦，镜身长度最短时的焦距是100毫米，最长为400毫米。推拉式变焦的优点是变焦速度快，缺点是确定焦段位置的准确度差，在空气条件不好的情况下容易进灰尘。这是在产的EF镜头中仅有的两支采取类似设计的镜头之一（另一支是EF28-300mm f/3.5-5.6L IS USM）。

对焦时镜头前组不会转动。为了防止肩挎照相机和镜头时变焦环下滑，镜身上设有可以调整变焦环手感的阻尼调节环，可以锁定在任意焦段上。不过最好小心使用它，也不要轻易借给不会用的人，因为不正确的使用很容易损坏这个部件。

必须要提到的是，虽然本身的焦距已经很长，但是它配合1.4倍增距镜之后效果居然还不错。EOS 3和EOS 1系列配合EF 1.4X使用这支镜头的时候，45个对焦点里只有中心点可以自动对焦。配合EF 2X时则不能AF，只能手动对焦。有趣的是，有些用家反应它在配合腾龙的Tamron-F 2X（MC7）增距镜时反倒可以使用AF，同时IS功能也起作用，这样规格可以达到800mm f/11了，不过我认为这时候的成像并没有什么实用价值了。

要特别指出的是，EF100-400mm f/4.5-5.6L IS USM真的是一支成像非常不错的镜头，在全焦段都有很好的效果。它成像最弱的是在最长的焦段，但是它在400mm f/5.6时候的成像也要比EF70-200mm f/2.8L USM加2倍增距镜之后达到的400mm f/5.6的效果好得多！可以说除了没有恒定光圈之外，它几乎具备了我们对于长焦变焦镜头所需要的一切要求。所以推出之后获得了很多摄影师的肯定，在爱好者口中它被亲切地称为“大白”，和被称为“小白”的EF70-200mm f/2.8L USM并为一时之瑜亮。而如果你的拍摄多使用三脚架，它比“小白”更好！

EF-S 镜头

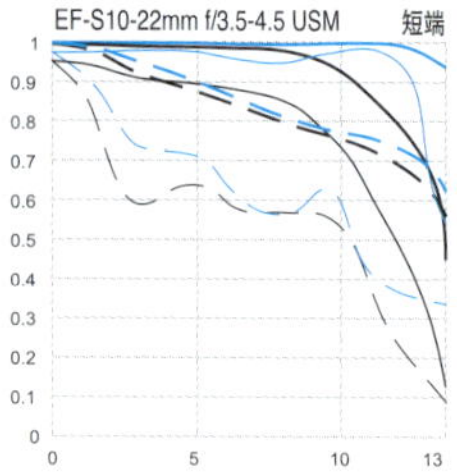

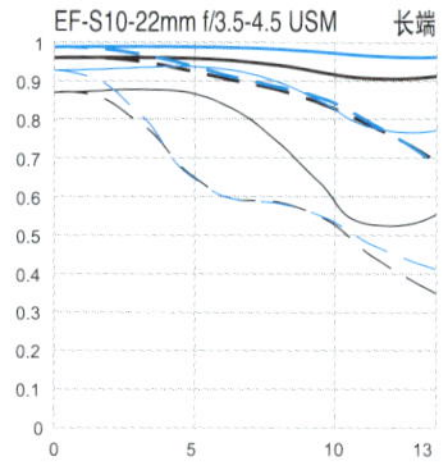

EF-S 10-22mmf/3.5-4.5 USM 详细规格：

相当于 135 画幅的焦距：16-35mm
焦距和最大光圈：10-22mm f/3.5-4.5
光学结构：13 片 10 组
对角线视角：107° 30'-63° 30'
光圈叶片：6
调焦系统：环形超声波马达，内对焦系统，全时手动对焦
最近调焦距离：0.24 米，0.17 倍放大率
变焦系统：旋转型
滤镜口径：77mm
最大直径 × 长度：83.5 × 89.8（mm）
重量：385 克
遮光罩：EW-83E
这款镜头只能用于可使用 EF-S 镜头的相机，不能用于其他 EOS 单反相机
（参考价格：4930 元）

➔ 摄影：薛俊强，Photo by Xie Junqiang
EOS 400D 机身，EF-S 18-55mm 镜头，手动曝光，f/5 光圈，15 秒快门，ISO 100
在过去，长时间曝光一直是入门机数码单反的弱项，现在看来 400D 长时间曝光的表现还是相当不错的。

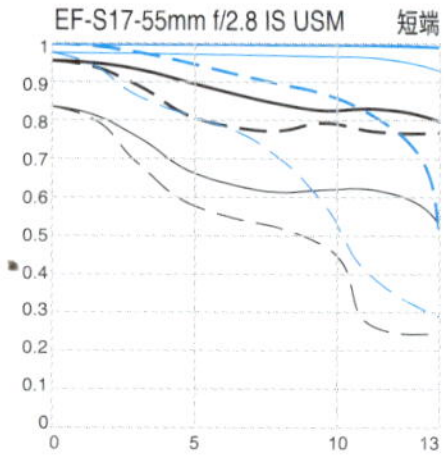

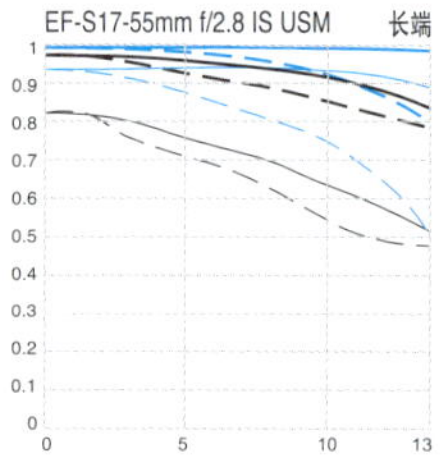

EF-S 17-55mm f/2.8 IS USM 详细规格：

相当于 135 相机画幅的焦距：27.2～88mm
最大光圈：f2.8
最小光圈：f22
光学结构：19 片 12 组
光圈叶片数：7
最近调焦距离：0.35 米
放大倍率：0.17 倍（在 55mm 时）
驱动：环型超声波马达
滤镜口径：77mm
尺寸：83.5 × 110.6（mm）
重量：645 克
这款镜头只能用于可使用 EF-S 镜头的相机，不能用于其他 EOS 单反相机
（参考价格：6880 元）

EF-S 系列镜头是专门为 APS-C 尺寸传感器的数码单反相机设计的。

EF-S 卡口，其中的 S 表示“短后焦距”，其后镜组距离影像传感器的距离短于 EF 系列镜头后镜组到底片的距离，所以它不能使用在全画幅的 EOS 数码单反相机上，也不能用于胶片相机。这个系列的镜头都配备了一个特殊的附件安装标识和接圈橡胶防护环来防止误装入非 APS-C 尺寸传感器的数码单反相机之外的其他机身。

当 EF-S 镜头使用在数码单反机身上时，和传统的 135 相机相比，它的焦段需要乘 1.6 倍的系数，比如 EF-S 系列里的 17-85 毫米的变焦镜头相当于 135 相机画幅 27-136 毫米的焦距。

虽然 EF-S 镜头的像场比 EF 系列镜头小，但并不意味着它的光学质量就不好。由于 EF-S 镜头都专门为 APS-C 尺寸

传感器的数码单反相机的短后焦距和小像场而设计的，设计得又都比较晚，因此使用了佳能公司的新的光学设计思路，镀膜也经过优化设计，使得在数码相机中很容易出现的眩光和鬼影的现象大大减少，最终能够得到更好的色彩平衡以及清晰的影像。

不过，有一点需要指出的是，很多使用APS-C尺寸传感器的数码单反相机的摄影师并不一定使用EF-S镜头，因为EF系列镜头可以使用在APS-C尺寸传感器的数码单反相机上，而反过来EF-S镜头的使用面会比较窄。另外，L系列镜头的做工要明显比EF-S镜头要好。

* 截至到2009年7月，可以使用EF-S镜头的EOS数码单反相机是：EOS 10D、EOS 20D、EOS 30D、EOS 40D、EOS 50D、EOS 300D、EOS 350D、EOS 400D、EOS 450D、EOS 500D、EOS 1000D。

EF-S 10-22mmf/3.5-4.5 USM

需要先强调这一支非常锐利的镜头，如果你是使用APS-C尺寸传感器的数码单反相机的摄影者，又不想升级到全画幅数码单反相机或者胶片相机，没有任何理由不把它当作你的必备镜头！

这款镜头是为了满足EF-S系列镜头对一款超广角变焦的强烈需求而设计的，也是迄今为止唯一一款EF-S系列超广角变焦镜头。这款轻巧、紧凑的变焦镜头提供了相当于35毫米相机16-35mm的焦距范围，它可以为从超广角的自然风光拍摄到中近景的人像摄影都提供戏剧化的宽广视角和透视效果。

足够广阔的焦段使得它能够拍摄到超越人眼观测范围的图片，例如激动人心的开阔远景，以及大景深的城

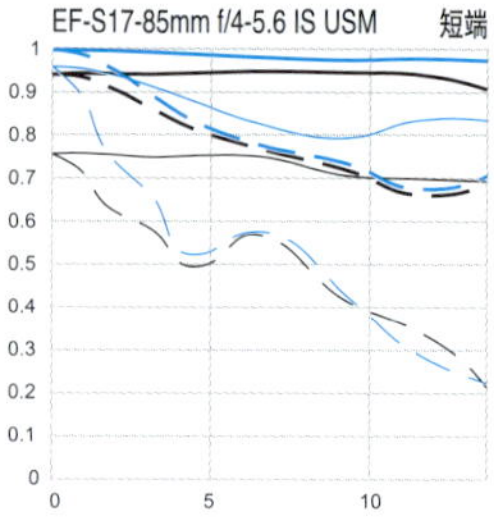

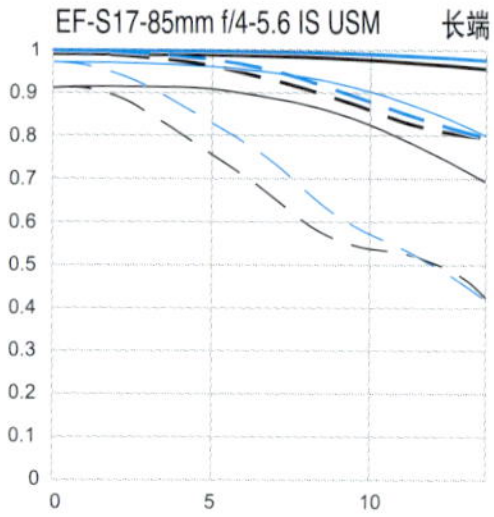

EF-S17-85mm f/4-5.6 IS USM 详细规格：

相当于 135 相机画幅的焦距：27-136mm
焦距和最大光圈：17-85mm f/4-5.6
光学结构：17 片 12 组
对角线视角：78° 30'-18° 25'
光圈叶片：6
调焦系统：环形超声波马达，内对焦系统，全时手动对焦
最近调焦距离：0.35 米，0.2 倍放大率
变焦系统：旋转型
滤镜口径：67mm
遮光罩：EW-73B
最大直径×长度：78.5 × 92（mm）
重量：475 克
这款镜头只能用于可使用 EF-S 镜头的相机，不能用于其他 EOS 单反相机
（参考价格：4390 元）

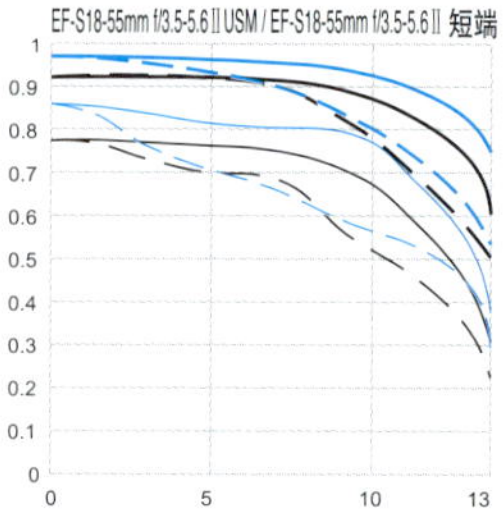

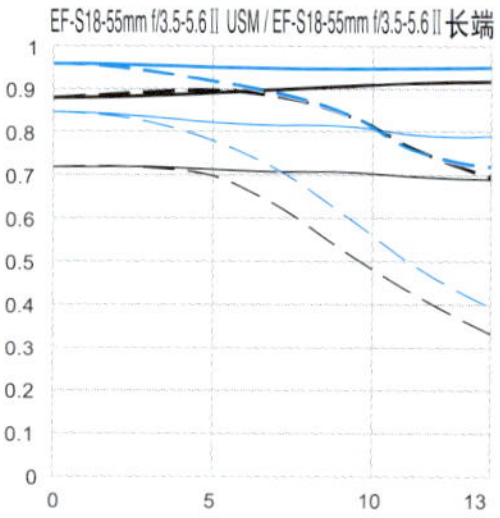

EF-S 18-55mmf/3.5-5.6 Ⅱ USM 详细规格：

相当于 135 相机画幅的焦距：28.8-88mm
焦距和最大光圈：18-55mm f/3.5-5.6
光学结构：11 片 9 组
对角线视角：74° 20'-27° 50'
调焦系统：前组旋转伸缩系统，带有微型 USM Ⅱ超声波马达
最近调焦距离：0.28 米，0.28 倍放大率
变焦系统：旋转型
滤镜口径：58mm
最大直径×长度：68.5 × 66（mm）
重量：190 克
这款镜头只能用于可使用 EF-S 镜头的相机，不能用于其他 EOS 单反相机
（参考价格：1550 元）

市景色。在最长焦距，这款镜头相当于一支中广角镜头，这对于街头抓拍或是在聚会中的集体照的图片来说是很理想的。0.24 米的最近调焦距离，使你能够拍摄更近的主体，放在大的环境下会具有很强的透视感。

13 片 10 组镜片的光学系统完全使用不会对环境造成破坏的无铅玻璃。通过使用两种形式的三片非球面镜片和一片超级 UD 镜片，使得这款镜头在整个变焦范围中都能呈现不错的影像效果。当然，不要对它最大光圈下的分辨率和画质的均匀程度有太苛刻的要求。不过，一旦收小光圈后，它的成像质量会得到迅速的提高，f/11 到 f/16 情况下并不输 L 系列变焦镜头很多。另外要提到的是，它的畸变控制得相当好，甚至比一些 L 系列的超广角变焦镜头还要好，10 毫米端的畸变可察觉，但还算轻微，22 毫米端则几乎无法察觉。

另外要提到的是，这款镜头的体积很小，只占相机包里的一点空间，对于标准变焦镜头或者中长焦变焦镜头来说都是一个理想的搭配，无论你的兴趣在人像摄影还是风光摄影，它能够更多地拓宽你的拍摄视野，提供更好的创作空间。

EF-S 17-55mm f/2.8 IS USM

使用 APS-C 尺寸传感器数码单反相机的并不仅仅是业余爱好者，实际上现在也有不少追求轻便性的职业摄影师在使用它。L 系列镜头固然在画质方面出类拔萃，但用于全画幅的 L 系列镜头用在 APS-C 尺寸传感器的数码单反相机上实际上可以算是"提供了多余的影像质量"——毕竟只有全画幅数码相机才需要那么大的像场。而同时，只考虑 APS-C 尺寸传感器而设计的镜头可以在保持同样光学水准的前提下降低成本，或者在相近成本的前提下提高镜头的性能。

2006 年 5 月发售的 EF-S 17-55mm f/2.8 IS USM 就是在这样的前提下生产出来的。它在两点上满足了 EF-S 用户的迫切需求：全面提高了成像质量，并且提供了 f/2.8 的恒定光圈。它也是 EF-S 镜头中唯一的一款恒定光圈变焦镜头，而的确光学素质直追 L 系列镜头。不过，它的价格也不含糊，几乎赶上 L 系列的标准变焦镜头了！

当然，贵也有贵的原因。这款镜头为了保证 f/2.8 的全程恒定大光圈下高超的成像质量，使用了 3 片非球面镜片和 2 片 UD 超低色散镜片—和 L 系列镜头也有一拼了。和其他所有 EF-S 镜头最大的差别是，它在最大光圈下的成像已经不错，而收小一挡光圈后各焦段下的成像比较接近，也就意味者为摄影者提供了更多控制影像的余地。其 IS 光学防抖功能可以降低 3 挡快门速度。其他方面，超声波马达、镜头表面的镀膜优化都不用说了。

这支镜头价格不便宜，不过依然不要奢望它可以超过 L 系列镜头。和 L 系列最便宜的 EF 17-40mm f/4L USM 比一下，其中心解像力的确尚有不及，而广角端四角的成像则是远远不能相比了；抗眩光能力也不如 EF 17-40mm f/4L USM。另外要小心变焦的时候镜头伸缩会容易吸灰尘进来。

总的来说，这是一款高性能的标准变焦镜头，使用它的摄影爱好者除了获得高分辨率和漂亮的色彩以外还能够

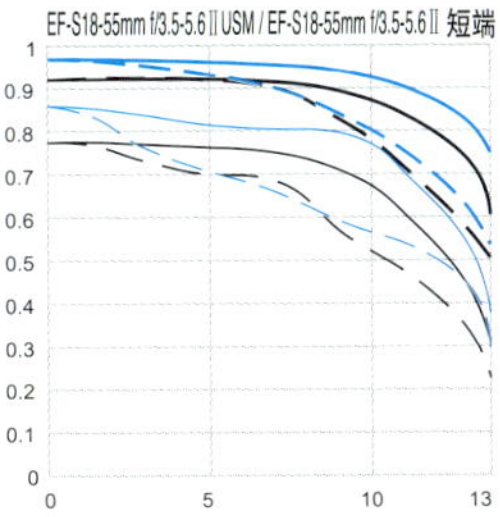

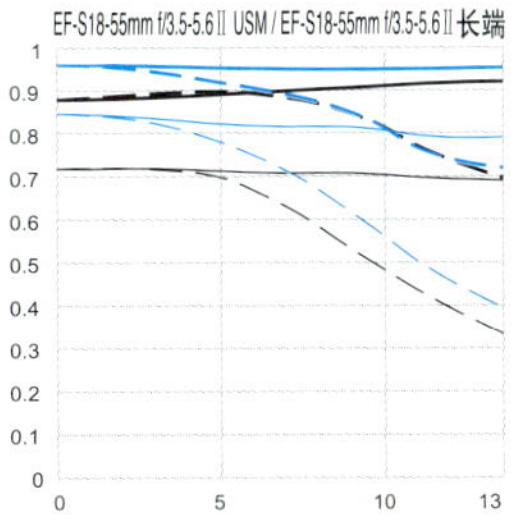

EF-S 18-55mm f/3.5-5.6详细规格：

相当于135相机画幅的焦距：28.8-88mm
焦距和最大光圈：18-55mm f/3.5-5.6
光学结构：11片9组
对角线视角：74° 20'-27° 50'
调焦系统：前组旋转伸缩系统，带有微型马达
最近调焦距离：0.28米，0.28倍放大率
变焦系统：旋转型
滤镜口径：58mm
最大直径×长度：68.5 × 66(mm)
重量：190克
这款镜头只能用于可使用EF-S镜头的相机，不能用于其他EOS单反相机

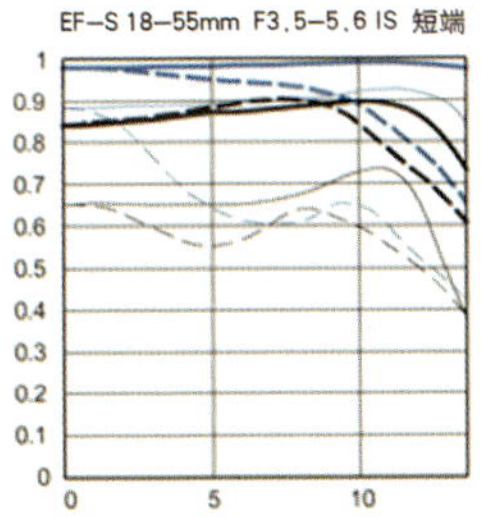

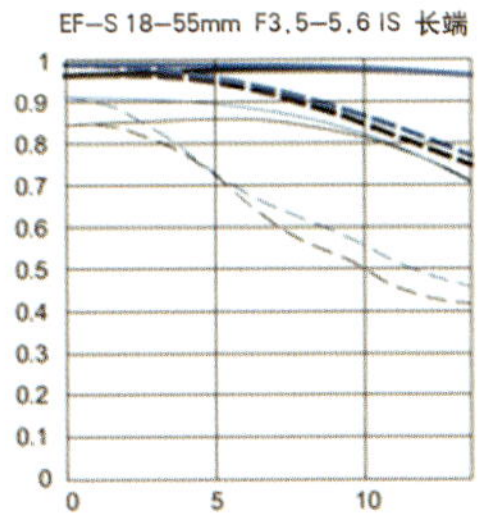

EF-S 18-55mm F3.5-5.6 IS详细规格：

相当于135相机画幅的焦距：28.8-88mm
焦距和最大光圈：18-55mm f/3.5-5.6
光学结构：11片9组
对角线视角：74° 20'-27° 50'
调焦系统：前组旋转伸缩系统，带有微型USM II超声波马达
最近调焦距离：0.25米，0.34倍放大率
变焦系统：旋转型
滤镜口径：58mm
最大直径×长度：68.5 × 70(mm)
重量：200克
这款镜头只能用于可使用EF-S镜头的相机，不能用于其他EOS单反相机

享受到对于职业摄影师非常重要的两个摄影要素：完美的景深控制以及现场光的使用。显示出佳能公司并不是把APS-C系列的数码相机当作短时间内走过场的产品。

EF-S17-85mm f/4-5.6 IS USM

从技术上来讲，利用了EF-S系列镜头的小像场范围使得从广角到中焦范围的5倍变焦镜头更容易被设计和生产。它所覆盖的变焦范围等同于35毫米相机中的27mm-136mm，对于旅行而言它是一款非常理想的镜头，覆盖从广角到中焦范围的5倍变焦镜头带来更多的便利。它不仅仅轻巧便携，而且能够满足几乎旅途中所有的拍摄需求，从广角的自然风景和标准的快照，再到中焦距的肖像照以及运动拍摄都能够满足。

第一次在EF-S镜头上使用的影像稳定（IS）系统提供了相当于3挡快门速度的稳定性能，大大地提高了手持相机时的稳定性，使得在许多室内或者是光线较暗的场景中利用现场光拍摄成为可能。

17片12组的光学系统使用完全环保的无铅镜片，第15片镜片是一片铸模的非球面的镜片，帮助这款镜头能够在整个焦距范围带来高质量的成像效果。整个光学系统设计和优化的镀膜减轻了在数码相机中很容易出现的光斑和鬼影的现象。圆形的光圈提供了精美的柔化效果。同时，全时手动对焦功能进一步提高了镜头的表现能力。如果说不足，变焦的时候镜头伸缩会容易吸灰尘进来。

此外，这支镜头主要的优势在于焦段和IS的实用性很高，如果你对影像质量要求比较高，就不要对它大光圈下的分辨率和色彩表现抱有太高的期望。

这款镜头单独使用已经有很强的实用性，不过我还是觉得它和EF-S10-22mm f/3.5-4.5 USM超广角变焦镜头结合起来的话，能够表现更多样的主题并且能够带来更多的表现方法。

EF-S 18-55mmf/3.5-5.6 II USM

这款经济实惠的标准变焦镜头是专为使用EF-S镜头的EOS数码单反相机设计的，也是多数使用EF-S镜头的EOS数码单反相机在出售时的标准配置。

提供了3倍的变焦和相当于35毫米相机的29-88mm的焦距范围。这样的变焦范围大致相当于人眼的视角，它满足了从广角到中长焦的大部分拍摄需要。

虽然是所有EOS系列镜头中最便宜的镜头，但是它依然使用了很多EOS系统赖以成名的技术，第10片镜片的非球面设计保证了整个变焦范围的良好质量影像呈现。同时镜头的镀膜也得到了优化设计，以减少数码相机中容易出现的眩光和鬼影现象，力求准确的色彩平衡和影像的明锐度。微型USM II超声波马达使自动对焦快速、宁静。在整个变焦范围中，这款镜头的最近调焦距离都是0.28米。

便利的焦段加上轻便的镜头设计，使这支“万能”的镜头可以用来拍摄各种各样的事物，当然也可以用完全不同的方式拍摄同一个物体。当你要将画面前景中的一个人加以突出，同时也要拍摄下广阔的背景时，你可以运用18毫米广角带来的宽广的视野和独特的透视效果，并且使用小光圈来扩大景深，镜头可以保证整个景深范围内的物体都能得到清晰的影像表现 你也可以再

摄影：杨磊，Photo by Yang Lei
EF-S17-85mm f/4-5.6 IS USM 镜头
宫门口三条的修车铺

电焊

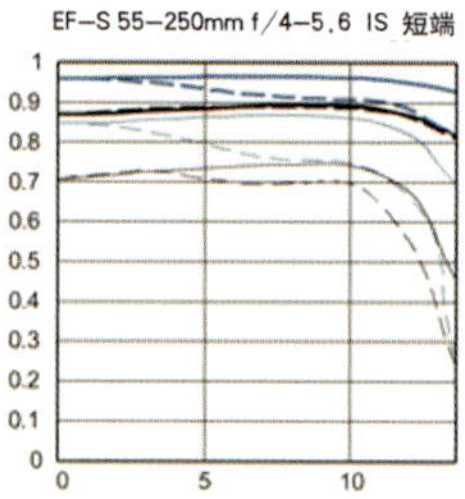

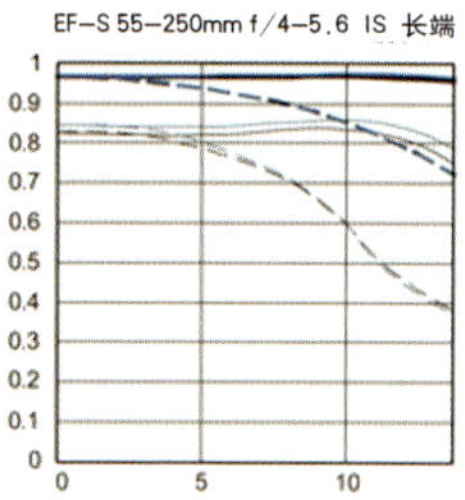

EF-S 55-250mm f/4-5.6 IS 镜头详细规格：

相当于 135 相机画幅的焦距：88 – 400mm
焦距和最大光圈：18-55mm f/3.5-5.6
光学结构：12 片 10 组
对角线视角：27° 50'-6° 10'
调焦系统：前组旋转伸缩系统，带有微型 USM Ⅱ 超声波马达
最近调焦距离：0.28 米，0.28 倍放大率
变焦系统：旋转型
滤镜口径：58mm
最大直径 × 长度：70 × 108(mm)
重量：390 克
这款镜头只能用于可使用 EF-S 镜头的相机，不能用于其他 EOS 单反相机
（参考价格：1680 元）

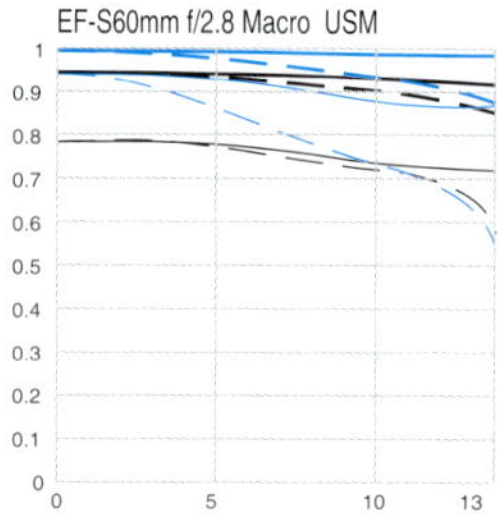

EF-S 60mm f/2.8 USM 微距详细规格：

相当于 135 相机画幅的焦距：96mm
光学结构：12 片 8 组
对角线视角：20° 30'
调焦系统：环形超声波马达，后组调焦系统，全时手动对焦
最近调焦距离：0.2 米，1.0 倍放大率
滤镜口径：52mm
最小光圈：32
遮光罩 ET-67B
最大直径 × 长：73 × 69.8（mm）
重量：335 克
这款镜头只能用于可使用 EF-S 镜头的相机，不能用于其他 EOS 单反相机
（参考价格：3010 元）

用 55 毫米端为同一个人拍摄腰部以上的人像，模仿人眼在紧盯某一物体时的透视效果，并提供极具吸引力的背景虚化效果，这可以使作为主体的人与作为陪体的背景之间产生明显的对比。

对于初次涉足 EOS 数码单反相机的使用者来讲，这是一支简单但并不“单调”的镜头，随着你的摄影技术的提高它能够不断为你创造出精美的影像，并且一定会为你的摄影生活带来足够多的乐趣。

EF-S 18-55mmf/3.5-5.6

规格和影像表现力与 EF-S 18-55mmf/3.5-5.6 Ⅱ USM 完全相同，差别只在于自动对焦系统没有使用超声波马达。EF-S 18-55mmf/3.5-5.6 的自动对焦马达是一种结合了高速微处理器和自动对焦运算系统的微型马达。它的自动对焦运算系统能够根据拍摄条件提供最适合的自动对焦动力，从而带来优秀的高速自动对焦。

EF-S 18-55 mm f/3.5-5.6 IS

一款价格不高而且轻量的通用变焦镜头。11 片 9 组的光学结构，包含一片非球面镜片用来改善四角的成像质量。变焦全程实现 0.25 米的最近调焦距离，是个不错的数值。

这支镜头和EF-S 55-250mm f/4-5.6 IS是同时发布的。这两款镜头都采用了佳能新的 IS 防抖系统。这是一种新的“模拟反馈系统”。厂方宣布这种系统采用了新的设计，简化了原有的防抖系统，但是跟现有的IS防抖系统一样有效，可以达到 4 挡的 IS 防抖效果。

从 MTF 曲线上看，新的 EF-S 18-55mm IS f/3.5-4.5 IS 比更廉价的EF-S 18-55mm f/3.5-5.6 Ⅱ USM没有什么太显著的提高，55mm 端成像略有好转，而主要的提高还是在采用了 IS 上。

有了 IS 防抖功能会更适于各种光线条件下的拍摄，对于这种小光圈镜头来说改善影像质量的效果可以说是立竿见影。为你的第一支 EF-S 镜头的选择提供了一个好得多的可能。

EF-S 55-250mm f/4-5.6 IS

EF-S 55-250mm f/4-5.6 IS 是目前 EF-S 系列镜头中变焦比最大的一款，体积很小，而且轻盈。焦段相当于 35 毫米相机的 88-400mm 的焦距。对于 APS-C 规格的数码相机来说是拍摄野生动物、运动、旅行摄影最好的入门长变焦镜头。

它使用了圆形光圈，另外一片 UD 镜片用来提高反差和保证比较好的整体画质。当然，IS 功能的应用在这个焦段的镜头上有巨大的实际意义，它也提供了 4 挡防抖补偿。

EF-S 55-250mm f/4-5.6 IS和EF-S 18-55mm F3.5-5.6 IS是同时发布的，两款镜头组合在一起可以为摄影者提供大约 28-400 mm 的等效焦距，实在是够用了。

EF-S 60mm f/2.8 USM 微距

一款专为 APS-C 尺寸感应器的 EOS 数码单反相机设计开发的微距定焦镜头，可拍摄原尺寸放大的微距照片。使用了 3 组浮动内对焦系统，成像相当清晰锐利。原尺寸放大摄影时的工作距离可以达到 0.2 米，非常实用。通过优化的镜片位置和镜头镀膜，有效抑制鬼影和眩光，可以全时手动对焦。

EF-S 18-200mm f/3.5-5.6 IS

这是佳能公司生产的第一款用于APS-C画幅数码相机的“天涯镜”(这是影友们对这种拿上它可以“一镜走天涯”焦距段镜头的爱称)。佳能终于为自己的非全画幅数码单反用户补上了这个空缺，比它的竞争对手足足晚了三年多(尼康于2005年推出AF-SDX18-200mmf/3.5-5.6 VR IF-ED，适马也早已推出同焦距段的防抖镜头)。

EF-S 18-200mm f/3.5-5.6 IS是一款涵盖了11倍超大变焦比的镜头，带有IS防抖功能，效果大约相当于提高4档快门速度。镜头采用两片UD超低色散镜片和两片非球面镜片，镀膜及镜片位置也得到了优化，从而抑制了鬼影和眩光。镜头全焦距段内的最近对焦距离为0.45米。由4片叶片组成的圆形光圈令焦外成像更自然。其电动对焦系统采用微型马达，具有高速CPU和优化的对焦算法，因此带来不错的自动对焦速度。这款镜头还配备了变焦环锁定装置，方便携带。在对焦过程中前组镜片不会转动，方便装配偏振镜（此镜头目前只适用于EOS 50D/EOS 40D/EOS 30D/EOS20D/EOS450D/EOS400D/EOS350D/EOS300D/EOS 1000D等机身）。

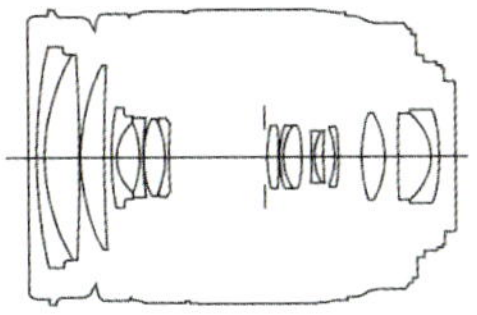

镜头等效焦距约29-320mm,超大的变焦比相当于传统的“28-105mm”、“100-300mm”两个焦距段的叠加，甚至令佳能公司不知如何归类，最终在官方网站中将其放在了“长焦变焦镜头”一栏。它无与伦比的便捷性相信会满足很多APS-C画幅相机使用者的需求。对于经常长途跋涉、需要大量“减负”的旅行者来说，这类镜头的确是不二之选。

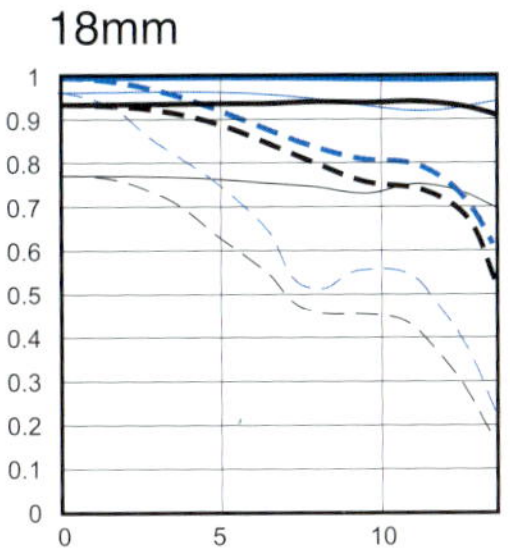

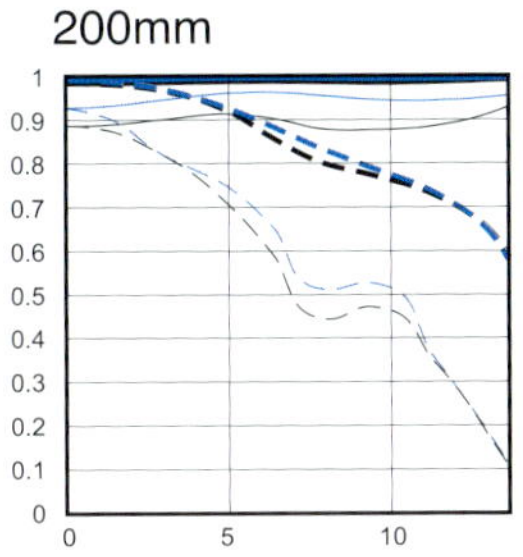

这款镜头不能不让人想起佳能EF系列的两支经典镜头 EF 28-200mm f/3.5-5.6 USM和EF 28-300mm f/3.5-5.6L IS USM。28-200mm作为早期的“天涯镜”在成像质量上不够理想，而用于全画幅的28-300mmL，在变焦比和成像质量上都达到了比较高的水平，当然价格也同样居高不下。EF-S 18-200mm f/3.5-5.6 IS的成像质量当然难以企及28-300mmL的水平，但较28-200mm则有一定改善。

网友对这款镜头最大的质疑在于，这是一款没有超声波马达的镜头。佳能在这款镜头上忍痛取消自己最擅长的USM超声波马达设计，原因应当是复杂的，但有两点很明显：这样做降低了镜头的重量，也略微降低了成本。这款镜头72毫米的口径和600g的重量已经不低（比一台EOS 450D单机还要重一点），如果在再加上一圈超声波马达，卖到5000多块钱，恐怕很多人就望而却步了。不过话说回来，这款镜头带有的高速CPU和优化的对焦算法，对于微型马达的对焦速度毕竟稍有改善，尤其是使用广角端在日光下拍摄时的对焦速度还是可以接受的。但是当你使用长焦端在暗处拍摄的时候，恐怕这项牺牲带来的劣势还是比较明显的。此外，在连续拍摄、不断调焦时也要特别注意，微型马达的对焦反应速度稍慢，加上启动防抖功能的时间，可能会影响连续合焦释放快门的效果。

EF-S 18-200mm f/3.5-5.6 IS详细规格:

相当于135相机画幅的焦距：28.8-88mm
焦距和最大光圈：18-200mm f/3.5-5.6
光学结构：16片12组
对角线视角：74°-5°
调焦系统：微型马达
最近调焦距离：0.45米，0.24倍放大率
变焦系统：伸缩式
滤镜口径：72mm
最大直径×长度：79×102（mm）
重量：600克
这款镜头只能用于可使用EF-S镜头的相机，不能用于其他EOS单反相机
（参考价格：4200元）

这支镜头在色彩还原上有比较好的表现，配合佳能的CMOS，它对于红色表现得尤其艳丽。在夜景拍摄中，也能令各种色彩的灯光得到鲜艳的质感和真实的表现。镜头的圆

➔ 摄影：于然 Photo by Yu Ran
Canon EOS-50D 机身、EF-S 18-200mm f/3.5-5.6 IS 镜头、自动曝光、曝光补偿：-0.3EV、ISO 400、f/5.6 光圈、1/200 秒快门、自动白平衡

形光圈比较有效，虚化效果相对不错。另外，画面中的高光点周围会有一点雾化（基本为像散）现象，不过有点类似柔焦效果，尤其在拍摄夜景时，画面中的小亮点周围有一圈柔和的光芒，不失为一种风格。UV 镜口径为 72 毫米，较大的直径成就了较大的光圈，为 f/3.5-5.6，长焦端下最大光圈 f/5.6 是比较难得的，为数不少的 18-200mm 镜头只有 f/6.3。

在成像质量上，通过查看 MTF 曲线可以发现：在全开光圈下，镜头的中央到边缘画质下降比较明显，当收缩光圈到 f/8 时分辨率明显改善。镜头成像质量在反差控制上仍然不是很好，亮部与暗部不够分明，有点“灰蒙蒙”的感觉。该镜头拥有两片 UD 超低色散镜片，色散虽然得到控制，但问题仍然存在，紫边在强光处仍然比较明显。广角端的暗角现象在最大光圈时还是明显能感受得到的，但是当光圈收小到 f/8 时基本可以消除。此外，大变焦比的伸缩镜身设计，也是“打气筒”镜头的典型，容易吸入灰尘，要经常注意清洁，风沙大的时候尽量避免频繁地变焦，防止灰尘进入镜头和机身。

很多人在选择EF-S 18-200mm f/3.5-5.6 IS与EF-S 18-55mm f/3.5-5.6 IS USM加EF-S 55-250mm f/4-5.6 IS之间犯难，这两种配置的总体价格相差不多，焦距段又基本相同，因此很多影友不知如何是好。总的来说，在选择上还是要依据拍摄习惯和风格而定。比如，如果你追求便捷性，不想频繁更换镜头，18-200mm 显然更有优势；而如果你更注重在标准焦距段的成像质量，长焦镜头只作为备用，不如买两个镜头的组合。当然，18-200mm 的金属接口在可靠性上也具有一定优势，在样子上摆脱了“狗头”的嫌疑。

三

摄影师与 EOS

毕远月 • 旅游摄影

问：我们俩都是《时尚旅游》的签约摄影师，但是我发现每个人做旅游摄影的原因差别非常大，请你先简单介绍一下自己是怎么进入这个领域的？

答：我喜欢旅行。旅行中自然会拍不少照片。后来发现这些照片除了给自己和亲朋好友看以外还可以为媒体所用。摄影由此成了旅行的借口，让旅行变得比较名正言顺了。我也由旅行开始投入摄影。

我做过一段时间的艺术摄影（Fine Art Photography），做过摄影装置，开过展览。后来觉得艺术摄影比较缥缈，因此又做过一些年的商业摄影师。这一改变不仅是为了生活，也是希望就此能接触摄影的不同层面。做商业摄影（拍摄珠宝、体育运动、时装）比旅游摄影收入要好，日子过得也还可以。可时间长了会觉得无聊，我开始问自己："我到底是为了什么才干这行的？"说来说去还是想去旅行。不过，商业摄影的经验对我也是蛮好的训练。在商业摄影里学到的是"精准"，这对于很多拍旅行的人，特别是一开始就拿35毫米相机在街上拍东西的人来说可能是缺乏的。商业摄影（大画幅机器的使用，灯光的布置）要求一种精准，这让我学到很多东西。

问：你用佳能相机的历史大概是怎样的？

答：我买的第一台佳能相机是佳能A-1，那是差不多在1985年左右。1990年到香港的时候又买了新F-1，后来在加拿大又添了T90，觉得是一组很不错的组合。可惜1995年在芝加哥时被盗。当时自动对焦相机已经非常流行，我也有一台EOS-5，因为手动对焦相机被盗，我就全部换成自动对焦的了。在使用数码相机前，我有两台EOS-5，一台EOS-50E，一台EOS-10，两台EOS-1N和一台EOS-3。这些机身里我比较偏爱EOS-3，我买了1N之后才买的EOS-3。要是早有EOS-3，我根本就不用买1N了。EOS-3的对焦范围比较大，拍竖画幅的时候我喜欢改变焦点，EOS-3的焦点多，对焦灵敏，也比1N轻巧。

我觉得眼控对焦是一项不错的功能，曾设想将来有一天整个对焦屏的任何部分都可以用眼控对焦操作。不过，直到目前为止这项功能对像我这样戴眼镜的人来说还不是很好用，需要多次校正。

问：那你现在用什么机器？

答：我是从D30开始接触EOS数码相机的，真正开始用数码相机工作则是从有了10D以后。我现用的佳能相机有5D Mark II，5D，50D。1D Mark II N还在用，但退居二线，主要用来拍我儿子，它的对焦功能和连拍速度很适合捕捉儿童的活动。

佳能的胶片机也基本还都在，偶尔也会用一下。

问：镜头呢？

答：我目前最常用的镜头是：24mmTS-E，24-105mmL，70-300mmDO。比较常用的是：35mmL、50mm f1.4、90mmTS-E、16-35mmLII、100-400mmL，而28-70mmL、70-200mmL.f2.8、35-350mmL和100mm微距等几个头基本闲置。以前我主要用17-35mmL（丢了之后买了16-35mmL II）、28-70mmL、70-200mm f/2.8L（没有IS的版本）、35-350mmL、100-400mmL、50mmf/1.4、35mmf/1.4L、45mmT-SE。但是70-200mm f/2.8 L、100-400mmL在改用数码相机以后就用得很少。100-400mmL我觉得很好，但唯一的缺点就是太沉了。买那个镜头的时候我在美国，那时每年都去看几次印第安部落的Powwow（Powwow是印第安人的传统聚会，简单来说像一种跳大神的聚会）。Powwow期间会有印第安的传统舞蹈比赛和牛仔骑牛的表演，我觉得用那个镜头拍极方便。当时我也曾经用过300mmf/2.8L，但觉得机动性没有那么好。可惜100-400mmL特别沉。后来买了35-350mmL，觉得成像质量不好，因此相当长的一段时间内没有用，依旧用100-400mmL，但是现在35-350mmL我用得就比较多，还是觉得它方便，（我觉得它的成像质量完全接受不了！）（笑）它的质量其实也还可以。特别是在数码相机上使用，如果你适当地在后期中调整一下，多花一点时间，还是可以的。但是拍反转片的时候，那个镜头的成像确实有些不尽人意，但要知道这是一支为方便新闻记者工作而设计的镜头，它的图像质量用在报纸、周刊上是足够了。

问：你可以试试新的28-300mmL那支镜头。

答：那支镜头到底好不好我们不清楚。雅典奥运那年我在希腊看一对老夫妇摄影师用它，也试了试，但是觉得还是太沉，好像比100-400mmL还沉。

我喜欢用长焦镜头和广角，我不太喜欢用中间段的焦距。但这两年这个习惯有点改变，现在35mm那个镜头用得多，有时候出门就带一个35mm的镜头，然后带一个28-70mmL，后来我买了24-105mmL，就不太用28-70mmL了。不过我依旧喜欢长焦镜头，因为在旅游摄影里拍建筑、街道和环境非常多。我喜欢画面（空间）压缩了的气氛。比如前年，我在英国的图片代理要一批巴黎圣母院的片子。他们说完全考你的功底，类似的东西太多了，随你怎么拍都可以，但要与众不同。我考虑了一下，决定用长焦的特性去表现这个题材，所以就用35-350mmL去拍。这组片子他们非常喜欢，因为视角很独特。我拍人喜欢用28-70mmL这支镜头（现在是24-105mmL）。不过这两年，我发现自己更喜欢看一些平稳的图像，也不太愿意用一些特别夸张的视角，除非有如上述那样特别的需求。不过17-35mmL这个镜头还是我的"广角基本配备"，最近17-35mmL丢了以后我就买了新出的16-35mmL II。

EOS的广角镜头我还用过20-35mm f/3.5-4.5，那真是只价廉物美的好镜头。我先后买过两个，第一只在秘鲁的时候，被一个当地摄影师朋友硬从我手里买走了。那个时候我就非常喜欢那支镜头。价格也很便宜，只要400多美金，而17-35mm L好像是1600多美金。它用在数码上的效果我不清楚，但在胶片时代它真的是非常出色的一支镜头。此外，EOS的镜头里我还拥有**（有的已不在了）**50 mm f/1.8、50 mm f/1.4，35-105mm，35-135mm IS，还有45mm TS-E的移轴镜头，把它调到某种程度，可以让人物脸上部分清楚，而身体模糊。不过，为了玩这种效果去买这支镜头似乎不合适，比较便宜的替代品现在有"Lensbaby"。

300mm f/2.8，我只是租用，有一段时间特别便宜，很想买一个，但还是觉得太沉，没买。

其实，28-135mm IS是个好用的镜头。我买的第一支是二手镜头，没多久就坏了，（那支镜头成像很好，但是耐用性不好。）修得也不是特别满意，就又买了一个新的，过了一段时间又坏了，那时我已经到了法国，法国的CPS（CANON PROFESSIONAL SERVICE）只修有红线的头（L系列镜头）而不修这款，去了一家指定店修得也不理想，于是就处理掉了。28-135mm IS变焦后镜头伸长，受到外力碰撞后容易出问题。我就觉得佳能为什么不能把它设计成和28-70mm L一样呢？遮光罩罩在镜头伸缩部分的外边，能减少镜头活动部分的磕碰。旅游摄影很多时候是在人多嘈杂的环境里工作，器材需要有一定的坚固性。我曾经有一支50 mmf/1.8塑料的卡口标准镜头，又轻又小，成像也不错。但我在危地马拉的一个集市里，被一个背着一大包菜的老奶奶"咣"地一撞，随后听到"哐啷"一声，再一看镜头掉地上了，而卡口还在相机上。你在人群里的时候，常常会有这种磕碰发生，镜头若有一定的保护（如果遮光罩能挡住伸缩部分）就好得多。其实我觉得28-135mm IS那个头特别好，就是太娇气，不抗"造"，只能小心使用。

问：70-200mm L你现在也不怎么用了？

答：不是不用，而是用得少了。说到底可能还是因为习惯吧。这两年用35-350mm L比较多，觉得它长端够长，万一有什么情况在眼前发生，35mm f那端又可以用来救急。我去年在南部非洲四个国家中拍摄野生动物时特别感受到这点，而70-200mm f/2.8不具备这种机动性。

问：现在你最理想的旅行摄影的配置是什么，16-35mm L II加35-350mm L？

答：这要视拍摄情况而定。如果是单纯拍节庆活动，我不一定会带35-350mmL，在人群当中，贴近拍摄对象就不需要长焦镜头。

我曾在中、南美洲和南欧拍过很多节庆，都没用上长的镜头。但有些城市题材的拍摄却需要它，比如我拍芝加哥的时候，看到高楼上有清洁工人吊在高空刷玻璃，这种情况下35-350mm L就比较好用了。真正在人群里面，我觉得16-35mm L、28-70mm L，或者28-135mm就比较合适。

问：还有24-105mm L？

答：对，24-105mm L很不错，特别好用，但有两点我不喜欢，一个是变形，还有一个就是焦外成像，特别是在光线反差大的情况下，我不喜欢它的焦外成像。

问：变焦镜头和定焦镜头不一样，焦外成像有可能只是某一个焦距段特别不好，但不一定全焦距段都不好。

答：或许是这样。也许焦距段改变一下的话，感觉就不一样了，但我希望它105毫米那端的焦外成像能表现得更好些。至于35mm f/1.4L那个头，我是玩得多用得少。还是使用变焦比较方便。我旅行了这么多年，还是有个毛病改不了，就是每次出门总是喜欢多带点东西，以备不时之需。所以，35mm f/1.4或50mm f/1.4也常会带在身边，但用到的机会不算多。我最早是背相机背包，这些年一直是拉乐摄宝的箱子。把一个乐摄宝小摄影包Aw trekker塞在行李里。到了现场以后，我就把那个包拿出来用。

我有一个老款的乐摄宝大摄影腰包，太大了，现在还用一个小的乐摄宝的腰包，正好能装20D加24-105mmL或28-70mm L的镜头和一个广角。然后我把闪光灯装在另一个小包里，附在这个包的外面。

如果不在荒郊野地里跑，我就用一个叫"NEWS WEAR"的包（一个美国牌子，是设计给新闻记者用的，有大小几个不同型号，挂在腰间）。在乐摄宝腰带上挂两个Newswear，包虽然看着不大，但是特别能装。盖子里面有一个小袋，可以把CF卡、电池什么的放进里面，底下能够再放一个16-35mm L之类的镜头，上面垫一块东西可以把闪光灯也塞在里面。放台徕卡的也绝对没问题。

有的时候我只用一台相机拍摄，就把后备的机器塞里面。但如果在户外活动，或是到一个不太熟悉的城市，我就会比较小心，还是背一个小背包。乐摄宝的包不错，我用了这么多年，用了好多款，现在它们越做越漂亮了。

问：你觉得佳能哪些核心技术让你选择用它？

答：主要是自动对焦（包括镜头的超声波马达），还有IS技术。75-300mm IS镜头一面世我就买了，当时觉得IS技术真是神奇极了。

问：你一年的拍摄量有多大？

答：我每年多的话会有半年在外旅行，少的话也得3个多月在世界各地走。当然，这期间不会天天在拍照。实际拍摄量平均下来每天应该在10G左右，有时更多有时会少，视拍摄内容而定。5D Mark II我用16G的SanDisk卡，5D则是8G的SanDisk卡。如果外出拍摄的话，我至少会带2张16G，4张8G和四五张4G的卡。我不是见什么都拍，拍到了就罢手。有时候我跟国内的朋友一起出去，我说你们怎么看见什么都拍啊？他们说可能你在国外住的时间长，有些东西对你没有什么刺激，我们看就觉得比较新鲜。我觉得可能是这个原因。就如同我去北京，一下午会在天安门广场拍五六百张照片一样，朋友们就觉得特奇怪。

问：你怎么保存图片呢？

答：当年用10D的时候我出门会带电脑+外接移动硬盘（我有4个60/80G的小移动硬盘，其实当时我也有一个30G的数码伴侣）。不过这四五年来我极少带电脑出门，所以便以数码伴侣代替移动硬盘了。我用两个160G、一个120G和一个80G的Wolverine数码伴侣。Wolverine是美国做的，但里头的磁盘是谁家的我记不得了。这东西简单耐用，很可靠。我视外出时间长短有时会带三个数码伴侣。回家之后的保存是硬盘加烧CD。有些特别重要的工作，如果情况允许，我就会在携带上述设备的同时再带笔记本电脑和移动硬盘，除数码伴侣外再在硬盘里做备份。

问：那你现在主要用5D Mark II？

答：2008年12月我在香港买了第一台5D Mark II，于是5D便较少用了。我从胶片时代起就习惯了同时用两台相机（一台装广角镜头，一台装长焦镜头），加之5D Mark II与5D的充电器不通用，还有5D那令人头痛的除尘问题（我用5D的后两年随身总带一套除尘设备）于是，2009年3月我在美国又买了一台5D Mark II。

5D Mark II是我用过的第一台带自动除尘功能的相机，该功能对我而言非常有用，因此我特别喜欢。我的第一台5DII已经用了半年多，拍了2万多张照片，机顶上的白色铝合金都磨出来了（我发现5DII与5D的机身表面处理不太一样，好像不如5D“脸皮厚”，不太造），而且总在换镜头。可这几天我曾仔细检查了一次最近拍的图像，只发现了两三处极小的灰尘，这可是半年多没清理过啊。5D别说用半年了，就是半个月不清理它就没法用了。如今，我那台5D的取景器已经脏到惨不忍睹的地步。起初我是送5D去Canon Professional Service清理，后来觉得太麻烦便自己动手清理。我用VisibleDust出的ArcticButterfly静电刷先刷去灰尘，然后用它们出的一种特殊材料的“刮子”（塑料骨架外包裹一种不含油脂和棉的特殊材料）加Sensor Clean清洁液，刷两个来回基本就干净了。这种清洁液是一种高挥发性的化学剂，所以不会在传感器的滤镜上留下任何痕迹，挺安全。这几年我就这么清理5D来着。说实话，我没想到5DII的除尘功能会这么有效。

5D Mark II的机背LCD我非常喜欢，不仅因为清晰度提高了，而且它的自动亮度调节非常实用。遇上我同时用5D与5DII时，5D的LCD我基本不看，因为实在没法看。

5D Mark II的LCD实时取景功能（Live View）很好。比如在弱光条件下使用移轴镜头或是在一些很难将眼睛对准取景器的非正常位置、角度上，LCD取景就可以大显身手了。虽然我有时也用外装的直角取景器，但我觉得LCD的Live View更实用。

5D Mark II的连拍速度比5D提高了，尽管不是天壤之别。但在应付一些需要连拍的普通题材上还是很有帮助的。

5D Mark II的高清录像功能实在是太好了。我过去出门有时会带一台Sony的小DV拍些动态画面。尽管机器不大，可机身加上充电器、电池这些附件会占去器材箱里许多宝贵的空间。现在好了，相机里有高清摄像功能，一机二用。我特别希望将来高清摄像会成为如自动对焦这样的标准功能装备在各类单反机上，EOS有那么多好镜头，尽可大显身手了。我特别期待能用50mmf1.0或者200mmf1.8或200mmf2这些镜头来拍录像。当然，目前5DII的摄像功能无论就操作和图像质量还有许多不尽人意之处，它那机内录音质量更是可怕，但我相信佳能会在其后续产品上越做越好的。

与5D相比，5D Mark II改变了功能菜单的呈现方式，特别是个人风格（CF）选项的改变让我很不习惯。比如很常用的“反光镜预升”功能，从胶片机时代我用的EOS-1N、EOS-3等到后来的5D、1DIIN它都是CF-12。手中的相机用得熟了，闭着眼睛都能做好这一设置。可到了5DII偏偏就改了。无论佳能这么做是出于什么目的，让忙碌的职业摄影师去改变一种习惯了的器材操作方式，并不是什么好事。除非这一改变能给摄影师带来一些实质性的好处。

问：你为什么不用1Ds系列呢？

答：一是太贵；二是它不如Mark II N快。我用Mark II N不是要像素大，而是图它的快速。

问：800万像素对你来说足够了？

答：至少目前足够了，因为我一直使用插值技术。

我用600万像素相机的时候就开始用插值，现在到了1200万像素我还在用插值。我认为插值是数码技术最重要的一个优势，是数码摄影技术最重要的组成部分之一。这就跟以135底片放大照片是一个类似的概念，只不过它是化学转换，而现在的数码图像用数字技术转换。用数码拍摄就要好好利用插值这个优势。

问：你用的插值软件是哪个？

答：从前用专门的插值软件如S-Spline、Genuine Fractals等。Photoshop 6以后版本的插值功能日益完善，就直接以Photoshop插值。目前我用Photoshop CS3。

问：一次插多少？

答：目前图片的标准要求在60-70Mb左右（国外图片库，AGENCY等）。从800万的RAW转换成TIFF就是24MB，从24MB插到60MB或者70MB。用了5D以后，初始文件是36MB，也都是这么插。图片代理公司希望不要分步插，如从24先插到40，再插到60，再插到70，这样不好，图像的损失大，最好一步到位。

问：对于这个说法我可不能同意……插完之后再怎么改呢？

答：通常不需动任何东西，只要把灰修掉，调一下反差，"层"等都不要动。反差，说老实话最好都不要调，因为（和用户）屏幕的设定不一致。当然，你自己得看这东西像样子才能给他，但是灰一定要修掉。构图不裁，这也是以前的老习惯。

问：你的机身有什么特殊的设定吗？

答：图像质量设为RAW。色彩设定我用ADOBE RGB 1998。锐度设定在3上。我还选用个人功能设定：CF-12（我也常用CF-12）。这些设定基本上是为了达到图片代理商的要求做的，具有很强的目的性，是能让他们在图片后期制作时有更大的动作范围。

这也可以被看成是它的缺点，因为在操作的时候得按好几次按钮才能达成一个动作。5D的操作就简单得多，有时事先的设定会被意外改变。

问：你的对焦、曝光等怎么使用呢？

答：主要是自动对焦。

曝光方式以光圈优先为主，复杂光线条件下会采用点测光加手动曝光。图片的曝光会参考直方图。我现在已经不太用测光表了，以前拍反转片时是离不开测光表的，而数码时代的测光表应该就是直方图。

问：你用闪光灯吗？

答：用。我用两个闪光灯：540EZ，还有个380EX。

以前我还喜欢搞点小名堂，比如弄个小巧的三脚架支闪光灯，然后在上面装个遥控，现在不怎么弄了。

佳能的加长连线是我主要的闪光灯附件。我还有与闪光灯配套的Quantum Turbo Battery大电池，充一次电可以在慢速下一口气连拍300多张，这是一般电池所达不到的。此外"L"的闪光灯支架、闪光灯反光板我也用。我很喜欢50D这类相机的机顶闪光灯，好多次救过我的命。

问：数码相机可以改ISO，所以方便了很多。

答：理论上是那么说，但我改ISO还是比较保守。我认为曝光准确非常重要，无论是不是数码照片，只有拍得好，后期制作才容易。如果一开头就严重曝光不足，改起来也特费劲儿。

问：闪光灯你是用TTL还是自己手工设定？

答：TTL加曝光补偿，佳能的闪光灯太亮！常常出现曝光过度的现象。很多时候得减两级，环境光线暗的时候就更不行了。

问：最近还添了什么新器材吗？

答：最近没有补充什么器材。不过，值得一提的是年初买了一台红色机身的Panasonic Lumix DMC-G1玩。一来我喜欢这相机的颜色，二来通过接环可以玩一些束之高阁的手动镜头。一用我便特别喜欢这台相机，它在使用上几乎有接近旁轴相机的便利性，特别是在街头抓拍时，比EOS相机好用多了。而且，它的"快门速度效果预观"（Shutter speed preview mode）不仅好玩，而且非常实用。用它拍那种虚掉的画面，成功率会大大提高。不过，用G1玩老镜头也不便宜，目前三四个不同卡口的接环就接近它机身的价钱了。后来又有报道说2009年6月会出GH-1，内置胜于5DII的高清摄像功能，于是我就出手了G1。但目前欧美市场上很难买到GH-1，要有也只是黑色的套机，据说其他颜色的机身只有亚洲才有货。现在有点后悔当初没留下G1——这段扯得有点跑题。

问：你常用的附件还有哪些？

答：三个大的曼富图脚架，小的脚架用徕卡的长云台和曼富图的脚，还是老款的，特别结实，能架住比较大的镜头。我在纽约的普莱西德湖山区甚至把300mm f/2.8拧在这个小架子上拍山区公路上的小狐狸。豆袋我也用过，对我而言不适合。

我还有个中型的折叠反光板，有时会用到。

问：那你现在还用胶片吗？

答：很少用。有时候独自出来走走，不带个相机觉得缺点什么，就会揣一台徕卡M和测光表，随处拍拍街景。但后来更多是用一台尼康的小数码相机来拍街景，现在则以理光GR-D代替了这台尼康。目前，只有用哈苏Xpan拍摄时才会拍一定数量的胶片。不过，要有机会，我还是会用平视取景相机，我喜欢它那种特有的观看方式。

徕卡我有M3、M4、M5、M6、M7、CL、3F这些型号，现在都很少用。我有时还会用一用柯尼卡巧思，我起码有两年没用过那些中画幅的相机了。家里的冰箱里大概还保留着二三百卷胶卷（135，120/220）。我太太常常会问我到底打算怎么处理这些胶片。我打算保留一小部分以备不时之需，其他的送给一个教摄影的朋友。

问：中画幅的机子你也有吗？

答：对。我有宾得645、645N，宾得67、玛米亚6、三款富士645（自动聚焦）等。还有一台海鸥双镜头，我曾用这台海鸥在纽约的格林威治村、华盛顿广场一带拍了许多街头人像，发现人们特别愿意配合，因为许多人没见过这样的相机，觉得特酷。

问：你用RAW格式还是RAW+JPEG格式

答：曾经用RAW+JPEG，但现在只用RAW。我如果需要用JPEG的话，就做后期处理。

问：那你用什么软件做图片处理呢？

答：佳能相机附带的DPP软件（DIGITAL PHOTO PROFESSIONAL）和Photoshop。

我用DPP做后期处理，调整曝光，有的时候也会用它调一下锐度。现在几乎不碰这项功能，因为以前我不在相机上设定锐度和色彩饱和度，现在用机身内设定后就不需要再做调整了。Photoshop做插值、修灰，手工调一下反差，拉一下亮度。我这个人，有一个毛病，可能跟我早年拍黑白有关系，我喜欢高反差的图像。工作上需要动用Photoshop各种功能的机会其实不多，很多时候倒是因为好玩才花些时间用它做片子。

问：你知道国外同样拍旅行的顶尖的摄影师，他们用的器材跟你有什么差别吗？

答：因人而异。不过，许多在胶片时代用尼康的摄影师许多现在用了佳能。

问：国外好的旅游摄影师的器材都是数码的？

答：应该说基本如此。这一点在美国、加拿大尤其明显，欧洲倒不见得。那些在一线工作的人，由于工作强度大，加之竞争非常激烈，总是最早运用新的技术，只要能够负担得起，就弄最新的。美国摄影师特别喜欢新的东西，像AF、IS功能他们也是最早用的。相反，摄影师的工作方式和设备也要视客户的要求而改变，就目前情况看，数码图像已经是各个媒体所采用的主流形式，旅游图片也不例外。你依旧可以用胶片拍摄，但最后出版社、图片库要的是数码文件。

问：你觉得最理想的器材是怎样的呢？

答：稳定性和可靠性好，机动性高、重量轻的器材。这么说可能有点笼统。从我的工作角度讲，数码技术使一些大型器材成为多余。因为普通平面媒体的最大尺寸就是跨页（也有拉页），在这个范围里1Ds MARK II的图像在插值后的表现与2200万像素的数码后背应该区别不大。当然，它们本身的质量是有区别的，但媒体（杂志、书籍等）的特性会让这些区别不再那么明显。（呵呵，我这次就带了两个数码后背过来，待会儿采访完咱俩谈论一下这方面的情况，还是不太一样。）

（笑）不太一样？……

问：你的照片被哪些途径使用，是怎么实现商业化的？我知道你在不同国家有很多图片代理商。

答：我的图片被采用的范围包括广告、画册、杂志、报纸、旅行指南、教科书、宣传品和网络等等。网络现在成为很大的客户，美国和欧洲的雅虎用很多我的照片。

除了委托拍摄（Assignment）外，图片库是我销售图片的主要渠道。目前有6家图片库（不包括“第二层代理”）在世界各地代理我的旅游图片。

我的代理现在英国有2家，西班牙1家，日本有1家，澳大利亚有1家（Lonely Planet Image：编注，世界上最大的自助旅游指南出版集团下属的图片代理机构），但是澳大利亚的代理也在美国和亚洲卖。此外还有不少片子通过“第二层代理”销售。比如我从未跟GETTY IMAGE直接签约，但我却有700多张片子在他们手上，这是Lonely Planet Image跟它合作的。这些图片在媒体上出现时首先是我的名字，然后挂Lonely Planet Image，再挂GETTY IMAGE。有时根本就看不到作者的名字，只有两个代理公司的大名。这样的片子销售后代理公司先分收入，然后再跟我三七分。

问：通常你会拿到50%不到，低于传统的五五开的比例，他们那边应该是类似三七开，或者三五开比六五开这么一个比例，然后你再拿其中六五开的70%。

答：这个比例是事先谈的，每一家还不尽相同。

问：我知道大概多少，现在这种情况越来越多了。你会要求图片代理商诸如照片的最低限价之类的吗？

答：在接受委托时可以提这样的要求。但一般不跟图片代理商如此要求。要知道，图片代理商一旦代理你，他也总是想尽量卖出你的片子。再说有时遇到图片用量大的客户，希望有折扣。比如，客户一次选你200张片子用，但要求代理给个折扣价。这时每张片子的价钱会比标价低，作为代理你卖还是不卖？当然还是要卖，所以设价格下限的作用不大。

问：最后一个问题，如果说有其他的摄影爱好者想走你这条道路、想做这种旅游摄影师，你有什么建议吗？

答：建议他们最好慎重。（笑）这个职业听上去不错，其实并非那么绚丽多彩。

当年有一个加拿大朋友跟我说过这样一句话：在今天这个世界，如果你想当个摄影师，You have to be 100% crazy（你必须对此100%的疯狂）。旅游图片的市场巨大，但门槛也高。要有非常大投入，才能入门，而入门后还有万水千山要走。我觉得自己能做到今天很多是靠运气、靠机遇，当然也要有坚持到底的恒心。比我拍得好的人太多了，我只是比较幸运。

美国曾经有个调查，学摄影的人从学校毕业以后开始工作，不管你是去拍肖像，还是开Studio(工作室)，或是拍报道给杂志投稿，一般七年以后就转行了。什么样的人能最后成为“职业摄影师”呢？通常是那些确实拍得好，又比其他人更努力，比别人去敲门更多的人。当然，找到一个好的代理，也是很重要的。

我曾认识一个年轻的委瑞内拉摄影师，照片拍得非常好，在委瑞内拉也弄了很多展览，也给法国的一些图片代理商拍一些活儿。他当时就很想进 Lonely Planet Image，那时 Lonely Planet Image 的要求是看 500 张片子，他拿不出来。500 张反转片，对一个年轻人来讲是一个不小的数目，而且500张反转片还不能是一个国家的。他说如果我没有这么多怎么办？没办法，你只能想办法去拍，"You have to be 100% crazy！" 有了这样的积累，才有敲门的资格，至于是否敲得开这个门，还很难说。

问：（笑）你有没有更建设性的意见？别老给大家泼冷水啊。

答：可以先做个业余爱好者。那是一种享受，你是拿它当一件开心的事情在做。别一想就是卖片子，能成专业的之类的。慢慢来，边干边学，慢慢积累。不过，这么长的路有人愿意走吗？弄十年你积累500张片子，拿去让人选，很不容易啊。因为旅游类的东西不仅需要得有时间大量拍，大量拍完了你得想办法深入，北京拍完了你得换个地方吧，去趟上海，去趟西藏，去趟新疆，这都得有时间、精力和金钱做后盾。所以说实话，建设性的意见就是细水长流，把它作为一件好玩的事情来做。

其实，现在很多摄影师并非光拍照片，还写东西和讲课。我自己也如此。

问：写作能力我觉得对于任何职业都很重要。

答：能写是一个优点，因为即使不写文章，摄影师至少要给片子写图说。现代网络技术是用关键词搜索图像的，如果图说写得不准确，会影响到片子的效益。

其实摄影爱好者也可以写写东西，先给一些门槛低的出版物投图文并茂的稿件，如果发表了，对自己不仅是个鼓舞也是一种历练。如此若能不断进取，既可以娱人娱己，也可以由此走上以摄影为业之路。我就认识几个这样一路走过来的朋友。

（第一次采访时间 2007 年 10 月，第二次补充采访时间 2009 年 6 月）

毕远月（Bruce Yuanyue Bi）

1963 年生于上海。

加拿大籍。

前加拿大传媒摄影及插图艺术家协会（CAPIC）成员。

现居巴黎

2006：《时尚旅游》签约摄影师

台湾《探索》地理杂志驻巴黎代表。

2000至今：英国PCL，Alamy Image，日本APL/JTB PHOTO，澳洲 Lonely Planet Image，西班牙 AGE fotostock 等签约摄影师

1998 至今：美国 ePHOTO Communication 摄影师 / 合伙人。

1996-2005：台湾（大地）地理杂志特约摄影

1993-1997：商业摄影（美国）。

1992-1994：BEAUTIFUL BRITISH COLUMBIA 杂志（加拿大）签约摄影师

1991，1992，Fine Art Photography Program。摄影艺术家计划。加拿大班芙艺术中心。(Master Class)

傅兴 • 建筑摄影

我身边有很多很好的摄影师，但是像傅兴先生这样已经能在亚洲，甚至世界范围内得到顶尖客户广泛承认的摄影师依然不是很多。

而按照这样的标准遴选出来的商业摄影师中，他的确是为数不多以佳能作为主力相机的摄影师。毕竟商业摄影对于影像质量的要求和其他的领域有着巨大的差别。

为了这本书去采访傅兴是一次愉快的经历，正好很早之前他就开玩笑跟我说，他有许多对于佳能的“爱恨情仇”需要倾诉。

我们的采访在他的工作室里进行，儒雅、整洁的环境一如他的作品以及他一贯给人的印象。而实际上他本身是个极度风趣、而且脑子灵活爱跑题的人，所以大家在下面的文字中可以看到，他是所有采访对象中对EOS提意见最尖锐的人。我甚至刻意保留了他对EOS不那么“友善”的意见，要知道，能听到一个懂摄影又懂器材的顶尖摄影师推心置腹谈器材的机会可并不多！

问：能否先介绍一下你使用佳能器材的历史？

答：很早以前用苏联的卓尔基，后来上大学的时候，在北京广播学院用学院的珠江205。我其实不是摄影专业的，但是特别喜欢摄影，和摄影系的老师交往挺多。后来我从八一厂借了全套的美能达X－700。再后来家里有人出国给我带回来一套尼康FG，配的镜头是35-70毫米，用了很长时间。上世纪90年代初的时候出现了EOS 650、620，当时还看不上眼，等后来出了EOS 10QD，我就把尼康转让掉，换了佳能的10QD。周围所有的人都不理解，当时我为什么换佳能呢，因为EOS的设计理念就是解放摄影师对相机技术上的依赖，你可以腾出更多的思考能力去创作，集中在你的被摄物体。它当时已经有超声波镜头，大概用了两三年以后，开始出现L系列镜头。有一次展览的时候我看见了TS-E系列的移轴镜头，当时就把它给买回来了。那是1992年前后，当时买了几支移轴镜头，包括24毫米的，还有一支70-200毫米的L系列镜头，我那个原有的28-70毫米镜头也一直在用。我发现L镜头成像确实还是不错的，但是那时候它只是一个辅助，我更多的是拿它拍一些报道类的东西，应付媒体的要求不高的片子。当时我已经在建筑设计院了，同时还在做电视宣传，两边儿兼着做。后来等到1996年完全转到摄影上来了，我就开始用4 × 5规格相机，像林好夫的技术相机、折叠机、金宝的顶级机器都一直在用。当时我没有买佳能的顶级相机，1N出来的时候我觉得它将要出1V，结果这一等就等了很多年。

问：1V是2000年才出的嘛。

答：对啊，我一直等着它的新机型，1N和1V之间时间跨度特别大，等1V出来第一时间就去买了。但是直到现在我用那台1V曝光的照片也不到20卷。因为我2001年全部换成数字的了。

问：当时用的什么？

答：飞思的H20，接4 × 5的相机。

当时还试着拿了个扫描式后背。好家伙，曝光一张照片三分半钟，这中间你知道会出现什么问题啊。它得用SCSI卡传出来，笔记本还不能用，还得背着台式机。

问：你可以考虑买个接笔记本的PCMCIA插槽转SCSI接口用，不过也很麻烦。

答：（苦笑）是啊，反正我还得背个台式机，传输速度很慢。中间稍微有震动（图像）就断线，有一个台，你都没法儿修图。而且你还只能拍静的东西，拍户外拍有动的树、人、车的时候，都会断线，没法儿用。

后来飞思H20出现以后发现很好，脑袋一热就买回来了。

当时我算了一笔账，我一年的胶片冲洗费30多万。我们波拉片出得狠极了，一盒4 × 5的波拉片370块钱左右，我们一天最多出过五六盒，猛啊。冲片子也是，尤其拍建筑，很多东西要一个角度拍五张，从里边找出一个合适的，很难说驾控得那么好，完全是靠胶片堆出来的，一年费用不少。当然30多万不完全是我们付，有很多是客户付。

试用了数字相机以后，觉得这东西我能控制住，而且后期能找回来（效果）。换成数字系统也是30多万，我一年也能持平，相当于胶片冲洗费了嘛。结果这窟窿是越填越深。我们自己这个后期投入大极了。

你看那会儿，我们为了让H20能发挥作用拍建筑，买了35毫米的那个罗敦斯德镜头，结果黑角、不能移轴，又花了6000块钱配了一个超大的广角中灰渐变镜，仍然解决不了这个问题。中间极清楚，四角有部分都没有影像，都是虚的。拼片儿、滑动后背，什么都用上了，还是不能解决。再说笔记本电脑，我们那会儿大冬天拍室外的东西，锂电池就怕冻，出去一冻就没电了，快极了，一分钟都不到，“刷……”电就没了。后来我们买了一个“电热宝”，做一个棉的东西包着底下，托着“电热宝”护着也用不了多长时间。反正是种种苦难，我们差点儿成了先烈，公司的营业额那段时间直线下降，因为客户也不能接受数字摄影的效果。

反正我们费了很多周折，也没有解决镜头的涵盖率问题。广角仍然是不能解决，也无法满足我的要求。导致那段时间的经营开始往下走，这个数码组合不能满足我的要求，也不能满足客户的要求。后来（很多问题）还是没有解决，2001年买的，到现在为止我们才拍了3000多张。

还有，我把过多的精力投入到这个数字相机后期的驾控上。但是现在看来这段时间并不白用，大概有三年时间又开始往上走。因为我使用胶片的时候，在国内拍建筑基本是高处不胜寒吧，国内也没有人要求有多高，高端的图片也没有这个市场。

问：数码后背可以升级的。

答：升级不划算，你不如买新的。现在我们有时候用它在屋里拍模型用。

三年以后开始出现了1100像素的EOS 1Ds。我们第一时间拿来用了一段时间，觉得用着还真是方便，比我原先4 × 5规格加数码后背接笔记本强多了。

不过1DS跟飞思的数码后背真的有天壤之别，肉眼看，不用对比就能知道谁是佳能谁是数码后背拍的。原因就是彩色深度不够，1Ds的色彩……

问：非常淡雅（笑）

答：（笑）是嘛！淡淡的，像水粉画。你后期很难做，补偿不上去，怎么修都假。等出了1Ds Mark II以后，真是好多了。但是你要是和数码后背做AB比较的时候，两个放一起（差别）比较还是明显的。这个明显的差距有两点：一个是佳能镜头本身不像我们以往用的罗敦斯德、施奈德的实体感、分量感那么足，再一个它的彩色深度还是不像数码后背那么好。差距还是比较大的，这个是很难那个……

问：现在我在用那个新的施奈德的数码镜头，那个镜头又比原来胶片时代的施奈德的好了一点。

答：我们是第一批用数码镜头的，当时罗敦斯德选了几个人，投放中国市场给我们先用着。但是数码镜头有一个特大的问题，中心极清楚，四角极虚，它的相场涵盖率很小。

问：有些数码镜头的像场是变小了，因为数码后背的面积比胶片也小。你是用的多大数码后背？

答：还是H20，（CCD面积是）36mm × 36mm。

问：那不至于啊？我自己用36mm × 48mm的数码后背都没问题啊。

答：不行，我们都要有一定的斜射，我们需要移轴。

问：哦，那完全是两码事儿了。我不用移轴所以看着很好……

答：不移轴很不错，但是你稍微一动马上就是玫瑰色渐变。左边蓝的，右边品的，你稍微一动……（摇头）

问：还有一个办法，可以把原来的少数镜头升级到数码镜头，像场还是足够大，不过分辨率不一定有新的数码镜头那么好。我现在在用施奈德的APO的48毫米镜头就是原来的47毫米镜头改良来的，一支胶片数码两用的镜头，但是如果用在数码后背上，最好回去返厂做数码化调校，本来47毫米镜头的像场就够大嘛，不像现在新出的那种35毫米或者24毫米的数码镜头……

答：你上哪儿去做数码的调整？

问：返回施奈德厂，花不多的钱。主要因为数码镜头后背有个低通滤镜，有一个厚度，无穷远的时候会有一点问题。镜头的距离位置和胶片是不一样的，所以最好还是返厂稍微调一调。最好是胶片/数码两用镜头，有些胶片时代的老镜头的镀膜可能还有点问题。

答：我现在整箱子全套的大画幅镜头都没舍得动呢。谁知道什么时候又开始用成胶片了？这跟当年那黑白的似的。刚开始大家都肆无忌惮地扔黑白改彩色，后来就改成艺术家玩黑白了。

我们那些镜头全是超大像场的。都是直接订的，很重的，买的时候都是一两万元、两三万元一个的，都是那种大家伙。你想我配一个偏振镜，95毫米的偏振镜，6000块钱买的。

问：嚯嚯，95毫米的滤镜？！我用电影摄影镜头才用那个！

答：我那还是后组95毫米，前头是135毫米的！广角镜头上用的。厉害啊，我订那个花了八个月才到中国，人家没订单可能也不做。所以这些镜头，每个焦距段上我都有相应的偏振镜。我从美国背回来大量的电影上用的天芬（Tiffen）大玻璃片儿，有去雾镜、彩色增强镜、UV1、UV2，灰渐变分一级、两级、三级一直到五级，全有。但是现在也没用了，就留着呗。

问：以后可以考虑做一个私人摄影博物馆……接着说回1Ds MARK II。

答：1Ds Mark II彩色深度比1Ds要好了不少，确实是上了一个甚至是两个台阶。但是这个时候，同时暴露出一个问题，就是佳能的原有镜头不能满足1700万像素的要求。我们感觉到分辨率上没有太大的提高，就是因为镜头。当然色彩好了我们仍然是很欢迎的，要不原先那个（1Ds拍的照片）就不能看。

我们对像素的要求呢，其实2200万、2500万也就够了。再高了以后，文件量大很多，存储、传输都会有问题。而且现在读图时代到来，大家都免费读图，精美的印刷越来越少。你要那么大的文件干吗？所以这个东西（过高的像素）目前也是意义不太大。

还有我一直认为，佳能在玻璃毛坯的研发上或采用上没有下太大的工夫。它肯定是找了一个经济的和技术的平衡点来采用。既然玛米亚能出那么好的镜头，佳能为什么不能出？因为佳能有广阔的市场，还没有压着它去换一种分辨率高的玻璃。

问：这也不完全是玻璃的问题，不过的确，提高镜头的成像质量需要提高镜头的成本。

答：对，不完全是，但是它有些镜头的分辨率确实不好，肉肉乎乎的。

问：你现在主要用什么相机？

答：主要用1Ds Mark III，还有使用金宝的WRS技术相机和飞思P45后背，其中佳能占70%。看市场需求，需要快拍的时候都用佳能，如果拍高档酒店、豪宅，就会用到数码后背。

问：你主要用哪些镜头？

答：定焦的是TS-E 24mm移轴、TS-E 45mm移轴，TS-E 90mm 移轴我不用，太次了，根本没用，那移轴范围太小了。（其实顾了像场就很难兼顾分辨率，那镜头对广告摄影更有用……）曾经用，16-35mm f/2.8 L，用在建筑摄影上变形非常厉害。而且不是均匀的变形，拿photoshop 校完桶型畸变以后，你会感觉到屋檐跟波浪似的。不好修。

14mm f/2.8 L 那支镜头很不错，另外，20mm f/2.8、35mm f/1.4 L 那几个定焦头都非常好，我们还有 70-200mm f/2.8 L、50mm f/2.5 的微距，85mm f/1.2L 的人像镜头，那个不错，但是那支镜头自动对焦速度简直慢得一塌糊涂。现在我手对焦都对不上了。

问：呵呵，那支镜头最好要用手动对焦，你的那支镜头是第一代吗？可以试试第二代，会稍微好一点。

答：对，但那支镜头成像真是不错！和35mm f/1.4L、14mm f/2.8 L 那几支一样好！我们还有一支徕卡的超级 ANGOLON 的移轴 28mm 镜头，施奈德做的。

问：通过接环接的？

答：我买了一个佳能的便宜镜头，把镜头打掉，把那后组直接给安上面了。

问：能直接这么接吗，螺丝数都不一样呢？

答：我用钻头把孔打上，安上就完，没问题！那支移轴镜头后组就是一个大金属块，我给它做在接环上。这也是针对佳能镜头的……真是没办法，我只能是靠这种方法。

问：TS-E 24mm f/3.5L 移轴镜头你还是觉得不够好？

答：一个是成像满足不了我们的要求；另外，尤其是近距离拍摄，三米以内明显的有桶型畸变。还有，我觉得它完全可以把像场做大一点儿，可能还是一个利益平衡点的问题吧。

问：从光学理论上来讲，它可以做得像场更大、分辨率更高，但是成本就会增加。

答：既然用这支镜头，就不必在乎成本。你不能说让我折了客户挣不来这钱吧。贵有贵的道理，是不是？（那支镜头）光圈收小了也没用。它的f/16光圈几乎就不能用，最好的是 f/5.6、f/8，f/11 呢也能忍一忍。

问：我当年是想拿 TS-E45mm 移轴头拍接片，还专门买了一个遥控的云台，在西藏拍了一次，但是成像并不好，我都懒得去接它了，而且收小光圈等等一切都没用。

答：对，没错，越收越差。还有，我不知道是什么原因，用这 TS-E24mm 的时候，横构图和竖构图的时候，差一挡左右的光圈。我们现在摸出经验来了，横构图的时候，曝光提高一挡；竖构图的时候，减四分之一或三分之一；有时候高反差的时候，比如外面房子很亮的时候，就提高一挡半，甚至两挡。

以前用它拍胶片的时候失败率极高，６０％以上的失败率，不明白是什么。后来用数字相机了以后，才发现从直方图上能找出规律来。到现在为止，我用这个移轴镜头都不敢说拍完就走，必须得看直方图，每张看。

还有一个问题就是你刚才提到的用移轴镜头来做接片，有一个特大的问题，它有一个移轴方向旋转的功能，用的时间长了以后可能导致它松晃。

我们都是架在三脚架上，给它移到一头，再移回来。移轴的过程中后组的旋转组晃会是致命的，所以一定要拧得很紧。每当要用这个的时候，我大概拍五六组，从里头我挑一组位移小的就能对上。

TS-E 24 那镜头还有一个要小心的地方，它有一个俯仰的功能，这东西你从包里拿出来的时候，它会碰松，如果你稍不注意的话，就虚了。这个镜头如果像场再作大一点，再提升5～10毫米的距离，我想还是很不错的，或许我对它期望值太高了？

要用那个比 45 毫米短一点，比 24 毫米又长一点的时候，我会用徕卡的那支移轴镜头，因为我非常挑剔焦距的，能用多长我尽量用。但是那个徕卡头是早期的，镀膜不行，不知道能不能返厂镀膜呢？那是施奈德的。

问：不用再想了，那种镜头谁也不可能给你返厂修，成本太高了，施奈德现在根本忙不过来，他们现在做设计的人一共只有几个，最大的客户都是德国军方，研究激光呀什么的，特挣钱。民用镜头对于他们来说就是展示“我们已经很有名了”，巩固一下地位，做点特牛的镜头就完了。

答：是这样啊，我对施奈德、罗敦斯德都比较喜欢，拍建筑罗敦斯德要好很多。感觉硬硬的，线条那个直啊，刀削出来的一样，感觉酷酷的。施奈德拍东西特有人情味，很温暖，拍木板子你都能感觉它的生命的存在，拍苔藓都是很动人的。

问：我原来两个都用，可是后来主要还是用施奈德，我觉得色彩特别能打动人。

答：没错，就是能把那些内在的东西表现出来，这种东西不是你在后期能修出来的，太感人了。可是你拍建筑，罗敦斯德是真的好！

再说点别的镜头，去年我们买了24-105mm f/4 L。原先我一直非常喜欢28-70 mm f/2.8 L那支镜头，成像还是不错的。但是后来的24-70mm f/2.8 L的24mm端不行。24-105mm f/4 L我感觉分辨率、色彩、反差真是非常好，但就是广角端桶型畸变太厉害，而且长焦端到105mm还有枕形畸变，真没办法。所以我跟你说这就是对佳能的爱与恨啊！

另外一支镜头70-200mm L就很好，我用的是第一代不带IS的。它第一次来中国办展览，办完展览我就把它买了。当时买的时候还没价，现查，换算美元，关税手续什么……成像真好，当时聚焦也快，就是出去旅行带着沉点。

问：新的IS版的更沉，多了好几百克呢。

答：你要是拍人像，那f/2.8的光圈确实是必要。如果你要是拍风光的话，用f/4的那支镜头会轻很多，成像也不错。

而且佳能挺奇怪，它两头的镜头（广角镜头和长焦镜头）做得都特别好。你像它那个400mm f/2.8L，成像非常好。

问：那是佳能最看家的镜头之一。

答：哎呀！那真是能跟哈苏的镜头比，真的很好。像14mm的那支头也是特别好。为什么就大家常用的中间焦距的它做不好？

问：也不是啊，35mm f/1.4L就很好啊，你不用变焦镜头会好一些。另外，新的50mm f/1.2 L Ⅱ也不错。

答：应该不错，它应该不错！原先的那个50mm f/1.0 L卖得太贵，上市时3万多一支，不实用，太重了，而且对焦速度极慢。

我现在基本上镜头都从Ⅰ型转到Ⅱ型了，14mmL Ⅱ和16-35mmL Ⅱ。要是按Ⅱ型的标准，Ⅰ型那就是不可救药了。Ⅰ型还是针对胶片研发的，Ⅱ型是针对CMOS研发的。可以说是清晰明快、色彩鲜艳。原来Ⅰ型的黑角、四角成像不实的现象在1DS的1100万像素时代并不明显，到1670万像素的时代就显现出来了，到2210万像素的1Ds Mark Ⅲ就无法忍受了。不过，Ⅱ型镜头要是用在1Ds Mark Ⅱ上效果就好很多。尤其是14L Ⅱ，现在四角虚的问题解决得非常好了。

如果1Ds Mark Ⅳ上市，Ⅰ型镜头会退出（专业市场的）舞台。

新的17mmTS-E和Ⅱ代24 mmTS-E移轴镜头都非常好，一下就再起确立了EOS在这个领域的专业地位。我的很多职业摄影师朋友都非常期待这两支镜头，但是有不少人，尤其是拍产品广告的摄影师，也在抱怨为什么不同时更新45mm、90mm的移轴镜头，特别是90mmTS-E那支镜头如果还能带微距功能，别人就别干了。

问：再说回1Ds MARK Ⅱ的机身吧。

答：它可人疼的几点就是，机身的电池超长耐力，相当节能，有的时候用一星期才充一次电，所以买它的备用电池好像是多余的。再就是感光度ISO 400可用，能看到有噪音，但是能接受。像你这样报道类的，ISO 12500都可以用。

因为我们做片子有时候还往里面夹一些杂色杂音，然后那空间感才能出得来。但是1Ds原有的噪音要是满是的话有点像芝麻烧饼，没有景深，没有空间感，边缘也不好。佳能的图片我觉得100%放大的时候不能接受，66.7%的时候还可以接受。

佳能机身的设计都挺好。我觉得需要改进的地方就是原先那个取景屏太小了。像索尼的α 100，我前些日子试用了一下，觉得那取景屏挺可人疼的。

问：其实后来30D之类的取景屏已经比1Ds Mark Ⅱ的更大了，现在1Ds Mark Ⅲ的取景屏也更大了。

答：对，我也换了1Ds Mark Ⅲ。原先都说，“千刀万剐别胡头一把”，我老是踩那个头一个。我们就遇见过1Ds Mark Ⅱ刚拿来，用2G的Lexar（莱克沙）卡出问题，丢东西。谁都不知道是怎么回事。佳能也不知道，莱克沙也不知道是怎么回事。我那卡又寄到美国去了，美国那边返回来说我卡没有问题。交叉了四五个月以后，宣布新补丁出来了，专门针对佳能和莱克沙的这个BUG做升级。我最早用的PC电脑里换200G的硬盘，那时候没有Windos XP，电脑里头的数据表就乱了，又到处恢复数据表，花了好多钱，谁都弄不出来全部的，把我们也是搞得够呛。后来才知道，Windos 2000系统管理不了200G。所以什么东西出来都得等一等，先看看，让先驱们先变成先烈（大笑）。

5D Mark Ⅱ很不错，和1Ds Mark Ⅲ图像差别不大，性价比很高。我觉得1Ds Mark Ⅲ该出换代产品了。希望1Ds Mark Ⅳ有更高的分辨率和更好的色彩深度。另外就是更好的高动态压缩控制技术，这个我非常期待。要是把这两个做到，那就算是真的“王者归来”了。什么是王者？就得让别人没法追，现在的王者不再是1Ds Mark Ⅲ了。

问：那你觉得现在的客户能接受1 Ds Mark Ⅱ的数码的图片吗？

答：我们是做商业摄影的，国内客户有时候会觉得你怎么用一个135给我拍啊！当然了，我们做到这份上，多数人家就不吭声了。但有时候，（客户）底下的小孩他也会问，你怎么用这么一机器……当然你跟他说2000万像素什么的，他也能接受。看到最后的照片之后，这个问题就不大了。所以我们做建筑摄影针对的市场没有问题。

但是，如果你是做高端广告摄影的，就太勉强了，只能作辅助用具。不过，如果你要外拍，拍的量又比较大，它确实是非常方便。

国外客户是这样：选择摄影师的时候看你的样片，看你以往服务的客户，把报价商量好，就OK，然后我们就可以开始去做了。因为他们——我们的主要客户都是欧美的——进入数字的时间比我们可能滞后三年，甚至更长一些，在这方面，我觉得他们还没有太多的经验，或者说他们不太能一眼能看出像素多少，或者跟数码后背的区别还看不大出来。所以那时候我们非常着急，佳能在我们最后不能“捣江湖”之前能不能推出新东西。因为让我们再退回4X5胶片，几乎不可能了。要客户回到那时候的价格，不太可能。再一个我们现在也是需要后期修片，尤其拍外景的时候，很多地方是靠天吃饭。很多地方说是晴天，有光影的变化，但是天是一片白，那怎么办？如果你要是天天去等的话，你一年你能接几个任务？只能是后期作了。如果要是胶片都去电分，然后再回来做，周期长，成本大。

问：你刚才说，原来建筑摄影是不接受Photoshop处理的。

答：对。绝对不接受。那叫作假。呃……2000年以前，都是这样。

我们给客户拍很多照片，他要拿到世界各地去，投标、设计竞赛、设计作品的评比。原来都绝对禁止使用数字影像，绝对禁止你用软件后期修改片子。欧洲和美国严肃的建筑设计比赛甚至让你交底片、反转片。

我们最后一次给人家交反转片是拍韩国新首都工作规划的时候，是2003年。我们当时是用数字后背拍的，数字接片修完了以后在图片社出的胶片，交到法国去，当时得的是金奖。那时候也已经稍微有点儿松动了，但给我们的文件上写得清清楚楚，不接受数字的，不许使用Phoptoshop。但是当时韩国为迁都做了一个新首都的规划，做了一个直径2米多的一圆盘建筑模型，它是由六块拼在一起的，拼的那个缝只能后期去修。而且稍微有一点儿缝隙，拿到实景上有可能落差就是5层楼，1:1000的模型嘛。全靠后期修的。那以后就没人再提这事了，那是最后一次。

问：对你的领域来讲，哪些因素让你选择的佳能？

答：选择一个体系是要非常慎重的。不可能说三五年换一个体系，损失太大。因为我们镜头群很庞大，是经过若干年的积累。

我最开始选择EOS有两个原因。一个是它给你一个全新的摄影概念，不再像以前，老在琢磨控制感光技术，它给了我一个很方便的拍摄选择。我直到现在也用光圈优先，曝光补偿，不再去考虑什么手动啊，这些东西就不是我的事。我觉得（这些事情）应该交给佳能工程师来做。自动聚焦、聚焦速度对于我们拍建筑的用处都不是特大，重要的是只有它出了五支移轴镜头，焦段广到17毫米，而且它有4个焦距段的移轴镜头。

现在更没有第二个选择了，它在全画幅尺寸的感光材料上做得是最好的，（在数码技术上）有丰富的经验，再一个就是公司的实力在这里，它有后续的力量能支持着这个体系继续往高处走，因此我对它很有信心。

但是它也经常让我们失望，其中有一点就是“割韭菜”问题。技术成熟了以后，上市太保守，它出1700万像素的时候绝对有2100万以上的技术在储备，只不过没人跟它竞争，它就不把这释放出来。跟斗蛐蛐似的，它现在一直是这种状态。

还有，原先35毫米相机受胶片商供制尺寸的限制，所以大家都生产24X36mm这么一个规格，现在佳能自己可以研发CMOS，想做多大面积的CMOS面对的只有一个市场问题。我有一种感觉，现在的1Ds Mark III将来的定位恐怕相当于现在的5D这个水平，这个系列的镜头也同样。我们现在也不购买这样的镜头了，我等它的下一代，因为它再出一个机器有可能是兼容上一代镜头，出更大一点面积的CMOS的机器和相对应的大像场高清镜头，这样原有镜头仍然能用只是稍微有一点黑角，后期能做掉，或者加一个中灰滤镜，问题不是太大。其实做645那些厂家没有人能跟佳能这个大兵团比，它要是弄出来了一个48x36mm的（CMOS），也是有可能的，我不考虑便宜的数码后背，好多厂家并没有多强的研发能力，也不会像佳能在电子领域里面这么成熟。而佳能所有的技术都是自己的，“我们家那大饼我想切多大就切多大”——你只要有那么大嘴，你能出得起钱。既然有这个优势，你干嘛还不出呢，还等什么呢？别再割一次韭菜，让大家再掏一次钱。所以现在我周围很多人都说我们现在给佳能、给器材商打工呢，就是这么回事（笑）。

问：现在还用胶片吗？

答：彻底不用了。

问：那你用相机是怎么设置的？

答：光圈优先，基本上是在F/11，有时候需要景深浅一点，我会把它往下降低点。机身设定Adobe 1998，色温自动。但是我不用佳能的处理软件，我用飞思的处理软件，是第三方软件，所以要这些设置也没用。不过，（为了相机上的显示）拍之前也都设置了。锐度呢，我就搁到3或者4，增加一点锐度。感光度，一般用三脚架的时候都是在ISO 100或者是在ISO 200上，抢夜景的时候要快，你不能常等到30秒，拍夜景的时候光线能满足我要求的就三五分钟。有些环境只能手持，不能架三脚架，只能ISO 400。我们不管拍什么都加偏振镜，因为相机色彩不太能满足我的要求，所以只能靠这个。

而且我能用多长的焦距就用多长的焦距，这样的话也能使色彩饱和些。尽量不要用更广的广角。拍摄一个场景，我能用28毫米就不用24毫米，能用35毫米我不用28毫米，尽量让它稍长一点，把色彩再提炼一下，加上偏振镜或者后期稍微再加上一点色饱和。不能太多，多了以后变化就大了，这不是多加色饱和就能解决的问题。

问：你用飞思的软件解佳能的RAW文件？

答：对，出来效果更细腻一些，质感好。还有也是先入为主吧，我不愿意去熟悉很多的软件。

问：用额外的测光表吗？

答：我都没有用，表有很多。（现在）用的就是机内的矩阵测光，用它来换算，但是我大概只是50%左右的依赖吧，我更多的是看直方图，张张看，无一例外。否则我根本不敢换机位。

问：你用闪光灯吗？

答：用，我有好多种大大小小的电箱……佳能的闪光灯，各时代的都有，用的都是补光的，它那闪光灯烂得是一塌糊涂，根本没法和尼康比，我最早用尼康F3拍东西的时候，当时是SB-24吧，佳能的闪光灯到现在都比不上那十几年前的东西！

我也弄不清楚这是怎么回事，它的计算有问题，有的时候按照环境明明是要补光，结果它把我整个的环境都算黑了……这个差距太大了，都不能提这事，恐怕是硬伤，也许等到哪天它并购了其他厂才能解决这问题（笑）。

问：你现在还常备哪些附件？

答：C型取景器，就是直角取景器，再有就是莱克沙的CF卡和火线读卡器，捷信三系的脚架，曼富图的405云台。捷信的三脚架，我原先用四系的铝合金的，现在都改三系列碳纤维的了。

问：那你知道国外的顶级建筑摄影师用什么器材吗？

答：胶片。国外的情况是，做建筑摄影，欧洲、美国和日本是最好的，日本的建筑摄影师全用胶片，美国和欧洲的顶级摄影师使用数码后背，全是飞思的，但他们还在和胶片兼容着用。

问：你的照片是通过那些途径被使用的呢？

答：主要是建筑师、建筑事务所，然后他们在媒体上发表自己的作品，印制自己的公司业绩。主要是国外的客户，国内也有一些顶级地产商。

问：你觉得你的领域里理想的器材配置大概是什么呢？

答：我觉得首先要是高清大像场镜头和技术型相机，后面加能够满足要求的数码设备，或者是插刀式的数码后背，最小尺寸不能小于6 × 7厘米。我觉得佳能的CMOS做这个不难。

问：但是市场会很小，佳能未必愿意。

答：对。

问：如果要有其他年轻的摄影师想走你这条路，你有什么建议吗？

答：我这个领域比较偏门，不像其他的门类，这个门类不容易从摄影师里出，而是从建筑师里产生。

因为你从摄影的领域进入建筑的领域，你是门外汉，你只会用艺术的语汇来描述建筑 而建筑师转到这个里来，他是拿相机用建筑语汇讲建筑的故事，区别在这。

（第一次采访时间2007年10月，第二次补充采访时间2009年6月）

花絮

傅兴的建筑摄影问答：

怎样品评建筑摄影作品？好的建筑摄影作品的标准是什么？

建筑和摄影都是要结合艺术创作与科学技术的实践。建筑摄影就更加要注意在这两个方面都应该做到最完美。因而合格的建筑摄影创作应至少在技术上要达到以下标准：

1.图像必须清晰，有大量的细节和一致的对焦；

2.颜色必须自然且与真实感觉一致；

3.景深和视角要自然悦目；

4.日照角度、天空状态和季节变化应该合适；

5.被摄物与其周边环境的关系要恰当；

6.被摄物的规模和比例要恰当。

这些是最基本的要求。如果要更进一步，则好的或感人的建筑摄影都应具有以下一个或几个特点 透视比例、构图、用光和对细节的考虑能抓住建筑物的实质，三维空间的感觉要有准确的再现，对建筑层面和细部的设计要交待清楚，对画面内可视物品的控制和构图要符合审美要求，整幅作品要有生机勃勃的活力，引人神往。总之，如实记录已经不是好的建筑摄影中的唯一重点了，发现并描述新角度和新感觉也相当重要，最终作品要能引起观者的共鸣。但总体而言，准确和真实仍然是建筑摄影的主要目的。

如何学习建筑摄影？

最重要的是要培养建筑审美的眼光，学会从建筑师的角度看建筑。要多看国外有名气的建筑事务所的年册或图集，因为他们所雇请的大多是一流的建筑摄影师。需要避免的一件事是，不要受到一些业余爱好者或非专业建筑摄影师的影响。尤其在一开始，要避免搞什么“建筑艺术摄影创作”。先踏踏实实地把照片拍清楚了。注意力要放在建筑上，不要去考虑什么“光与影”，什么“色彩”、“旋律”。

王遥・新闻摄影

知道王遥的摄影是很早的事情了，作为女性摄影师不谈，她本身的摄影经历就有很多传奇的地方。我经常会好奇地想知道一个像她那样从很小很小就开始拍照片，很年轻就获得诸多摄影荣誉的人对于影像会有怎样异于其他摄影师的认识。

不过我和她并不像书里的其他摄影师那么熟悉，所以采访在她单位的会议室中进行，王遥耐心地回答了我所有的问题，礼貌、周到、详尽，但是她似乎决心不给我真正好奇问题的答案，而告诉我她现在的时间和精力都用在管理和帮助年轻人拍好照片上面。

不过，在采访快要结束的时候她热情地聊起了对新闻摄影的热爱——那时候我才觉得她还是一个热情洋溢的摄影师，然后她悠然地说：

“相机就是我的生活”。

我想这或许也是她异于其他摄影师最重要的原因之一。当然，可能她自己并不这么认为。

问：能不能先请你讲讲使用佳能的历史？

答：我用过一段时间尼康，到1996年第一次采访奥运会的时候开始换佳能，然后1996年到1998年我去香港分社工作的时候，香港分社全都用尼康，我就又改用尼康。到2000年我从回来以后一直在用佳能。

问：你现在主要用哪些佳能器材呢？

答：我们现在给记者配的常规的武器是三个镜头。16-35毫米，24-70毫米，70-200毫米，然后再加一个机身，我现在用的是EOS-1D Mark II N，马上要换EOS-1D Mark III了。

问：是哪些核心技术让你选择佳能？

答：我从2003年做摄影部主任以后，所有摄影部的器材都是我定的。我接手的时候摄影部是一半佳能一半尼康，这两年基本上就是佳能所占的比例会更大一点。那么我想主要原因还是器材本身更适合新闻记者使用它。

包括自动对焦技术、防水防尘性能、数码技术等等大家可能都会作为买器材时候的标准去考虑的。因为对于我们来说，价格还不是一个特别最主要的原因，但是我们会考虑工作上的需求。我们摄影部的这些记者有做时政的，有做体育的……他们也用过各种各样的器材，对佳能的反映还是比较好的，包括它的色彩、自动对焦、防抖功能。像我做记者的时候，有人说佳能不够皮实、不禁摔，比较脆弱。但至少我的经历里，觉得佳能还是比较皮实的，磕磕撞撞扔出去的情况也有，但是拣回来还能接着用（笑）。

问：你现在拍照片的工作量有多大呢？

答：当时做记者的时候，全天候都在拍。当时我们还用胶片拍新闻的时候，我们要自己跑出去拍，自己回来以后在暗房里冲胶卷，自己放大，放大以后再把它传出去。就在这样慢节奏的情况下，我当时一个月是八十张照片，这是相当于每天有三张照片，而且都是不同题材的，也就是说，我每天都跑三个现场。那时候我经常住在摄影部里，白天拍，晚上自己在这忙着做片子，就睡在行军床上，持续了五年。

现在出去拍的少了，主要是在做专题，长期或者利用一段时间在做一个选题。2006年一年都是在做京剧，主要是为2008年奥运会，介绍中国国粹吧，出本京剧的画册。下半年如果有时间会去拍京剧。

问：那你怎样分给自己拍摄和在工作时的拍摄？

答：自己的部分占的比例并不是很多，比如说当时获（荷赛）奖拍的陈爱莲，那时就是利用假期去拍的。

问：那时你是不是已经常驻在香港了？

答：我第一次拍的时候还在北京，第二次再去拍的时候我是在香港。那时候是利用七天的婚假拍的。因为我其它时间都是在工作，结婚以后我先生去拍全运会，我没事干了，我想就去拍陈爱莲吧。

问：那你拍照片有什么特殊的设置吗？

答：没有什么特殊的。拍摄时多数是在用连续过片。测光也还是根据情况而定吧，80%的情况都用矩阵，只有特殊情况我会用点测。

问：那曝光方式你选择用程序还是光圈优先？

答：曝光方式根据情况而定，手动、程序，光圈优先都会用到。比如说是在拍京剧的时候，要控制速度，我一定要用速度优先去控制它，如果是控制景深就用光圈优先，如果是要快，我什么都不管，在都能允许的情况下，我甚至会用P挡。没有特别强烈的个人偏好，根据自己拍摄的内容来定。

问：你对于感光度有什么特别要求吗？你觉得1D MARK II N的高ISO你能接受吗？多少能接受？

答：那我不会，这也根据情况而定。比如说在京剧拍后台的时候，或者说拍陈爱莲，很暗的情况下，我不打灯又想拍到，就用高ISO。

对我来说甚至到ISO 1600我都能接受。一开始拍那个京剧的时候，有个别的是拿ISO 1600拍的，因为那现场实在是太暗了，我不用ISO 1600肯定就是拿不下来的——除非是要特殊效果，真的是让它慢速地虚下来。书商当时觉得不是特别理想，他们可能出书看惯了大机器精细的东西，这种所谓的颗粒很粗的效果，他们一开始不是很接受。但我跟他讲：看你这本书的读者选择了我，选择的实际上是一种新闻纪实的风格，他选择的不是那种很精细的、精雕细琢的大画幅那样的风格。这本书如果出成了一种大画幅的效果，很精细甚至把演员拉到影棚去拍，肯定会达到书商一开始想象的那种理想效果，但是我想我做不来这件事，因为每个人有每个人的特长，而我没有一张是摆拍的，全是现场。我说如果你接受不了，那你就等于接受不了这个摄影师。最后他接受了。

但我也会注意，如果条件允许我是不会用到 ISO 1600 那样很高的感光度，我会尽量保持在 ISO 200-400，但是如果拍不到我就会使用高 ISO。

问：你不用闪光灯？

答：我不太愿意用闪光灯，因为我是做新闻的，除非是跑时政那时候，采访两国首脑人的会见的话肯定要打灯，有保险嘛。先打灯拿到最保险的东西，然后再去发挥。但是其他情况下我不会用闪光灯破坏现场光，或者说过多地吸引别人的注意力。用闪光灯的时候都用E-TTL 的自动档。

问：用慢门闪光同步吗？

答：用过。拍陈爱莲当时都用过。包括“荷赛”大师班的时候有一张作业就是那样拍的，用的是慢门闪光同步技术，我当时还觉得那张挺得意的，然后在大师班上被批评说太过于玩技巧了。

问：那你常用的附件还有哪些呢？

答：比如说是独脚架、爱国者的数码伴侣，笔记本电脑在需要抢时效时要背着，佳能有一个通过 WI-FI 把照片传到电脑上发稿的附件，奥运的时候我们要用。三脚架我用得不多，除非用 400mm f/2.8 镜头的时候。

问：那你现在还用胶片吗？原来用胶片的情况是怎么样的？

答：现在基本不用胶片了，在转用数码之前，我最后做的专题是《后911》，不知道你看过吗？那本书都是用胶片拍的，用的柯达的黑白负片，全都是我自己做的暗房。那时候有条件，在芝加哥做访问学者，学校里面暗房什么全都是现成的。

我回国以后觉得特遗憾，我走之前实际上当时大家基本已经都不用胶片了，单位的暗房只有我一个人用，包括拍陈爱莲呀什么的，所以还一直保留着。但是等两年以后我从美国回来的时候，那暗房已经被撤掉了。而且现在胶卷也比较难买，相纸也挺难买的。我上个月从美国回来，我们学校说很多型号的相纸都已经停产。他们都是大批量订货的，连库存都被他们买下来，也都几乎快用完了。

问：那你以后也不打算再拍胶片了？

答：我想，可能还会继续用，但是是更个人的那种，否则只能是一种遗憾了……

问：你觉得你以后大概在摄影上会走什么样的路呢？会专注于新闻摄影还是会……

答：我想可能会比较长时间地做一个选题，做偏向纪实方向的，但我没有完全想好。在美国去做访问学者那段时间也想过要改变，比如说做一些更实验性的、艺术性更强的东西，因为在没去之前，在国内的环境下我们可能接触的很少，到那边以后每天接触的都是大量的那些东西。当时觉得除了新闻以外，这些东西也蛮有意思的，很创新呀，有一种冲动想要改变风格，但是现在又回到这个环境下，又在继续影响你的时候，你就会觉得那些东西离得远一些了。有机会的话我想也会尝试吧，但是这种机会实际上是由很多东西去决定的。

问：我来见你之前就在想，我知道你是从很小的时候就开始拍照片的，长大之后拍得非常好，其实这样的摄影师非常少。你对影像的理解应该跟别人差别挺大的，因为从小你就沉浸在一个影像世界中，会和别人又很大的不一样，只是你现在是不是没有时间拍？

答：我不知道。我没有说刻意和其他人比过，或者可以了解其他人什么的，但是我比较属于那种顺其自然（的人）吧，也没有想过要怎么样就一直走下来了。

问：那你现在拍的图片是什么格式的？用多大的卡呢？用什么软件处理图片？

答：基本都是 JPEG 的，偶尔用 RAW 格式的时候我用佳能原厂的软件解图。我现在用 2 张 2G 的卡和一张 1G 的卡。我在考虑关于 RAW 格式的问题，但是那样一定得容量更大的卡，2G 的有点小。

问：你可以多准备几张卡，一般来讲卡要比数码伴侣安全得多。除非有特殊的软件冲突，卡是非常安全的。

答：我去年有一次去朝鲜的经历，带着数码伴侣，因为我觉得那样会隐蔽一点，也许当地人会不太了解，那些什么东西啊，可能会把我放过去。但是卡很可能会被人没收啊什么的。但是我都备着呢，就是说重要的东西我在卡里也有一份，数码伴侣里一份，然后反正随时……

问：那你的相机有什么特殊设置吗？或者说个人风格上会有什么没有？那你的除尘怎么解决呢？

答：除尘，就这么吹吹吧，佳能公司经常会上我们这服务一下，但是这个期限比较长，平时还是要自己处理。

问：佳能占你的拍摄比例大概多少？

答：绝大多数都是佳能，当然我现在也用小的傻瓜数码相机，原来是小徕卡，然后是理光的 GR－D，但使用它们的比例很小。

问：你觉得你现在的佳能的器材已经能满足你的需要了吗？

答：就我目前做的专题，比如说我现在做既有发稿任务又想要兼顾个人的拍摄，还是很适合的。但是我能完全抽出来做个人拍摄，我想我会选择不一样的器材，比如我很喜欢徕卡的那种感觉，它那重量体积什么的都挺适合我的，佳能相机现在是越来越沉了。

问：那你是每天都带着相机吗？

答：我是每天都带着相机，至少包里随时都会有一个傻瓜相机，那我能保证24小时都有相机可以用。

问：你觉得新闻摄影会做一辈子吗？

答：如果你爱它，真的爱它，你可以做一辈子的，那种感觉是很刺激的。那些是其他摄影都替代不了的。

问：为什么说很刺激，其他摄影不能替代呢？

答：新闻摄影那种挑战真得让你觉得有特别强的成就感。比如在面临一个新闻现场的时候，作为一个新闻摄影记者最主要的是怎样进入现场，如果不能进去的话，怎么拍倒成了次要问题。常常怎么样才能进入现场，对于记者来说才是最主要的考验。很多现场不是别人把你请进去的，没人请你，甚至不让你进，你一定要想方设法进去。而且多次被人家哄走，你还要没完没了的从窗户爬进去的。那时候能考验人的毅力、智慧、勇气、胆量，包括你的所有的一切。很考验人，就像打仗一样。那个时候，在现场你什么都不会想，就想着你如果能进去，怎么能进去，今天怎么能拍到这张照片，而只要能拍到这张照片，甭管它是曝光不足也好，怎么样，其他都无所谓。只要我能拿到这张照片就行了。然后你进去，拍到，出来的时候会热泪盈眶，你会觉得，我真得挺了不起的。在我做记者这种经历特别多，在采访的时候我感觉自己比男同志还强，但是真正回到酒店，把稿子传出去，然后同事跟我说，你拿到了中新社的独家，在现场有那么多家记者，但你是唯一拿到这张照片的人的时候，你真的控制不住，你就想哭，其他什么都不想。

这种刺激，我想是其他的领域都是得不到的。比如说我在拍桂林的空难……或者在澳门回归的时候，一个弹丸之地，全世界的媒体都扑在那里，但那时候我能争取到真正的独家，而且是最关键的时刻，别人都没有，只有我有，我想那时候你会觉得有一种成就感，但你不会在意说这张照片拍得怎么样，因为我拍到了，就已经胜利了。

问：现在年轻摄影师想做新闻摄影师，比较好的渠道是什么呢？很多年轻的摄影师也想走你这条新闻和报道摄影的路，有什么建议吗？

答：渠道嘛，我觉得实际上现在对他们来说机会更多一点，比如说网络的发展，包括更多的媒体的进入，不像以前一定要正规大学毕业，一定要进中央新闻单位，这些都不太需要。你可以去都市报，也可以做个自由摄影师，渠道很多。关键还是在自己，你是不是真的爱摄影。

现在在我们部里面有很多年轻的摄影师，我不认为他们拍得没我好，我认为他们有足够的潜力拍得比我好。因为他们的起点应该是比我高的，尽管我从小开始学摄影，但是我没有他们起点高。他们接受新东西快，从小成长的环境啊什么的，他们见多识广啊，我想都是我这一代人不能比的。但是他们的问题在哪呢？我觉得除了技术上的原因以外，更多的最致命的是他们是不是酷爱摄影，是不是拿摄影当生命，哪怕是当生活的一部分。比如说，他们现在完全就是说这是我的饭碗，我完成任务了，老板你还要我干吗？

我想最致命的可能是这个吧。如果这一点能够解决的话，我想其他问题对他们来说不是什么问题。当他们有时间的时候他们愿意放开照相机去享受生活，但是我有时间我愿意拿着相机，因为相机就是我的生活。

采访时间：2007年10月

王瑶

1970年生，现任中国新闻社副总编辑。中国摄影家协会副主席、中国女摄影家协会副主席，中国文联第七届，第八届全国委员会委员。

5岁开始学习摄影，11岁获1981年全国好新闻一等奖。

1988年进入中国人民大学新闻系专攻摄影专业。1992年毕业分配至中国新闻社。同年获“1992年中国新闻奖”。

1996年赴美国采访亚特兰大奥运会，成为中国第一个采访奥运会的女摄影记者，所拍照片获多个专业比赛大奖。

1997年获得徕卡杯摄影年赛金奖。

1998年派驻中国新闻社香港分社工作，获“中国新闻奖”二等奖。同年获“全国十佳青年摄影记者”称号。同年获得日本佳能风采摄影大赛特等奖。

1999年入选世界新闻摄影大师班学员赴荷兰鹿特丹学习。

2000年，获世界新闻摄影比赛（WPP）金奖。同年应邀赴荷兰在那顿国际摄影节上举办摄影展。并在香港出版个人摄影集《中国故事》。

2001年，应邀担任“荷赛”讲习班中国学员资格评审人及第九届国际影展评委。

2002年在美国芝加哥、华盛顿、旧金山举办个人摄影展。同年获第五届范长江新闻奖。

2004年荣获中国摄影传媒大奖。

2006年出版个人摄影作品集《后9.11》，该画册获得图书出版金牛奖特别奖。

2007年应邀担任美国尤金.史密斯摄影奖评委。应邀担任美国国际摄影中心年度奖推委会委员。

刘展耘 • 时尚、广告摄影

时尚摄影师在很多人眼里是相当风光的工作，每天和美女、美景、顶尖的摄影器材为伍。刘展耘是在北京工作的香港摄影师，他的客户多数是各种时尚类杂志以及广告公司。有时候一起逛在北京繁华的市中心，他会信手一指："这条街上挂的所有大牌广告都是我拍的！"得意之情溢于言表……

和刘展耘讨论器材知识也是一件很有趣的事情，这个器材"狂魔"永远期望走在器材发展的前列，不要说工作上需要用的器材，连各个厂家推出的小数码相机他也有兴趣买回来试用。除了拍摄以外，他的数码后期技术也是很有水准的，可惜这本书未能涉及更多这部分内容。

问：先说说你用佳能产品的历史吧。

答：从最早的A-1、AE-1，应该是1987年吧，然后F1、新F1、EOS-620、EOS-650、EOS-5我都用过，然后就是EOS-1系列所有的胶片机。之后当摄影助理的时候用过D60，然后就1Ds Mark II了。中间有用其他佳能相机，包括1NRS，反光板固定的那个，挺好用的。

问：那你开始为什么用佳能？

答：开始因为那个时候它是自动对焦，基本上，我去的摄影棚大家都开始转用佳能，香港可能多数都是尼康、佳能，有1%的商业摄影师会用美能达的。我当摄影助理的时候是一个过渡期，叫做135过渡期，什么叫做135过渡期呢？就是最早期的摄影师会用哈苏的120什么的，到我那批摄影师呢，90年代初，就是香港的时装摄影的高峰期，那时候用长焦，因为流行透视和虚焦效果，300毫米、400毫米甚至500毫米毫米都会有人用。那个是长焦年代，所以135是主流机型，而且那个时候印刷精度提升，用135拍的作品做海报都没问题。

问：那你现在主要用什么？

答：之前四五年一直用1Ds Mark II当作主力机，最近出的1Ds Mark III和5D II我都买了，不过最近一年主要还是用索尼的α 900。

1Ds Mark III对我来讲是一台遗憾的相机。一个是休眠之后启动速度慢，难以忍受的慢，为此我错过了很多精彩镜头，很无奈。另外LCD太不准，和实际效果差得远，只能看个大概。相比1Ds Mark II时代，1Ds Mark III失去了独有的优势，现在索尼和尼康都有更高像素的机器了。

5D Mark II还可以，不过也不能说优秀，目前佳能和索尼的准专业机水平比较平均，差别不是太大。

α 900的优势是有机身防抖，非常有用；像素怎么说也高一点。另外，防尘效果和除尘性能非常非常好，CMOS除尘技术远远比佳能和尼康要好。画质方面不仅像素高，而且动态范围的捕捉也要比佳能强。我现在经常做HDR（高动态范围效果），（调色彩曲线的时候）佳能（拍的照片）推不动，这方面佳能和索尼α 900的距离要差30%到40%。索尼α 900唯一的问题是定焦镜头，特别是广角定焦镜头不够。蔡司的ZA16-35mm f2.8好是好，但是太沉，我还是喜欢定焦镜头。

问：那你觉得佳能的核心技术哪些对你的拍摄领域特别重要？

答：精度。

问：精度指的什么？

答：像素最高，

问：AF速度呢？

答：因为我主力是手动对焦，它的AF对焦对我的帮助不大。

问：但是你刚才说你最开始用佳能是因为自动对焦？

答：不是因为自动对焦，那个时候我当助理，不是摄影师，开始有自动对焦的时候会很吸引人。

问：就是你觉得拍摄精度、像素高是最重要的，那你选择佳能、其他的呢？

答：对，因为我是商业摄影师，其他……没其他的原因，选它的原因只有一个。

问：那你一年的拍摄量大概多大？一年有多少天在拍摄？

答：这样说吧，1Ds Mark II买下来，我估计拍了20万次。

问：多长时间呢？

答：从买下来到现在3年，20万次。

问：快门还没问题？

答：快门有点小毛病了。差不多到它的极限了，刚才问我的助理，起码超过20万次了。

问：那你用EOS有哪些个人设定呢？

答：全调到标准，解图的时候再作调整，现在都是ADOBE RGB。

问：然后你的图片风格……

答：全都是标准，后期再调整。

问：你用自动对焦吗？

答：现在用，都是单点对焦方式。

问：自动对焦、手动对焦的比例是多少？

答：自动对焦70%，手动对焦30%。

问：你用什么曝光方式呢？

答：工作时全是M挡，出去玩或者拍非工作的图片时是P挡加曝光补偿。

问：你的测光用什么模式？应该是额外测光表吧？

答：机内测光，都是矩阵模式

问：为什么？因为室内光照比较匀还是什么？

答：工作上有一些经验，主要是测光表给我一个数，我看一看就知道差多少，我知道机器对不对。然后棚里呢，基本上我知道那个电箱的功率，装上了灯头，我现在基本不会差一挡，有了数码之后，我前两天还在和朋友讨论测光表的实用性。我现在用测光表的使用率基本是零，今年到现在还没有用过，因为机内测很准。

问：你最常用的镜头有哪些？

答：24-105mm L、50mm f/ 1.4，最多用24-105mm L，焦距最全面啊，然后，防抖很重要。

问：你不觉得光圈不够大吗？

答：我很少超过用f/8光圈拍照片。

问：那你在户外和棚里拍照片的比例是多大？

答：现在一半一半，我拍的是工作性的照片，我要求的是精度，我很少会开太大的光圈，现在可能会开f/5.6，以前几乎不会开大过f/16的，如果户外环境恶劣，我会选择高ISO多过大光圈。

问：你不相信大光圈的素质？

答：不信，精度不够，普通人拍的人像肖像可以脸清晰，但是我拍时装，我要衣服也清晰，脸都可以虚了衣服要清晰，f/5.6或者f/4光圈在我的工作中是不可能存在的。有的新的摄影师认为开大光圈虚背景，但是我职业生涯到现在以来从不会这样做，我用别的方法来这样做但不会开大光圈。

问：那你用24-105mmL有什么窍门吗？

答：用广角的时候有窍门，比如说用透视变形的问题，你要找那个镜头的三角轴心，怎么叫做三角轴心呢？就是说画面里面有三个轴，我只要找到相机胶片平面和模特之间的平行关系，效果就很好，那么可能地平线那边变形很厉害。比如说拍时装，要带环境的时候，如果我的机位比较低，模特需要前倾，但头同时要后仰一点，避免头变太大。清晰度的控制也和它有关，用过座机的人都理解，不过有些人拍一辈子也搞不明白这个事情。

另外关于变焦镜头的心得，就是变焦之后我一定会看看我在使用哪个焦段拍。我是用定焦镜头出身的，我会看，这个画面应该是用70毫米焦段拍的，我会扭到70毫米，我不会站着变焦。即便有时候使用变焦，我还是会看看焦段，然后前后移动移动。这是很重要的一个经验。

我觉得这是必须的行为，有一些新人使用变焦镜头出身，他就站在这里。但是我是非常重视透视的。如果有一天那个变焦镜头的焦段的数字抹掉了，我不会再买。

问：你用闪光灯吗？

答：用，我有两个580EX，也有户外的闪光灯。如果想减轻装备就用580EX，如果是需要人员很多的活儿，我会带助理和电箱。最近用580EX的几率高，做外拍灯的功率够大了。

问：那你用灯使用什么功能什么模式呢？用单灯还是多灯？

答：M挡，单灯，多数是离线闪。

问：主要一般在什么位置？

答：相机的上部，我不喜欢阴影，不喜欢在侧面打光，我喜欢正面光，应该说我拍摄比例是竖构图占80%-90%，所以闪光灯放在上面的机会多。因为工作关系，我跟你不同，你的横构图多，但是我是拍杂志或者广告的，竖构图多，就像我出去拍片，以前100%是竖构图，几乎不拍横构图。现在开始有横构图。

问：那你最常用的附件？

答：遥控设备有pocket WICARD，因为它能带闪光灯，能带动机器快门。

问：你用三脚架吗？

答：很少，因为我是一个主力拍人的摄影师，拍人的时候我不喜欢用，我拍广告的时候就用，要求精度的时候会用。

捷信脚架，我有一根独脚，一根2系、一根3系、一根4系。最常用4系，因为我不经常用，用就要足够稳。云台我用FOBA、金钟和曼富图。金钟有款非常小的云台用起来非常舒服。我自己用云台的时候会用捷信，但是助理用的时候我不用带滑轨钉的，怕助理装不好。

问：你用什么摄影包？

答：主力是箱，120或者更大的器材都用箱装，135相机用包。我有很多包，你说的出来的牌子我基本都有，但我每一个包都有特色，很多包都用超过十年。最大有一个天霸的包，杜马克做成那么大的隔断不好用，小一点的包我用杜马克的，最近我用的最好的包是乐摄宝的带三条腿功能的摄影包。国家地理的包也好用，因为能放电脑。

问：你现在还用胶片吗？

答：主要用数码，胶片没机会，没有客户需要，自己也很少用，一个原因，北京冲不好。

问：用数码的时候你拍的格式肯定是RAW吧？

答：RAW加小JPEG。

问：那你知道其他国外同行他们用的设备有什么差别？

答：基本都一样，只不过有些不是玛米亚是哈苏之类的。基本上都是这个标准配置的。

问：你有几台电脑？

答：四台，三台苹果一台PC。另外，工作室每人有自己的电脑，电脑一定要自己用自己的那台，否则就很有多碎片，很乱，很多问题。

问：符合你理想的器材和配置是怎么样的？

答：像素多多益善，必须要能插卡，还是数码的，胶片没有太大意义了，然后，尽量轻一点。自动对焦的点更加贴边缘一点，佳能的问题就是太靠中间了。重量轻很重要！

问：你对佳能的不满？

答：太重，还有调焦点。拍体育可以，我们拍时装的就很麻烦，竖构图多，人脸在上面，永远对不上人脸。这是它的弊端。

重量是一个很大的因素！不只是商业摄影师，其他领域的摄影师也一样，重量是大家最头痛的问题。机身轻很重要，光圈小一点没关系，重要是轻。你看我佳能买的全是小光圈的L镜头。

我也不用85mm f/1.2L，太重了，我用85mm f/1.8。24-105mm L没出之前棚里基本上就是85mm f/1.8，24-70mm L焦段不够长，变形厉害啊。

另外，如果50mm镜头出的是防抖的，我可能用它的几率非常高，没防抖我不会考虑，大光圈对我来讲没用。

问：你的照片对那些途径使用呢？

答：各种顶尖杂志，广告。

问：如果有其他的爱好者或者年轻摄影师想要走你这条路，你有什么建议？

答：学习周期尽量加长，比如当摄影助理的时间长，去读书的时间更长。

问：什么样的学习方式好？

答：当摄影助理最好，最实在。

问：你大概多长时间换一次助理？

答：两年能带出一个助理。

问：你带出一个助理他就能独立工作了吗？

答：能，基本能做。

（第一次采访时间2007年10月，第二次补充采访时间2009年6月）

刘展耘

上海出生，香港成长，现居北京。

1992－1994年在香港著名摄影师蒋家骅摄影工作室任摄影助理；

1994 － 1996年在zoom&size poudtion任助理摄影师；

1996 － 1997年底在香港当自由摄影师；

1998年初到北京发展；

1999年底合作创办北京圣云风摄影工作室；

2002年成立刘展耘摄影工作室；

2004年与谢墨、卢伟、林添福组成摄影精英组。

2008年成为瑞丽首席摄影指导

合作杂志包括：

《瑞丽》集团：《服饰美容》，《伊人风尚》；《时尚》集团：《伊人》、《芭莎》、《家居》、《健康》、《先生》、《座驾》、《好管家》、《娇点》等；

曾合作的广告公司包括：

奥美、智威汤逊、麦肯、李奥贝纳、电通等；

业务包括：

中国移动、北京移动、动感地带、全球通、中国联通、中国网通、MOTOROLA、索爱、西门子、三菱、松下、海信、联想、伊莱克斯、IBM、LG、佳能 、麦当劳、肯德基、蒙牛、红牛、汇源、益达、潘婷、兰寇、伟嘉、李宁、壳牌、大众、建行、农行等

王实·美容摄影

和王实可是老朋友了，这是一个聪明风趣的家伙。不过听说我要为佳能的书采访他之后，王实思考了一下之后很谨慎地尝试拒绝，他有点腼腆地问：

“为什么找我？”

“我问了很多时尚杂志的编辑，她们都说你是这行里最好的之一。”

我自己不碰时尚摄影，但是我和很多顶尖的时尚类杂志的编辑是很好的朋友。在准备做这本书的时候，我向她们询问时尚摄影领域谁算是顶尖的摄影师。结果是，关于时装摄影，很多人给了我很多不同的建议；而在美容的领域，几乎所有的美容编辑都跟我说，“你应该去找王实”！

他又想了一会儿，更加腼腆地说：

“佳能不是我的主力相机。”

“没关系，我就是要读者知道什么事情是EOS能做的，什么是不能做的。”

“嗯，不过很有可能你的问题我真的不太好说……”

问：能否说一下你的主要装备是什么？

答：工作室主要是五套数码：一个是飞思P45、飞思P30+，佳能的1Ds Mark III、5D、30D…… 我自己现在主要用的是数码后背，因为我拍的主要是妆容图片这一块，对肤质还有细节要求更高。对于时装摄影有时为了营造气氛甚至拍虚了都可以，但是美容这个领域多数情况下还是要求非常细节的东西。所以我会考虑到用数码后背，而且飞思软件也还不错，虽然它可能暗部表现力稍差一些，但是我觉得商业上够用。

而且数码后背给客户的感觉可能会更专业一些。

135相机其实我平常用的也不是很多，但是在一些特殊情况下，我还是会选择。因为我并不是每天都只拍妆容片，也经常会拍些时装或广告类的图片，特别在外拍的时候，我会带一套135的数码相机出去。这样做，第一是防止万一我的数码后背有什么问题，第二是在有一些需要大广角，或者是一些比较灵活的拍摄时——比如说选择高角度之类的——数码后背连着电脑可能特别麻烦。（你用电脑连数码后背？不用卡存？）对，我一般都带着笔记本用连线接数码后背，这样比较有利于客户现场确认，拍摄效果直截了当。而且数码后背后面的液晶屏（显示色彩）不准，显示得比较粗糙。我看不明白到底色彩怎么样、曝光是否合适，拍摄时会心里没底。当然我们新买的飞思P30+液晶显示有所改进。所以多数情况下我会连线去拍。

现在外拍比原来增加了不少，所以我们添了一台1Ds Mark III，觉得挺好。毕竟在户外拍摄数码后背不太方便，最近包括去日本、菲律宾的拍摄都是用1Ds Mark III完成的。用1Ds Mark III（的画质）包括杂志、大点的海报啊，都没问题了。现在佳能机器已经占到我们大约30%的拍摄量。

不过，如果是拍用在户外那种特别大的广告，我们还是会用数码后背。

问：那现在用什么佳能镜头呢？

答：17-35mm L、28-80mmL，都是老款镜头，那上面的胶皮我们粘了好几遍了，当时是和EOS-1一块买的；后来和EOS-1一起买了300mm f/4L IS、1.4倍增距镜、还有70-200mmL f/2.8。一年前为了拍摄小件静物又买了100mm微距镜头，我后来就没怎么买新镜头。因为这东西用的频率不是特别高，反正觉得够使就行了。

问：那你一年大概有多少天在拍摄？

答：休息时间很少，一星期能有一天休息就不错。

问：你用佳能机器有什么特殊设定吗？

答：用佳能的时候我全会用手动，其他没什么特殊的设定，无论室内还是户外都用测光表测光，偶尔也会用到相机的内测光。因为现在是数码的，不太重要的图片拍完看看屏幕什么的，也就差不多了。

问：用什么样的闪光灯呢？

答：闪光灯我经常会用，我们这边有一部分布朗灯，一部分其他国产灯，机顶灯已经坏了两个了，前两天刚买了一个最新的580EX。因为我们这边有各种各样的活儿，比如我们的助理会拍点活动，拍个服装表演，甚至去拍采访之类的，都需要机顶灯作个补充，当然也带着外拍灯去。

问：你一般都带几个灯头？

答：像我今天上午刚拍完一个外拍，通常情况下我会带三个灯头，假如情况特别简单，我也会带两个。

问：你常用的附件还有什么？

答：三脚架、云台、测光表。我们有两三张8G的卡，不多，是因为即便用1Ds Mark III，我们也多数是连着电脑拍的，这种情况还是挺多的，比如在酒吧或者写字楼里拍。

我还买了一个色温表，飞思数码后背有一个灰卡，可以拍完在软件里调色温，不过从我个人感受上说老觉得灰卡也许并不是特别的准确。最早我们做摄影棚的时候就买了一个色温表，拍胶片有时会感觉到色温衰退，那你该换闪光管了。直到现在觉得色温表还是有用的，更加精确一些。另外，我可以尽量把自己装扮成更职业的样子。（大笑）

问：你现在还拍胶片吗？

答：自从上了数码后背基本没拍过胶片。

问：你数码用的是玛米亚机身？

答：是。因为公司以前拍胶片时就有两套玛米亚RZ67机身，50mm、110mm、140mm、180mm镜头。买了数码后背之后就暂且先用它了。但是玛米亚RZ67接数码背也有一个问题，因为飞思数码后背的画幅是接近6 × 4.5的，我接6 × 7相机，镜头会乘一个1.3的系数，会延长，因此镜头上缺广角端。而广角镜头又常常会用到，比如我们拍了一个品牌的软文，它需要两个人的前后透视关系，但是现场空间又比较局促，就需要广角镜头。所以我每次还是会带佳能出去，如果数码后背不行我就会用EOS机身加17-35mm L镜头。

问：拍美容产品最重要的镜头是什么？

答：我现在一般用140毫米，是一支近摄镜头，加上1.3的倍率，大概相当于35毫米相机的100毫米微距镜头。以前最早时候我用180毫米的镜头，但是感觉不舒服。

问：那你现在就彻底不用胶片了？我原来听说你经常用大画幅相机拍美容图片的？

答：对，原来我全是用胶片的。甚至很多美容图片都是用4 × 5相机拍的。你也熟悉的像《嘉人 Marie Claire》那样要求严格的杂志，一定要用4 × 5，特别是重要的片子。所以通常我们会一组片子里拍三四张4 × 5，然后再拍一点120的底片。她们的编辑要求说：我们要肤质好、要极限的效果，我就只能用4 × 5的相机拍，但是后来发现，多数情况下最终使用的还是120底片，因为人是活的，4 × 5拍的照片有时候人太僵了，很难抓到感觉。

问：现在用数码的东西她们能接受吗？

答：现在已经完全接受了，以前我用胶片一半、数码一半。数码的东西，第一点：数码的层次、肤质客户能接受了；第二点：速度快，没有什么先冲洗，然后客户去挑片，再电分，再返过来修图这么长的过程了，非常快。特别是拍广告或者杂志随文图片，第一天拍，第二天要给客户看片子、确认，第三天修完片子，马上下印厂。因为客户订单有时候来得很晚。数码体现了优势，非常快。拍完转成JPEG小图，马上给客户挑图，客户确认了，就可以修图了。第三点，数码有利于客户、摄影师和模特的现场把握、操控。所以现在基本上不拍胶片了，胶片的速度真是太慢，而且杂志要求的速度越来越快，每个出版社的档期都在提前，所以她们对图片拍摄的速度要求越来越高，我这边感觉压力也越来越大了，尤其后期制作这一块儿，后期修图常常跟不上。我有三个修图的人，再加上我还能做一部分，但是感觉还是很吃力。

问：你自己也做后期？

答：做后期呀，现在有时干不完要拿回家做。

问：修图都有哪些工作呢？

答：美容修图特别麻烦，比服装要费很多工夫，因为所有看的都是细节。可能修一张服装的图最长时间要一个多小时，或者半小时就OK了——假如前期拍得很到位的话。但是修一张美容图最少需要两到三个小时。首先要去瑕疵，比如脸上的豆啊、包啊等等，包括模特的鼻毛没剪，眉毛周围没剔干净，都要先修掉；然后开始修一些皮肤的细节，还有脸上皮肤或妆容不均匀的部分，修完肤质再调脸型。现在国内和国外的美容图片还是有区别的，国外的可能更多东西是要本色一些的，比如一些皮肤上的小斑点都不会修掉，但是国内的美容图片要求脸上是没有瑕疵的。岔开一下话题，我感觉现在的这种情况并不会长久存在下去，现代社会的高度商业化或者叫做经济大潮并没有多元化的精神文化与之相匹配，势必造成了全社会群体性审美畸形，但是我觉得说不准哪天审美又会变化，会又回到风格多样的那种状态。岔开话题，瞎说啦（笑）。然后修完脸型以后，可能还要修眼睛的眼型，包括嘴、牙，是不是有什么瓜子牙什么的都要注意，包括眼球要提亮，眼球要修得很舒服等等，都特别繁琐。有时还会有一些工作，比如要不要换一些背景，或者说背景的颜色需要调之类的。所以我觉得能修美容图的人，干别的都应该是OK了。真的，可能修车或者产品的图还有些不行，不过修过美容图的修服装图什么的可能就很容易了。

问：那么修服装图需要一个什么过程呢？

答：修服装图主要就是要强调一个大环境，我觉得就是一种气氛。它并不要求模特的肤质修得有多么好，因为有时候根据主题的需要也许人物会在画面中占很小的部分，甚至强调动感等气氛时甚至人物会虚一些。除了比较复杂的创意图片，比如说超现实主题的图，多数情况下修服装图片更多是要把握整体色调，还有就是调整模特体形以及腰、腿、肩的姿态这种细节。剪裁后把握好构图也就差不多了。

问：你是先用飞思解RAW，然后拿photoshop调图？

答：对，目前我们有三台苹果台式机，两台苹果笔记本。笔记本主要是用于外拍时的联机拍摄和回家修图，剩下都是PC机。PC主要给助理用来点脏点、粗修，然后转到苹果上修图。

问：你现在每天几乎所有时间都在拍照片、修照片，你觉得能睡多长时间觉呢？

答：我们的工作周期是每个月的30号到下个月的5号之间可能会轻闲一些。其他时间都有拍摄工作。20到28号会超忙，主要原因就是赶杂志，这个期间一旦有比较急的广告插进来就会更加忙得昏天黑地，呵呵。最多的时候一天要侍候三个客户。不过相比之下广告拍摄还是要好一些，比如通知你有广告拍摄，前期的报价和准备会基本上由我的助理去参与，拍摄完毕广告公司把图片转走也就结束了，后期基本上我不会跟进过多。除非拍一些艺人的宣传照，后期还要修图。杂志就不一样，她们的时间都很紧，说每月25号下厂，你必须在这之前完成。轻闲的时候，我们可能会休息休息，组织公司员工去郊游、唱歌或是做做培训，其他时间基本上就是疯狂地干活儿。

问：你用相机上有什么设置吗？

答：基本上没有什么。我现在用飞思软件解RAW文件的环节，就先把前期拍摄中遇到的颜色、反差、饱和度等问题调好。但是现在飞思有一个问题，就是如果用飞思软件直接转成四色CMYK的话，感觉不如三色RGB层次丰富，所以我通常会转成RGB的，然后再修图。修完再从Phtotshop里转CMYK。包括我给广告公司提供图片的时候，广告公司的美术部门也会跟我要求提供的图是RGB的，不要CMYK。我个人修图的时候，以前也转过CMYK，但是感觉后期调图颜色上比较难处理，怎么调都不是特别舒服。最后印刷的时候最好让他们自己转吧。

问：你用佳能拍的RAW文件也用飞思的软件解图？

答：对，我发现用飞思软件转佳能的RAW也挺好的。事实上，也有很多摄影师是这么做的，而且还可以把图像转得比较大。细节、颜色上也更出色。

问：那你的除尘是怎么解决的？

答：买数码后背时会附赠两个瓶子加一个刷子的套装。佳能的数码相机我们会去佳能指定的专业店做处理。（多长时间做一次？）脏点多了就做一次，没有规律。自己做除尘我怕给弄坏了，觉得自己不够专业，还是让专业的人去做吧。

问：对于你的工作领域，主要拍摄美容产品，最理想的配置是什么样的？

答：假如我有钱的话，想换哈苏H系列的更好的机器，毕竟自动对焦方便很多，我们这里的年轻摄影师对于手动对焦还是不太习惯。

近几年我一直在使用佳能，我对它的品质、成像质量都是挺信任的，假如它要是出一个感光元件面积比现在更大的相机，类似120的相机，我会非常愿意去尝试。

问：那你知道国外的顶级美容摄影师他们都用什么机器吗？

答：飞思、利图的数码后背还是比较多，有些国外的摄影师来租我们的摄影棚，也会问有没有数码后背。如果有，他们就不会千里迢迢地带过来，毕竟很麻烦。拍广告或精度要求比较高的图片可能用的最多的还是数码后背。

问：那你的照片现在都是哪些途径使用？

答：主要是广告，杂志的随文图片和编辑文章。

问：我遇到的几乎所有时尚杂志的美容编辑都说，这个领域你应该找王实，那你是什么时候开始做美容摄影师的？

答：我第一次拍美容图片是一件很偶然的事情，后来就开始有其他杂志的编辑来约，我也觉得特别怪（笑），后来圈内的人们就认为我拍美容是特别专业的，所以慢慢就这么把自己给搁到那儿去了。我平时也拍点诸如时装其他类别的东西，但还是感觉拍摄人像类图片更加得心应手。

问：如果其他的年轻摄影师想选择你这条路，你有什么建议吗？

答：其实我觉得我真是一个特例，在时尚圈里很多摄影师都是从服装或者从美术专业转过来的，他们的创意、思维、想法会更丰富、活跃一些，而我们这些学习摄影出身的摄影师在注重用光、细节、严谨这些方面的同时还要更多学习和领悟美术和时尚方面的新知识，在提高自身创造能力和审美方面下更多的功夫。

随着社会分工的细分化，不同摄影行业对摄影师自身素质要求的侧重点也是不一样的。比如专门从事广告拍摄的摄影师，可能需要你有特别严谨、高超的拍摄能力以及与客户良好的沟通能力，但是它并不需要你有很高的创意思维，更多的时候广告公司会交给你设计稿让你去执行，那么你的用光，你的角度的把握一定到位，要表现得足够职业。只要你的拍摄经验丰富、技术过硬就比较容易达到客户的要求。但是假如在时尚摄影这个圈子里，可能美术功底、创造性能力、拍摄风格会显得更加重要。

过去在拍摄胶片的时候，我也看过一些从美术、服装专业转过来的摄影师拍的胶片，要么（曝光）欠、要么过，要不然就是用光的时候比较费劲——特别是在他们刚进入摄影这个圈子的时候。但是，这些不足他们完全是可以通过实践慢慢掌握的，而更多比拼的就是创意以及视觉元素的运用和控制能力。现在有了越来越强大的数码后期，即便在前期拍摄的技术层面上稍微弱一点，通过后期弥补问题都不大。而假如你没有想法，在时尚摄影这个圈子里面生存就会很困难。

（第一次采访时间2007年10月，第二次补充采访时间2009年6月）

王实

1991年进入中国服装集团公司开始接触时尚摄影工作，梦想将来能拥有自己的专业影棚并且从事时尚摄影工作。

1999年和他人合作东方明珠摄影-棚

2006年11月开始经营自己的般若视觉摄影公司。

擅长拍摄人像及产品类图片。

主要合作媒体：《嘉人marie claire》、《时尚COSMOPOLITAN》、《时尚芭莎》、《TRENDS HEALTH》、《时尚先生》、《悦己》、《L`OFFICILEL》、《优品》等

主要合作品牌：

妆容类产品：CHANEL、LANCOME、DIOR、ESTEE LAUDER、L`OREAL等

其他产品品牌：BMW、NOKIA、SONY ERICSSON、HP、ABB、NISSAN、PANTENE、奇瑞、蒙牛、三元、娃哈哈，等

翟东风 • 旅游、风光摄影

翟先生是我最早在国内熟识的摄影师朋友，那是2000年，我们俩都是《中国旅游》最早的签约摄影师。当时我还只是工作之余一个对摄影很有兴趣的年轻票友，而翟先生成名已经多年了，我们俩有时候外出工作的时候会住在一个房间里，通宵聊天。

翟先生以风光摄影著名，在我的印象里，他的背包里永远装着林好夫和哈苏，所以我才会更惊异于他现在居然已经在使用EOS的数码相机了。

问：能否讲述一下你使用佳能相机的历史？

答：2005年，佳能公司曾借给我一台EOS-1N和三支镜头，一只闪光灯。使用了一段时间之后，我感觉EOS-1N是一台性能实用、操控性十分方便的专业相机。因为我长期使用尼康相机，一直认为在清晰度、色彩还原等方面尼康比佳能略胜一筹。通过一段时间的实际操作，逐渐改变了我的看法。如果单讲操控性，佳能的设计更趋人性化。后来又有机会尝试了一下EOS - 1V，感觉更是得心应手。通常我出门的时候一定要带两台以上的相机，全部用反转片拍摄。这样大概断断续续地使用了一年左右。我今年出版的《土耳其摄影之旅》那本书中使用的图片，就全部是用佳能相机拍摄的。那些图片是我在两次赴土耳其旅行采访期间拍摄的，直到有一天，我想再重新尝试使用我的尼康相机时。发现已经不太会使了，尼康的操作系统和佳能的差异确实很大。

最近我试用的是EOS-5D，镜头是24-105毫米和70-200毫米两支带防抖动功能的镜头。另外我朋友有一台EOS-1N在我手里，配有一支17、35毫米的镜头。三支镜头，两个机身，一个拍数码，一个拍胶片。

问：佳能哪些核心技术吸引了你？

答：其实我不是特别研究相机的功能。一台机器拿来以后，我只是熟读一遍说明书，对相机结构简单了解一下，然后在使用的过程中逐渐体会。我喜欢EOS-1N是因为它的整体设计非常合理，包括拨盘的设计、对焦点的选择等等都很方便。尽管我更习惯使用手动，（即使我用自动聚焦的相机，我也会经常采用手动对焦。）像我们这批经历过传统相机的摄影师，从初学摄影就一直苦练手动调焦，已经习以为常了。当然，别小瞧这些诸如焦点的选择，手、自动切换的微小改进，在实地操控中，佳能确实要比尼康方便得多。

另外佳能的防抖动技术的开发还是非常实用的。因为我手中的尼康镜头比较老，ED镜头也是比较早期的产品，都不具备防抖功能。当我尝试了佳能那只著名的70-200mm f/2.8防抖镜头后，感觉防抖的效果非常显著。通常我在国外采访的时候没有机会使用三角架，这样带防抖功能的镜头就提供了较大的拍摄空间。大光圈再加上防抖功能，是图片清晰度的有效保证。

还有一点就是多次曝光的功能，我指的是胶片相机。它的自选功能中有一个设定，最多可以曝光九次，比如我在外面拍夜景的时候，我就不用快门线了。我把机器支好了以后，设定为多次曝光，根据光线的亮度，分时间段进行曝光。比如说我设定每次曝光30秒钟，这样累计，最终用四分半钟拍出一张影调丰富的夜景照片，效果会比用长时间曝光一次完成的好。其实我采取这种办法纯属被逼无奈，因为我没有电子快门线，别人的机器，我也没有必要花几百块钱再添一根电子快门线，这种小窍门就是在实践中摸索出来的。

问：那你拍摄夜景都是用胶片拍吧？

答：对，主要是拍胶片。在亮度比较均匀的情况下也许会用数码。如果光比较大，数码的效果就不如胶片了，拍夜景只有一次机会，我还是觉得拍胶片踏实。

问：那你一年的拍摄量大概有多大呢？

答：一年中应该有一半以上的时间在外拍摄吧。其他时间在北京休整，拍的就会少一些。但在北京几乎不用小机器（135相机），基本都用120以上的片幅。反转片不好统计，大概500卷以上吧。

问：那你用佳能机身有什么个人设定吗？

答：拍摄模式我一般选择光圈优先，拍摄运动物体是会选用速度优先，程序快门不用，M挡和B门通常在夜间或者是静物摄影中使用。

问：曝光补偿呢？大概占多少比例？

答：我几乎每拍一张片子都要进行调整，最少也要调0.3档，自选功能设定在0.3级调整。我认为拍反转片的乐趣就在于曝光调整。

问：包围曝光用吗？

答：从来不用，如果我感觉一张照片需要追求最佳效果的时候，我会往一个方向调整，决不会左右摇摆，减就是减，加就是加，我认为采用包围曝光是一种不成熟的表现。

问：你测光用哪些模式？

答：我基本上用平均测光，很少用点测光，矩阵也不用，我习惯就用平均测光。

问：用额外的测光表？

答：在拍夜景的时候用美能达的4F测光表，白天很少用。

问：你说你经常使用手动对焦？手动对焦、自动对焦大概比例是多少？

答：我觉得手动对焦可能会占一半多。

问：平时需要训练吗？

答：早期时需要下苦功夫训练，现在不用了，早已习以为常。

问：你最常用的镜头是？

答：可能17-35毫米、70-200毫米算多的了。中间用得少，你看我那本书就知道了，原来有一个28-70毫米，相对用的也少。

问：你用的是17-35毫米，不是16-35毫米是吧？

答：开始佳能给我提供的是17-35毫米，后来又换成16-35毫米。

问：这两个你喜欢哪一个？

答：那肯定是16-35毫米

问：为什么？

答：因为色彩还原、对焦速度、密封性能都很好。

问：其他的呢？

答：其他我觉得成像也要好一些。包括早期的70-200毫米和现在带防抖的70-200毫米，我觉得带IS功能的，锐度明显比以前的同类产品提高了许多。

问：大光圈好还是缩光圈好？

答：就一支镜头而言，两者之间不可比。我只是在刚换用这支镜头时，对冲洗后的图片进行了比较，感觉锐度和色饱和度比以前明显提高了。不过总体来讲，这支镜头无论是最大光圈，还是缩到最小光圈的表现都十分出色，当然，如果单从兴趣讲，我更喜欢使用大光圈拍摄。

问：70-200mm f/2.8和70-200mm f/4你比过吗？

答：f/4的我偶尔使用过，但是我觉得用起来有点别扭，太轻，因为我们使惯了重的带手柄的机器了，用这个镜头就会感觉前面缺东西似的，有点飘的感觉。

问：但是你拍旅游的时候，小光圈应该更好用啊。

答：这一点不确切，旅游题材也有许多是大光圈拍摄的。毕竟专业器材使惯了，突然一轻了，我会感觉很别扭。甚至有时候，装手柄和不装手柄都会觉得有差异。装了手柄以后，会觉得稳定性很大，但没有装手柄时，在拍竖幅画面的时候，就会觉得持机不稳。

问：你是经常装手柄拍摄吗？

答：我一般情况下能装尽量装，握持起来很踏实，拍摄起来信心十足。

我觉得手柄的加装，对于使用长镜头竖拍画面很重要，稳定性提高了很多。

问：其他镜头很少用吗？

答：其他型号的佳能镜头几乎没用过。

问：那你最喜欢的镜头是哪一支呢？16-35毫米？

答：其实我最喜欢的还是70-200毫米这个焦段的镜头，我喜欢这类镜头的透视效果，我觉得这类镜头在我的摄影生涯中，使用概率是最高的。佳能的这支镜头从成像和使用上基本上没什么可挑剔的了，足以达到我的要求。因为过去我是使用尼康的大口径定焦镜头，感觉明显是比变焦镜头要好。（但现在说句实话，佳能的定焦镜头我没有用过，那种大口径的镜头我也从来没有用过，无从去比较。）但这支镜头所能提供出来的素质，我认为已经足以达到我的要求了。

问：这支镜头使用上有什么窍门吗？这支镜头对焦准吗？

答：总体上讲是准的。

问：这支镜头你也是手动对焦？

答：对，当感觉自动对焦不能迅速锁定我所需要的焦点时，会毫不犹豫地采取手动。

问：从取景器里面检查电子对焦点吗？你对的时候它会有灯亮，你检查吗，还是完全靠经验？

答：我有时候看一下。我会设定让它亮。

很多人用锁定焦点拍摄，我基本上不会采用锁定焦点，因为我想要拍哪里，焦点就一定要调到哪。但有时候自动对焦可能会达不到这种效果，因为它的对焦点和你要找的那个点不相吻合。我又不习惯用锁定焦点这个功能，为什么我经常使用手动，就是这个道理。

问：你用闪光灯吗？

答：用过540、550、580。每次只用一只。

问：在机顶闪还是离线闪？

答：大部分是机顶闪，有时候会用离线闪。

问：怎么权衡？

答：拍人的时候，都是在机顶。拍景时，当条件允许你把相机架在三脚架上的时候，就会考虑把闪光灯移开一些，这样会产生立体感。

问：那你闪光灯用什么模式呢？

答：如果仅作补光用的时候，我会用TTL，或者用手动的，比如1/4或1/8的功率作简单的补光。

问：你用闪光灯的时候，照相机的模式是放在M档还是光圈优先上？

答：白天通常都是放在光圈优先上，照度比较低的时候选择M档。

问：等于主要是补补光？

答：对，因为有时候拍大光比的时候，比如人在强烈阳光下的阴影部分，或者是黑人黝黑的肤色，如果不补光，会毫无立体感。

问：还用什么附件进行补光吗？比如柔光罩什么的？

答：我不用柔光罩，直接用闪光灯。但是我大部分时间会用折射、反射，较少用直射。

问：你常用的其他附件还有那些？

答：三脚架，我一般出去会用两个三脚架。大的就是捷信的1227碳纤维脚架，还有一个小脚架，有时候会带一个独脚架。白天有时候会用独脚架。

再有就是滤色镜，主要是密度镜和偏振镜。

问：密度镜指的是ND镜吗，还是渐变的？

答：ND镜，不是渐变的，我需要的是能在明亮光线下将速度降下来，这在风光摄影中十分有用。

问：你用几号的ND镜？

答：我只有一块，应该是ND8，可以降低三挡曝光量。

问：偏振镜你用得多吗？

答：早、晚尽量不用，蓝天白云的时候会用。因为早晚如果不是偏振光比较强的时候，我尽量不用，希望那种微妙的影调不要被偏振镜滤掉。白天偏振光比较强，所以常用。

问：你现在是胶片和数码同时用吗？

答：对。

问：什么时候用胶片，什么时候用数码？

答：我觉得要拍的东西比较有保留价值的时候，就会用胶片。拍人的时候，需要抓瞬间，可能用数码的概率会多一些。拍景的时候，有机会仔细调整，就会用胶片。但有时候我发觉同时使用两台机器时会出问题。单纯使用胶片的时候没有这个问题，因为不需要换镜头。现在使用数码拍摄的时候，忽然感觉到，哎呦，这时候是不是该用胶片了。最近老有这种感觉。而一着急、一犹豫，这个瞬间没有了，你也没办法，不可能再拍了。前些时候我还在和其他摄影师聊天，他现在改使数码，胶片已经不用了，我还是难以接受这种现实。我发现同时使用这两种性质不同的东西的确会出现顾此失彼的情况。有时候回来看照片的时候，会觉得，呦，这张怎么没拍胶片，或者那张怎么没拍数码。两台胶片的相机不存在这个问题，或者两台数码也不会存在这个问题。

问：我现在是135用数码，120以上用胶片，稍好一些。

答：我有时候也会采取这种办法，但是我觉得，出国的时候，用120相机特别扭。行程不允许你慢悠悠地架起三脚架等光线，120相机无法手持拍摄，极不方便。我有一台宾得645和两台哈苏，加上配套镜头就很重，操作起来也很麻烦，所以还不如就拍135的呢。

问：你用什么胶片？

答：柯达100VS，柯达EPP，富士PROVIA100F，富士VELVIA 100F。

问：怎么区别呢？

答：白天光线强烈的时候我基本会选择柯达EPP和富士PROVIA100F，因为这两个胶片相对中性一点，宽容度大一点。富士VELVIA 100F会在早晚用。曾用过一段EB3，现在也不用了，胶片拍得比较少了，就没有必要用太差的，EB3和EPP的差距还是非常大的。现在EPP在市场上也很少买到了，我基本上都用PROVIA 100F。另外这种胶卷还有一个优势，就是它可以迫冲增感，所以有时候我会采取迫冲。因为以前没有数码的时候，照度低的时候，迫冲增感还是很有必要的。

问：那你拍摄的是什么格式的图片呢？

答：我通常是用JPEG，但是如果感觉很重要的时候，会马上换成RAW+小JPEG的格式。

为什么主要用JPEG呢？还是觉得回来挑选方便，因为我自己不调图，后期完全交给编辑，结果我控制不了，现在JPEG的大文件可以做到整版了，RAW可以做跨页。

问：那你用多大的卡？

答：我有四张1G的高速卡。

问：那你用数码伴侣么？

答：用。

问：用什么牌子的？

答：爱国者的UH-P706。

问：多少G？

答：40G。

问：够用吗？

答：够用，因为我的拍摄量不很大，即使全程拍摄RAW格式，也不会把数码伴侣存满，最多拍过十五六个G。

问：你也不做后期处理？

答：我不做，都是交给编辑去做，因为我不会，也不想把过多的精力放在调图上。

问：那你的数码相机怎么做设置？比如是用什么色彩模式？

答：色彩模式就是使用ADOBE RGB

问：色彩风格你用什么？

答：通常只放在标准模式。后来朋友推荐使用风光模式，我尝试了一下，感觉不错，特别是在阴天的时候色饱和度有显著提高。

问：你除尘怎么解决？

答：我定期清理一下，但很难避免灰尘，不管怎么注意，只要一换镜头，就会吸入灰尘。如果用两台以上的机身，减少更换镜头，可能会好一点。你呢？

问：我更麻烦，我是用定焦头，老得换镜头，灰尘问题非常严重。我有时候能够自己处理。你可以在一个湿度合适的房间，比如浴室里、保证干净、吹一吹，也就是这样。然后回来的时候，可以让佳能公司再帮你处理。

答：我倒是从来都没有找过佳能公司，我通常也是在浴室中清理一下。

问：佳能占你拍摄比例的多少？

答：目前来讲应该能占到一半以上。

问：指的只是旅游还是所有拍摄领域？比如风光呢？

答：外出采访做专题报道时主要使用佳能拍摄，拍风光基本都是宾得 645，或者哈苏相机，现在 4 × 5 相机很少用，今年只用过一次。

问：在你整个摄影创作中还是只是旅游摄影中？

答：应该是整个摄影中，既然现在有机会试用佳能相机，就应该充分利用好它，我的尼康相机基本上扔在家里暂时不用了。

问：除了佳能还在用哪些器材吗？

答：我还有一个宽幅的富士 TX1，配一支 45 毫米 f/4 的镜头。一套宾得 645，镜头是 33-55 毫米变焦，75 毫米标准镜头、120 毫米微距；一台哈苏 38 毫米 SWC、一台 503CXi，镜头是 50 毫米、80 毫米、120 毫米微距、180 毫米、500 毫米各一支。

问：你什么时候用 120 相机呢？拍风光的时候？

答：以前出国时偶尔会带宽幅，现在也不怎么带了，觉得回来以后图片在杂志上的使用概率太低。有的国家适合于拍风光的时候，我就考虑带 120 相机。

问：你一年平均去多少个国家？

答：六七个吧。

拍这种旅游的图片一次大概多长时间？

答：通常 10 天左右做一个专题报道。

问：你知不知道国外和你同类的顶尖的摄影师是用什么器材？

答：我在国外其实很少能够真正和摄影师面对面地交流。有一次在挪威我曾经和他们做过一次交流。当时是在一条游船上，我一看对方的架势就知道是搞摄影的人，我就请导游帮我和他们进行沟通，一问，对方是一个类似于国内的高级发烧友的摄影师团体，他们的器材全部是佳能的顶级设备。大家来自不同的地区，利用假期，去马格尔岛上参加艺术交流活动，他们返回的时候，上了我们乘坐的那条船，我就和他们聊天。他们当中一个主要的组织者是一位女摄影师，她在挪威的国防部工作，她是这一群人当中唯一还在使用胶片相机的。其他人全部改用数码，就是说他们更新换代的速度也很快。那位女摄影师一听说我还在使用胶片，特别兴奋，一路上始终在和我探讨使用胶片的感受。

问：那你觉得胶片和数码的差别有多大？

答：实话实说，我觉得目前来讲差距还是挺大的。因为胶片毕竟经过了上百年的考验，技术已经非常成熟。使惯了反转片，在拍摄的时候，你是能够预测得到最终的拍摄结果的，而且你也能够通过曝光控制把握住它。我承认数码在某些方面有它的优势，在某些方面甚至超过了胶片。但目前最让我难以接受的是，它有时候还让人捉摸不定，有时候明明觉得应该是很好的东西，结果拍出来就是不行。这一点是最让我接受不了的。我们毕竟和发烧友不一样。发烧友会觉得有些细节丢失了无所谓，回来用Phototshop调整一下就OK了。但我不一样，我是以摄影为职业的。有些时候决不能容忍这样的错误出现。当然，数码技术还在不断地完善，在成长的过程中允许它有一些不足的地方。但是就目前的这种状况来看，比如有时候会丢失文件，这也是挺可怕的，新拍回来的文件在你往回传输的过程中，就会出现丢失文件的现象。

问：但如果用 RAW 格式拍，再加上后期处理，会好得多。

答：但是我不做后期处理。

问：你可以找个助手帮你做。

答：这个我需要认真考虑一下，毕竟经过别人修改的东西不是自己的原创，我还是希望自己动手更好一些。

问：在你使用的器材中，你觉得那些器材是可以提高你的摄影水平的？

答：其实所有的器材实际上都可以辅助提高你的拍摄水平，器材其实就是工具嘛。你是通过使用不同的器材来提高你的拍摄水平。通常在我拿到一个新器材以后，我只是做到对它初步了解，不耽误我使用，就够了。我不会再去做更深的研究。可能与我的习惯有关，我觉得只要一个器材能够让我感觉拍摄起来比较顺手，差不多就行了，我还是愿意把更多的精力投入到拍摄中，不会去花大把的时间研究相机上那些琐碎的功能。

问：你的照片被哪些途径使用呢？怎么实现商业化？

答：目前来讲基本上是图片公司，再有就是媒体，还有广告公司。我固定的使用途径基本就是这些。

问：如果有爱好者或者其他年轻的摄影师想走你这条路，你有没有什么建议给他们，有没有什么捷径？

答：我觉得没有捷径可言，任何一件事情都是这样。很多摄影爱好者跟我聊，想做职业摄影师。我觉得职业摄影不是任何一个人都能够有条件去做的。不管你现在做什么，基础一定要扎实，如果最基础的东西你不愿意花时间和气力去掌握，不去把它们研究得很透的话，你就很难在职业这条路上立足，更不用说长期走下去。

问：有什么具体的建议吗，喜欢风光、旅游摄影的人很多，你对于他们有没有什么拍摄上的建议？

我觉得还是要提倡做事认真点，因为我觉得现在有些年轻摄影师把摄影当成"玩"，而不当成一种职业。他们把摄影看得太简单了。当然，摄影确确实实也很容易上手。数码的出现，很多传统的理论、技术上的知识都不需要认真去学、去研究了。而且它会给人带来很多机遇、意外惊喜。所以年轻人会觉得这个门槛很容易入，很多人可能想得比较简单。我觉得摄影是入门非常容易，但真正要从这条路走下去，任何一个摄影师的都非常不容易，不管他是做那个行当的，拍时装的也好，搞广告的也好，拍风光的也好，没有一个摄影师是轻轻松松地，游山玩水似的就能把照片拍好的。每一个摄影师的成功，他也必定付出过昂贵的代价。我觉得没有什么捷径可言。

问：作为风光摄影师，你有没有什么向大家推荐的比较好的拍照的地方、或者拍照的方式。有的人会说去拍摄名山大川，有的人会说从身边的小景拍起。

答：如果从景致上来讲，世界上任何类型的景致中国基本上都包括了，但是为什么这么多的好景，大家都在扎堆地去拍它？作为一个摄影师，要成熟，首先要自立，而不能采取扎堆、跟团的这种群体性的活动。如果是这样的话，你永远做不成一个好的摄影师。也就是说关键是你能不能独立，一个好的摄影师必须要独立。我一直强调说，摄影是个体创作，它不是群体职业。

问：那拍摄的地点呢？

答：我觉得无所谓，任何一个地方都能拍出好作品，只是看你下的功夫有多少而已。当然有些地方下功夫相对容易一点，像名山大川，它具备了相当好的自然条件。不用拍，看上去都很美，所以大家都往那里跑，既锻炼了身体，又陶冶了情操，何乐而不为？而恰恰是这种情况，想要超凡脱俗很难。因为大家都在这条道上奔。你跑50迈，我也跑50迈，跑一年也是这种状况，它不可能有质上的超越。只有独辟蹊径，有与众不同的想法，你才能够发挥自己的潜质，把你的聪明才智也好、独特感悟也好，淋漓尽致地表现出来。

问：你理想的器材是什么样的

答：我觉得器材没有理想可言，任何一种器材都不可能把你所有想要表达的东西都表达出来。如果要是能够有这样一台万能的相机的话，器材厂商就没的干了。

问：你觉得比较理想的呢？什么样的器材你会更想要一些？

答：对我来讲实用就好。

问：你希望佳能的器材在哪些方面加以改进？

答：拿5D来说，大家公认它已经很好了，但我个人觉得，像素还不够。让我们来用，像素还是有问题，另外，严格意义上来讲，它的CMOS面积还是有问题。比如用超广角的时候，四周会出现暗角现象。感觉称全画幅有点牵强。

问：那你觉得1Ds Mark II怎么样？

答：如果说从像素上，应该可以，但它在有些功能上没有5D先进。包括取景屏太小等等。

问：如果你自己买，你会不会买1Ds Mark II？

答：我觉得如果135数码相机能够达到2000万像素的话，实实在在的2000万，而不是虚的，全画幅的相机，价格我又能接受的话，就比较理想了。2000万能够保证我目前的使用。

不过，和1Ds Mark II比，在杂志上印刷……我觉得5D还是差一些，你别看就差400万像素，但是差距还是挺大的。

采访时间：2007年10月

翟东风

1958年生于北京。

中国摄影家协会会员，北京市摄影家协会理事。

1999年荣获《摄影世界》杂志"富士"年度优秀摄影师称号

1999年荣获中国摄影家协会第四届摄影艺术"金像"奖

2002年荣获中国摄影家协会"德艺双馨"奖

1982年开始从事专职摄影，现为自由摄影师，其作品题材广泛，多年来，有近百幅摄影作品在中国或国际摄影比赛中展出获奖，1986年、1995年曾两度获全国黑白摄影比赛一等奖。1996年与香港《中国旅游》杂志社签约（特约记者），2001年至今与北京《时尚旅游》杂志社签约（签约摄影师）。先后到访过二十几个国家和地区，长期从事与旅游有关的摄影报道，每年有数百幅图片发表在上述杂志上。

画册出版物

1996年出版《万里长城》画册第一辑

1997年出版《万里长城》CD-ROM

1998年出版《万里长城》画册第二辑

2001年出版《万里长城》画册第三辑

2006年出版《土耳其摄影之旅》

赵钢·人文地理摄影

问：先谈谈你用佳能机器的历史？

答：2005年10月，我正式开始用佳能。以前我一直用尼康拍胶片，后来杂志这边考虑到流程方便，可以快一点，打算全都用数码系统。那时我也考虑过用尼康，最后两个原因让我选择佳能，一个是像素上的问题，杂志对像素要求高，而且像素够高的话可以允许一点剪裁，也不会损失太多；还有一个对我很重要的是全幅，我已经习惯了（胶片）嘛，拧上什么镜头，我已经知道它视角什么的，就不想再很别扭地在取景器上去适应这个改变，所以就选择了佳能。

从尼康系统转过来的时候，我习惯它的操作用了不到两个小时吧，很容易，我看了看说明书，习惯了一下，除了装镜头的方式让我适应了几天以外，其他的东西不到两个小时我就习惯了。

问：你现在都用哪些器材？

答：我现在主力机型换成5D Mark II，镜头只用24mmL II、蔡司的ZE Planar 50mm f1.4和ZE Planar 85mm f1.4这三支。24mmL II这支镜头改变了我对佳能镜头的印象，感觉非常好，和之前使用的感觉整个不一样了——当然我原来多数用L系列的变焦镜头。

我选择蔡司的ZE Planar 50mm f1.4是因为佳能的50mm f1.4的成像不行，除非50mmf1.2L才能让我有点兴趣，但是它很贵。85mmL II成像当然好，不过手动对焦感觉不舒服，自动对焦很慢，体积又大，不像蔡司85/1.4（那么小）。当然，最大光圈下的分辨率85mmL II比ZE Planar 85mm f1.4要高，不过，最大光圈其实我也不需要。通常我的工作光圈最大只到f2，太大的光圈，抓拍也不太适合。蔡司的色彩还是要更好。另外，我感觉85mmL II还是有点娇气，不如ZE Planar 85mm f1.4全金属来的踏实。这三支镜头拍人文题材就足够了。我现在也在尝试拍视频，有时候想，如果有个长焦就更好了。

5D II的成像非常好，但用不多久，我发现高ISO的时候有三个坏点。

原来在《华夏地理》的时候，我常用的镜头就是16-35mm L、24-70mm L，70-200mm L、100微距，然后有一些特殊需要的时候偶尔会用300mm f/2.8和2倍镜。其中16-35mmL和24-70mmL这两支最常用。

这两支镜头刚拿回来时我做了一个试验，发现24-70mm L有一个问题，在广角端聚焦比较近的时候，比如一米左右，拍出来之后，发现它的实际焦点靠后。而16-35mm L拍同样的东西就没有这个问题。其他镜头都没这个问题。当然，实际使用时这个误差基本上可以忽略了，因为我很少用最大光圈在这么近距离去拍，如果用广角端的话我用16-35mm L，不会去用24-70mm L，实际上我用24-70mm L的时候就相当于一个35-70毫米的镜头。

还有一个我要说比较愚蠢的设计是，我几支镜头的AF和MF转换钮是凸起来的。

问：不，不是所有EF镜头都是这样的。

答：但是我买的几支镜头是凸起来的，经常忘了注意它，有时候从包里拿出来的时候会挂一下，结果（对焦方式）改变了，抓拍的时候，用对焦启动，哎，没反应，然后就把片子丢了。这种事情发生有几次，我真有想把相机摔了的冲动，这就是特别傻的设计，后来我用胶带把它粘上。

我用的是后点启动对焦，这是我自定义的。机身后面靠近大拇指那三个钮，中间有一个大的那个被我设置成后点启动对焦，你连拍的时候不会跑焦点，你晃悠也不会跑焦点，你点一次就可以连拍。

问：你是靠它起动内焦是不是？

答：对，前面半按快门启动对焦的功能我取消了，只是控制快门。后点启动对焦可以不干扰你按快门，是一个很好的设定。手动对焦我都是在黑暗环境相机无法识别的时候才用。

问：你对EF镜头还有什么满意或不满意的地方吗？

答：它的画质我比较满意，不满意的是它逆光的时候控制不好，佳能的镀膜还是应该下决心提高，因为用尼康的时候感觉还好。逆光的时候如果有一点光进来了，光斑很明显，如果光斑很集中的话，就很让人心烦。

问：你试试新一代的16-35mm L II吧，可能会好一些，你用的是第一代的16-35mm L。

答：可能是吧，70-200mm L的成像很好，但是逆光也存在这个问题，也许是镀膜需要改进，尤其和德国镜头比，应该能看出来区别。

问：你用闪光灯吗？

答：用三支，都是580EX。

有时候会用一个灯去调控制其它灯的功能，这个功能还行吧。我觉得它有一个功能比较麻烦，就是你只能控制A比B比C，那样很慢。我用灯，就想用最直接的方式，我直接控制，这个灯二分之一，那个灯四分之一，那个灯八分之一，这样最好，我不需要什么A比B比C，弄来弄去，看起来很高级，其实很笨的方式，很慢。原来尼康的灯很好用，每支灯都可以自己设置，拿来三支灯一摆，就行了，现在可好，还得摆弄半天。

问：用闪光灯还有什么附件吗？

答：连线，有时候离机闪，要是更复杂的东西就是大型闪光灯了，但是很少情况需要这种大功率的灯。我偶尔用金贝的小数码灯，比较便携。

问：那你常用附件还有哪些？

答：快门线、三脚架还有就是云台，我用捷信的1228，云台是球形的，比较小嘛，主要是考虑便于携带。还有些附件就是根据你拍的东西来准备，有时候需要一些特殊点的装备。

比如拍家具那次，明代的家具，就用了一个高亮的手电筒，用光绘的办法就把家具拍完了。因为在博物馆的展厅里拍，没法支灯，也没法置背景，家具也不能搬走，只能简单挪动，都是古董。我就晚上拍，拿来一块黑布，把家具都放在黑布上，把所有的灯都关了，手电光照到哪儿，哪儿就是亮的，背景都是暗的，就这么完成的。其实就一把手电，为了让手电筒亮得时间更长，用了铅酸电池供电……类似的情况，很多办法都是自己想的。

问：你现在用什么包装器材？

答：就是乐摄宝的双肩背的可以装电脑的那种，因为最近经常携带很多镜头，我还用活动的可以拉杆的拖箱。

问：那你一年的拍摄量大概多大？

答：一年的话，七八万张吧。我现在这个才用了两年，所以有十几万次，碰到过两三次死机的情况，而且死机拔电池不管用，要电池跟卡都拔下来。别的问题没碰到。

问：原来《华夏地理》内部的摄影师就你一个人，但是你们有一些签约摄影师？你的工作跟他们怎么区分呢？

答：杂志社这边就我一人做摄影，签约摄影师有五六个，常合作的有十几个吧。我这边一般做时间跨度比较长、比较零散的，或者是人家不愿意干的。

比如说需要不止去一次的，像上一个专题“明朝”，它的范围很宽，时间又长，视觉上不是那么容易实现的，这样的选题需要踏实一点地拍，就需要我来。外面的作者，比如说他只专长于某一个领域的，我们会给他擅长的领域拍东西，而我这边是一个特别兼容性的工作，不太好实现的或者人家不愿意干的，都必须要我来完成。

问：那你每年有多少天在拍摄？

答：在工作上的拍摄约占一半的时间吧。

问：你机身上有什么特殊的个人设定吧？

答：我用ADOBE RGB，这是按照《美国国家地理》在数码上的规定。他们要求就是在相机上不做任何设制，比如锐化啊、饱和度啊，还有我对后期印刷了解不是很多，我觉得ADOBE兼容上会好一点。

问：你用什么曝光方式，测光呢？

答：基本上都是手动，95%以上。测光就是中央重点，偶尔用点测。因为使用数码有时间的话你可以试拍，拍完以后看就可以了。

问：你现在还用胶片吗？

答：胶片拍点自己的东西用，胶片是一个摄影师找感觉的一种东西。在外地工作的时候是释放的，拍胶片、洗照片的时候其实是个贮存的过程、充电的过程，我不能总释放，要靠这个来补充能量，胶片和数码的感觉是这样的一种关系。

问：你拍胶片是黑白还是彩色的？

答：都拍。暗房现在暂时没有条件了，因为家里有孩子了，就没法弄了。过一阵搬新家，我专门用一个房间，一半做工作室，一半建一个暗房，能让自己在里头很静。我原来也习惯了这个过程，就是拍摄、看底片、放大，再看照片，这个过程很长，思考的过程也很长，它是个储能的过程，而工作是个释放的过程。

问：你现在拍数码用的都是RAW格式的吧？

答：对，只拍RAW，不加JPEG图，那个降低速度，连拍或是检索都很慢，也占空间。我的习惯是当天就把拍的东西整理出来。

我现在用一张8G的卡，两张4G的卡，拍一天也就够了。我都存到电脑里，我不相信数码伴侣那个东西。就用电脑，再带一个移动硬盘，100G，双备份，每天都是双保险。如果长时间拍的话就多带点硬盘。

问：你用什么软件解RAW？自己还做Photoshop吗？

答：我就是用佳能的原厂软件解RAW。自己做Photoshop，现在由RGB转CMYK也自己转了，原来是交给印刷厂，但是没法保证质量。

传统的是菲林打样，现在是数码打样，图片格式转换的过程中就出现一个问题：我给印刷厂的RGB文件，打样出来颜色偏得离谱，感觉是加了一个绿的滤镜一样，后来我找到问题所在，我的RGB文件在苹果电脑上转成CMYK的话就有问题，如果在PC上转就没问题，所以只好在自己的PC上转。我现在想印刷什么效果，如果印刷稳定的话，我这也差不多就定了。

问：你的像机怎样除尘？

答：我自己除尘，气球吹，不行就用棉棒擦，哈一口气擦不掉就用酒精擦，没问题。

问：太猛了吧，我第一次遇见自己用酒精擦的。

答：对，这个东西如果它连擦一下都经不住的话，那肯定这东西……我还从来没出现问题。在外面出差不能耽误拍摄，感光器脏了只能自己动手清理。气球吹不掉的，我会用干棉棒蘸一下，有时候一瞧，发现它不是硬的灰尘，而是软的、粘的东西，那没办法，哈几口气再擦。

问：你现在工作几乎百分之百都是佳能？除佳能还用别的吗？

答：对。现在偶尔有要用120拍胶片。我有禄来6008，配80毫米和180毫米的镜头，主要是给杂志拍人物。还有玛米亚6，配两支镜头50毫米和75毫米，玛米亚6主要用它的广角，很方便。

问：你和美国《国家地理》的联系应该还是比较多的，对他们摄影师的器材有注意吗？

答：其实联系主要还是在版权合作方面。

我经常能看到他们发的文件。他们的摄影师大部分都是拍数码的，把文件拿过来看一看文件信息，就能看到他们的拍摄习惯，有一些人还是用光圈优先加减曝光的方式来控制，还有一些人手动。每个人他都有自己的习惯。

还有就是用相机，像麦克·山下（Michael Yamashita），他就愿意用EOS-5D，5D很轻、小、比较隐蔽，我也是希望用小的、轻的，隐蔽的相机。你跟人接触的时候那个（单反）相机太扎眼了，要用好多时间让人去适应那个相机，他没有好奇心了，你再拍，有些东西就过去了

我用变焦镜头的时候主要考虑干活方便，如果用定焦头，工作的时候至少要带2个机身。我原来的习惯就是24mm、50mm，80－200mm，就这三个镜头和两个机身；有时是24mm、50mm加个100mm微距，这三个小定焦就可以了。

问：现在国家地理是用什么器材的多？他们现在还有多少人用胶片？

答：三分之二以上用佳能，尼康也有。胶片很少了，现在基本上都是数码的，偶尔有胶片，应该是摄影师个人的偏好。

问：你认为符合你的理想器材和配置是怎么样的？完美的、理想的器材。

答：徕卡那么大的，2000万像素，它的连拍和贮存速度不要耽误我的操作。

问：现在你认为1Ds系列耽误你操作吗？

答：连拍不够快，我想让它快速连拍的时候，不用打开连拍挡，哪怕就按照我用手指快速点的速度去抓拍就可以，但是它还不够快。另外还有一点，它存储速度还是慢，拍完我想马上检索一下的时候，它要等几秒钟。

问：快拍和缓存有关，回放你试试快卡，会有一点点帮助。你要想徕卡那么小可不容易，其实5D那么大就不错了。

答：对。快卡能好一点。比徕卡稍大一点也可以，5D那么大就挺好的。

问：你的照片被哪些途径使用？除自己杂志以外。

答：好些杂志和报纸都转载吧。

问：除了媒体，你还有哪些商业化的途径吗？

答：这个基本上没做，现在的工作已经够满的了，其他的考虑现在顾不上了，还是把这段时间的工作做好了。

问：如果其它年轻的摄影师想走你这条路，你有什么建议吗？怎样能够顺畅地走？

答：那就是坚持你的方向，如果做一段时间，你可能觉得没希望、没可能，要改变方向，那就不能（成功）。比如我也可以在报社的管理部门做，很轻松，不用总去第一线，但是有这个杂志的机会还是过来了。如果不想太累，舒服点，就别做这个了。

不过，我想像我这种工作状态不会太多吧，毕竟像《华夏地理》这样的媒体还是比较少的。有一些年纪小一点的摄影师，喜欢给这种杂志拍照片，我觉得他不要单单把这个平台看得特别重。比如他可以做一个很好的自由摄影师或报道摄影师，不用完全像我这样专给某个杂志工作。

我的情况算是比较特殊的，杂志这边要保证稿件的来源，但是图片这个圈子里每个人都很忙，都有自己的一摊事情，不可能经常完成杂志社的任务。

如果想专门给杂志拍专题并且把这个当作一个愿望，很可能会让自己伤心，因为没有长时间的积累和训练，完成工作是很艰难的。还是做一个全能的摄影师比较适合生存，你的拍摄领域既有重点，又没有盲区，最好是这样。给地理类杂志工作，你可能要动用各种经验，你不会拍人像不行，你不会拍静物、不会拍报道也做不了这个。

现在美国国家地理用的很多优秀摄影师都是图片社的或是自由的摄影师，他们都有自己一摊工作，大部分时间在给通讯社、图片社拍东西，但是他的照片又被美国国家地理认可，美国国家地理就可能找他去做一个专题。

（第一次采访时间2007年10月，第二次补充采访时间2009年6月）

赵 钢

1996年大学毕业，开始专业摄影工作，作过摄影记者，自由撰稿人，商业摄影师。

2003年到北京，进入《新京报》。

2005年到《华夏地理》做摄影师，现已离开。

李少白 • 风光、艺术摄影

问：能不能请你先谈谈使用佳能器材的历史？

答：3年前，佳能公司为了推广数码相机在风光摄影领域的使用，搞了一个活动，请了8位风光摄影家包括于云天、翟东风等到云南香格里拉去，我也被他们挑上了。那是我第一次用佳能相机，就是1Ds，在这之前我从来没用过数码相机，当时我也有一种排斥新技术的惰性。因为我弟弟早就用上佳能相机了，跟我说了多少次我都不听他那一套。

到香格里拉去其实我还同时带了一套胶片相机，想着拿数码相机也就是试试，主要还是要拍胶片。但是拍着拍着发现这个数码相机挺方便，尤其可以改变感光度我觉得特别喜欢，到了夜间了还要拍照的时候可以用高感光度来拍。当时1Ds在感光度过高的时候噪点还是很严重的，但总比没有强啊！

当时我就拍了好多，回来以后不久故宫请我去拍项目，当时《中国摄影》的主编吴常云帮我去跟佳能公司说了，佳能公司知道这个消息后，觉得故宫请摄影家进去拍也是个比较重要的项目，他们就把我请去了听我说怎么回事。结果当场就拍板，拿了一套1Ds给我，还有16-35mm f/2.8、100-400mmL IS、24-70mm f/2.8L和TS-E的24mm移轴镜头，对我挺慷慨的。后来又借过1D Mark II什么的，不过，佳能经常要搞推广活动，机器动不动就收走，一拿走就是好长时间。我一想这不是事儿啊，因为当时我已经配了两个头了，听说5D要出来了就决心买5D，那个时候店里还没有到货。就在这时候呢，碰到一个朋友跟我说柯达DCS SLR/c（14C）挺棒，1400多万像素，价钱也不那么贵。我一听就没买5D换了柯达DCS SLR/c，原来配的佳能镜头也能用。

但后来我发现一个问题，它噪点大。这个机器色彩什么都挺好的，但只要感光度一高、一弱光就不行，不用多，到ISO 200就够呛，ISO 400就更那个了。我自己有一个比较重要的事，除了《看不见的故宫》和《看不见的长城》还准备在2008年再出一本《看不见的北京》，一定要有很多北京的夜景，所以我觉得这个机器还不能胜任，这时候我看到5D的噪点控制得比较好，ISO 400据说基本没噪点，为此我就下决心买了台5D。买完以后开始如鱼得水了，不仅白天拍，而且晚上也拍。它这个噪点控制得的确是好，ISO 400时确实没什么噪点，ISO 800也不严重，ISO 1600还过得去，总觉得特棒。它的速度也可以，储存速度还比较快，因为我不像你那种专门拍纪实和报道，我主要拍风光，除个别情况，一般情况下一按啪啪啪啪好几张，也够了。我就把那个100-400mmL的镜头装到柯达DCS SLR/c上，因为那个镜头比较少用，24-105mmL放在那个5D上，这样配合着基本上能够用了。现在柯达彻底把它摆那儿了，我现在有这么100-400mmL的防抖镜头、70-200mm f/2.8L的防抖镜头、16-35mmL、24-105mmL、24-70mmL，5支镜头呢！不过，我基本就用24-105mmL，那些很少用。

等了好久，最后自己买了台5D Mark II，比5D可是棒多了，最主要是高感好太多了，像素也翻倍了。原来5D不容易拍到的东西现在好多都能拍了，脚架基本就滚蛋了！

问：24-105mmL你觉得怎么样？

答：我觉得挺好的，因为我对于影像素质不会像你那么敏感，我觉得可以啊，那些用我照片的杂志也没人提出什么意见来。变形方面不太明显吧，有点暗角，好像24mm那端有点。

问：佳能哪些方面的优势让你选择使用佳能？

答：全面啊！我觉得，第一，全画幅很重要！所谓的像素即便是3000万的但是CCD小也不行。佳能1200多万像素加上全画幅，肯定影像素质好！再一个就是EF系列镜头，我觉得好！原来有人说佳能镜头怎么软什么的，我并没有觉得。2007年爱普生给我办了个展览，"看不见的故宫"，一共放了二十几张照片，其中有几张就是用数码相机拍的，有一张用1Ds拍的内景，放到30多英寸，还挺锐利的。很多人都问我是不是拿大机器拍的，真正内行可能能看出来，但最起码一般观众看不出来。

其实我觉得啊，所谓的影像素质，它一定要有个平台才能比出来，杂志上的照片即便是拿大座机的拍的，我也没看出有多么惊天动地的展示，就跟我用数码拍的没多大区别。如果说影展放出一面墙那么大，那肯定能看出来。但问题是我也没那个机会去办这么大的展览，就是有我也不愿意放那么大，因为我觉得影展不用放那么大，放那么大没什么用，哪有伟大的艺术家放那么大的，只有商业广告才放那么大。

问：你一年的拍摄量大概多大？

答：拍摄量我估计挺大的，你看我这次去重庆、湖北也就是十来天，拍了几千张呢！

问：你每年有多少天在拍照片？我看你随身都带相机是吗？

答：我基本上天天拍照片，但平时拍的可能比较少了，要是拍的多就是出去的时候，比如说人家请我去拍摄。现在自从有了5D以后，越拍越多，你瞧我这回去重庆、湖北，我带的储存卡就有12个G，还有2个数码伴侣，拍不到一半，不敢用RAW了，全部改成JPEG了，不够了。（问：全用JPEG多可惜？）没办法，我要是全部用RAW很快就没了，我现在用8张8G的卡，出去几天都没问题！

问：那你在EOS上做哪些个人设置？比如色彩模

式之类的。

答：我就用自动，一切都是标准。

问：你的曝光是手动曝光？还是自动曝光？

答：我99%以上全都是A挡，光圈优先。

问：对焦呢，自动对焦还是手动对焦？

答：自动对焦。

问：测光方式用哪种方式？

答：基本上是中央重点，不过我主要还是凭经验，另外我要看回放功能。我发现5D有这个问题，不知道是不是我的机器特别，必须欠曝效果才好，我要是按正常曝光看起来会过，不知道为什么。（我用的5D也都是放－2/3挡）对！都是欠，不欠不行。

问：那你最常用镜头是？

答：24-105mmL，这已经能满足我大部分的要求了。

问：为什么不用24-70mmL呢？

答：那个焦距段太短了，够不着。

问：你为什么常用100-400mmL而不是70-200mmL？

答：我问过专家，说100-400mmL不错。本来我差点买那个28-300mmL，但人家说28-300mmL还是差一点，说还是100-400mmL的质量好。现在我觉得100-400mmL特别棒，我喜欢手端着，几乎不用上三脚架，大部分都很清晰！我特别喜欢这个。我觉得用70-200mmL还不如用100-400mmL呢，长焦更长。据说70-200mmL IS特棒是吧？（是啊！这两个镜头都很好。）但我没用，太重了。

我是拒绝定焦镜头的，太麻烦。

问：你拍那么多建筑，TS-E 24mmL也不用了？

答：没有用了，用处少，只有个别时候用，而且（透视畸变）后期也可以调。

问：用闪光灯吗？

答：不用，嗯，也不能说从来不用。跟我的拍摄观念也有关系，因为我主要是拍风光，拍社会场景的时候我也愿意保持现场的气氛。

问：那你常用的附件还有哪些？三脚架之类的？

答：三脚架基本不用，除了个别情况下，因为镜头有防抖功能，加高感光度（就可以解决问题）。三脚架第一背起来特别麻烦，第二架上以后不灵活。

这和我的摄影理念有关，我为什么喜欢摄影？我觉得人最大的快乐就是成就感，就是证明自己要比别人强。我在我年轻的时候喜欢足球，用足球竞争……后来我又发现自己摄影的天赋，就开始拍摄，我想证明自己是个艺术家，而不是说拿摄影去吃饭，或者要拿摄影去炫耀。

我一直有一种观念，我认为艺术是一种具有审美性的创造活动，这种活动是具有创造性的。黄山云海拍一张，那不算艺术，现在人都能拍上，只要你能赶上云海就行。

作为艺术家最重要的就是灵感，一张好作品一定是来自灵感，而不会来自于计划，来自计划很难是艺术品。那么这灵感什么时候有，它在哪？不知道啊，知道就不叫灵感了，灵感就是一种很神秘的东西。但是我觉得灵感是有两个特点：一是你可以创造一定条件去接近它，这就是要自找别扭，凡是灵感藏在别扭的地方一定是别人视为畏途的地方；第二，灵感出现的是很突然的，一旦灵感来了的时候你必须要迅速反映过来。我觉得大多数的人拍照不是靠灵感，都是靠技术，都是计划的产物，他肯定是想好了，哪个拍摄点最佳，什么季节可能有好的光线，接着就去了，一次不行就再去一次，总有一天让他等着了，拍一张影像素质什么都挺好的照片。但是我认为那多半不是艺术品，只能是好作品。

摄影跟画画不一样，画画你要一笔一笔地去体现你的灵感，摄影就要咔的一下，所以我觉得是自己的手、脑和器材越顺畅越好。我觉得数码相机它有个非常大的好处，它可以多拍，这跟我的摄影观念也有关系，因为我觉得摄影有两个魅力是美术所不及的，第一个魅力是它可以捕捉那种不可预见性的东西，摄影的这种不可预见性带来的生动性是绘画所不及的；还有一个，摄影具有相当大程度的不可控性，多么有经验的摄影师他也不敢说他按这一下以后出来的结果就跟他设想的是一致的，都会有误差，这种误差、难控制恰好是它的魅力——咱们不是说那种瞎猫碰上死耗子——真有这种事，事先想的是这样，拍出来是那样，但那样就是比这样好。所以说就要多拍，多拍这种概率就高。一个真正好的画家，他画的画可能不是每张都是伟大作品，但决不可能是次品，齐白石绝对不可能画出一张不堪入目的东西，但摄影家可不是，摄影家按快门100次很可能有些跟初学者拍的差不多，但是他能把握机会的本事比一般人要强。再有一个就是说回放功能很重要，因为你马上就能看见，就可以马上适当调整啊。

问：我看你的相机就拿一个普通的包装，也不用什么摄影包？

答：就这么一个（普通的）小包，勉强能塞两个机器，现在我不仅在北京，有时候去外地拍摄我就带一个摄影包。

问：那你现在还用胶片吗？

答：有两年多没用过了，这也是件我挺苦恼的事，我有好几百卷胶卷在那里放着呢，不知道怎么办呢，都是反转片。拍胶片主要还是没时间，我准备把我的120相机今年都卖掉，将近两年没用哈苏了，我那个哈苏是个很老的机器了，说不出它的型号，有50毫米镜头、标头和140-280毫米的变焦镜头。我还有4×5的骑士相机，我还有612和69的后背。拍古代城墙上的那种特别需要质感的东西有用，不需要灵感的时候大底片的素质好。反正以后用胶片肯定也是很少，要用胶片很可能是有些宏大的场面的时候要用，或者做画册需要做那种大拉页的时候，还必须要使用胶片。有好几次人家看我片子挺好，要调我的片子做大拉页，数码就差点事，做出来就勉强，还是要用612或者617。

问：你用数码拍什么格式？

答：我当然尽量用RAW格式。RAW+大的JPEG。我一般就是只用大的JPEG图，RAW我留着做更高级画册的时候用。

问：那你的照片被那些途径使用呢？你是怎么实现商业化呢？

答：我没有什么特别的去商业化，目前一个是摄影媒体，但这种基本不考虑商业化，考虑的是名，我最重要的成就感要通过这一块来实现。给我带来商业价值的一个是杂志，比如《中国国家地理》、《文明》、《华夏地理》、台湾地区的《探索》、《人文地理》这些；还有图片库，去年全景图片社一家就卖了2万多块钱，不太多，如果我好好整理一下关键词之类的，肯定不止2万多吧！而且中国图片库那么多，这地方2万那地方2万，也就不错了！当然我也愿意作为画廊去展出。我觉得杂志我还是比较重视的。杂志的文字也很重要，有意识写点东西发稿率高。大型的刊物用上你10页20页以上，收入也有几千块钱，你要保证一个月有五个，那还可以活嘛。

问：如果其他的摄影爱好者想与你走同样的路，你的建议是什么？

答：我认为，你首先要问你自己想干什么。

比如说，你想靠它吃饭，这是一个方法；我就玩，我就寻求快乐；或者我想成为一个艺术家；或者我的摄影就是一种癖好，我就希望拿放大镜看得特别清楚，不用追求什么艺术，特轻松，又是一种。

先清楚自己是哪种人，如果你是那种希望用放大镜看清楚的，那你就不要用数码，就老老实实看你那本《顶级摄影器材》吧（笑）；还有一种炫耀型的，我就要好照相机，背出来显摆，那又是一种想法。你要是就图个乐儿，图个好照片，能发，能获奖的，5D都不用，20D就可以了。我觉得对影友来说，一定要知道自己想干什么，而且根据自己条件，不要盲目的。我觉得做一个摄影师，不管你想干什么，5D Mark Ⅱ已经能满足你的基本要求了。有朋友就老在那捣鼓，问，李老师你说会不会出一个比它更好的，我说肯定会出更好的，是不是会更便宜？肯定啊。不过你等着降价不能去拍照片损失的钱也比降价的钱还多！

即使这辈子不再换机器了，我觉得也足可以成为真正好的摄影家。

问：1Ds系列呢？

答：这两台让我选，我就选5D Mark Ⅱ！轻啊，轻很重要，因为我用1Ds Mark Ⅱ那会我肘关节就出问题，用了一年时间才恢复嘛，加100-400mmL更沉的。

（第一次采访时间2007年10月，补充第二次采访时间2009年6月）

李少白

1988年辽宁美术出版社出版《李少白摄影作品选》。

1992年于北京民族文化宫举办了《神秘的紫禁城》李少白摄影艺术展

1993年紫禁城出版社出版《神秘的紫禁城》李少白摄影艺术画册。

1995年中国摄影出版社出版《伟大的长城》李少白摄影艺术画册。

1997年世界语出版社出版《走近故宫》李少白摄影艺术画册。

2000年中国摄影出版社出版《中国长城之最—司马台长城》李少白摄影艺术画册。

2003年人民美术出版社出版《长城野韵》李少白摄影艺术画册。

2003年外文出版社出版《看不见的故宫》李少白摄影艺术画册。

2003年获中国摄影家协会颁发的《中国摄影传媒大奖》。

2004年外文出版社出版《看不见的长城》李少白摄影艺术画册。

2005年紫禁城出版社出版《原味故宫》李少白摄影艺术画册。

2007年出版《走近长城》。

闻晓阳·明星摄影

问：请讲述一下你使用摄影器材的经历。

答：我最早用徕卡M系列来拍摄明星，他们都不知道这是什么东西，经常就说："这人怎么拿这么一个破玩意就给我拍啊。"我想："你懂不懂啊。"后来就使用徕卡R系列，我有R系列所有最"烧"的器材。但R系列在影室里面用太费劲了，曾经换用过尼康F5，换F5后就有人挤兑我说："弃明投暗了"。我用F5用得也很少，后来就用120的哈苏相机。不过哈苏也不行，那个时候基本上一天拍两三拨，使用手动对焦，眼睛根本受不了，所以就改用自动对焦的了。那个时候大概是九几年。后来换了宾得645和康太时645，两个是一起买的（跳过大量购买CONTAX、LEICA等有趣经历）……

之后开始主要用自动对焦，觉得还是自动对焦好用，能节省我很多的体力。后来我借来佳能的两台机器试用，其中一台是EOS-1D，感觉不错。后来我就想买佳能的数码。佳能公司的人一直建议我说："你再等等、再等等"。终于有一天，他说："我觉得……你不用等了。"我说："是吗，那就赶紧（买）。"

问：第一台买的是什么？1Ds？

答：不，是1Ds Mark II。那是2004年年底。我觉得数码和胶片感觉确实不一样，但是现在我可以接受它，也能够通过技术环节处理一些东西。但刚开始接触数码的时候感觉完全不能接受。尤其我在试用的那几台机器的时候。我觉得跟胶片比不管是质感还是层次，尤其是暗部层次，基本上没法接受，只能强迫自己接受，完全从商业上，从实用角度，比较被动地去适应它去接受它。

问：这会不会和后期制作有很大关系？

答：后期有关系，但前期也有关系。就比如说，你想拍摄粗颗粒的效果，你使用胶片拍摄可以提高它的感光度，或者后期电脑里加杂色。但是不管通过什么方法，跟以前的胶片的用法——比如ISO 100到ISO 400的迫冲——出来的效果是完全不一样的。即便正常拍摄的时候差别也很大；拿修图来说，我觉得修数码的图比修胶片电分的图要难得多。因为它太清楚了，所有的细节都有。你根本就没有能够忽视的地方。所以我觉得，在感情上，时间是好东西，用在这上也是一样，时间长了慢慢就能适应了。就拿选片子来说，现在我拍完反转片再拿大的观片器看，就会觉得太费劲了，反而在电脑上选片就方便很多。

问：那你常用的器材是？

答：1Ds Mark II。

问：佳能哪些核心的技术让你最终选择佳能？

答：首先，我觉得它的画幅比例挺好的……嗯，其实这个我觉得还是不够好，还是645的比例最好。我觉得它的像素对于我拍摄人来说基本上够用了。另外，它的结实程度对我来说也已经是足够用了。

还有，我现在的观念有点变，我觉得到了数码时代之后，德国镜头和日本镜头的区别没有那么大了，不像胶片的时候。使用了数码之后，尤其主要拍摄商业的东西。你就不太追求"玩"摄影的时候所谓的那种"味道"了。所以你舍弃了很多东西，你不是那种特别较劲的，反而也就能接受它了。它确实给你带来了很多的方便。有一次我去片场拍广告，我拿数码相机拍完了之后，拍电视的导演就会找我要片子，他说："你这个能给我两张小样么，我后期按照你这个颜色调去。"有了数码之后跟其他人交流非常方便。

问：那你一年的拍摄量有多大？

答：我那台机器用了两年半，现在差不多快到20万张了。这样就能算得出来（每年8万张左右）。

问：那你每年的工作量大概有多少天？

答：大概每年有超过二分之一的时间在工作。其中拍摄的时间大概是三分之一，但你为它准备的时间也要占用三分之一的时间。

问：准备包括哪些工作？

答：比如刚刚有一项拍摄任务约在29号拍，但是26号就要在工作室开会，因为你拍的是商业的片子，所以之前的场景、道具等等都要准备。拍摄的时间可能是一天，但准备的时间多的话要一个星期；有时候少的话，让客户在拍摄那天来就行了，但这种情况很少。

问：你用1Ds Mark II，要用到哪些模式或个人设置？

答：最早的时候我询问了一些专业人士，听从他们的建议，色彩模式用了ADOBE RGB。我不太重视它的过程，更加重视拍摄出来的结果。如果拍摄效果我能满意，而且我的用户也能满意，就可以了。

问：你的测光、曝光、对焦都用什么方式？

答：我在影室里面基本上都用M模式，手动曝光。测光都用外置测光表测。对焦我是用分区域的选择点来进行对焦，单次AF。

问：你会用手动对焦吗？

答：很少很少，几乎没有。

问：你最常用的镜头是那些？

答：24-70mmf/2.8、70-200mmf/2.8、100mmf/2.8微距

问：100mmf/2.8 微距拍什么？

答：拍人

问：不会觉得 100mmf/2.8 微距过于锐利吗？

答：没事，我觉得很好，我喜欢锐利的。

问：你会后期调整减小反差么？

答：我不会在锐度上进行调整。因为我觉得 135 系统不够锐利，我觉得它好不容易有一个分辨率高一点的、锐点的镜头，我觉得好。

问：那你也可以试一下 180 毫米微距，那款镜头更加锐利。

答：我知道，的确很好，但是 180 毫米的焦距在影室不好用，太长了。一般 100 毫米的正合适，你贴近一点拍特写也不变形，你拉开之后拍广一点的画面，它的锐度也还是有用。

问：你不用 85 毫米或 135 毫米的镜头吗？

答：不用，我觉得 100 毫米的挺方便的。

问：在户外拍的时候呢？

答：其实户外拍得少，多数是在影室里拍，而且大光圈都是自己平时玩的时候用徕卡之类才用的，我觉得佳能的这些设备对我来说是工具，只要我工作上用什么合适我就用什么。我不会在工作之外再把它琢磨出乐趣、好玩的东西。我觉得家里已经有一堆“玩具”了，都玩不过来。所以佳能的机器我也不玩它，这台机器我从来没拿回家过。

问：你的工作光圈一般来说是多少？

答：一般在 F/11、F/16。

问：那你目前没有打算换镜头或更新一下设备？

答：我想更新机身呢。我想还是用佳能，120 的数码后背我觉得得再等。镜头我也想更新，我觉得 24-70mmf/2.8L 那支镜头还得换，因为用的时间长了之后，对焦还是有点问题。另外感觉还是有点“肉”。

问：那你 70-200 毫米那支镜头用得多吗？

答：一般，其实我用 100 毫米微距镜头的时候多，只要不用特别长的焦距，就用 100 毫米镜头。

问：你用 EF 系列镜头的时候有什么经验或窍门吗？

答：我觉得没有什么窍门，我觉得它是一个工具。它不是我拍摄中主要的（东西）。比如我拍东西不会说，我要用这个镜头，所以我要怎样拍；而是因为我要这么拍，所以我要用这个镜头。没有更多地从镜头上来考虑。

问：你也不用手动、自动模式切换什么的？

答：基本上不用，我就要把它简单化，既然你会认为你选择的这些东西，在 135 系统里面是最好的。那么我就尽量去信任它。把脑子动在其它的地方。

问：那你用什么闪光灯呢？都是影室灯？

答：对。

问：不会用佳能自己的灯？

答：佳能的灯我有，但我都不会用。很惭愧。

问：那么影室灯大概用几支呢？

答：不一样，根据拍摄的对象，有的时候用一支，有的时候多一些，最多的时候也就是用五六支到头了。

问：你常备的附件还有哪些？

答：三脚架是金钟的，捷信的云台，捷信的球形云台我觉得还挺好用的。其实我用附件不多，就是三脚架、闪光灯、测光表这些。

我装机器的都是几款很早的“LOWE”的大摄影包，都已经十几年了，很结实，主要用它的最大的那款。

问：那你现在还用胶片吗？

答：很少。只是出去玩的时候会用，或者客户一定要用胶片的时候会用。

问：你拍数码肯定是 RAW 格式吧？

答：对。

问：那你用多大的卡？

答：2G 的，有 8 张。

问：你用什么软件处理图像？用什么解 RAW 格式呢？

答：处理图像用 Photoshop。解 RAW 就用佳能的软件。好多人说飞思的好，但是我也没有尝试。这跟我懒有关系，我觉得拍摄的照片出来，首先我觉得还行，客户也觉得行，我觉得就行了。

除了把照片解出来用Photoshop处理，还会用其它的处理么，客户会要求哪些特殊的处理么？

答：现在像修图这样的工作都是必不可少的。但我觉得我修图的话最基本的是要把质感保留。另外，不能因为能修图，在前期拍摄的时候就很随便。最好能把尽可能多的环境在拍的时候解决，后期就作为一个锦上添花的手段。

问：那你拍完的东西都会留着么，怎么保留呢？

答：有一部分会留着，一个是刻盘，再就是买外置硬盘。这些都是助理来做。

问：你相机的除尘怎么解决

答：外表会清扫，我基本上都是用气罐吹。CMOS

只擦过一次。是在佳能的维修中心那里擦的。

问：你多长时间吹一次？

答：因为不是我吹，所以我不太清楚，我那个基本上保持得挺好的。（你主要在室内拍摄，换镜头又不太频繁，这是最好的。）

问：佳能占你拍摄比例的大概多少？除了佳能还用哪些器材呢？

答：佳能占90%。要是拍反转还就是哈苏。有时候会拍4×5，那时候基本上就是用林好夫，折盒的那种。我那个仙娜的P2实在不太会用。

问：什么时候客户要求会要用4×5？

答：比如拍美容、拍广告的。但我会尽量劝说他们都别用。

问：你认为符合你理想的器材和配置是怎么样的？

答：我觉得其实让我说的话，我还是挺怀念645的。（是因为画幅的原因吗？）有画幅的问题，其实从感情上我比较喜欢方构图，但是方构图太不实用，所以我觉得645的感觉出来以后，除了实用以外能够给你一些更有追求的东西在里边。原来的那些120的镜头，其实我卖了之后也挺怀念的，当初很便宜就卖掉了，其实都应该留着，没事拿它们随便拍两张都是好的。

问：那你不打算考虑数码后背什么的？

答：考虑过，但是我觉得现在我不太想考虑，因为我平时也老问一些其他的摄影师，包括海外的一些摄影师，他们也用数码后背，但几乎所有人都会说它有这样或那样的问题。而且我现在的器材基本上已经够我90%的用途了，我想还是再等一等，等它更成熟一些。而且它成熟以后，性价比也合适了。现在它不成熟所以性价比不好，虽然做商业的摄影师会挣钱，但是我觉得拿二三十万去买一个数码后背，还是有点贵。特别是它占你的拍摄比重现在来看也就是10%，如果买了，可能就是20%～30%，能不能到50%都很难说，所以我觉得还是不太用得上。比如说，3900万像素的分辨率，可能对于拍产品的有用，对于我来说就太费劲了。我要是拍人，张张都用这个，我得买多大的卡呀，我的后期的电脑、存储设备都是问题。

如果佳能出一个645比例的画幅的相机我肯定买。因为我觉得我的1Ds Mark II还是得换，你不能等它时间长了、坏了再换，因为你是干这个的，你一定要把准备工作做在前面。

我花钱买机器挺冷静的，完全就是从工作的角度来考虑。但如果买我喜欢、发烧的东西的话，完全就是脑子一热，看见就买。完全是两个套路。我分得特别清楚，那个就是我的玩具，这个就是我的工具。

问：那你的照片会被哪些途径使用呢，你怎么实现商业化的？

答：现在就是杂志是一个方面，但是这个可能跟经济没有什么太多的联系，而是从一个知名度或者是认知度上。这个我觉得在中国，干人像、明星、时装、包括静物，都是一个挺好的渠道，这是不能否认的。再有一个是明星的私人的写真；还有一个就是商业广告。杂志、明星个人的图片、广告大概各占三分之一。

问：如果其他的一些年轻的摄影师或摄影爱好者，想走你这条路，你觉得有什么捷径吗？

答：其实我觉得这个一定是没有什么捷径的。但是，实话实说，我觉得现在的摄影师实际上所处的年代比我们那时候要好，其实这种商业的机会要多，但是同样的，干这行的也多。所以其实它的难度可以说是更大。

我觉得一定要把功夫下在摄影以里。原来老一代的摄影师很多时候需要把功夫都是下在摄影之外。像与人交流啊、通过人际关系啊，去争取活儿。现在可能这个方法还是会有，可能也重要。但首先就是我不是从这条路走过来的。我是从实打实地去拍摄这条路过来的。所以我给这些新的摄影师的建议还是要把拍摄的东西做好。另外不可否认的，电脑也是一个重要的辅助工具。我想让他们不要太依赖电脑。

另外，从国际上的摄影的风格或趋势来说一定还是有一条很"正"的路线。我觉得这条路线在任何年代都不能代替。比如若干年的时候会出一个另类的东西，但是这个东西不会是让人能够接受很长时间的，一年、两年、三年之后，这个新鲜感就会过了。但是你这条比较正的路子呢，只要你能够把它做好，它是永远可以往前发展的。

采访时间：2007年10月

奚志农·野生动物摄影

问：请介绍一下你使用佳能相机的历史。

答：之所以使用佳能，是因为我拍照片的同时也拍电视。数码之前的那款佳能超8摄像机已经可以使用佳能相机镜头了。所以我就想，将来佳能肯定会有能够使用佳能镜头的DV摄像机。而且当时我在中央电视台《东方时空》节目已经工作两年了，也有可能买得起，在这之前是根本不可能想象的——我在《东方时空》第一个月的工资，差不多等于我之前一年的工资。

问：买的第一部佳能相机是什么？

答：之前我是和一个朋友合用一套尼康，结果我来北京了，他在昆明，就没法合用了。那个朋友买了一台EOS-1，但是好久都没有镜头，我说："算了算了，我拿过来吧"。然后买了300mmf/4 IS、28-135mm IS，和一个两倍增距镜。

那是在1998年年初的时候。在那之前很多年，我的设备一直只有一支标准镜头和一支适马的折反600毫米的镜头。当时佳能的500毫米定焦镜头我买不起，但300mmf/4L IS还是买得起的，我想，加上增距镜那不就是600毫米了吗。事实证明这是一个很愚蠢的决定：一方面是成像质量不能接受，而且我用了以后才发现，EOS-1加了两倍镜之后，IS不起作用了。我不在乎手动对焦，但是防抖那么先进的功能不能发挥作用是很麻烦的。于是在1998年年中去阿尔金山之前，我不得不又买了一台1N。那次阿尔金山的拍摄，以及年底的一次拍摄，我都是加着两倍镜的，拍的是反转片。我很自信，觉得又是防抖又是手持。第一趟拍摄藏羚羊还没引起我足够的重视，冬天的那一次很多东西是第一次拍到，包括藏羚羊的交配、追逐，但是因为两倍镜的影响，清晰度都打了折扣，不是很好。这个两倍镜把我害得很苦。所以我说这是一个愚蠢的决定。后来我不得不再去买了一个1.4倍的。

1999年我买了一个自动对焦的400mmf/2.8 L，我2001年在英国BBC获奖的那幅滇金丝猴的片子就是用它拍的，加了2倍增距镜，富士的PROVIA100胶片增感到ISO 400。

2001年我又买了180毫米的微距。我后来自己添的设备并不多。因为佳能公司很理解野生动物拍摄的困难性，会在重要的拍摄上给我们一些器材支持。

问：那什么时候开始用数码的呢？

2004年年初。最早是尝试用400万像素的1D，到6月份的时候换成了1D Mark II，现在最常用的机身是1D Mark II N。

2005年我去帕米尔的时候急需1D Mark II N，佳能公司派专人从北京飞到乌鲁木齐，乌鲁木齐飞到喀什，从喀什又坐了六七个小时的车坐到塔什库尔干，从塔什库尔干又租了一辆吉普车送到山里来。包括1D Mark II N、600mmf/4 IS镜头、400mmf/4 DO镜头等等一大堆东西。那时XH－1高清摄像机还没有发布，他们居然帮我从东京调了一个工程试验机，所以我还是它的第一个用户。

我现在在用5D Mark II拍照和拍视频，多棒啊！除非真的拍很远的东西，我才用XL H1摄像机。

问：能不能具体谈一谈佳能的哪些核心技术对你的这个摄影领域特别重要？

答：我想其实最重要的一个，也是决定我为什么要去换机身的原因就是它的IS技术（影像稳定系统）。我觉着IS功能对于野生动物摄影是一个革命性的技术，很多时候你是不可能慢条斯理地去架脚架的，而需要非常快速地反应。事实上原来那个300mmf/4在我手里拍过很多好片子，就是因为它可以非常快速地反应，是一个最快的武器，所以后来我经常使用500mmf/4 L IS。

通常我是根据动物的远近来决定是换摄像机的机身还是照相机的机身。你知道在中国拍动物是如此的难，所以当动物来近的时候我要赶紧把摄像机卸下来，拿照相机拍。

问：你每年的拍摄量大概有多大呢？

答：2006年差不多有七个半月在野外拍摄。

问：你的EOS自己做哪些设定？

答：它的单次对焦和伺服式对焦的转换我做了设定，主要是在伺服对焦上面，在这个基础上，如果我按镜头前面的锁定钮就变成单次对焦了。对焦速度我肯定是调到最快了；对焦点的扩展我也设了。

问：对焦点你设了多少个？

答：我一般情况下是放在中心。我觉得45点对焦太复杂了，所以通常情况下我都是放在中心，然后再根据构图调整。特别是在单幅对焦的时候。

问：你曝光、测光是用的什么模式？

答：曝光用可偏移程序，测光模式我过去用多区域比较多一点，后来我改用中心重点测光；因为绝大多数时候我拍摄的对象在画面里占的面积都不可能很大，所以要更多地考虑对主体的曝光。过去拍反转片的时候，我的曝光补偿通常会减三分之一或三分之二挡。现在使用数码也延续了这个习惯，反正我是不能容忍过度的。

问：你最常用的镜头有哪些？

答：最常用的当然就是500mmf/4 IS啦，曾经一度佳能公司借了一个全新的600mmf/4 IS给我，但是用了一段时间之后我觉得为了多100毫米，多那么多的重量实在是不值。所以我还是又换回500mmf/4 IS了，因为500mmf/4 IS的重量很轻，机动性要好很多，600毫米镜头手持实在是沉到可怕。

近一两年来，我经常不用脚架而用500mmf/4 IS手持拍摄。在成立野生动物训练营之前，我就已经把我的300mmf/4IS送到保护区让那里的摄影师去用；我自己换成 400mmf/4 DO 镜头作快速反应。对 400mmf/4 DO 的成像有的时候我又不太有把握，所以我想干脆算了，我也不要这个，就拿 500mmf/4 IS 做快速反应，有一点夸张对不对？

问：400mmf/4 DO 的镜头颜色怪怪的？

答：400mmf/4 DO的成像肯定不如300mmf/4 L IS，有比较大的差距。所以我现在也用得不是太多，我现在基本就是用 500mmf/4 IS 镜头。

不过，因为我同时还拍DV，这么多年的经验，我觉得摄像机接400mmf/4 DO是最适合的，因为它整个的重量、配重、焦距段、操作性都要比其他镜头好很多。

我通常还用 17-40mmf/4 L 和 70-200mmf/2.8 L。

问：你觉得佳能的300毫米、400毫米、500毫米、600 毫米这些顶级的长焦镜头成像质量有差异吗？

答：如果直观地看图片，不是用很精密的设备分析，我觉得这几支头的成像没有什么差别。但400mmf/4 DO除外，通常对它的评价都不好，因为它的 DO 技术太特殊了。

问：你用这支 500mmf/4 镜头有什么特殊的心得吗？

答：有一个很有趣的事情，我最早买了 400mmf/2.8L 之后用得很仔细很小心，也从来不敢借给别人用，回来就只是吹，不敢自己擦。但后来有一次在秦岭拍川金丝猴，那群川金丝猴被研究小组研究了十多年，已经不怕人了。我们在树下拍，有个特别淘气的公猴撒尿，就溅到镜头上。那不得不擦啊，一擦我才知道，它前面实际上是一个保护的镜片。所以后来我就把这个不敢擦的这个念头就完全打消了。

第一代 500mmf/4 我曾经在冰雹加暴雨的天气里面没有任何遮挡地拍羚牛，淋了差不多一个多小时。到第二天什么事情都没有，当时后面的机身是 1N。

问：加了防水罩了吗？

答：没有。那时候是 2002 年，那个防水罩还没有做出来。不像现在有专门的防水罩卖。

问：EOS-1N 的防水性没有那么好吧，你是不是加了防水的贴膜，就是三个按键上的那个透明的胶垫？

答：对，贴了。它在雨里面的表现真是不错，还不是 EOS-1V，当时没有任何遮挡就直接淋的。那个 500 毫米镜头还是 IS 的第一代的。

问：你用闪光灯不用？

我用得太少了，绝少有机会用闪光灯。我用闪光灯的经验是最少的。

问：你常备的附件有哪些？

答：对于这个行业来讲，隐蔽的东西会很重要，我自己有隐蔽用的树叶迷彩的头套，还有一大块树叶迷彩的布，可以把全身包裹起来的。当然了，镜头上面还要套一个迷彩的套子，除此之外都是和野外有关的东西。过去我还带干燥剂和快门线。但现在全部手持，快门线也不用了。

我的拍摄通常是摄影和摄像同时进行的。如果带摄像机的话，我肯定得带三脚架，通常是一个重型的摄像机三脚架，云顿或者米勒的，以及摄像机用的液压云台。因为现在我用高清摄像机，接在400mmf/4 DO镜头或者500毫米镜头的后面，摄像机用乘以 7 的系数，就变成好几千毫米的镜头。如果没有足够稳固的云台和防抖配合，不知道画面要抖成什么样子。我过去接在 400mmf/2.8 没有防抖，就只能拍固定镜头，摇镜头的话几乎不能用。

但是如果不带摄像机，我有时只带单脚架。

问：你现在是使用胶片还是使用数码？

答：现在肯定是数码了。

问：那以后你还会用胶片吗？

答：如果我只有一个数码的机身的话，胶片机身我还是会带。但是带了有点麻烦，过安检的时候，胶卷还得拿出来。至少我比较近的一次拍摄胶片机也带了，去可可西里的那一个月，但只拍了两卷。还有一些胶片今年就到期了，我不知道这些胶卷用完了之后还会不会去买新胶卷。

问：你拍什么格式的文件？

答：我可以预见到是很重要的图片一般拍 RAW 格式，再加一个小的 JPEG。我现在用 6 张 8G 和 16G 的 CF 卡，还有两张 SD 卡备用。

问：你的机身是怎么设定的？用什么图片处理软件？

答：没有什么特殊的设定，稍微增加了一点锐度。我的图片处理都是“野性中国”的同事们帮我做的。

问：那你相机的除尘怎么解决？

答：用吹子吹，在清洁的环境中。我没有遇到过灰尘妨碍照片，可能是因为我换镜头次数不多，所以没有觉得有特别大的问题。

问：除了佳能还用别的品牌的器材吗？

答：原来更早的时候我还有一个小的理光 GR1，偶尔用一下，现在也不用了。我还有一个佳能的袖珍数码相机S80，可以即拍即打，可以拍点工作照，或者给当地人拍照，然后给他们打印出来。

问：你和国外同行接触多吗？知不知道其他国外的顶尖的野生动物摄影师用什么样的器材呢？

答：和其他国家的摄影师还是会有不少接触，比如说 Art Wolf(艺术狼，呵呵)，美国很有名的一个野生动物摄影师。我 1999 年去访问的时候，去西雅图其中的一个访问日程就是和他见面。他原来用尼康，我见他的时候他已经换成佳能了，那个时候他就用 1N。

我加入“国际保护摄影师联盟”之后了解的会更多一些，这个联盟现在有五十几个人，都是全世界最最顶尖的野生动物和自然摄影师，包括我们原来聊过的 Art wolf，还有美国《国家地理》的很有名的 Michael

Nichols。事实上，国内摄影师的机器和国外野生动物摄影师的机器，我觉得没有什么大的差别。包括每一年英国的自然和野生动物的摄影年赛，获奖的片子出来了之后，一看后面的器材表，都没有特别大的差别。

（另注：国际保护摄影师联盟(ILCP)是一个由全世界对自然保护满怀责任感的一流摄影师组成的群体。成员们都有在世界范围内被公认怀有生态保护理念，并一直为这一目标奋斗的摄影师才有资格加入其中。每一位摄影师都有自己传奇的经历，而这些摄影者汇集成一个团队，在全世界的各个地方发挥着自身的影响力，形成用影像保护自然的强大力量。奚志农目前是其中唯一的一个中国摄影师。）

问：国外的摄影师是不是用遥控拍摄特别多？

答：对于国外的野生动物摄影师来讲可能会有多一些他们自己做的附件。

对于拍野生动物来讲，遥控肯定是一个很重要的拍法。我自己也鼓捣过几套遥控，但是都没有正儿八经地很好地发挥作用。好多年前，我也尝试过早期的阻挡式的红外线感应器和无线遥控的拍摄，但是事实上它们都没有很好地发挥过作用，这一点很可惜。或许如果有感应式的遥控拍摄装置——就是说有一个温度的物体靠近它就拍摄，效果可能更好。

问：你觉得什么样的器材是符合你的理想配置的？

答：我想，随着这些年数码技术飞速的发展和进步，理想的东西也许都已经有了，只是因为市场的缘故厂家还没有拿出来而已，其实对我来讲就是要有足够快的速度，每秒拍摄的张数要多：比如1D Mark II N达到8张半，而Mark III马上要多到10张了，我觉得这已经是非常好了。野生动物的奔跑、跳跃、飞翔的瞬间都能抓住。另外还有一点，就是希望有足够大的连续的存储量，这也很重要。

问：我也觉得是。当年1Ds Mark II推出的时候我见到佳能的老总，他问我对相机有什么要求，我就说希望连续拍摄至少要一次30张或40张。当年1Ds Mark II连拍RAW可以最多存储11幅，深入拍摄一个场景，11张怎么可能够？

答：对。肯定不够。

问：你希望是多少？

答：RAW的话，至少能有一个胶卷的量，40张左右吧。虽然用胶卷的时候，我从来没有一口气拍完过一个胶卷，但是现在有这个条件，为什么不用？反正没有胶片的成本。数码摄影的优势就在于此嘛。我用胶片的时候，很少调到EOS-1N的高速连拍上面，如果遇到很好的画面，我也只是加快手按快门的频率。现在我通常把1D MARK II N设置在高速连拍状态上，这是我在野外的一个状态。

理想的镜头我希望体积更小一点，更轻一点，这样就是真正的快速反应了。400mmf/5.6 L的确很小，但是它就是没有防抖，很遗憾。

另外，作为我们这个特殊的行业来讲，如果能有特殊版本的，比如说机身和镜头表面都是全迷彩的……多棒啊（笑）……可能要自己涂了……

想法非常酷，但是拿到以后你可能会不满足，你或许又希望有草地迷彩、丛林迷彩、有雪地迷彩、沙漠迷彩等等各种款式，你又会不满意了。

（笑），对，台湾地区就有生产专门给600毫米、500毫米镜头专门作的迷彩衣服。

不过我对EOS机身还是很满意的，包括在野外恶劣的环境下的可靠性，在零下三四十度情况下的使用，电力也没有问题。所以我最理想的就是足够多张数的存储量以及足够快的拍摄速度。

问：你在多少度的低温下使用过？

答：我使用数码之后就没有再到零下40度了，零下30多度有过。

问：原来使用胶片的时候到过零下40度？

答：是的

问：那你胶片过卷怎么办？过卷是不是特别慢？因为零下40度胶片会变得非常硬了

答：对。胶片非常脆，非常非常脆。

问：那你对机器有什么保温措施呢？

答：1997年我第一次去可可西里的时候借了一个尼康的F801S，同去的另一个摄影师李建全还把他的机器包括尼康F3连马达都借给我，但是F3在那里根本不动。我估计是电池的问题，但是F801S反而没问题。但是后面在可可西里的两个冬天用的佳能，包括上一次用的Mark II N都没有问题。最近用了1Ds Mark II也没有问题。

问：那你有没有什么特殊的保暖措施呢？

答：其实我无论是拿到保护站的房间还是帐篷，还是在车里，温度都是一样的冷，没有太大的差别。白天的温度，我觉得在太阳照射之下可能最多不会超过零下20度。在夜里、在黎明的时候就很难说了。我早晨拿出来的时候，无论是把它拿到保护站的房子还是车里面，如果哈气到机身上立刻就会挂霜。但是拍摄中没有遇到问题。1D Mark II N和1Ds Mark II的镍氢电池非常好。

问：你觉得电量的降低明显吗？

答：还是有影响的，但是我觉着不是特别大，我几乎没有担心。你只要早上出门的时候电池充满电就好了，我上次去带两个机身，三块电池。

问：一定要注意不要将机器放在暖和的房子里，要放在车里或房子里冷的地方，如果外面有零下20度，即使屋里只有几度，温差也有20多度，这非常严重了。

答：对，我深知这一点。我们住在保护站，晚上他们有个屋子烧火，即使在那个屋子里面拍照片，完了之后我还是要把照相机拿到旁边没有火的屋子，这样你才能保证第二天一早你出去马上就能拍照。否则，就不是哈气的问题，而是整个一层冰，镜头上也是，取景器上也是，根本没办法拍了。

问：我原来登山的时候也是这样，如果你把相机晚上放在帐篷里面，早上才拿出来，这一天你就什么都甭干了。

答：这个时候也是考验照相机在低温情况下的可靠性，我想只有专业机器可以这样。如果拿个佳能400D之类的肯定有问题，专业相机设计的时候是考虑这些问题的。

问：你能不能介绍一下你的照片被那些途径使用？你是怎么实现商业化的？

答：我的商业化程度真是不高啊。这一点说起来很惭愧。

有各种各样的国内和国际的机构和保护组织会使用我的照片，有时候付费，有时候就只能支持保护工作了……

另外一小部分是政府的主管部门。最主要的是各种各样的媒体，包括杂志报纸这样的平面媒体，当然还有电视——电视媒体把我的照片拿了在电视上用得也不少，前段时间一个奥运的节目，中央5套也把我的照片在上面花里胡哨地做了半天。还有一些广告，还做过电话卡，还做过邮票，还有卖给图片库。

问：如果有其他的摄影爱好者或摄影师想走你这条路，你觉得有什么捷径或者你给他们什么建议。

答：我想捷径是肯定没有，但是现在的这些自然摄影爱好者想走我这条路的话，其实倒真是捷径。我是走了20多年才有目前这样设备的条件和工作的条件。我过去在野外拍摄，去三个月可能只有五六个过期好久的反转片。认识柯达公司的梁斌之后，（有了他们的支持）我才有可能出去一趟带个30个、40个胶卷。我过去那么多年是在黑暗当中摸索，那个时候中国只是偶尔有几个人在拍摄野生动物。那个时候我们国家所出现的野生动物的图片是怎么来的呢？除了极少数比例很小的一点在野外拍摄，绝大多数是在动物园里，直接在笼子里面拍的；好一点的把动物放到一个看起来像野生的环境当中拍两张。甚至更糟糕的是，就把一个标本放在那儿拍一张照片。长期以来都是这样。

但是现在很多的年轻人这些条件都有了。资讯那么发达，网络那么发达，现在要学习，无论是机会还是方式都非常多。别人的经验你马上就可以看到。而且现在技术那么进步，拍摄时候不用考虑胶卷拍了就没了等问题。

我要说的是，要了解自然，尊重自然才能拍出好片子。比如一只鸟，你要知道它什么时候筑巢，什么时候育雏，才能拍到妈妈和宝宝在一起的照片。拍一只昆虫，你要知道它在哪里生活，什么时候出现才有可能拍到它们。

现在大家的硬件条件都很好，比起发达国家并没有太大差距。但是拍摄自然要有“自然理念”。

问：如你所言，很多摄影师有这个技术和设备，但他们并不能成为一个合格的或者一个优秀的野生动物摄影师，这个之间的身份怎么能顺利地转换？如果已经有一定的技术和器材，怎么才能开始在这个领域成为一个好的合格的野生动物摄影师呢？

答：我想在中国现在特定的一个历史时期，或者我们所处的这样一个大的背景，如果你要去做一个合格的野生动物摄影师，起码你应该是一个关心环境的人，应该是一个热爱自然的人，你才能去做这个事情，而且你才能做得好。

如果你是一个怀着强烈的功利色彩和目的的人，你可能也不愿意投入那么多的精力。因为你很功利的话，拍摄野生动物一时半会儿也见不了效。因为在中国拍摄野生动物不像在国外——你只要有技术、有足够的时间和钱，你在非洲待上一段时间，什么片子出不来啊？人家有整个完善的野生动物的保护，无论在非洲还是北美、欧洲——虽然欧洲动物没有那么多，你看到动物很容易。而且很多的地方，你都知道在什么时候、怎么拍到好照片。

举个例子，在过去很多年前，我看过国外摄影师拍摄的棕熊抓鱼，哇！不得了啊。因为以我在中国的概念，在野外熊都看不到，拍这样的照片怎么可能呢？后来我和国外的野生动物摄影师接触了，了解了（实际情况），我还看到镜头拉开的一张照片：熊在那儿抓鱼，然后很近的地方旁边就有一个台子，上面有十几个照相机对着那只熊拍，就是说谁去都能拍到类似的照片。但是在中国不一样，中国的野生动物是全世界最怕人的，所以我那一年到英国去领图片的那个奖的时候，我觉得我所处的国度人和野生动物的关系、距离是这样的，但是我能拍到那样的照片，跟他们站在同样一个领奖台上，觉着很自豪。因为我们的拍摄条件完全不一样，天差地别，但是我拍得和他们一样好。

作为中国的一个野生动物摄影师来讲，条件的确很艰难，但是从另一个意义上看，责任可能更重。因为外面很多野生动物的物种直到现在还在受到严重的威胁，这可能是一个最要命的问题。而你的影像通过传播，也许是能改变这个物种的命运的，也许能拯救或挽救一个物种。

所以我说，在中国要做一个野生动物摄影师，你首先得有一种对自然的爱。而在国外或许不用，因为人家已经保护得很好。野生动物摄影或者自然摄影只是一个行当，很多人都靠这个为生，你不断地拍出很漂亮的、很卖得出钱来的东西就可以。这个东西在传播的时候，大家也会去热爱动物，关爱动物。但是不像我们中国，你不用承载这么沉重、这么紧迫的东西。我想这一点是最大的区别。

问：在中国拍摄野生动物特别困难，你有没有什么推荐的地方可以给读者或者容易入门或提高的方式？

答：事实上这也很矛盾，因为毕竟拍摄野生动物，中国还远没有到非洲那么成熟，能有一种很良性、很成熟的渠道和方式：带着人去看野生动物，对野生动物的影响也不会太大。一方面（野生动物的距离都）很远，你即使等也不一定等得到好的时机。所以我觉得如果你想开始拍野生动物，从身边做起。最重要的，你要开始关注自然，并不见得一开始就要去拍那些难而又难的，比如野生的老虎、雪豹之类的。对于城市里的一些人，你从身边开始观察和拍摄。就拿北京为例，冬春季节的时候北京周边有很多地方，周围的一些湿地可以去拍鸟，林鸟也有很多可以拍的；即便在城里一些地方，天坛可以去拍猫头鹰，紫竹院你可以拍鸳鸯，都是野生的呀，这些可能只是原来你不知道，也许你身边小区的草地里面在迁徙的季节飞来的鸟就有可能不一样。搞不好你开着车从三环上走过的时候，一对鸳鸯就从你身前飞过，只是你不知道是鸳鸯而已。

慢慢从身边做起，有了条件再到野外去探索更远一些的地方。大家对身边的自然可能很漠视，觉着一定要跑到很远的地方可能才能拍到野生动物，这是不对的。

这些年很多摄影爱好者拍鸟，都是在城市的周边。杭州那边有一个群体在拍摄西湖沿岸的鸟，拍得太棒了，其中有的爱好者是退休的，有的是正在工作的，水准很高。这个群体出现也就三四年的时间。

有了数码相机之后，对于野生动物的摄影有极大的促进，特别在中国。因为国外的自然摄影已经形成传统，已经很成熟。但对于中国来讲这是一个非常非常新的领域。有了数码之后，对于中国的野生动物摄影来说是一个非常好的提高机会，更多的人加入了自然摄影中来。过去我想中国的野生动物摄影和国外比差距可能不止 10 年 20 年，但现在有了数码，一下子缩短了这个距离。

（第一次采访时间 2007 年 10 月，第二次补充采访时间 2009 年 6 月）

奚志农

多年来一直致力于中国野生动物的拍摄和保护，实践着用影像的力量促进自然保护的信念。在这一信念的指引下，他将鲜为人知的滇金丝猴展现在大众面前，并由此保住了它们栖息的一片原始森林；他首次报道了藏羚羊被大肆猎杀的危机状况，极大地促进了国内外公众对藏羚羊保护的关注；他首倡举办了中国第一个野生动物摄影训练营，为在自然保护第一线的工作者提供了技术和设备的帮助，进一步壮大了用影像保护自然的队伍。他的作品在《中国摄影》、美国《国家地理》等国内外知名期刊上大量发表，并且成为各大国际环保组织广泛使用的有力武器。

2001 年，获英国 BG 野生生物摄影年赛濒危物种大奖。这是中国野生动物摄影师首次在这个世界最高水平的摄影比赛上获奖。

2002 年，奚志农历经 10 年拍摄的纪录片《寻找滇金丝猴》获英国自然银幕电影节 TVE 奖。这是中国人首次在这个全球最高水平的自然历史电影节上获奖；也是迄今为止中国自然历史纪录片在国际上获得的最高奖项

2005 年，成为第一个入选国际自然保护摄影师联盟(ILCP)中的中国摄影师。

2007 年，获首届亚洲野生动物电影节“马来熊自然保护贡献奖“。

花絮

EOS 和野生动物摄影技巧

单反相机是野生动物摄影的必备利器，旁轴相机在这个领域几乎没有发言权。而从目前全球职业摄影师使用的现状来看，多数野生动物摄影师都是使用 35 毫米单反相机的。

由于野生动物的特殊性，拍摄数量的积累是必不可少的，因此相机的高速连拍的性能很重要。而对于一些特殊的被摄体来说，高速连拍的噪音可能会惊吓到它们。

拍摄野生动物的困难程度主要取决于动物的种类以及它们的生活环境。有些动物格外胆小，需要你小心翼翼地接近拍摄，对于这样的动物来说，拍摄时所需要的器材就会比较多，也可能因此带来更多复杂的附件拍摄系统。

而不同的生活环境也决定了拍摄难度，在非洲的国家公园，人们可以坐在越野车里很轻易地用标准镜头拍摄安详的大型野生动物，而在中国的大部分地区，大型野生动物嗅到任何人类的痕迹就会迅速逃之夭夭——其速度之快会让你来不及架起你的望远镜头！

长焦镜头当然是必需的，至于用多长的镜头要看拍摄对象以及它们所处的环境。

在野生动物园里拍摄大型动物或相对温顺的动物时，类似70－200毫米镜头会很方便，而在拍摄鸟类（不含人工饲养的丹顶鹤之类）或危险的哺乳动物时，一支600毫米的镜头更加适合。国外的野生动物摄影师往往有两支主要的长焦镜头，分别是300毫米和600毫米。如果拍摄的动物比较多样化，又不想被太多的装备拖累，考虑一支400毫米或500毫米左右的主要镜头加一个1.4X的增距镜也是一个不错的选择。

在野生动物摄影中，大光圈也非常重要。高速运动或昏暗的拍摄条件对于野生动物摄影都是很常见的事情。另一方面，出于保护自己的目的，很多野生动物是很善于伪装的，这意味着常常它们会很容易消失在周围环境中。因此使用大光圈的望远镜头通过景深的控制，在前景、主体与背景之间尽可能造成大的差异是一个很常用的手法。

对于野生动物摄影师来说，如果较小的生物不能忽视那么微距镜头也是必需的，跟着带来的主要附件是双头微距闪光灯或者环形闪光灯，有些摄影师还很喜欢使用双头闪光灯支架。

野生动物生存的环境或者讲述野生动物和人类的关系也是拍摄中不可避免的画面，因此，一支广角镜头或超广角变焦镜头也是必须的。

很多摄影师会在影像质量和拍摄的灵活机动性之间寻找平衡，因此长焦镜头，三脚架和单脚架都是野生动物摄影师很常用的器材。使用常规镜头手持拍摄务必要遵循“镜头焦距的倒数作为快门速度上限”的规则来保证图片有足够的清晰度。

而现在EOS的IS技术对于手持拍摄的成功率作出了重要的贡献，你可以按照降低3挡甚至4挡的手持速度拍摄。不过，即便如此，我还是要提醒IS镜头的使用者，IS技术不是万能的，在使用时请参考花絮“IS镜头的使用技巧”。

遥控拍摄设备是在野生动物摄影中很重要的辅助器材，可遥控装置甚至在夜间也可以使用。可以拍摄到很多无法靠近的野生动物，遥控拍摄可以通过红外线引发装置，也可以使用可视的方式。很多野生动物的生活很有规律，你可以发现它们经常会在固定的时间和地点休憩和觅食，所以你很容易事先隐藏好，或者将遥控器材安装好。

要强调的是，对于一个拍摄野生动物的职业摄影师来讲，即使拥有一支合用的好镜头，也未必就一定能拍到状态好的野生动物。一个轻便的望远镜可以帮助你在远距离搜寻野生动物，但是你不仅需要看到它们，并且还要近到可以拍出好的照片。因此野生动物摄影需要摄影师对动物的习性有充分的了解，你需要在合适的时间找到合适的位置。不过即便如此，能真的拍到好的照片则还是一件需要运气的事情。在过去，野生动物摄影是需要浪费大量胶片来获得一张完美照片的，当然，现在的数码相机大大降低了成本。这对于野生动物摄影绝对是一件幸事。

和其他很多领域的摄影相比，野生动物摄影需要更多的耐心和运气，你可能需要很长时间的搜寻、蹲伏和守候，才有可能换来比较好的瞬间，而另一方面，这样的情形总不会持续很长时间，所以需要你有过硬的拍摄技术，不要在那时候手忙脚乱。

接近野生动物是需要很多技巧的，你可以从身边比较常见的鸟类、哺乳动物和昆虫开始学习如何接近它们，逐步提高在野外拍摄野生动物的技巧。

通常来讲，鸟类是很多摄影爱好者最容易接触的野生动物摄影题材之一。很多好的鸟类摄影师喜欢在家中建造鸟舍或者通过恰当的食物将小鸟吸引到拍摄地点，这样做有利于你选择更理想的拍摄位置以及拍摄时间。不过不是所有的鸟类都这么“听话”。多数情况下，你还是要面对在完全“野外”的条件下拍摄。因此，使用伪装设备（包括伪装服、器材的伪装盖布）就是必须的，而在保护区或公园中搭建或者吊挂固定的隐蔽拍摄棚也是一个不错的主意。不过，这种隐蔽所一般还是会距离拍摄对象比较远，需要你使用最长的镜头，不过，好处是，在里面使用三脚架很方便。

在野外拍摄动物之前，最好先尝试在动物园和野生动物园学习相关的拍摄技巧，熟悉你的相机镜头和三脚架的使用，以及瞬间的抓取能力。在这些地方，动物运动的范围不是很大，也不是很怕人，而野生动物园和野外环境比较接近，会更有借鉴意义。

当然，问题也是有的，这些地方会有栅栏和笼子（无论是保护动物还是保护人类的），如果网格实在过于密集，你可以使用大光圈的镜头，抵近栏杆拍摄，这样可以使得它们彻底虚化掉。

在国外的国家公园有很多拍摄动物的好机会，不过多数时候不能允许你离开所乘坐的汽车拍摄，因此，架设三脚架也就不太现实了。推荐你使用一个豆袋，它可以很方便地搭在汽车在半开的汽车窗户上来稳固你的相机。另外的设备是专用的夹钳云台，但是使用起来不如豆袋快捷。

另外，我要强烈建议：拍摄野生动物安全最重要！拍摄具有攻击性的动物时，（不仅仅包括狮子、老虎和鳄鱼，有毒的爬行动物和昆虫也要小心），找个足够安全的拍摄地点还是重要的。

最后的补充：

在这本书出版之前，我将上述内容交给奚志农先生过目。他的评价是：如果按照上述方式在国外拍照片，没有错误，但是并不完全适合中国的国情，主要的原因是中国的野生动物太怕人类了。

所以，我特别强调读者应该更关注奚志农先生采访中的经验，毕竟，在野生动物摄影领域他绝对是专家。

王建军 • 风光摄影

在采访王建军先生的同时，谢墨先生也在场，所以大家可以看到他有趣的补充。

另外，王建军和谢墨先生的采访涉及了很多大中画幅相机以及大中画幅摄影的内容，限于本书的题材，不能全部收录下来。我会将那些内容放在不久将出版的《顶级摄影器材》系列中介绍大中画幅摄影的分册，希望那时候能满足大中画幅摄影爱好者的好奇心。

赵嘉（以下简称赵）：我知道你很早就用佳能相机了。

王建军（以下简称王）：因为我原来在部队，那个时期接触相机是工作需要，后来又到了老山前线，呆了一年半的时间，当时我在前线指挥部。但是我不是在一线的，主要的工作是拍一些接待、宣传性的片子。当时接触的就是佳能相机。那时最早用的是佳能的 AE-1 和 A-1。由于宣传上的需要，我单独举办了一个“老山颂”摄影展，在昆明和成都举行。那种影展就是歌颂老山、部队精神的。

我当时拍照片是属于业余爱好，有一次，我约了四个朋友，到四川红原拍经幡去。吃饭的时候，我们把相机一放，全部是佳能，这个时候我已经换了 F-1 和 T-90 了。我说美国有个 F/64 小组，我们来一个佳能小组吧。当时佳能在中国市场的推广力度也不够大，尼康先进来，后面就是其他品牌美能达、理光、雅西卡等。佳能当时还有一个问题：它的专业镜头好，但是在中国很少。

我们就成立了这样一个小组。一到周六、周日就偷着把公家的车开出去跑到高原上拍照。那时候在四川，离成都不到 200 公里绝对有好东西拍，所以就形成了星期六出去跑的习惯。后来因为喜欢追求图片的素质，就慢慢地对它的专业镜头 L 镜头产生了兴趣。我们就逐渐地转为使用专业镜头。我们 1990 年参加了总政组织的“纵横西部五万里边防采访”，在 7 个月的时间里，走完了整个西部的 7 千多公里边防线。几乎那段时间，我获了尼康奖金奖，国内一些影赛几乎包揽了金、银、铜奖。那时候我们也年轻，也因为地域优势上的近水楼台，当时谁也没我们条件好。我当时说，到了西藏阿里地区的扎达以后，相机放在云台上，随便一拨弄就能拍出好照片，真是这样。

后来，我在体工队当政委的时候，摄影家王苗来找我，问能不能给他们走一趟去拍 700 年后的马可.波罗走过的路线，因为我走过西部。这个时候呢，我觉得我自己应该买一套相机了，就托王苗去香港买。当时我买的都是佳能红圈的 FD 卡口的镜头。两台 F1，一台 T-90，85mm f/1.2L、50mm f/1.2 的标准镜头、广角是 20mm 的红圈镜头、135mm、300mm 定焦镜头，还有 80-200mm 红圈变焦镜头。我觉得当时已经非常牛了，而确确实实拍出来东西就是不一样。

我们这个佳能小组引起了佳能公司驻中国事务所的注意。突然有一天有人打电话过来，是日本佳能公司的木村小姐。她来看了我们的展览，一下对我们重视了。她说非常感谢你对我们佳能的喜欢，能不能办个影展，佳能公司来资助。就这样，我们办了第一次影展，和广东摄影家协会做了一次“川粤”佳能摄影家作品展。

1993 年，木村小姐说你们能不能再使用一下我们的 EOS 相机，然后就给我们试用相机，那时是 EOS-10。当时刚接触自动对焦，自动对焦到底准不准，行不行，说实话也是有点怵的，所以我们有些拒绝。还是觉得手调的比较实在。就慢慢发展到 EOS-1 了。到这个时候，我觉得技术就比较成熟了，包括自动对焦，自动超声波马达。

说起这种佳能情结，我参加了 EOS 的 5 次交流会，而且每次出版佳能年鉴都有我的作品。我转业之后成立了一个摄影公司，帮助佳能公司做市场调查、市场推广、会员活动还有交流。最后帮助 EOS 在全国举办 EOS 学习班。EOS 最早的讲学材料，就是我和鞠峰老师还有佳能广州公司的沈纪林先生编的。所以我们对佳能也是非常非常有感情。

后来和佳能的合作少了，有两个原因，客观上他们在运作渠道上成立各地的公司，像成都就成立了佳能公司，所以我们对于推广这方面就不管了；第二个，我们也在进步，也在要求不断提高。原来做创作就是拍好片子，好看呗，所以 135 片幅足矣。但是一旦我选择做风光，就不一样了。

我觉得每个人要找好自己的定位，不可能全部都拍，我必须要选择主攻的方向。既然在西部，我也喜欢这些东西，所以就选择以拍风光为主。在成都，我刚说了不出 200 公里就能出非常漂亮的风光照片。但是风光有个问题，就是讲究素质。面对客户，一说 135 片幅，人家就不谈了。一说你用 120 相机拍的，玛米亚的感觉还可以。你说用哈苏，人家都省得用放大镜看（就通过了）。从业务、从客户挑选上，比如印刷挂历，135 底片跟哈苏印出来就是不一样。所以后来为什么佳能相机相对来说用得较少，跟我的职业、拍的内容和题材有关系。所以当我拥有了哈苏，以及使用 4 × 5 英寸以后，佳能主要是室外机，抓拍一些东西。

所以佳能相机在这个时候，就作为我们一个附带机子，但是不可少。

赵：为什么呢？

王：第一，你出去以后不可能只拍风光吧，我经常要跑藏民区，还有西北地区的甘肃拉卜楞寺、新疆的喀什这些地方都爱用 135 相机，拍一些带有人物活动的东西，哈苏肯定是来不及了，我用的 EOS 胶片机，1N、1V 都在用，确确实实在这个上既灵巧，又可以提供非常好的质量。抓一些小品，再用长焦镜头吊一个比较远的东西，120 相机够不上的。

在西藏我们在开车过程中相机就放在旁边，看到藏羚羊我可以抓起来就拍。

赵：讨论一个问题，如果你压根儿就不用 135 相机会怎么样？你就不拍藏羚羊，如果你带比较少的机器，你专心在120相机上拍得会不会更好呢？

王：我觉得不可能，这个是根据你工作需要，相机现在对我们职业摄影师来说，它就是一个工具而已，很简单，你不可能拿昂贵的大机器去做小手术，任何东西我觉得合适才是最好的，就跟买鞋一样，最贵的不一定是最好的，但是最好的就是最合适的。

谢：它不单是灵活性的问题，还有费用上的合适，有些东西你没有必要拿120的胶卷去啃，根本用不上。

王：我们两个到阿里去，随时跳下来就能拍的都是用佳能。只有说，用一下午等光线吧，或者说这个地方确实觉得用120相机拍的时候，一般顺手都是135相机。

赵：你的客户需要135片幅照片吗？你真的卖出很多135片幅图片吗？

王：杂志里需要。

谢：杂志的收入其实挺多的，135片幅就够了。

王：135片幅完全够了，而且还有一个，咱们就说到135相机的灵活性，风光的摄影有些人说是等来的，我觉得不见得，很多东西千变万化，你也去过西藏，那里彩虹过来，或者一抹云过去，那就不可能来第二次了，有些东西，比如说梅里雪山那种瞬间的明霞，就太阳从云缝里钻出来，突然大亮了，这时候你再换其他的来都来不及，至少这个时候，你可以减少拍摄时的许多遗憾。

话又说回来，虽然是以风光摄影为主，或者说他（指谢墨）以商业摄影为主，可能在拍静态的时候，大底片的机子肯定是在素质方面提供保证，但是拍一些非常灵活的东西，或者是在运动的时候拍摄，中画幅就不是它的强项，所以在这个时候我们都采用佳能。

不过后来到了数码相机，我觉得要完成风光摄影，包括1Ds Mark Ⅱ都达不到120胶片的素质。

赵：那肯定达不到120嘛，但是它能代替135不就可以了吗？

王：但是话说回来，135相机在我的工作中不是主打机，我们现在对相机的买卖可不是爱好了，是工具，或者说它就是成本投入啊，我觉得投入6万块钱，不如买一台哈苏，拍出来的东西肯定更能满足客户。所以我在选择相机的时候，EOS后期的数码相机我都没有选择。

数码相机我用哈苏的H3D数码相机，只有这个才能替代120胶片，满足我的要求。135你说得再好，它也只能和原来135底片相比，你不可能说就可以达到原来4×5底片的效果，谁也不能相信。而且从成本上来说，我觉得还是传统的比较好一些。

赵：那你现在用佳能哪些机器和镜头？

王：1N和1V，镜头还是原来那些吧，20mm、35mm、16-35mmL、28-70mmL、70-200mmL IS、35-350mmL，还有100-400mmL IS，我到非洲去拍。

赵：你觉得自动对焦功能对你有用吗？

王：有用！

赵：为什么呢？对风光摄影也有用吗？

王：有用，第一，我相信科学，相信器材的发展，肯定要比人对焦要准多了。我们从手动开始，从黑白到彩色，从胶片到数码，我觉得技术上对我们来说不是问题，所以我觉得原来很多人拿了非常高档的自动相机非要去用手动是犯不着的，比如现在你开的那辆吉普车，（自动档挺好）非要换个手动档，没啥意思，这就是我对自动的看法。从目前来说我用的所有自动对焦相机里，EOS在自动对焦方面确实做得很完美，没有哪一个镜头厂家能超过它的。

赵：那你用什么胶片呢？

王：胶片我用得多，我最喜欢用的应该是富士的VELVIA，50度的。胶卷我就觉得它就是一张纸而已，选择什么样的胶卷不是太主要的，我觉得很多种胶卷都能完成我们的拍摄，不管是柯达还是富士，都能找到合适你的。但是我用VELVIA为什么要多一些呢？第一我觉得是细腻度；第二，色彩的那种艳丽我不一定很喜欢。你要知道我们出去可不像摄影棚里头，光源这方面你可以人为控制。你在野外，一会阴天一会太阳，一会色温高，一会色温低，但是VELVIA它都能应付，但柯达有的时候就不一定行，它比较专业，分得比较细。

现在所谓胶卷冲洗、后期放大都不那么重要了，因为现在后期制作可以弥补很多东西，不像以前，现在都数字化了，这数字化可控制的范围就比原来大多了。

赵：你现在常用的器材还有哪些？

王：我现在135相机用的就是你常提到的康太时G2，21mm，28mm，90mm镜头，最多的时候我是用21mm的，90mm的很少用。我还常用哈苏宽画幅的XPAN相机。还有玛米亚7Ⅱ（6×7厘米画幅的旁轴中画幅相机），这些东西是我常用的。镜头我也不带太多，比如玛米亚7Ⅱ，我用80毫米镜头足以对付远的了，我觉得最好的变焦头是自己的腿，走一点、退或进一点都是一样。曾经有个发烧友，我带他去珠穆朗玛峰，他把七八个镜头摆在地下，铺上雨衣，就是为拍这辉煌的日落，到真正的那一瞬间，可能就是五六分钟吧，哎呀，他急了，“王老师你说用哪个头？”他觉得那一瞬间从40毫米到350毫米，甚至500毫米镜头全都用得上。我说用你肩膀上那个头拍，我没有办法告诉你。

所以现在出去对我来说，第一，机身带的越少越好，第二，镜头带的越少越好。

现在我常用的，数码和胶卷一样一半，根据我工作，或是近期我拍摄的任务或兴趣所决定的。

中国摄影作品分为两类，一种就是现在北京798那种艺术圈，一种就是服务社会、服务大众的。我的照片多用于杂志和商业上，是为社会为大众服务的。所以对我来说，在选择胶片还是数码上面，是要根据出版商的习惯，我要补一些片子，我可能两个都补，但是如果这种画册上了百分之六七十，甚至七八十，甚至八九十以上是反转片的话，我肯定要给他补反转片，因为在印刷上便于控制。

赵：你现在核心的相机，就是中画幅数码相机哈苏H3D。那胶片呢？

王：我用两套哈苏，4 × 5 我也有，相对来说 4 × 5 现在用少了。还有就是玛米亚 7 Ⅱ。宽幅相机用617和612，宽画幅在风光上常遇到的，不可代替了。在617和612的选择上，612要用得多一些，因为要考虑画册。你不可能全部是那种跨页的。

数码相机就是哈苏的H3D，我出去几乎都带着。带标准镜头和 28 毫米的两个镜头。我有转接环，原来所有的 V 系列镜头都能用。

赵：风光摄影附件有哪些？

王：测光表肯定跑不了，现在是用世光 508 的。这个东西对我们来说就是个参考，按一下差不多就行，就是个参考。（实际曝光）多一点少一点完全是靠感觉。很微妙的，而且要弄得奇准。因为我们两个拍的东西原来全是原片的，那真的曝光各方面一点儿问题都不能有。

这是第一个，第二个就是三脚架。我用得最多的是原来一个老金钟的脚架。现在的三脚架我用捷信，有四五支大大小小的。我长途肯定带两支，一支备用。也有时确实两个同时用，比如同时拍 612 片幅、617 片幅时，马上就放那儿了。第三个，快门线。第四个，滤光镜。

赵：滤光镜都用哪些？

王：就 UV，保护镜头而已。还有一个就是偏振。偏振镜说实话，原来喜欢用，色彩越饱和越漂亮。天越黑，蓝得越黑越好。实际上当你出画册时就知道，你还得往回调。所以有时候不必要。还有，广角镜头（加偏振镜）弄不好就成黑圈儿了。

赵：那你不用渐变中灰什么的？

王：有，但用的很少。但是有时我觉得本来很漂亮的东西，人为地加一些滤镜以后那种感觉不是特别好。

谢：那是你们去西藏，偏振镜我们在广东是外景必用啊！不一样。你不用，天不蓝，客户不开心啊。

王：对，你们那里是。对色彩的饱和度来说，偏光镜确实是很有用，包括阴天，拍一些树木，拍一些植被，那个偏光镜非常起作用。

赵：那你现在照片被哪些途径使用？你是怎么实现商业化的？

王：一是直接客户，给人家拍画册。比如说康定，或者粤赣高速公路，这是直接为客户服务的。第二个，印刷品。比如说台历挂历啊，这些东西。我今年还出了两本。第三个就是杂志，这用的就多了。什么《中国国家地理》啊，《户外》啊，多了。第四个方面就是自己的画册。出版社觉得你拍的这个题材成熟了，会合作出一些这样的画册。还有图片就是用于一些网站，一些图片库。

赵：如果有其他的摄影爱好者和年轻摄影师，想走你这条路，你有什么具体建议没有？怎么样顺利走上风光摄影师这条路？

谢：职业摄影师还是风光摄影师？

赵：职业的风光摄影师不可以吗？还是你觉得做业余更好？想拍风光不在乎职业还是业余？

王：我同意那句话。业余也拍得非常好，职业的也可能从他那个角度来做。

谢：我就是一个业余的风光摄影师。我拍得还可以哦！

王：没问题的（笑）。我觉得从职业来讲，你虽然在某个方面有点专攻，但是你必须有驾驭全盘的能力。你不仅是一个职业的风光摄影家，你还要有各种题材的把握能力，我觉得这是一个。但业余就无所谓了，或者爱好者，你没有理由要求他非要达到某种程度。

谢：有单张的就行，拿大奖，开心开心。

王：第二个呢，拍风光，我觉得给他们建议是要有足够的思想准备和心理承受能力。因为拍风光不是单纯地对一个景物或者风光的单纯的纪录。我觉得它是一个感悟的过程，而且这种感悟是立体的、综合的、全面的，对景观的一个考虑。这可能就与对风光摄影的感悟和自身的素质、修养、综合能力有关。要具备这些东西，我指的就是对自己要求比较高一点的摄影爱好者，或者是把风光摄影作为自己近期或者远期的一个追求来做。因为现在摄影很简单，大家都知道现在进入摄影非常容易，但是我说的是，摄影一分钟学会，可能一辈子拍不好。这种拍不好不是对器材和技术的掌握，更主要的是对拍摄对象的把握能力、提炼能力，所以这样要有心理准备。

风光摄影需要沉得下去，不是拍表面的东西。珠穆朗玛峰立在那儿，谁遇到好的机会，谁都容易拍一个好的作品。但是拍一个与众不同的东西就太难了。

对业余发烧友来说，可能这方面要求不是这么严格，总要有一个过程。或者是通过相机这种拍摄活动，他到了珠穆朗玛峰或者看到珠穆朗玛峰就行。有些人并不要求拍一张个人的东西，他有这样一个过程就行。我觉得这方面不可强求，因为我们都穿过开裆裤，都走过这个过程。但是职业和业余最大的区别，不是用什么形式用什么器材，而是有没有鲜明的个性或者独到的观察力。话又说回来，风光摄影如果力求素质的话，肯定大、中画幅会好些。

采访时间：2007 年 10 月

EOS和风景/风光摄影

在部分摄影理论家的眼里，风光摄影和风景摄影似乎并不仅仅有字面上的差异，它涉及到很多复杂的理论、传承、流派等等问题。不过，现在还不是讨论它们的时候，在下面这个单元的内容中，这两个词是同样的意思，也就是多数摄影者通常能理解的那个意思。

风景/风光摄影的范围相当广，因此，它的表现性也就非常多样化，这同时也就决定了它适用于多种器材以及多种拍摄方式。

通常来说，纯粹的风光摄影师会更青睐大画幅的胶片相机，它们可以提供更多丰富的细节和层次。但是另一方面，即便是不同领域的职业摄影师也会拍摄很多风景照片，而EOS系列中也有一些器材在拍摄风景图片中有着特殊的优势。

多数情况下，EOS系列中的高速自动对焦、高速过片在风光摄影中用处不大，而EOS相机拥有的全天候的防水防尘性能以及EF系列中的高素质镜头是风光摄影中的利器。

通常来讲，风光摄影只是很偶尔地需要利用大光圈来控制比较特殊的景深效果，多数时候并不需要大光圈的镜头，对于摄影师来讲，这绝对是一件好事情，不仅经济而且体积和重量也较少。同级别的镜头（不要用L系列的镜头和非L系列的镜头比较）在收小光圈的情况下，变焦镜头和定焦镜头的分辨率差别不会很大，色彩上则几乎没有差别，而变焦镜头会更利于你精确的构图和取景。考虑到风光摄影的特殊性，还是多考虑变焦镜头吧。不过我还是要特别强调，L系列镜头的色彩表现要远远好过其他的EF镜头，这对于风光摄影是非常重要的，因此，总的来讲，在EF镜头群中L系列变焦镜头是风光摄影的最佳选择。

传统的风光摄影所需要的镜头焦段集中在24毫米～100毫米左右，所以我个人强烈推荐24～105mmL IS镜头，焦段、价格适中却确能提供非常好的成像质量，而且也比类似焦段的其他EF变焦镜头更锐利。

其次比较重要的是中长焦镜头，它在表现景物细节的时候很实用，不过，这要看摄影者的个人风格，它并不是必需的。而更长的镜头则极少应用在风光摄影中，除非你对地质地貌的细节有强烈的兴趣。

当然，也有很多摄影者喜欢更广阔的超广角镜头，可以带来更灵活的拍摄方式。一方面在需要强调有力的前景的时候，尤其是中国不乏特别壮阔的自然景观。轻便的EF17-40mm f/4L USM曾经是风光摄影在这个焦段的最佳选择，而新出现的EF16-35mmf/2.8L USM II则在画质上有了新的提高，值得你重新考虑。

当然，变焦镜头不是万能的。我要格外强调TS-E移轴镜头在风光摄影中的特殊地位，移轴摄影对于拍摄风景来说非常非常的重要，因此，如果你真的狂热地喜欢风光摄影，配备24毫米的TS-E头还是值得尝试的。

胶片时代，风光摄影对于机身的要求并不是很高，只要结实可靠就可以了。而在数码时代，风光摄影要求数码相机具有尽可能高的分辨细节的能力，因此通常来讲，像素越高越好。

风光摄影对于曝光的要求非常高，虽然对于数码相机而言包围曝光不是什么难事，但是严格的来讲，利用"分区曝光法"来确定曝光数值还是很重要的，因此机内的点测光功能或者额外的带有点测光功能的测光表是很有用的。

风光摄影经常要面临雨雪天气，这方面EOS系列的顶级机很有优势，从EOS-1V之后所有1系列的相机都拥有在大雨中拍摄的能力，2000年之后上市的L系列镜头也采用了相同的防水防尘设计标准。不过，并不是所有EF系列镜头都有这个能力，还是建议你考虑准备一个专用的防雨的防水罩。

另外，在寒冷的地区拍照对数码相机的电池会是巨大的考验，强烈建议你准备至少一块备用电池。而且在不用相机的时候不要让它裸露在寒风中。

虽然数码相机的发展获得了长足的进步，但是目前让传统的风光摄影师接受数码相机依然有相当的难度。不过数码相机在风光摄影中有一点优势是传统相机无法比拟的，那就是接片。数码单反相机配合全景云台附件（瑞士环摄公司、意大利曼富图公司都有类似产品）和接片软件可以拼接出数据量惊人的风光作品，其记录细节的能力是普通胶片相机难以企及的。

最后，是一些让你的风光作品更清晰的方法：

1. 在一切可能的情况下尽量使用三脚架；
2. 使用快门线而不是用手指按快门；
3. 尽量使用机身的反光板预升功能；
4. 在使用三脚架时，关掉镜头的防抖功能（IS）；
5. 数码相机一定要使用RAW格式拍摄。

谢墨·商业、人像、风光、水下……摄影

初识谢墨大概是在8年前，那时候他早已是著名的人像摄影和商业摄影师了。不久我就知道他作为一名"风光摄影家"在获奖，旋即又在听说他在潜心研究水下摄影，而同时他的名声和身价都依然在看涨。如果依然按照人像或者广告摄影师的标准来看他，很显然这是一个既"不务正业"，又"不误正业"精力超旺盛的人。

此次请他出马谈EOS，不仅因为他把EOS作为主力相机之一，也不仅因为他涉猎的摄影领域相当广泛，而且重要的是他同时使用很多其他的顶级摄影器材——别忘了他还是"哈苏大使"哦！以我所知，真正能同时使用EOS的顶级数码相机、中画幅数码后背和胶片相机工作的职业摄影师其实并不多。

问：我最早见到你的时候你一直是拍人像和广告的，但是后来我发现你也入选了"风光十杰"，所以请你先大概介绍一下你现在的拍摄状态。

答：要挣钱的话就靠拍产品广告、拍形象代言广告。我有两个影楼和自己的广告公司，拍一些明星、化妆品、服装广告等等，反正是涉及广告类的就可以拍。目前也有所选择，要看品牌。

其他更多的时间就放到生活里去了。我其实挣钱也不多，但是我觉得做个守财奴没什么意思。还是多出去转转、跑跑，像2007、2008年我分别跑了两趟美国西部，都是自驾车旅行。2007年主要是走了美国西部山区的七八个国家公园，2008年就走西海岸线。从西海岸最北端的奥林匹克公园，顺着101号公路、1号公路，一直开到最南端的圣地亚哥。把海岸线转个够，了解一下美国。然后2007年又学了潜水，考了一个证，全世界大部分地方都可以去了。深度可以潜到40米，大部分旅游区潜水的地方都可以满足。然后又拍水下摄影，每到一地，陆地和水底一"揽"打尽！有时候也会搞搞创作，比如说拍拍舞蹈、人体；有时候还会跟朋友出去一起拍拍风光。

问：那你现在主要用的相机是什么？

答：工作用机主要是哈苏H3D，3900万像素。我两次去美国用的都是它，想多试试这个机子。我感觉它还是挺优秀的，先不管色彩，从分辨率上能达到4 × 5座机的素质。

我平时还有用佳能相机。当有一些工作需要快捷、灵活、对瞬间捕捉胜于质感时，原来我就用1Ds Mark II来拍。有时候跟朋友出去玩，我也喜欢选择这个机器。我外出还喜欢带上哈苏的Xpan，我特别喜欢它那种（宽画幅的）视觉，配30毫米广角，那种透视感很强烈，我用它拍摄挺有心得的，感觉很好，若是去潜水我就用EOS-5D。

2009年我用索尼的α 900比较多。

5D Mark II我也偶尔用，可信度非常高，能跨图片和视频两栖非常好。遗憾的是，拍视频的时候不能使用连续自动对焦，我在等它的固件升级。这机器是在海底拍动物视频的首选，海底的很多景象用照片不能完整地表现。可惜，我原来用的5D的防水罩不能用在5D Mark II上，那东西很贵啊。

1Ds Mark II我现在拿来做备用。

一般我就喜欢用这几个机子。傻瓜机我有一部佳能的G7，还没换G10，没用够呢。

问：佳能哪些核心技术对你来说特别重要？

答：首先是它镜头的颜色，我的第一台相机是美能达7000，是1989年买的，那时候我不属于行内人，经常到邮局买《摄影之友》、《大众摄影》等杂志。杂志上有美能达7000的广告，类似"可能不远的将来，所有的相机都和美能达7000一样。"这句广告词深深打动了我，于是在深圳中英街买了一台。后来1991年读摄影函授班的时候，又去买了一台尼康F801，因为那时候尼康在中国的品牌地位是排在NO.1的，高于美能达。让我产生转变的是在1994年，我带着尼康F801，配着第一代的80-200mmf/2.8 ED头，还有AF的28-85mm镜头，跟王建军以及几个影友一块儿去四川红原。我觉得跟王建军就不去比了，应该跟他那些小徒弟们都差不多一样水平。结果拍完了回到成都去冲，那时候还拍负片，晒出来一看，他们用佳能普通镜头，拍出来的色彩都比较饱和，而我的尼康相对干一些。但是我喜欢佳能那个味道，我说要换机。回广州就买了一个二手的EOS-620，后来又把王建军的EOS-1给买下来了，配了20-35mmf/3.5-4.5，和一支70-200mmf/2.8L。我这两个镜头就足够了，坚持用了好多年，平时拍一些舞台、舞蹈照片，也用得上。

其实它的核心技术，最打动我的，除了色彩，还有对焦速度。拍舞台特别要求对焦速度快，色彩我比较喜欢它那种沉一点的味道。有点像欧洲镜头，其实日本镜头里面最像欧洲镜头的，一个是佳能，另一个是宾得，这两种镜头是我比较喜欢的。我原来有宾得67，因为长焦距抖动太严重后来放弃了，换成了哈苏。

问：你常用的佳能镜头有哪些？

答：拍陆地的就是14mmL、24-70mmf/2.8L、100-400mmf/3.5-5.6L IS，我那个20-35mmf/3.5-4.5还在用。70-200mmL换了一个100-400mmf/3.5-5.6L IS。

问：你为什么没换那个新的70-200mmL IS？

答：我有时候觉得200mm还是短了点。我有个24-70mmL，我不喜欢（焦段）连在一起的镜头。我觉得跳开来挺有意思的，就像我当时两个镜头坚持用了八九年没换。

问：你觉得100-400mmL那个镜头跟你原来那个70-200mmL差别大吗？

答：相对来说这个镜头感觉稍微软一点，但是因为现在都是拍数码，用软件弥补的话，也没有太大的问题。

问：你一年的拍摄量大概有多大？

答：比如说我用1Ds Mark Ⅱ狠的时候，前几年，每年大概得近十万次吧，加上助手拍的，得有十几万次了。

问：你现在1Ds Mark Ⅱ拍了三十万次没有？

答：有了，它的快门已经换过一个了。（坏的时候）快门超过两百就开始……白边还是黑边我忘了。就是快门已经迟钝了，磨损了。

问：你那时候拍了多少万张？

答：那个时候应该有二十多万次了。

问：那你不用定焦镜头吗？全是变焦镜头？

答：我全用变焦。因为在广州这地方，不太有很多机会让你慢慢去磨，它是实用主义第一的。广州这边的企业对商业的要求往往量很重要——当然我也控制一天只准拍30套服装啊，或者说拍美容用品8个镜头，我都有限制。但是他还是要求你要快，模特要计时啊，要按小时计数，你慢了模特要多交钱的，没机会给你慢慢磨合。赶快拍，老板一看我又换镜头他就不爽，我自己也觉得不爽，因为我想（影像的）连续性比较重要，所以我就用24-70mm镜头。那个镜头当时买的时候就觉得短了点。 拍人像到70mm还是短，后来有一支24-105mmL出来，我就想买，但我就一直想等1Ds Mark Ⅲ出的时候我再买。因为1Ds Mark Ⅲ出了之后它可能会配一支类似的镜头，我就等待着。

其实我不是太在意135相机用定焦。因为假如说你要质量的话，我就用哈苏3900万像素的数码后背拍，在我的使用范围内已经足够了，所以变焦没关系。

问：那你是怎么区分使用EOS和哈苏的？

答：说老实话，现在拍商业片时，我不太敢用佳能。我最近这一年来坚持不用佳能，因为一用佳能我就不想用哈苏了，太难受了。我干脆就不用佳能，拍商业片的时候我就忘了佳能的优势（笑）。

（EOS）太方便了，快啊。哈苏的对焦点只在中间，你对衣服还是对脸啊？很烦呢！先对脸，再构图……快门按下去后它有一个传输过程，要等一点几秒，你就不能连续干了，很难受。佳能我可以咔嚓咔嚓……很舒服。这就是佳能给我的最刺激的地方，拍起人像来太爽了。

问：那你也可以无所谓，能用佳能就用佳能。

答：但我目前是哈苏的形象大使啊。

（笑）哦，你是哈苏大师，对了。

大师是2001年的事，2006年就当形象大使了。（哈苏）公司没有说你必须只准用哈苏，没有这样的规定。但是我总得冲着和老哈苏的交情。

问：那你机身设置有什么特殊的设定吗？

答：就是Adobe RGB，然后用RAW格式，用佳能有时候我会加小的JPEG图。因为顾客想回去挑图，想了解下今天拍的情况，你可以把那个小图刻给他。工作中是这样子的，如果我自己拍东西的话，我就把那小图都免了，整个都设置RAW格式，不需要JPEG，因为JPEG那个图看起来跟RAW实际上有比较大的差别。

对，差别非常大，其实根本就是天差地别。

其实我不喜欢看JPEG小图，看小图（效果）的话，对自己会有一点点失望（笑）

问：你习惯自动曝光、光圈优先，还是手动曝光？

答：我在棚里面是手动的，M档，如果是在户外我喜欢用A档。我几乎其他档都不用，就是一个A档一个M档。

问：测光呢？现在不用外置测光表，使用机内测光了吧？

答：不用外置了，现在看显示屏就可以。

问：是看效果还是看直方图？

答：两个都看，多数是看效果，有时候没把握的话就看一下直方图。

问：那你用闪光灯吗？

答：我偶尔也用580，如果是拍广告我就不用580，用布朗和日本高明的外拍灯。只有自己拍着玩的时候，才配上580闪光灯，我拍摄的区域很广。

问：对啊，你什么都拍。

答：风光也拍，广告也拍，人像也拍，然后还拍水下。我还喜欢拍建筑，自己拍着玩，不是接活，接活也有，但是少，就是涉猎太广，我结交的朋友中专门拍风光的有，开影楼的也有，拍广告的也有，搞报道的我也很熟……不但大陆的，还有台湾、香港的也都经常有些来往，所以我自己定位就是个摄影玩家。

问：那你用其他什么特殊附件吗？

答：用得最多的就是偏振镜，基本上不用其他滤镜。三脚架拍风光的时候用捷信的，2号和3号的，2号的是碳纤维的，3号的是金属的。我一般去远的地方喜欢用3号，带大机子。如果我用佳能的话，带2号就够了。如果是拍广告我就用箱子装器材，有助手帮着拖，自己去的话一般用双肩背囊。拍黑白时我会加橙黄镜或红镜，拍人像偶尔还会加中空柔，增加点意境。

问：那你现在还用胶片吗？

答：也拍，我自己外出拍风光时，常常还拍些反转片和黑白。另外还有顾客指定要拍胶片的，一年要拍四次，每次的量大概从50卷到70卷不等。

问：什么样的顾客？

答：已经为他服务了6年了。他是开内衣公司的，设计师指定要使用胶片，在数码方面他比较保守，喜欢胶片那种过渡，那种对皮肤的过渡效果，所以他坚持要用胶片。

问：他要反转片还是负片？

答：就要反转片。

问：他要求用什么反转片？

答：由我决定。我用的是两种胶片，他都满意。一个是富士的RDP III，一个是柯达的100S。一些超常规的色彩平衡，那些跟常规不一样的他都拒绝使用，我也不敢用，拍人像广告的话，有时候人调准了，但衣服不准，因此往往比较难弄。

问：那除了这个呢，你自己拍照用胶片吗？

答：我自己一般用富士的RVP，我还是喜欢50度的，国内现在很少有，我去了美国，美国有，但卖得挺贵的。

问：现在都是ISO 100的了，目前Velvia有两种，一个是VELVIA100，一个是VELVIA100F，有F的那个就不太偏常规，没有F的那个反差和色彩的浓烈度强烈一点，跟原来那个ISO50的很像。

我没有具体对比50度跟100度差异到什么程度。但哪种喜欢呢，挺奇怪的，就像一个喜欢创意的人，胶片帮了你一把，让你有点与众不同，就那种感觉，你就喜欢上它啦。那个VELVIA 100F我觉得拿来拍人像都可以了。富士原来还出一种拍人像的反转片：ASTIA，我挺喜欢用的，但是后来停产了，也可能是不对中国出货了，反正是没了。

现在停产了没有我还真不知道，我也好久没用了。ASTIA是世界上均方颗粒度最小的反转片，而且特别适合拍一些对色彩要求准的东西。

没错。我觉得用它拍人像挺好，但它的宽容度太小，就是说拍人曝光必须测得很准，稍微曝光不足，图像会特容易发红，所以要求你测光测得很准。

问：你有没有发现几乎所有的富士反转片稍微曝光欠一点都会有偏暖的倾向，只是倾向严重或不严重？

答：实际上柯达和富士的差异就是在这里，柯达的所有产品宽容度基本上都很大，富士的所有产品的宽容度都小，包括它的相纸也是这样的。比如放大，用柯达熟练的人往往用一个试条就基本上知道怎么样，可以放24英寸了；富士呢，可能打了三个试条都有一点吃不准，但是你一旦放准了，出来那种饱和、醒目、会跳的感觉，柯达怎么放也放不过它。因为那时候没有电脑，在没有软件协助的情况下，柯达弄不来（那种效果）。它的反转片也是这样，VELVIA 50度的，你一不小心（曝光）过一点就没得看了，你要吃得很准。用这个胶片的人要比较专业的，要敢于挑战，因为（曝光）准的时候很舒服。

问：咱俩跑题也太厉害了吧？

答：（笑）都是摄影类的。大家都喜欢看，都喜欢听。

问：刚才说的是胶片，那自己拍的时候用胶片吗？

答：自己拍用胶片也不少，我现在自己拍的比例和工作差不多。

我的活从去年开始相应减少了。自己把自己提价了，有些继续跟着我的客户我帮他服务也可以更精细一点，因为我空闲一点嘛。我觉得这个应该是有好处的。

问：那你用什么软件解EOS相机拍的RAW格式的呢？

答：普通的活我用佳能自己的软件就可以了，完全可以胜任，如果一些要求比较高的，我就会用飞思的软件。因为原来我买过飞思的后背（早几年的时候买过1100万飞思的后背），它也不断能供我升级。我用它解过1Ds Mark II的RAW，觉得它比佳能本身的软件解得要好，但是在广东也是实用主义，用飞思解有的时候会麻烦一点，所以一般批量性的情况下我就用佳能解了算了。

问：你后期修图都是自己做吗？

答：我有助手，我只是给一种感觉上的指导。

问：你的1Ds Mark II除尘怎么解决？

答：自己吹，有的时候就送到佳能维修站。我自己不敢擦CMOS，最早我擦过哈苏的，就买那种专用纸，擦过一两次我也不敢擦了。现在哈苏的后背可以拆卸下来，喷一喷就可以了，很好处理，佳能的（CMOS）藏在里面，有点头疼。

问：佳能现在占你拍摄的比例有多少？

答：大概占三分之一吧，一年应该还有几万次。像昨天，我就用佳能拍了大概有6张2G的卡，一张卡有135张，总共差不多800张。用佳能24-70mmL的镜头，也用了100-400mmL的镜头。

问：你和很多国外还有香港的顶尖摄影师关系也很

好，他们器材上和你有什么差别吗？

答：香港那些比较顶级的摄影师也是用后背一级。香港比较流行利图，早期是飞思，后来是利图占了上风。反正哈苏在这个领域还占得不太大，因为它整体的费用会高一点，比其他的后背费用要高一点。他们用后背多一点，也有一些是用佳能的，相比之下，香港摄影师还没有国内摄影师对新东西接受程度快，他们守那块阵地守好多年，甚至有些还用胶片。

日本也是如此，有的工作室甚至数码和胶片各占一半比例，他们比较稳！

问：你觉得你理想的器材配置大概什么样子？

答：说老实话，我还是比较喜欢EOS这种操作性能比较方便的机子，像我当初选择哈苏H系列，也是因为当时它的AF功能是最强的，跟当时的宾得、玛米亚和禄来的AF对比还是哈苏最优胜，所以我选择它。

对，H系列的AF是所有120相机里面几乎最好的。

但是它跟135相机比有致命的缺陷，那就是对焦速度仍然很慢，再就是它只有中心一点对焦。因为涉及到研发的费用问题，扩大（对焦点范围）的话，它还得重新研发，产量有限，成本又上去了。所以理想的机子，说老实话，如果拍活儿的话，我觉得到2200万就够了，客户听我说给一百多兆的图片，都说不用那么大，六十兆够了。

实际上我用佳能1Ds Mark II用了三年才换哈苏，如果完全是用佳能拍，也没有什么问题。我的客户多数都可以，只有少量的客户，像拍章子怡、巩俐这些大牌，不用4 × 5座机客户就难受，所以加钱让我去用4 × 5座机拍。其他用佳能我就都解决了。现在1Ds Mark III已经是2110万，我觉得真是已经非常好了。让我有点担心的是它的镜头，以前的系列可能就得重新全部换。但是新的镜头我还没有测试过，它到底跟两千多万像素匹不匹配呢？我觉得也是个问题。

这几年因为对手的软弱，所以造成了佳能也在退步。你看原来它的对手这么多年弄不出个东西来。你说这种情况下佳能还会用劲儿吗？不用劲。可以说（表面看）佳能停了三年，从它的1Ds Mark II出来以后就高兴地躺在那里不想动了。当然它有它的道理啊。它不是不想往更高端走，但是已经够挣钱了。你要知道谁是这个领域的老大，宣传攻势效果那是非常明显的。佳能当了老大之后，对手越来越弱，起不来了，气都没了。

不过，现在佳能开始遇到对手了，我很高兴啊。

索尼的阿尔法系列！

对，就是索尼，唯一可以跟佳能拼的一个企业。它加入了这个阵营，我觉得是对摄影师也好，爱好者也好，都是一个喜讯。要不然佳能老在那牛得很。其实它的（升级）产品都有，就是不出来。我们老早想换机器了，1Ds Mark II拍了三年，我想换了，可它不出来啊。1Ds Mark III早出一年的话我早就买了。说老实话，因为我对（索尼单反配的）蔡司镜头很感兴趣。

我最终没有买1Ds Mark III，偶尔借来用。因为我已经有了索尼的α 900。α 900配ZA 24-70mm f2.8和ZA 16-35mm f2.8两支蔡司镜头，也用索尼的70-300mmG的镜头——轻便、便宜，成像质量也还行。如果拿1Ds Mark III和α 900来比较，我觉得两个都可以完成我的工作，α 900要便宜很多。而如果要求再高，我就用哈苏的数码后背了。不过感觉索尼α 900机身不是太坚固，尤其加了电池盒之后。毕竟它还不是专业机嘛。不过，索尼的α 900的防水性能真是不错，我曾几次在下雨的时候拍。

我们很多摄影师是有德国镜头情节的。特别是走高端的这些，这点钱的差异不在乎，一万多元的蔡司镜头又怎么样啊，佳能的L镜头还不是一万多元吗？所以我对1Ds Mark III的出来已经不像1Ds Mark II出来那么兴奋了。

问：你的照片被哪些途径使用呢？你是怎么实现商业化的？

答：我绝大部分都属于商家的委托拍摄。如形象代言、广告，拍代言多一些。现在出来很多新的小明星，拍代言也挺多的。有些风光片我会放在图片中介那里，每年也能有几万收入。

问：如果说现在年轻的摄影师或摄影爱好者想走你这条路，你有什么建议吗？

答：我觉得修行靠个人，任何机遇对任何人都是平等的，重要的是你有没有准备好。不要把兴趣和工作混为一团，当你收钱干活时是无乐趣可言的，只有压力！

问：说到准备、广告摄影、人像摄影行业，怎么样进入并少走弯路，是学这个专业好呢还是做摄影师助理好呢？

答：都可以。实际上很多摄影知识你做了这行再去学也来得及。在学校学习实际上是打一个美术和审美的基础。如果你在以往的工作中已经积累这方面的东西，就没有必要去学了。一个学美术的人进入摄影这个行业太容易了，可能比摄影专业出来的人拍得还有感觉。因为他的专业就是学关于美的东西。最终出来的东西视觉上就是有一种美感。如果换一个学文学的来拍，又是另外一种味道，会拍出很有内涵，或者说很有诗意的东西，那个图片总是让你感觉有一层另外的意义在里边。

专门去学拍广告或者拍人像是学不到什么深一层东西的。原来具备什么东西你把它发挥好就会成为你的个人风格，哪个年龄段进入都无所谓。

问：你现在在广州做广告摄影师，从作品上看感觉和北京、上海的广告摄影师差别大吗？因为你刚才说到客户的要求比较着急，会不会导致你的作品风格和那边有很大的差异呢？

答：说老实话，广东的摄影师模仿性比较强，就是说那边的企业本身它就是有模仿性质的，特快。而北京的摄影师更讲究拍一些自己风格的东西，特别是造型师，有的时候造型师在里边占的比重还挺大的。

北京的造型师能力强，有的时候摄影师反而变得次要了。我看很多作品，摄影变成一个技术性的东西了。这要在广东是不可想象的，都是摄影师最牛，反而造型师给抹煞掉了。因为广东的企业最讲究自然、实用，它不想搞花里胡哨的东西，而北京的喜欢玩点创意。所以北京拍东西量不大，但是保证费用不会比广州的弱，甚至还高。我感觉上海介于两者之间。你们（北京）那儿媒体多啊，发表方便啊，宣传摄影师比较容易，广州那边没那么多好媒体。

问：你现在拍水下摄影用的机身是5D？

答：对，镜头主要就是一个15毫米的鱼眼和100毫米的微距。水底主要以这两个为主。全世界的水下摄影师也多比较喜欢这两种焦段的镜头。像用尼康，他们很多用60毫米微距。但那支镜头会离动物太近，有的时候会吓到动物。特别是有些摄影师看取景屏的时候，会推一下相机，直接就碰到动物了，我在水里看到好几次这个情形。100毫米就会离那个动物远一点，不会惊扰它，所以我觉得这个距离挺好。

问：你用的是防水罩是什么型号的？

答：Sea & Sea的防水罩，大概两万多块钱，如果配1Ds系列的会接近三万。闪光灯支架得另配。支架也挺贵的，一支得几百块钱。一般我们得有四支，甚至五支，因为有一些配长臂，有些配短臂，要有变化。像我都买了有七支吧，不同长度的，然后还有中间那个接的关节，那都是需要单买的。所以我买支架就得好几千。灯也得买，你看我买的那个YS250灯，是六千多一支。两只就一万多。原来我用的是YS120，就弱一点，但也挺快的。

问：你拍水下摄影完全是为了自己吧？你出售这些照片吗？

答：纯粹就是玩儿。就是享受生活吧。两方面，一方面拍水下动物、水底风光，一方面就拍点自己创意的东西。比如我在潜友之中发现一些可以做模特的女潜友，在水里拍一些“美人鱼”的照片，或者带一些自己改装过的服装，在水里可以像水草一样飘来飘去的。在水下，佳能还是管用。没让我失望。我现在还开了一个水底摄影的网站（蓝域潜水摄影网：www.blue-zoom.cn）。

（第一次采访时间2007年10月，第二次补充采访时间2009年6月）

谢墨

1999年，荣获第十九届全国摄影艺术展览人像金奖；第四届中国摄影金像奖；第三届全国人像摄影十杰；

1999年10月，受瑞典哈苏相机公司邀请，前往丹麦和瑞典进行学术交流及讲座；

2000年8月，作品三幅由国务院新闻办选送联合国总部参加《聚焦中国》大型影展；

2001年 荣获瑞典哈苏颁发的“哈苏摄影大师”称号；

2001年3月，出任富士公司2001-2003年度中国“富士专业摄影形象大使”；

2001年3月，出版个人摄影专集《魅力摄影》，内容有时装、人像、人体作品等；

2001年，荣获中国摄影家协会颁发的“德艺双馨”优秀摄影家称号；

2004年1月，受哈苏公司的邀请，以哈苏摄影大师的身份前往新加坡和马来西亚举办了两场专业摄影讲座；

2005年7月，被《摄影之友》杂志评为十位最有影响力的摄影家；

2005年9月，被《今日人像》杂志评为十位最具知名度的人像摄影家；

2005年9月，出任国际知名品牌爱普生2005—2006年度中国影像大使；

2006年9月，出任哈苏形象大使；

2007年1月，出任瑞士专业闪光灯布朗的形象大使。

EOS 和纪实摄影

“纪实摄影”目前是中国特有的摄影领域（或者说摄影词汇），西方尚没有对应的词汇。在定义上，纪实摄影与西方的文献摄影（documentary photography）最为接近。不过文献摄影更强调其社会学的文献价值，拍摄上更强调真实客观的记录现实事物的方式；而中国的纪实摄影更多考虑其艺术价值和格调。虽然对于纪实摄影的定义存在着专家与专家、实践者和专家之间的争议，但从实践以及展示结果来看，目前的中国的纪实摄影是一个相当大的范畴，包括了一部分的新闻报道摄影、专题报道摄影、文献摄影，一部分记录性比较强的艺术摄影也可以宽容地被理解为广义的纪实摄影。

纪实题材是摄影中重最自由的领域之一。任何一个人，无论你从事的本职工作是什么，只要你有志于纪实摄影领域，有足够多的时间投身实际的拍摄，都可以成为一个“纪实摄影者”（或许也可以称为“纪实摄影师”）。

有些摄影领域对于器材的要求非常高，如果没有某些器材你甚至无法工作，比如长镜头之于体育摄影师和野生动物摄影师、移轴镜头之于建筑摄影师；而也有些摄影领域是对于器材依赖非常少，很幸运的是，纪实摄影就属于这一类领域。

使用EOS相机从事纪实题材拍摄的摄影师并不少，但是并不像有些领域那样在数量上占有绝对领先地位，原因有以下几点：

1．纪实摄影领域对于器材的依赖性相对较少，很多纪实摄影领域的摄影者使用性能“不那么先进”的35毫米相机——不需要高速AF之类的东西——依然可以得到很好的影像。

2．纪实摄影作品的发表领域在最近20年里发生了很大的变化，主流大众媒体刊登这类照片的数量严重减少，而纪实摄影作品的销售上更依赖于展览、艺术品市场等等，因此有些纪实摄影师会对影像质量会有超越35毫米相机的更高的需求。

当然，纪实摄影和传统的报道摄影有很多重合的部分，实际上，从工作方式上看，很多伟大的纪实摄影作品都脱胎于报道类题材的拍摄。因此，在报道摄影领域广受欢迎的EOS系统也是很多优秀的纪实图片的拍摄利器。

同时也有不少摄影师把EOS相机和其他摄影器材混合使用。在胶片时代，我见过很多摄影师同时使用EOS相机和徕卡M系列相机，而在数码时代，EOS和大中画幅相机的配合也屡见不鲜。

前面说过，纪实摄影对于器材的依赖性不高。多数纪实摄影师使用的镜头焦段会集中在21毫米～135毫米之间（这对于摄影师的体力和钱包来讲都是个好事情）。更广的镜头由于变形比较厉害，并不经常被采用（当然，也有偶尔的例外），而更长的镜头使用率也很低。

纪实摄影的表现手法通常比较平和，让影像自己站出来说话要比古怪的表达方式更重要。

如果一定要有一个器材上的具体推荐，我个人觉得EOS的胶片相机中首推当然是EOS-1V，特别是有些摄影师会需要不时在艰苦的地区工作，EOS-1V的防水防尘性、高可靠性是很有价值的。

而数码机身方面，我个人还是会选择1Ds系列的顶级产品，可以得到更好的影像质量。当然，1Ds系列的机器都较大、很重、很扎眼、很让人戒备，所以我也很关注轻便小巧的EOS-5D以及后续机型的情况，还是看你的图片使用途径，如果你不在意展览的时候照片不能放得太大，用于常规的杂志和图书印刷，EOS-5D已经够用了。

镜头方面，老一代的很多大师级摄影师使用极少的镜头拍出了那个时代令人难忘的作品，而现在这种情况在纪实摄影领域并没有太大的变化，镜头的选择还是要看你的个人喜好。

胶片时代，我很喜欢24mmL、35mmL和85mmL的配合，其中85mmL实际上很少使用。进入数码时代，特别是1Ds Mark II发布后，24mmf/1.4L在它上面的使用受到了一些限制，所以我多数使用24-105mmL和35mmL的配合。我现在还会带一支50mmf/1.2L，但是使用率不是太高；当如果涉及到委托拍摄时，我才会带一支85mmL II镜头用于人物肖像的拍摄，否则我更倾向于使用35毫米或者50毫米镜头拍摄带环境的肖像，当然，这样的选择非常个人化。

另外声明一下，我用35mmf/1.4L这样昂贵的镜头只是因为个人喜好。对于纪实摄影作品，绝大多数的情况下，35mmf/1.4L和廉价的35mmf/2或者50mmf/1.2L和廉价的50mmf/1.4除了在耐用性上有差距外，影像上的差别不大。建议你有钱多花在购买好的画册和实际的拍摄上，除非你承受起来没有任何压力，否则别买太贵的器材。

哦，另外一个问题，纪实摄影非常有价值，但是纪实摄影师不是可以轻易选择的行当。如果你有自己的工作（不论是不是和摄影有关），能兼顾拍摄纪实专题是一个稳妥得多的选择。当然，如果你真的对纪实摄影超级狂热，先从报道摄影领域入手也是可行的。如果你打算做自由摄影师，找到相关的委托拍摄或者基金会支持，手里至少要有两个以上能拿得的出手的专题，这两个专题的题材最好差别大一点，有助于你找到更多的机会。

目前国内对于纪实摄影从理论到实践的不同认识差异很大，我不想在本书中涉及理论方面的内容太多，不过，能给你的忠告是：

1.时间是检验摄影作品的唯一标准，这在纪实摄影中尤其明显；

2.如果你喜欢纪实摄影，赶快动手去实际拍摄比搞明白理论问题更重要，因为我们身边正在流逝的一切真的是太快了。

附录 四

闪光灯

EOS专用闪光灯和微距闪光灯提供E-TTL II/E-TTL闪光曝光控制功能，EX系列闪光灯配备有自动对焦辅助灯，使相机在光线不足的情况下(甚至在黑暗中)也可以准确对焦。

430EX闪光灯

采用了佳能特有的E-TTL II自动闪光系统，功能齐全、操作便捷。它与佳能数码单反相机配合使用时，其闪光覆盖范围可以根据相机图像感应器尺寸进行优化，并能将色温信息传输给相机。430EX的最大闪光指数为GNo.43，除保留了420EX的出色功能外，还进一步缩短了回电时间，并提供了更丰富的自定义功能。新增了LCD显示屏，可以方便设置闪光曝光补偿、闪光曝光锁、高速同步闪光、后帘同步、手动闪光等功能。它同样可以作为从属单元进行无线多灯遥控闪光。

所有型号EOS相机

厂商建议价格(RMB): 3,380.00

580EX II闪光灯

专门为专业摄影师开发的顶级旗舰EX闪光灯，兼容E-TTL II/E-TTL自动闪光系统，大幅改进了可靠性，更符合专业摄影师在严酷环境下对器材的苛刻要求。580EX II具有优异的防水滴防尘性能，闪光灯的电子触点的可靠性也得以改善。新增外置测光感应器和PC端子，采用了新的快锁装置，当和EOS-1Ds Mark III、EOS-1D Mark III或EOS 40D配合使用时，可以通过相机的菜单来设置闪光灯的多项功能。最大闪光指数达到GNo.58(105mm，ISO100，米)，自动变焦范围24-105mm，通过内置广角散光板可以覆盖14mm的广角范围，回电时间缩短至约3.7秒，回电的噪音也大幅减少更为安静。支持无线多灯闪光系统，可充当主灯或从属灯。对于EOS数码单反相机，580EX II的闪光覆盖范围会根据相机的感应器尺寸进行优化，并能将色温信息传输给相机以获得更精准的白平衡表现。闪光灯还具备其他一些高端功能，包括可以与全程快门速度同步的高速同步闪光(FP闪光)、FE锁(闪光曝光锁)、FEB(闪光包围曝光)、反射闪光、手动闪光、频闪闪光等。

所有型号EOS相机

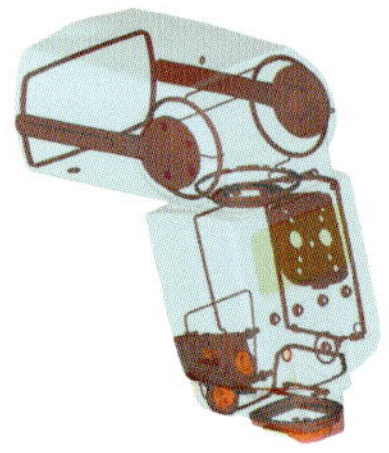

防水滴防尘结构

厂商建议价格(RMB): 4,680.00

220EX闪光灯

220EX闪光灯适合所有EOS相机使用，它们与EOS 30/33、50E/50、300、66、500N开创一种全新自动闪灯模式E-TTL预闪评价式自动闪光灯系统。此系统在正式曝光前先预闪而计算正式闪光时所需光度的输出，并可与任何快门速度同步使用。220EX闪光指数为22(ISO 100/米)。

所有型号EOS相机

厂商建议价格(RMB): 1,580.00

MT-24EX微距双头闪光灯

可以配合任何配上佳能EF微距镜头的EOS相机使用的微距双头闪光灯，采用E-TTL闪光技术，而左右独立的闪光灯头可分别闪光，配合580EX II闪光灯更可作无线遥控同步闪光之用，最大闪光指数为24(ISO 100/米)。

所有型号EOS相机

厂商建议价格(RMB): 10,080.00

MR-14EX微距环形闪光灯

可以配合任何配上佳能EF微距镜头的EOS相机使用的微距环形闪光灯，采用E-TTL闪光技术，而左右独立的闪光管可分别闪光，配合580EX II闪光灯更可作无线遥控同步闪光之用，最大闪光指数为14(ISO 100/米)。

所有型号EOS相机

厂商建议价格(RMB): 6,480.00

★ 本页内容（除作品图外）转自《佳能单反相机系列产品综合样本》

闪光灯附件

外部电源供应(闪光灯专用) 更多电量，更多闪光次数。

小型电池盒CP-E4

轻便、口袋大小的电池盒。可以容纳8节AA型碱性电池、镍氢电池或锂电池。具有出色的防水滴防尘性能。

580EX II | 580EX | 550EX | MT-24EX | MR-14EX

厂商建议价格(RMB): 1,580.00

闪光灯用法一 (离机闪光)

以离机方式用闪光灯做摄影闪光，可更有效控制高光和阴影，并可提高反射闪光的效果。

闪光灯信号发射器ST-E2

E-TTL无线自动闪光系统的无线控制器。可以利用4个频道的其中1个控制多达两具580EX II、580EX、550EX、430EX及420EX闪光灯从属单元。两组间的闪光照明比率也可以控制。无线发射器的控制范围在室内约15-20米，户外约8-10米，垂直角度+/-30°，水平角度39°。在低亮度和低反差的情况下，它还可以发射与45点区域对焦系统相对应的辅助对焦光线。

所有型号EOS相机

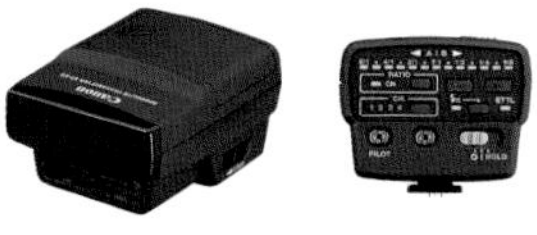

厂商建议价格(RMB): 2,580.00

离机热靴连线OC-E3

此附件可以让您离机使用闪光灯，而毫不影响闪光效果。连接器一头接在相机闪光灯热靴插座内，另一头接在闪光灯的底座。闪光灯的连接器设有三脚架接孔。具有出色的防水滴防尘性能。

所有型号EOS相机，EOS 630/RT除外

厂商建议价格(RMB): 560.00

L型支架SB-E2

此附件用于580EX II、580EX和430EX闪光灯，可以避免拥挤场合摄影记者的相机热靴和闪光灯插座损坏，闪光灯的高度可以有三个位置进行调整。使用SB-E2，即使竖直拍摄，闪光阴影也很自然。具有出色的防水滴防尘性能。

所有型号EOS相机

厂商建议价格(RMB): 1,980.00

闪光灯用法二 (多重闪光)

可连接多达4具佳能闪光灯(包括微距环形闪光灯)，富有创意的自动TTL闪光控制。

多重闪光灯

佳能多重闪光灯附件可让您同一次曝光中使用高达4具闪光灯。TTL闪光灯自动曝光手动控制都能用来灵活应付绝大多数不同的照明情况，受控制的光线效果可借闪光灯的不同距离来达到，如果第一个闪光灯放在一边作为光源，在前面使用第二个闪光灯提供辅助光线，但是要放在距离主光源较远处，这样就可用两种光源的基本布置照出层次分明的人像。多组闪光的布置对静物、微距摄影特别有效。这时，可用另外的闪光灯来供应背光或者照明背景，所拍出的照片可与在影棚用专业摄影设备拍摄的照片媲美。

此系统由以下5个多组闪光灯附件构成：(1)TTL直接接触闪光灯插座适配器3，(2)TTL分线器，(3)遥控闪光灯插座适配器OA-2，(4)连接电线60，(5)连接电线300。

连接图例

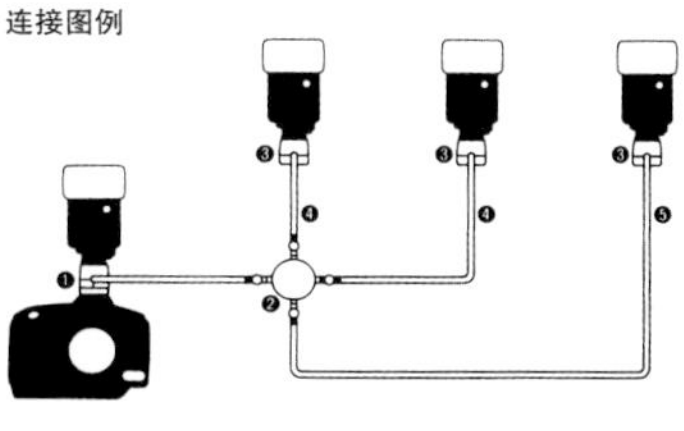

TTL直接接触闪光灯插座适配器3

装在相机闪光灯插座上，使连接电线插座直接接触闪光灯。

除EOS 300X以外的EOS胶片相机

厂商建议价格(RMB): 760.00

遥控闪光灯插座适配器OA-2

连接闪光灯的插座上，为遥控闪光灯提供连接电线插座。可装在三脚架上。

除EOS 300X以外的EOS胶片相机

厂商建议价格(RMB): 290.00

TTL分线器

供应4个连接插座，以便将TTL直接接触闪光灯插座适配器连接在两个或两个以上的遥控闪光灯插座适配器。

除EOS 300X以外的EOS胶片相机

厂商建议价格(RMB): 550.00

连接电线60/连接电线300

长达0.6米和3米的闪光灯连接电线。

除EOS 300X以外的EOS胶片相机

厂商建议价格(RMB): 440.00

厂商建议价格(RMB): 500.00

EOS附件

马达驱动器/充电器/电池

强力马达卷片器PB-E2

加上镍氢电池组NP-E2后，强力马达卷片器PB-E2可以达到极高的连拍速度。竖拍手柄拥有自己的快门钮、主控拨盘、自动曝光锁定钮、闪光灯曝光锁定钮和焦点选择钮。这使竖直拍摄同水平拍摄一样轻松。外壳采用镁合金以提高强度。

1 | 1N | 1V | 3

厂商建议价格(RMB): 5,980.00

电池夹BM-E2

强力马达卷片器PB-E2附带的专用电池夹，可容纳8节AA型碱性电池或锂电池。

1 | 1N | 1V | 3

厂商建议价格(RMB): 560.00

镍氢电池组NP-E2

强力马达卷片器PB-E2专用的高能电池组。额定电压为12伏，1350毫安，可以充电超过500次。完全充电后可以在20℃时拍摄36张的胶卷70个。

*装有这个电池组的强力马达卷片器PB-E2不能在EOS-1N和EOS-1上使用。

1V | 3

厂商建议价格(RMB): 1,880.00

镍氢电池组NP-E3

12伏高性能电池，1650毫安，可以进行500次以上的充放电，具有良好的防水滴防尘性能。

1Ds II | 1D II N | 1D II | 1D | 1Ds

厂商建议价格(RMB): 1,780.00

电池充电器LC-E4

这个专用充电器可以迅速对锂电池LP-E4进行充电，每块电池约120分钟。可以同时接两块电池。使用100-240伏交流电。

1Ds III | 1D III

厂商建议价格(RMB): 2,780.00

镍氢电池充电器NC-E2

这个专用充电器可以迅速对镍氢电池组NP-E3/NP-E2进行充电，每块电池约100分钟。它还可以防止过度充电。可以同时接两块电池。放电(约需8.5小时)可以消除NP-E3电池组的记忆效应。使用100-240伏交流电。

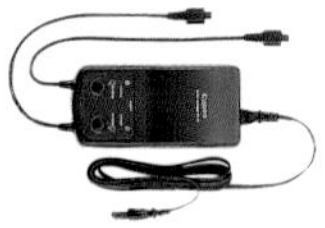

1Ds II | 1D II N | 1D II | 1D | 1Ds | 1V | 3

厂商建议价格(RMB): 4,580.00

充电器CB-5L

小巧便携，可对BP-511A/511/512/514电池组充电。充满电约需90分钟。

5D | 40D | 30D | 20D | 10D | D60 | D30 | 300D

厂商建议价格(RMB): 590.00

充电器CA-PS400

用于对BP-511A/511/512/514电池进行快速充电。一个电池组的充电时间约90分钟，可同时插入2个电池组。直流电连接器DR-400也可以连接到CA-PS400上。兼容电压为100-240伏交流电。

5D | 40D | 30D | 20D | 10D | D60 | D30 | 300D

厂商建议价格(RMB): 1,280.00

充电器CB-2LWE

用于对NB-2LH锂电池进行快速充电的小型充电器，充满电约需105分钟。额定输入100-240V AC(50/60Hz)，额定输出8.4V DC，0.55A。

400D | 350D

厂商建议价格(RMB): 580.00

锂电池LP-E4

11.1伏高性能锂离子电池，2300毫安。

1Ds III | 1D III

厂商建议价格(RMB): 1,180.00

锂电池BP-511A

7.4伏高性能锂电池，1390毫安。

5D | 40D | 30D | 20D | 10D | D60 | D30 | 300D

厂商建议价格(RMB): 560.00

锂电池NB-2LH

7.4伏高性能锂电池，720毫安。

400D | 350D

厂商建议价格(RMB): 420.00

车载电池充电器CBC-NB2

可以对NB-2LH锂电池进行快速充电。

400D | 350D

厂商建议价格(RMB): 960.00

交流电适配器套装ACK-E4

套装包括交流电适配器、直流电连接器、电源线。可供相机使用交流电供电。该适配器输入电压为100-240伏交流电，输出电压为11.1伏直流电。直流电连接器将插入相机的电池仓中。

1Ds III | 1D III

厂商建议价格(RMB): 1,180.00

交流电适配器套装ACK-E2

套装包括交流电适配器、直流电连接器、电源线。可供相机使用交流电供电。该适配器输入电压为100-240伏交流电，输出电压为7.8伏直流电。直流电连接器将插入相机的电池仓中。

5D | 40D | 30D | 20D | 10D | D60 | D30 | 300D

厂商建议价格(RMB): 820.00

★ 本页内容转自《佳能单反相机系列产品综合样本》

EOS附件

电池盒/手柄 这些附件可使相机更易操作，方便竖直拍摄操作。

电池盒兼手柄BG-E4

采用了坚固的镁合金材料(前后壳)。可最多容纳两块BP-511系列锂电池组，大大提高相机的电池续航能力，也可以使用6节AA型电池；同时作为竖拍手柄，它具有主拨盘、竖拍快门按钮、对焦点选择按钮、曝光锁定按钮等功能按钮，方便竖拍操作。

5D

厂商建议价格(RMB): 2,680.00

电池盒兼手柄BG-E3

L型竖拍手柄，有竖拍快门按钮、主拨盘、曝光锁定等按钮。可容纳2块NB-2LH锂电池或6节AA电池。

400D | 350D

厂商建议价格(RMB): 1,580.00

电池盒兼手柄BG-E2N

可以装两节BP-511系列电池组或6枚AA型碱性电池或AA型镍氢充电电池(也可以与直流电连接器DR-400相连)。与EOS 40D配合使用具有良好的防水滴防尘性能。

NEW

40D | 30D | 20D

厂商建议价格(RMB): 1,580.00

电池盒兼手柄BG-E2

可以装两节BP-511系列电池组或6枚AA型碱性电池或AA型镍氢充电电池(也可以与直流电连接器DR-400相连)。

40D | 30D | 20D

厂商建议价格(RMB): 1,880.00

电池盒BP-E1

可容纳4枚AA型碱锰干电池取代相机的2CR5锂电池。电池盒底的开关提供电源的选择。

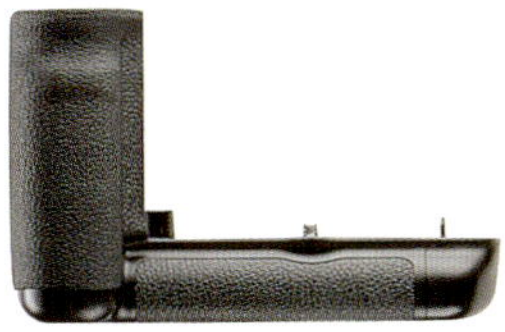

1 | 1N | 1V | 3

厂商建议价格(RMB): 1,780.00

电池盒BP-300

竖拍手柄备有快门钮和AE锁定按钮。它可以容纳4枚AA型碱性电池(只能用镍氢电池，不能使用锂电池)。可以通过移动电池仓内置的触点，使之可以安装两节CR123A电池。

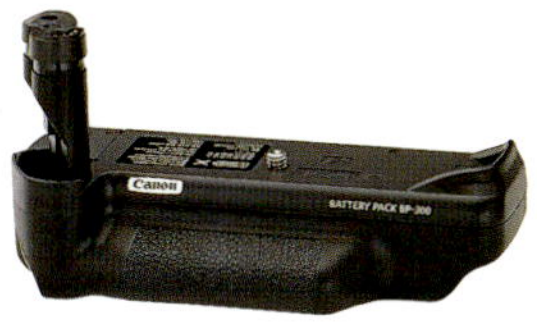

30 | 30V

厂商建议价格(RMB): 660.00

电池盒BP-220

BP-220可安装4枚AA型碱锰干电池，同时作为一个竖拍手柄，具有的快门钮令拍摄更为灵活，竖直拍摄和水平拍摄一样方便。

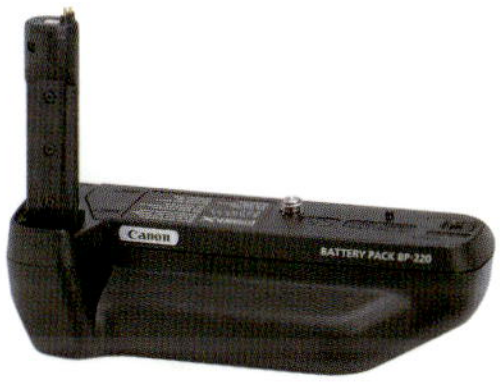

300X | 300V | 3000V

厂商建议价格(RMB): 370.00

手柄GR-E2

属EOS-1V的标准随机供应附件。

1 | 1N | 1V | 3

厂商建议价格(RMB): 520.00

EOS附件

取景器附件 使相机充分发挥其性能的重要附件。

接目增距器EP-EX15

取景时更舒适容易。

*不可与眼罩Eg或Ec-II同时使用。

1Ds III*	1D III*	1Ds II*	1D II N*
1D II*	1Ds*	1D*	5D
40D	30D	20D	10D
D60	D30	400D	350D
300D	1*	1V*	1N*
1NRS*	10	300X	3000V
66	88	100	300
300V	500	500N	620
630	650	700	750
850	888	1000FN	1000N
RT			

厂商建议价格(RMB): 140.00

弯角取景器C

配备垂直于相机接目镜的取景附件。低角度拍摄及将相机装在翻拍架上拍摄时，都极为有用。旋转取景器，方便进行竖直和水平拍摄。以正确方式显示直立像，方便构图。

所有型号EOS相机

厂商建议价格(RMB): 2,280.00

Ec系列对焦屏

标准微型棱镜

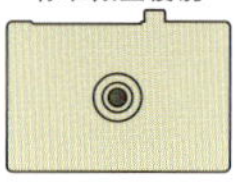

Ec-A

厂商建议价格(RMB): 300.00

新裂像式

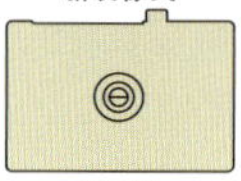

Ec-B

厂商建议价格(RMB): 300.00

激光磨砂

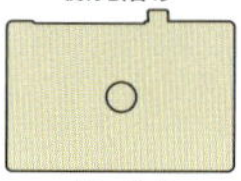

Ec-C II
(EOS-1N标配)

厂商建议价格(RMB): 280.00

激光磨砂

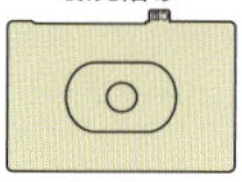

Ec-C III
(EOS-1Ds II/1D II/1Ds/1D/1V标配)

厂商建议价格(RMB): 280.00

激光磨砂

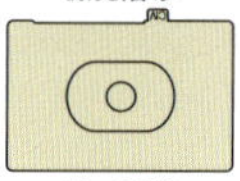

Ec-C IV
(EOS-1Ds III/1D III标配)

厂商建议价格(RMB): 300.00

激光磨砂带方格

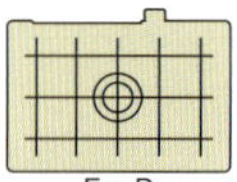

Ec-D

厂商建议价格(RMB): 300.00

激光磨砂带标尺

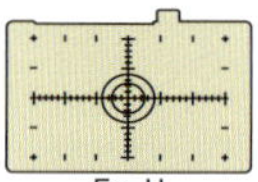

Ec-H

厂商建议价格(RMB): 300.00

激光磨砂复式十字线

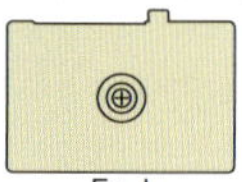

Ec-I

厂商建议价格(RMB): 300.00

十字裂像式

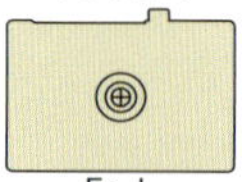

Ec-L

厂商建议价格(RMB): 300.00

新激光磨砂

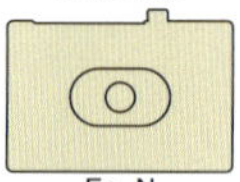

Ec-N
(EOS 3标配)

厂商建议价格(RMB): 330.00

新激光磨砂

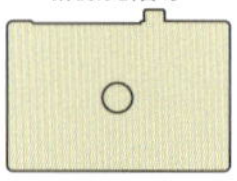

Ec-R

厂商建议价格(RMB): 270.00

超精度磨砂

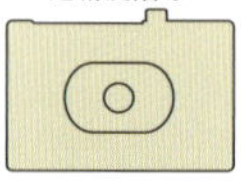

Ec-S
非常适合手动对焦使用
(仅供1Ds III、1D III和1D II N使用)

厂商建议价格(RMB): 300.00

1Ds III	1D III	1Ds II
1D II	1Ds	1D
1V	1N	1NRS
1	3	

Ee系列对焦屏

标准精度磨砂

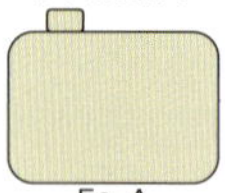

Ee-A
(EOS 5D标配)

厂商建议价格(RMB): 300.00

网格线精度磨砂

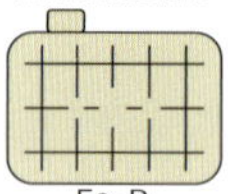

Ee-D

厂商建议价格(RMB): 300.00

超精度磨砂

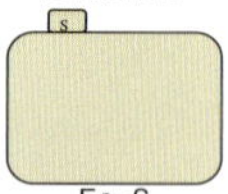

Ee-S
非常适合手动对焦使用

厂商建议价格(RMB): 300.00

5D

Ef系列对焦屏

标准精度磨砂 NEW

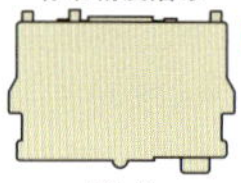

Ef-A
(EOS 40D标配)

厂商建议价格(RMB): 230.00

网格线精度磨砂 NEW

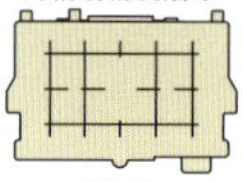

Ef-D

厂商建议价格(RMB): 230.00

超精度磨砂 NEW

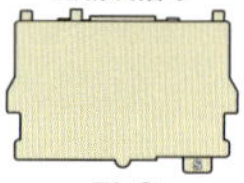

Ef-S
非常适合手动对焦使用

厂商建议价格(RMB): 230.00

40D

遥控器 离开相机时开启快门用附件。

定时遥控器TC-80N3

这是一个带有80厘米电缆及自拍器、间隔定时器、长时间曝光定时器和曝光画幅记数功能的遥控开关。定时器可以在任何地方设定由1秒到99小时59分59秒的时间。与相机相连的插头有快锁特性。新的拨盘让您可以只用大拇指轻松输入设定的数字。液晶屏也提供照明。

1Ds III	1D III	1Ds II	1D II N	1D II
1Ds	1D	5D	40D	30D
20D	10D	D60	D30	1V
3				

厂商建议价格(RMB): 1,780.00

快门线RS-80N3

遥控开关有80厘米的电缆，可以在使用超长焦镜头、微距摄影和B门曝光时防止相机振动。遥控开关操作起来就象快门钮一样，允许半按和完全按下。它还拥有快门释放锁。

1Ds III	1D III	1Ds II	1D II N	1D II
1Ds	1D	5D	40D	30D
20D	10D	D60	D30	1V
3				

厂商建议价格(RMB): 550.00

延伸电缆ET-1000N3

10米长的延伸电缆可以连接相机与定时遥控器TC-80N3或快门线RS-80N3。适合遥控摄影状态。

1Ds III	1D III	1Ds II	1D II N	1D II
1Ds	1D	5D	40D	30D
20D	10D	D60	D30	1V
3				

厂商建议价格(RMB): 1,080.00

快门线RS-60T3

三脚终端器可用来控制TTL测光和快门释放。电线长度为0.6米。

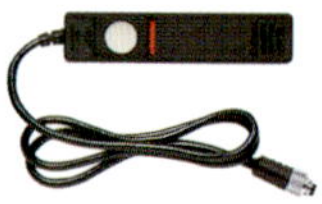

1N	1NRS	1	5	620
630	650	RT		

厂商建议价格(RMB): 380.00

★ 本页内容转自《佳能单反相机系列产品综合样本》

EOS附件

遥控器 离开相机时开启快门用附件。

延伸电缆1000T3

三脚延伸电缆可与快门线60T3配搭使用。电线长度为10米。

1N	1NRS	1	5	620
630	650	RT		

厂商建议价格(RMB): 690.00

遥控开关适配器T3

使得带小型插头的遥控附件能用于EOS相机。

1N	1NRS	1	5	620
630	650	RT		

厂商建议价格(RMB): 230.00

快门线适配器T3

用来把标准快门线的机械性动作变换为EOS电动快门释放钮。

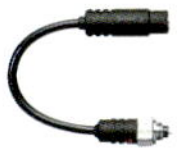

1N	1NRS	1	5	620
630	650	RT		

厂商建议价格(RMB): 290.00

遥控器RC-5

可在远至5米内开启快门，延时2秒后拍摄。

400D	350D	300D	30	30V
10	50E	100	300X	300V
3000V	300			

厂商建议价格(RMB): 180.00

遥控器RC-1

可从远达5米的地方遥控相机拍摄的灵敏装置。配备即时拍摄和2秒延时两种模式。

400D	350D	300D	30	30V
10	50E	100	300X	300V
3000V	300			

厂商建议价格(RMB): 240.00

快门线RS-60E3

线长60厘米，方便静物、风光、微距摄影。

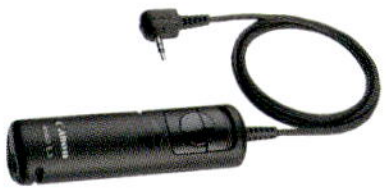

400D	350D	300D	30	30V
50E	300X	300V	300	500N
500	66	88	888	

厂商建议价格(RMB): 180.00

无线遥控器LC-5

这个遥控器的有效距离是100米。包含一个发射器和接收器。接收器连接到相机的3针快锁遥控插座。控制器的开关用起来就像快门钮一样，允许半按和完全按下。

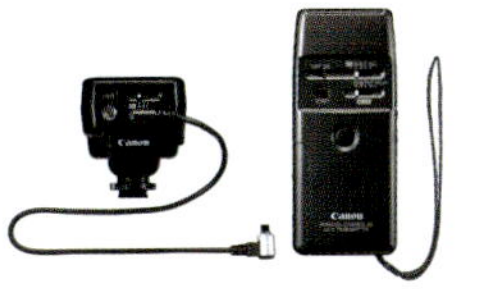

1Ds III	1D III	1Ds II	1D II N	1D II
1Ds	1D	5D	40D	30D
20D	10D	D60	D30	1V
3				

厂商建议价格(RMB): 5,080.00

遥控开关适配器RA-N3

这个插头适配器允许把装有旧的T3端子的附件连接到相机的新型遥控插座上。相机的新型3针快锁遥控插座与新的快门线RS-80N3、定时遥控器TC-80N3和无线遥控器LC-5接收器兼容，当插头连接时可以自动锁定。

相机的遥控插座与如快门线RS-60T3那样的旧型附件并不直接兼容。需要使用遥控开关适配器RA-N3来连接这些附件。

1Ds III	1D III	1Ds II	1D II N	1D II
1Ds	1D	5D	40D	30D
20D	10D	D60	D30	1V
3				

厂商建议价格(RMB): 550.00

其他

日期后背DB-E2

可更换后背装有速控拨盘和液晶数据显示屏。直到2019年的日期可以按如下格式打印：年，月，日；日，时，分；空白；月，日，年；日，月，年。大拇指的支撑点采用橡胶制成，使持握相机更加舒适。

1V	3

厂商建议价格(RMB): 1,580.00

EOS电脑连接软件ES-E1

ES-E1电脑连接软件可将个人电脑的功能带到EOS-1V之上，从而能把相机内存中的拍摄资料下载，作查看、编辑及搜索之用。此软件更可允许您把相机作广泛的相机调节，包括预设用户自选功能。

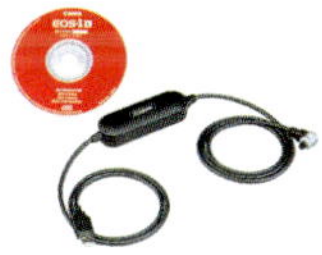

1V

厂商建议价格(RMB): 2,280.00

原始数据安全套装OSK-E3

校验数据并可加密。该套装由原始数据安全卡、USB读／写器以及专用应用程序组成。

1Ds III	1D III	1Ds II	1D II N	1D II
1Ds	5D	40D	30D	20D

厂商建议价格(RMB): 6,580.00

原始数据校验套装DVK-E2

专门为校验图像是否经过改动而设计的，它包括一个SM卡、SM卡读卡器和专用的软件。

1Ds II	1D II N	1D II	1Ds	5D
30D	20D			

厂商建议价格(RMB): 10,480.00

无线文件传输器WFT-E3

具有更快的无线(支持IEEE802.11b/g)和有线局域网(Ethernet 100BASE-TX)功能，可以将相机拍摄的图像数据通过无线或有线局域网快速传输给电脑服务器。具有USB连接功能，可以将其连接至外置存储媒体如移动硬盘和USB存储设备等。

NEW

40D

厂商建议价格(RMB): 7,380.00

无线文件传输器WFT-E2

具有更快的无线(支持IEEE802.11b/g)和有线局域网(Ethernet 100BASE-TX)功能，可以将相机拍摄的图像数据通过无线或有线局域网快速传输给电脑服务器。具有USB连接功能，可以将其连接至外置存储媒体如移动硬盘和USB存储设备等。具有出色的防水滴防尘性能。

1Ds III	1D III

厂商建议价格(RMB): 7,580.00

无线文件传输器WFT-E1

可以将EOS数码相机拍摄的图像数据通过无线或有线局域网传输到FTP服务器。它支持无线局域网协议IEEE802.11b和IEEE802.11g，以及100 Base-TX以太有线局域网。它非常适合于需要快速传输数据的摄影场合。

1Ds II	1D II N	1D II	5D	30D
20D				

厂商建议价格(RMB): 11,280.00

相机套

让佳能相机获得保护，不致因携带或天气的因素而受到损害。

半硬套EH-17L

30D

厂商建议价格(RMB): 470.00

半硬套EH-18L

400D	350D

厂商建议价格(RMB): 450.00

EOS 系统图

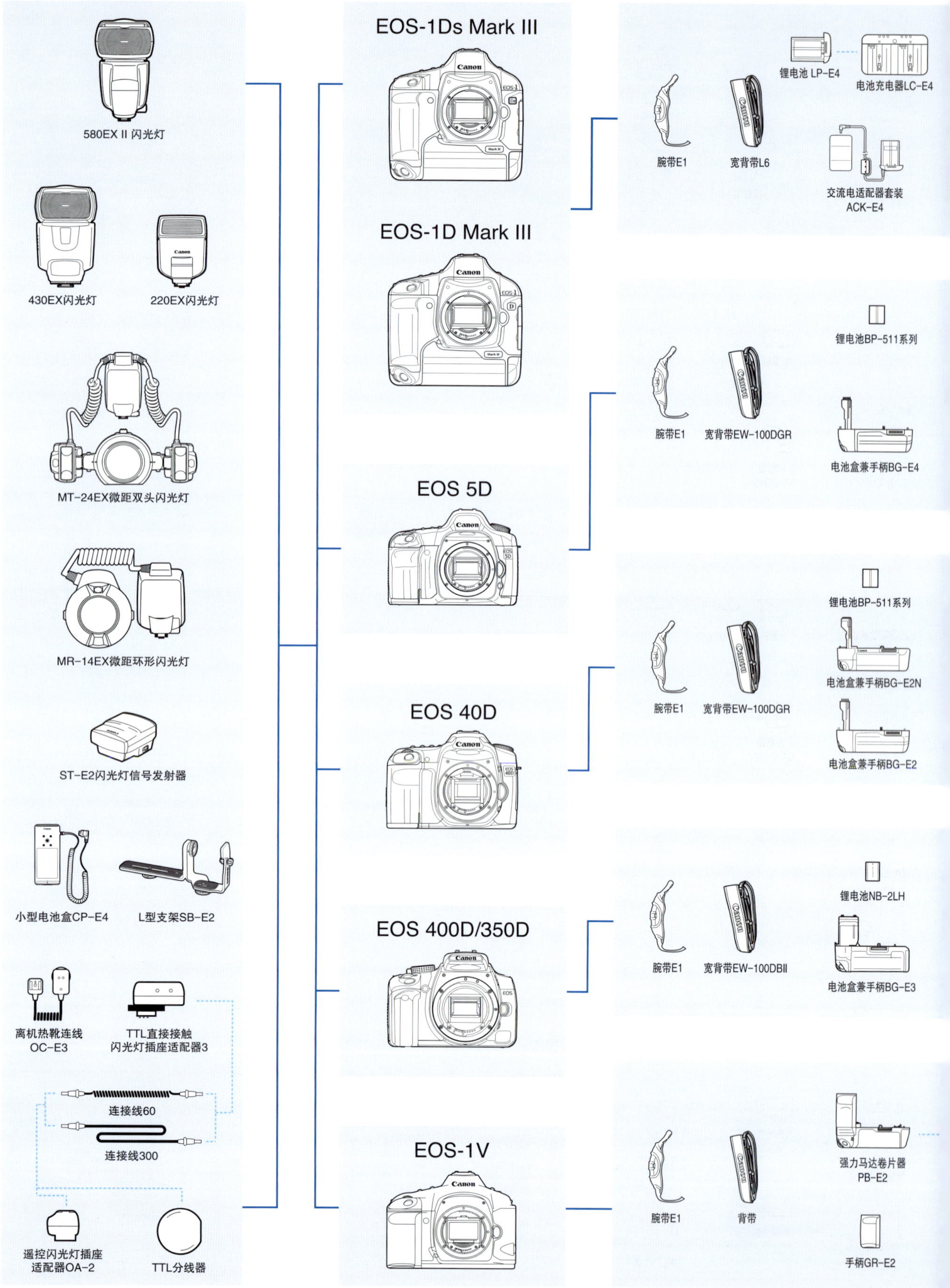

★ 本页内容转自《佳能单反相机系列产品综合样本》

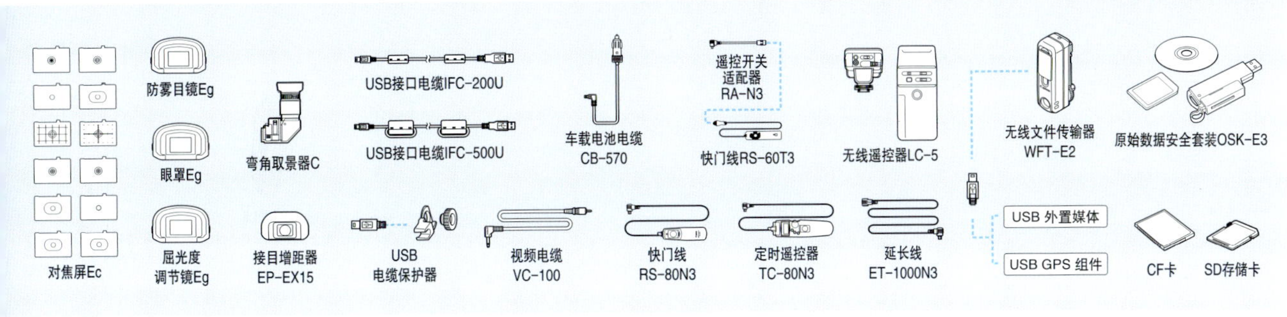
对焦屏Ec
防雾目镜Eg
眼罩Eg
屈光度
调节镜Eg
弯角取景器C
接目增距器
EP-EX15
USB接口电缆IFC-200U
USB接口电缆IFC-500U
USB
电缆保护器
车载电池电缆
CB-570
视频电缆
VC-100
遥控开关
适配器
RA-N3
快门线RS-60T3
快门线
RS-80N3
定时遥控器
TC-80N3
无线遥控器LC-5
延长线
ET-1000N3
无线文件传输器
WFT-E2
原始数据安全套装OSK-E3
USB 外置媒体
USB GPS 组件
CF卡
SD存储卡

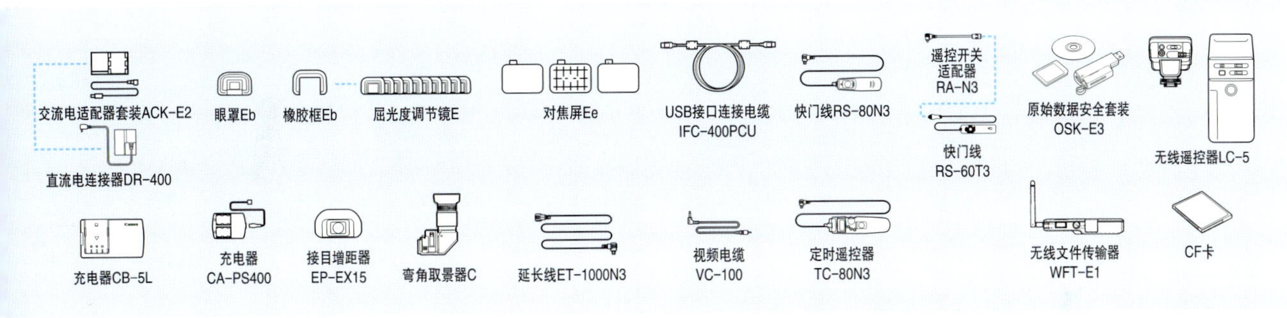
交流电适配器套装ACK-E2
直流电连接器DR-400
眼罩Eb
橡胶框Eb
屈光度调节镜E
对焦屏Ee
USB接口连接电缆
IFC-400PCU
快门线RS-80N3
遥控开关
适配器
RA-N3
快门线
RS-60T3
原始数据安全套装
OSK-E3
无线遥控器LC-5
充电器CB-5L
充电器
CA-PS400
接目增距器
EP-EX15
弯角取景器C
延长线ET-1000N3
视频电缆
VC-100
定时遥控器
TC-80N3
无线文件传输器
WFT-E1
CF卡

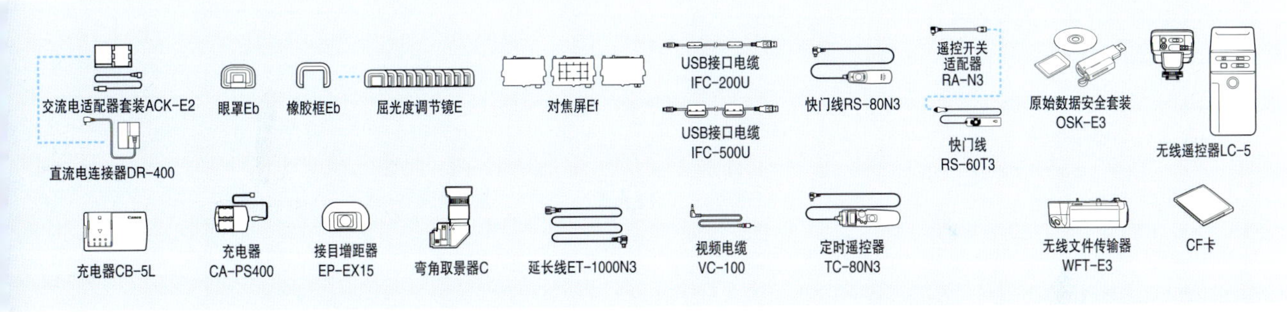
交流电适配器套装ACK-E2
直流电连接器DR-400
眼罩Eb
橡胶框Eb
屈光度调节镜E
对焦屏Ef
USB接口电缆
IFC-200U
USB接口电缆
IFC-500U
快门线RS-80N3
遥控开关
适配器
RA-N3
快门线
RS-60T3
原始数据安全套装
OSK-E3
无线遥控器LC-5
充电器CB-5L
充电器
CA-PS400
接目增距器
EP-EX15
弯角取景器C
延长线ET-1000N3
视频电缆
VC-100
定时遥控器
TC-80N3
无线文件传输器
WFT-E3
CF卡

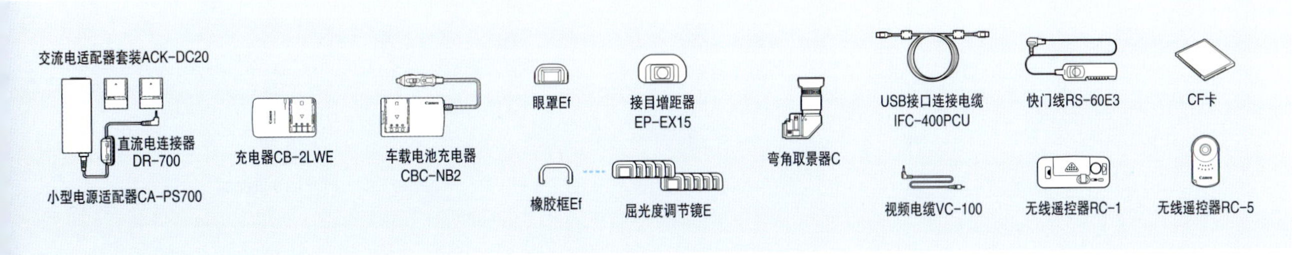
交流电适配器套装ACK-DC20
直流电连接器
DR-700
小型电源适配器CA-PS700
充电器CB-2LWE
车载电池充电器
CBC-NB2
眼罩Ef
接目增距器
EP-EX15
橡胶框Ef
屈光度调节镜E
弯角取景器C
USB接口连接电缆
IFC-400PCU
视频电缆VC-100
快门线RS-60E3
无线遥控器RC-1
CF卡
无线遥控器RC-5

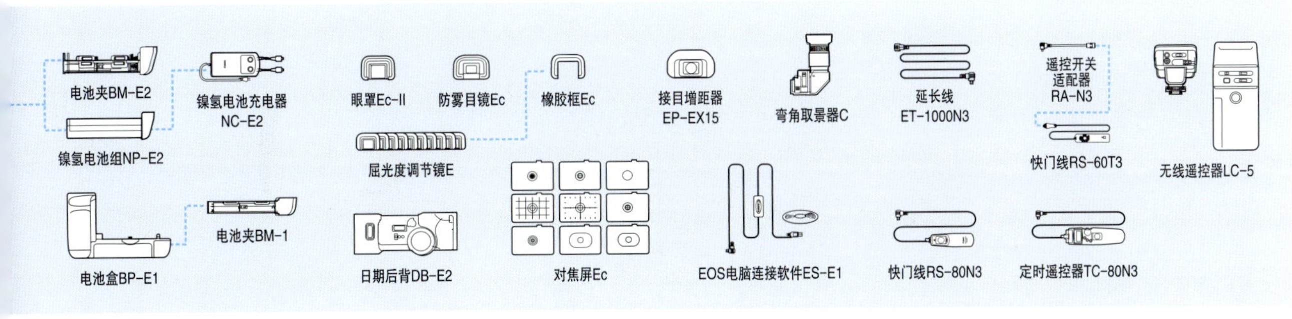
电池夹BM-E2
镍氢电池组NP-E2
镍氢电池充电器
NC-E2
电池夹BM-1
电池盒BP-E1
眼罩Ec-II
防雾目镜Ec
橡胶框Ec
屈光度调节镜E
日期后背DB-E2
对焦屏Ec
接目增距器
EP-EX15
弯角取景器C
EOS电脑连接软件ES-E1
延长线
ET-1000N3
快门线RS-80N3
遥控开关
适配器
RA-N3
快门线RS-60T3
定时遥控器TC-80N3
无线遥控器LC-5

EF系列镜头发布年表

	镜 头	发布日期
1987	EF 135/2.8 柔焦	1987年1月
	EF 50/1.8	1987年3月
	EF 35-70/3.5-4.5	1987年3月
	EF 35-105/3.5-4.5	1987年3月
	EF 100-300/5.6	1987年3月
	EF 15/2.8 Fisheye	1987年4月
	EF 28/2.8	1987年4月
	EF 70-210/4	1987年5月
	EF 100-300/5.6 L	1987年6月
	EF 28-70/3.5-4.5	1987年7月
	EF 300/2.8L USM	1987年11月
	EF 1.4x 增距镜	1987年11月
	EF 2x 增距镜	
	EF 50-200/3.5-4.5	1987年12月
	EF 50/2.5 Macro	1987年12月
1988	EF 35-135/3.5-4.5	1988年6月
	EF 50-200/3.5-4.5L	1988年6月
	EF 35-70/3.5-4.5A	1988年10月
	EF 24/2.8	1988年11月
	EF 200/1.8L USM	1988年11月
	EF 600/4L USM	1988年11月
	EF 100-200/4.5 A	1988年12月
1989	EF 28-80/2.8-4L USM	1989年4月
	EF 50/1.0L USM	1989年9月
	EF 85/1.2L USM	1989年9月
	EF 80-200/2.8L	1989年9月
	EF 20-35/2.8L	1989年10月
1990	EF 35-80/4-5.6 POWER ZOOM	1990年3月
	EF 35-80/4-5.6 Power Zoom	1990年3月
	EF 35-135/4.5-5.6 USM	1990年3月
	EF 100/2.8 Macro	1990年4月
	EF 70-210/3.5-4.5 USM	1990年6月
	EF100-300/4.5-5.6 USM	1990年6月
	EF 35-80/4-5.6	1990年9月
	EF 35/2	1990年10月
	EF 80-200/4.5-5.6	1990年11月
	EF 50/1.8 II	1990年12月
1991	EF 75-300/4-5.6	1991年3月
	EF 400/2.8L USM	1991年4月
	EF 35-105/4.5-5.6	1991年4月
	TS-E 24/3.5L	1991年4月
	TS-E 45/2.8	1991年4月
	TS-E 90/2.8	1991年4月
	EF 100/2 USM	1991年10月
	EF 28-80/3.5-5.6 USM	1991年10月
	EF 14/2.8L USM	1991年12月
	EF 200/2.8L USM	1991年12月
	EF 300/4L USM	1991年12月
1992	EF 500/4.5L USM	1992年3月
	EF 35-80/3.5-5.6 USM	1992年4月
	EF 20/2.8 USM	1992年6月
	EF 35-105/4.5-5.6 USM	1992年6月
	EF 75-300/4-5.6 USM	1992年6月
	EF 80-200/4.5-5.6 USM	1992年6月
	EF 85/1.8 USM	1992年7月
	EF 28-105/3.5-4.5 USM	1992年11月
1993	EF 35-350/3.5-5.6L USM	1993年1月
	EF 20-35/3.5-4.5 USM	1993年3月
	EF 400/5.6L USM	1993年5月
	EF 50/1.4 USM	1993年6月
	EF 1200/5.6L USM	1993年7月
	EF 35-80/4-5.6 II	1993年9月
	EF 28-80/3.5-5.6 II USM	1993年10月
	EF 28-70/2.8L USM	1993年11月
1995	EF 38-76/4.5-5.6	1995年2月
	EF 35-80/4-5.6 III	1995年3月
	EF 70-200/2.8L USM	1995年3月
	EF 75-300/4-5.6 II USM	1995年3月
	EF 80-200/4.5-5.6 II	1995年3月
	EF 75-300/4-5.6 II	1995年7月
	EF 28-80/3.5-5.6 III USM	1995年8月
	EF 28/1.8 USM	1995年9月
	EF 75-300/4-5.6 IS USM	1995年9月
1996	EF 200/2.8L II USM	1996年3月
	EF 400/2.8L II USM	1996年3月
	EF 135/2L USM	1996年4月
	EF 17-35/2.8L USM	1996年4月
	EF 180/3.5L Macro USM	1996年4月
	EF 24-85/3.5-4.5 USM	1996年9月
	EF 28-80/3.5-5.6	1996年9月
	EF 28-80/3.5-5.6 IV USM	1996年9月
1997	EF 300/4L IS USM	1997年3月
	EF 24/1.4L USM	1997年12月
1998	EF 28-135/3.5-5.6 IS USM	1998年2月
	EF 22-55/4-5.6 USM	1998年3月
	EF 55-200/4.5-5.6 USM	1998年3月
	EF 100-400/4.5-5.6L IS USM	1998年11月
	EF 35/1.4L USM	1998年12月
1999	EF 28-80/3.5-5.6II	1999年4月
	EF 28-80/3.5-5.6 V USM	1999年4月
	EF 75-300/4-5.6 III	1999年4月
	EF 75-300/4-5.6 III USM	1999年4月
	EF 300/2.8L IS USM	1999年7月
	EF 500/4L IS USM	1999年7月
	EF 400/2.8L IS USM	1999年9月
	EF 600/4L IS USM	1999年9月
	EF 70-200/4 L USM	1999年9月

	MP-E65/2.8 1-5X	1999年9月
2000	EF 100/2.8 Macro USM	2000年3月
	EF 28-200/3.5-5.6 USM	2000年9月
	EF 28-90/4.5-5.6	2000年10月
	EF 28-90/4.5-5.6USM	2000年10月
	EF 28-105/3.5-4.5 II USM	2000年10月
2001	EF 70-200/2.8L IS USM	2001年9月
	EF 1.4x II 增距镜	2001年9月
	EF 2x II 增距镜	2001年9月
	EF 400/4 DO IS USM	2001年12月
	EF 16-35/2.8L USM	2001年12月
2002	EF 28-90/4.5-5.6 II USM	2002年9月
	EF 90-300/4.5-5.6 USM	2002年9月
	EF 24-70/2.8L USM	2002年11月
2003	EF 17-40/4L USM	2003年5月
	EF 28-90/4.5-5.6 II	2003年9月
	EF 55-200/4.5-5.6 II USM	2003年9月
	EF 90-300/4.5-5.6	2003年9月
	EF-S 18-55/3.5-5.6	2003年9月
	EF-S 18-55/3.5-5.6 USM	2003年9月
2004	EF 28-300/3.5-5.6L IS USM	2004年6月
	EF 75-300/4-5.6 DO IS USM	2004年6月
	EF 28-90/4.5-5.6 III	2004年9月
	EF-S 17-85/4-5.6 IS USM	2004年9月
	EF-S 10-22/3.5-4.5 USM	2004年11月
2005	EF-S 18-55/3.5-5.6 II	2005年3月
	EF-S 18-55/3.5-5.6 II USM	2005年3月
	EF-S 60/2.8 Macro USM	2005年3月
	EF 24-105/4L IS USM	2005年10月
	EF 70-300/4-5.6 IS USM	2005年10月
2006	EF 85/1.2L II USM	2006年3月
	EF-S 17-55/2.8 IS USM	2006年3月
	EF 50/1.2L USM	2006年11月
	EF 70-200/4L IS USM	2006年11月
	EF 14/2.8 L II USM	2007年8月
2007	Canon EF-S 18-55/3.5-5.6 IS	
	Canon EF-S 55-250/4-5.6 IS	
2007	EF-S 55-250mm F4-5.6 IS	2007年8月
2008	EF 200mm f/2L IS USM	2008年1月
	EF 800mm f/5.6L IS USM	2008年1月
	EF 24mm f/1.4 L II USM	2008年8月
2008	EF-S 18-200mm f/3.5-5.6 IS	2008年10月
2009	TS-E 24mm f/3.5L II	2009年6月
	TS-E 17mm f/4L	2009年6月

EF系列镜头规格表

EF系列定焦镜头

镜头	视角	结构（片/组）	光圈叶片	最小光圈	最近对焦距离(米)	最大倍率	驱动马达	滤镜尺寸(毫米)	遮光罩	尺寸(直径x长度，毫米)	重量（克）
EF 14/2.8 L II USM	114°	11/14		22	0.2	0.15	USM	后置滤镜架	内置	80x94	645
EF 14/2.8L USM	114°	14/10	5	22	0.25	0.1	USM	后置滤镜架	内置	77×89	560
EF 15/2.8 鱼眼	180°	8/7	5	22	0.2	0.14	AFD	后置滤镜架	内置	73×62.2	330
EF 20/2.8 USM	94°	11/9	5	22	0.25	0.14	USM	72	EW–75	77.5×70.6	405
EF 24/1.4L USM	84°	11/9	7	22	0.25m	0.16	USM	77	EW–83D	83.5×77.4	550
EF 24/2.8	84°	10/10	6	22	0.25	0.16	AFD	58	EW–60	67.5×48.5	270
EF 28/1.8 USM	75°	10/9	7	22	0.25	0.18	USM	58	EW–63	73.6×55.6	310
EF 28/2.8	75°	5/5	5	22	0.3	0.13	AFD	52	EW–65	67.4×42.5	185
EF 35/1.4L USM	63°	11/9	8	22	0.3	0.18	USM	72	EW–78C	86×79	580
EF 35/2	63°	7/5	5	22	0.25	0.23	AFD	52	EW–65	67.4×42.5	210
EF 50/1.0L USM	46°	11/9	8	16	0.6	0.11	USM	72	ES–79	91.5×81.5	985
EF 50/1.2L USM	46°	8/6	8	16	0.45	0.15	USM	72	ES–78	85.0x65.0	580
EF 50/1.4 USM	46°	7/6	8	22	0.45	0.15	USM	58	ES–71	73.8×50.5	290
EF 50/1.8	46°	6/5	5	22	0.45	0.15	AFD	52	ES–62	68.2x42.5	190
EF 50/1.8 II	46°	6/5	5	22	0.45	0.15	MM	52	ES–62	68.2×41	130
EF 85/1.2L USM	28° 30′	8/7	8	16	0.95	0.11	USM	72	ES–79	91.5×84	1025
EF 85/1.8 USM	28° 30′	9/7	8	22	0.85	0.13	USM	58	ET–65II	75×71.5	425
EF 100/2 USM	24°	8/6	8	22	0.9	0.137	USM	58	ET–65II	75×73.5	460
EF 135/2L USM	18°	10/8	8	32	0.9	0.19	USM	72	ET–78	82.5×112	750
EF 135/2.8 柔焦	18°	7/6	6	32	1.3	0.124	AFD	52	ET–65II	69.2×98.4	390
EF 200/1.8L USM	12°	12/10	8	22	2.5	0.09	USM	48 后置	ET–123	130×208	3000
EF 200/2.8L USM	12°	9/7	8	32	1.5	0.16	USM	72	ET–83B	83×136.2	790
EF 200/2.8L II USM	12°	9/7	8	32	1.5	0.16	USM	72	ET–83B II	83.2×136.2	765
EF 300/2.8L USM	8° 15′	9/7	8	32	3	0.11	USM	48 后置	ET–118	125×253	2855
EF 300/2.8L IS USM	8° 15′	17/13	8	32	2.5	0.12	USM	52 后置	ET–123	128×252	2690
EF 300/4L USM	8° 15′	8/7	8	32	2.5	0.13	USM	77	内置	90×213.5	1300
EF 300/4L IS USM	8° 15′	10/16	8	32	2.5	0.13	USM	77	内置	90×221	1165
EF 400/2.8L USM	6° 10′	11/9	8	32	4	0.11	USM	48 后置	ET–161B	167×348	6100
EF 400/2.8L II USM	6° 10′	11/9	8	32	4	0.11	USM	48 后置	ET–161B	167×348	5910
EF 400/2.8L IS USM	6° 10′	17/13	8	32	3	0.15	USM	52 后置	ET–155	163×349	5300
EF 400/5.6L USM	6° 10′	7/6	8	32	3.5	0.12	USM	77	内置	90×256.5	1250
EF 400/4 DO IS USM	6° 10′	17/13	8	32	3.5	0.12	USM	52 后置	ET–120	128×233.7	1940
EF 500/4.5L USM	5°	8/7	9	32	5	0.11	USM	48 后置	ET–123B	130×390	3000
EF 500/4L IS USM	5°	17/13	8	32	4.5	0.12	USM	52 后置	ET–138	146×387	3870
EF 600/4L USM	4° 10′	9/8	8	32	6	0.11	USM	48 后置	ET–161	167×456	6000
EF 600/4L IS USM	4° 10′	17/13	8	32	5.5	0.12	USM	52 后置	ET–160	168×456	5300
EF 1200/5.6L USM	2° 05′	12/9	8	32	14	0.09	USM	48 后置	内置	228×835.3	16500

镜头	视角	结构（片/组）	光圈叶片	最小光圈	最近对焦距离(米)	最大倍率	驱动马达	滤镜尺寸（毫米）	遮光罩	尺寸(直径x长度，毫米)	重量（克）
EF 16–35/2.8L USM	107° –63°	14/10	7	22	0.28	0.2	USM	77	EW–83E	83.5x103	600
EF 16–35mm F2.8L II USM	108° 10′ –63°	16/12	9	22	0.28	0.22	USM	82	EW–88	88.5 x 111.6	635
EF 17–35/2.8L USM	104° –63°	15/10	7	22	0.42	0.11	USM	77		83.5×95.7	545
EF 17–40/4L USM	104° –57°	12/9	7	22	0.28	0.24	USM	77	EW–83E	83.5×96.8	475
EF 20–35/2.8L	94° –63°	15/12	6	22	0.5	0.09	AFD	72	EW–75	89×79.2	540
EF 20–35/3.5–4.5 USM	94° –63°	12/11	5	22–27	0.34	0.13	USM	77	EW–83	83.5×68.9	340
EF 22–55/4–5.6 USM	90° –43′	9/9	5	22–32	0.35	0.2	USM	58		59.4×66	175
EF 24–70/2.8L USM	84° –34°	16/13	8	22	0.38	0.29	USM	77	EW–83F	83.2×123.5	950
EF 24–105/4L IS USM	84° –19°	18/13	8	22	0.45	0.23	USM	77	EW–83H	83.5×107	670
EF 24–85/3.5–4.5 USM	84° –28° 30′	15/12	6	22–32	0.5	0.16	USM	67	EW–73 II	73×69.5	380
EF 28–70/2.8L USM	75° –34°	16/11	8	22	0.5	0.18	USM	77	EW–83B	83.2×117.6	880
EF 28–70/3.5–4.5	75° –34°	10/9		22–29	0.5		AFD	52		x74.8	300
EF 28–70/3.5–4.5 II	75° –34°	10/9		22–29	0.5		AFD	52		x75.6	285
EF 28–80/2.8–4L USM	75° –30°	16/13	8	22	0.5	0.2	USM	72	EW–79	84×119.5	945
EF 28–80/3.5–5.6	75° –27°	10/10	5	22–38	0.38	0.26	MM	58	EW–68A	66.4×71.2	200
EF 28–80/3.5–5.6 USM	75° –30°	10/10	5	22–38	0.5	0.182	Mi USM	58	EW–68A	72×77.5	330
EF 28–80/3.5–5.6 II USM	75° –30°	10/10	5	22–38	0.38	0.182	MI USM	58	EW–60C	63.5×65	200
EF 28–80/3.5–5.6 III USM	75° –30°	10/10	5	22–38	0.38	0.26	Mi USM	58	EW–60C	63.5×65	205
EF 28–80/3.5–5.6 IV USM	75° –30°	10/10	5	22–38	0.38	0.26	Mi USM	58	EW–60C	66.4×71.2	200
EF 28–90/4.5–5.6	75° –27°	10/8	5	22–32	0.38	0.3	MM/USM	58	EW–60C	67×71	190
EF 28–90/4.5–5.6 II	75° –27°	10/8	5	22–32	0.38	0.3	MM/USM	58	EW–60C	67×71	190
EF 28–105/3.5–4.5 USM	75° –23° 30′	15/12	5	22–27	0.5	0.19	USM	58	EW–63	72×75	365
EF 28–105/3.5–4.5 II USM	75° –23° 30′	15/12	5	22–27	0.5	0.19	USM	58	EW–63 II	72×75	375
EF 28–105/4–5.6 USM	75° –23° 30′	10/9	6	22–27	0.48	0.19	MM/USM	58	EW–63B	67x68	210
EF 28–135/3.5–5.6 IS USM	75° –18°	16/11	6	22–36	0.5	0.19	USM	72	EW–78B	78.4×96.8	540
EF 28–200/3.5–5.6	75° –12°	16/12	6	22–36	0.45	0.28	MM/USM	77	EW–78D	78.4×89.6	500
EF 28–300/3.5–5.6L IS USM	75° –8° 15′	16/12	8	38	0.7	0.7	USM	77	EW–83G	92×184	1670
EF 35–350/3.5–5.6L USM	63° –7°	21/15	8	22–32	0.6	0.25	USM	72	EW–78	85×167.4	1385
EF 35–70/3.5–4.5	63° –34°	9/8		22–29	0.5		AFD	52			245
EF 35–70/3.5–4.5A	63° –34°	9/8		22–29	0.39		AFD	52			230
EF 35–80/4–5.6	63° –30°	8/8	5	22–32	0.37	0.25	MM	52	EW–62	68.6×61	180
EF 35–80/4–5.6 II	63° –30°	8/8	5	22–32	0.37	0.25	MM	52			
EF 35–80/4–5.6 III	63° –30°	8/8	5	22–32	0.4	0.23	MM	52	EW–54II	65×63.5	175
EF 35–80/4–5.6 USM	63° –30°	8/8	5	22–32	0.38	0.25	Mi USM	52	EW–54	65×61	170
EF 35–80/4–5.6	63° –30°	7/7		22–32	0.5		AFD	52	EW–54		205
EF 35–105/3.5–4.5	63° –23° 30′	11/14		22–29	1.2		AFD	58			400

EF 系列变焦镜头

镜头	视角	结构（片/组）	光圈叶片	最小光圈	最近对焦距离（米）	最大倍率	驱动马达	滤镜尺寸（毫米）	遮光罩	尺寸（直径×长度，毫米）	重量（克）
EF 35–105/4.5–5.6 USM	63° –23° 30′	12/13	5	22–27	0.85	0.16	Mi USM	58	EW–60B	68×63	280
EF 35–135/3.5–4.5	63° –18°	12/16		22–29	1.5		AFD	58			475
EF 35–135/4.5–5.6 USM	63° –18°	12/14	5	22–32	0.75	0.15	USM	58	EW–62	72×86.4	425
EF 50–200/3.5–4.5L	46° –12°	16/14		22–29	1.5		AFD	58			690
EF 50–200/3.5–4.5	46° –12°	16/13		22–29	1.5		AFD	58			685
EF 55–200/4.5–5.6 USM	43° –12°	13/13	6	22–27	1.2	0.21	USM	52	ET–54	70.4×97.3	310
EF 55–200/4.5–5.6 II USM	43° –12°	13/13	6	22–27	1.2	0.21	USM	52	ET–54	70.4×97.3	310
EF 70–200/2.8L USM	34° –12°	18/15	8	32	1.5	0.16	USM	77	ET–86	84.6×193.6	1310
EF 70–200/2.8L IS USM	34° –12°	23/18	8	32	1.4	0.17	USM	77	ET–86	86.2×197	1570
EF 70–200/4 L USM	34° –12°	12/15	8	32	1.2	0.21	USM	67	ET–74	76×172	705
EF 70–200/4L IS USM	34° –12°	20/18	8	32	1.2	0.21	USM	67	ET–74	76x172	760
EF 70–210/4	34° –11° 45′	11/8		32	1.5		AFD	58			650
EF 70–210/3.5–4.5 USM	34° –11° 20′	10/14	8	22–27	1.2	0.17	USM	58	ET–65II	73×121.5	550
EF 75–300/4–5.6	32° 11′ –8° 15′	9/13	7	32–45	1.5	0.25	AFD	58	ET–65II	73.8×122	500
EF 75–300/4–5.6 II	32° 11′ –8° 15′	9/13	7	32–45	1.5	0.25	MM	58	ET–60	71×122.1	480
EF 75–300/4–5.6 III	32° 11′ –8° 15′	9/13	7	32–45	1.5	0.25	MM	58	ET–60	71×122.1	480
EF 75–300/4–5.6 USM	32° 11′ –8° 15′	9/13	8	32–45	1.5	0.25	Mi USM	58	ET–60	71×122.1	495
EF 75–300/4–5.6 II USM	32° 11′ –8° 15′	9/13	8	32–45	1.5	0.25	Mi USM	58	ET–60	71×122.1	480
EF 75–300/4–5.6 III USM	32° 11′ –8° 15′	9/13	8	32–45	1.5	0.25	Mi USM	58	ET–60	71×122.1	480
EF 75–300/4–5.6 IS USM	32° 11′ –8° 15′	15/10	8	32–45	1.5	0.26	Mi USM	58	ET–64	78.5×138.2	650
EF 80–200/2.8L	30° –12°	16/13	8	32	1.8	0.13	AFD	72	ES–79	84×185.7	1330
EF 80–200/4.5–5.6	30° –12°	10/7	5	22–27	1.5	0.16	AFD	52	ET–62II	71.2×77.8	275
EF 80–200/4.5–5.6 II	30° –12°	10/7	5	22–27	1.5	0.16	MM	52	ET–54	69×78.5	250
EF 80–200/4.5–5.6 USM	30° –12°	10/7	5	22–27	1.5	0.16	Mi USM	52	ET–54	69×78.5	260
EF 90–300/4.5–5.6 USM	27° –8° 15′	13/9	7	38–45	1.5	0.25	MM/USM	58		71x114.7	290
EF 100–300/5.6 L	24° –8° 15′	15/10	8	32	1.5	0.26	AFD	58	ET–62II	75×166.6	695
EF 100–400/4.5–5.6L IS USM	24° –6° 10′	17/14	8	2–38	8	2	M	77	T–83C	92×189	1380
EF 100–200/4.5A	24° –12°	10/7		32	0.9		AFD	58			520
EF 100–300/5.6	24° –8° 15′	15/9		32	2		AFD	58		75x166.8	720
EF 100–300/4.5–5.6 USB	24° –8° 15′	13/10	8	32–38	1.5	0.2	USM	58	ET–65II	73×121.5	540

镜头	相当于135画幅的焦距	视角(对角线)	结构（片/组）	光圈叶片	最小光圈	最近对焦距离(米)	最大倍率	滤镜尺寸（毫米）	尺寸(直径x长度，毫米)	重量
EF-S 10-22/3.5-4.5 USM	16-35	107° 30′ -63° 30′	13/10	6	22-27	0.24	0.17	77	83.5×89.8	385
EF-S 17-55/2.8 IS USM	27-88	78° 30′ -27° 25′	19/12	6	22-32	0.35	0.17	77	83.8×110.6	645
EF-S 17-85/4-5.6 IS USM	27-136	78° 30′ -18° 25′	17/12	6	22-32	0.35	0.2	67	78.5×92	475
Canon EF-S 18-55/3.5-5.6	28.8-88		11/9			0.25	0.34	58	68x70	200
EF-S 18-55/3.5-5.6 II	29-88	74° 20′ - 27° 50′	11/9	6	22-38	0.28	0.28X	58	68.5 x 66.2	190
EF-S 18-55/3.5-5.6	29-88	74° 20′-27° 50′	11/9	6	22-38	0.28	0.28X	58	68.5 x 66.2	190
Canon EF-S 55-250/4-5.6	88-400		12/10			1.1	0.31	58	70.0x108	390
EF-S 60/2.8 Macro USM	96	24° 30′	12/8	7	32	0.2	01:01	52	73 x 69.8	335

EF 系列特殊镜头

镜头	视角	结构（片/组）	光圈叶片	最小光圈	最近对焦距离(米)	最大倍率	驱动马达	滤镜尺寸（毫米）	遮光罩	尺寸(直径x长度，毫米)	重量（克）
微距镜头											
EF 50/2.5 Macro	46°	9/8	6	32	0.23	0.5	AFD	52	–	67.6×63	280
原尺寸EF接环		4/3	—	—	0.24-0.42	1		—	–		160
MP-65/2.8 1-5X	18° 40′	10/8	6	16	0.24	5		58	–	98×81	710
EF 100/2.8 Macro	24°	10/9	8	32	0.31	1	MM	52	–		650
EF 100/2.8 Macro USM	24°	12/8	8	32	0.31	1	USM	58	ET-67	79×119	600
EF 180/3.5L Macro USM	13° 40′	12/14	8	32	0.48	1	USM	72	ET-78 II		1090
TS-E镜头											
TS-E 24/3.5L	84°（正常）	11/9	8	22	0.3	0.14	MF	72	EW-75B	78×86.7	570
TS-E 45/2.8	51°（正常）	10/9	8	22	0.4	0.158	MF	72	EW-79B	81×90.1	645
TS-E 90/2.8	27°（正常）	6/5	8	32	0.5	0.29	MF	58	ES-65II	73.6×88	565

EF 系列其他附件

EF镜头其他附件			
镜头	结构（片/组）	尺寸(直径x长度，毫米)	重量
EF 1.4x 增距镜	5/4	67.6×27.3	200
EF 2x 增距镜	7/5	67.6×50.5	240
EF 1.4x II 增距镜	5/4	72.8×27.2	220
EF 2x II 增距镜	7/5	71.8×57.9	265
EF 12接圈		66.5×12.3	66
EF 25接圈		67.6×27.3	125

佳能数码单反相机规格指标

型号	存储介质	兼容镜头		像素	传感器尺寸	色彩滤镜系统	低通滤镜	设置
EOS–1Ds Mark III	CF存储卡、SD/SDHC存储卡	佳能EF系列镜头(除了EF–S镜头)	影像感应器	有效像素:2110万总像素:2190万	36×24 mm	RGB原色滤镜	图像传感器前，固定式	自动，日光，阴影，阴天，钨丝灯 荧光灯，闪光灯
EOS 1Ds Mark II	CFI型、CFII型存储卡、SD存储卡	佳能EF镜头(不能使用EF–S镜头)		有效像素：约1670万总像素：约1720万	36×24 mm	RGB原色滤镜	图像传感器前，固定式	10种预设模式：自动，日光，阴影，多云，钨丝灯 荧光灯，闪光灯，手动，色温设置，手动白平衡
EOS 1Ds	CFI型、CFII型存储卡	佳能EF镜头(不能使用EF–S镜头)		有效像素约1110万总像素：约1140万	35.8×23.8 mm	RGB原色滤镜	图像传感器前，固定式	10种预设模式：自动，日光，阴影，多云，钨丝灯 荧光灯，闪光灯，手动，色温设置，手动白平衡
EOS–1D Mark III	CFI型、CFII型存储卡、SD/SDHC存储卡	佳能EF系列镜头(除了EF–S镜头)(镜头焦距转换系数1.3倍)		有效像素:1010万总像素:1070万	28.1×18.7 mm	RGB原色滤镜	图像传感器前，固定式	自动，日光，阴影，阴天，钨丝灯 荧光灯 闪光灯 自选设置1–5 用户设定色温，PC–1to PC–5（共10种模式）
EOS 1D Mark II N	CFI型、CFII型存储卡、SD存储卡	佳能EF系列镜头(除了EF–S镜头)(镜头焦距转换系数1.3倍)		有效像素约820万，总像素约850万	28.7×19.1 mm	RGB原色滤镜	图像传感器前，固定式	10种预设模式：自动，日光，阴影，多云，钨丝灯 荧光灯，闪光灯，手动，色温设置，手动白平衡
EOS 1D Mark II	CFI型、CFII型存储卡、SD存储卡	佳能EF系列镜头(除了EF–S镜头)(镜头焦距转换系数1.3倍)		有效像素约820万，总像素约850万	28.7×19.1 mm	RGB原色滤镜	图像传感器前，固定式	10种预设模式：自动，日光，阴影，多云，钨丝灯 荧光灯，闪光灯，手动，色温设置，手动白平衡
EOS 5D	CFI型、CFII型存储卡	佳能EF镜头(不能使用EF–S镜头)		有效像素：约 1280万总像素：约1330万	35.8×23.9 mm	RGB原色滤镜	图像传感器前，固定式	10种预设模式：自动，日光，阴影，多云，钨丝灯 荧光灯，闪光灯，手动，色温设置，手动白平衡
EOS 5DMark II	I或II型CF卡、UDMA兼容	佳能EF镜头（不能使用EF–S镜头）		约2110万像素	约36×24 mm	RGB原色滤镜	图像传感器前，固定式	自动、预设（日光、阴影、阴天、钨丝灯、白色荧光灯、闪光灯）、用户自定义 色温设置(2500–10000K) 具备白平衡矫正和白平衡包围曝光功能 *支持色温信息传输
EOS 50D	I或II型CF卡、UDMA兼容	佳能EF系列镜头（包括EF–S系列镜头）（35毫米换算焦距约为镜头焦距的1.6倍）		约1510万像素	22.3×14.9 mm	RGB原色滤镜	图像传感器前，固定式	自动、预设（日光、阴影、阴天、钨丝灯、白色荧光灯、闪光灯）、用户自定义、 色温设置（2500–10000K） 具备白平衡矫正和白平衡包围曝光功能 *支持色温信息传输

型号	存储介质	兼容镜头		像素	传感器尺寸	色彩滤镜系统	低通滤镜	设置
EOS 40D	CFI型、CFII型存储卡	佳能EF镜头（含EF–S镜头）（镜头焦距转换系数1.6倍）	影像感应器	有效像素：1010万总像素：1050万	22.2×14.8 mm	RGB原色滤镜	图像传感器前，固定式	10种预设模式：自动，日光，阴影，多云，钨丝灯荧光灯，闪光灯，手动，色温设置，手动白平衡
EOS 30D	CFI型、CFII型存储卡	佳能EF镜头（含EF–S镜头）（镜头焦距转换系数1.6倍）	影像感应器	有效像素：约820万总像素：约850万	22.2×14.8 mm	RGB原色滤镜	图像传感器前，固定式	10种预设模式：自动，日光，阴影，多云，钨丝灯荧光灯，闪光灯，手动，色温设置，手动白平衡
EOS 500D	SD存储卡、SDHC存储卡	佳能EF系列镜头（包括EF–S系列镜头）（35毫米换算焦距约为镜头焦距的1.6倍）	影像感应器	约1510万像素	22.3×14.9 mm	RGB原色滤镜	图像传感器前，固定式	自动、预设（日光、阴影、阴天、钨丝灯、白色荧光灯、闪光灯）、用户自定义、具备白平衡矫正和白平衡包围曝光功能 *支持色温信息传输
EOS 450D	SD存储卡、SDHC存储卡	佳能EF系列镜头（包括EF–S系列镜头）（35毫米换算焦距约为镜头焦距的1.6倍）	影像感应器	220万有效像素	22.2×14.8 mm	RGB原色滤镜	位于图像传感器前，固定式	自动、日光、阴影、阴天、钨丝灯、白色荧光灯、闪光灯、用户自定义
EOS 400D	CFI型、CFII型存储卡*兼容微型硬盘和2GB及以上容量	佳能EF系列镜头（包括EF–S系列镜头）（镜头焦距转换系数1.6）	影像感应器	有效像素：1010万总像素：1050万	22.2×14.8 mm	RGB原色滤镜	图像传感器前，固定式	8种预设模式：自动日光，阴影，多云，钨丝灯，白色荧光灯，闪光灯，自定义
EOS 350D	CFI型、CFII型存储卡*兼容微型硬盘和2GB及以上容量的CF卡	佳能EF系列镜头（包括EF–S系列镜头）（镜头焦距转换系数1.6）	影像感应器	有效像素大约800万像素	22.2×14.8 mm	RGB原色滤镜	位于图像传感器前，固定式	8种预设模式：自动日光，阴影，多云，钨丝灯，白色荧光灯，闪光灯，自定义
EOS 1000D	SD存储卡、SDHC存储卡	佳能EF系列镜头（包括EF–S系列镜头）（35毫米换算焦距约为镜头焦距的1.6倍）	影像感应器	约1010万像素	22.2×14.8 mm	RGB原色滤镜	图像传感器前，固定式	自动、日光、阴影、阴天、钨丝灯、白色荧光灯、闪光灯、用户自定义

型号	自动白平衡	色温补偿		类型	视野率	放大倍率	眼点	内置屈光度调节	对焦屏	反光镜
EOS–1Ds Mark III	像传感器内自动白平衡	白平衡补偿：+/–9档间以整档调节；白平衡包围曝光：+/–3档间以整档调节；	取景器	眼平五棱镜	100%	0.7x（屈光度 -1，50mm镜头对焦于无限远）	20 mm	–3.0~+1.0dpt	可更换对焦屏(11种)，标准对焦屏：Ec–CIV	快回式半透明(透光率：反光率为37：63)，
EOS 1Ds Mark II	配合影像传感器	包围白平衡：±3档，全档调节白平衡校正：±9档，全档调节	取景器	眼平五棱镜	约100%	0.7x（屈光度 -1，50mm镜头对焦于无限远）	20 mm	–3.0~+1.0dpt	可更换对焦屏(9种)，标准对焦屏：Ec–CIV	快速瞬回式半透明反光镜透过：反射率=37:63，使用EF1200/5.6无暗角
EOS 1Ds	配合影像传感器和外部专用器件混合	包围白平衡：±3档，全档调节	取景器	眼平五棱镜	约100%	0.7x（屈光度 -1，50mm镜头对焦于无限远）	20 mm	–3.0~+1.0dpt	可更换对焦屏(9种)，标准对焦屏：Ec–CIV	快速瞬回式半透明反光镜透过：反射率=37:63，使用EF1200/5.6无暗角

型号	自动白平衡	色温补偿		类型	视野率	放大倍率	眼点	内置屈光度调节	对焦屏	反光镜
EOS 1D Mark III	图像传感器内置自动白平衡	白平衡包围曝光：+/−3档间以整档调节；		眼平五棱镜	100%	0.7x（屈光度−1，50mm镜头对焦于无限远）	20 mm	−3.0～+1.0dpt	可更换对焦屏(11种)，标准对焦屏：Ec−CIV	快回式半透明(透光率：反光率为37：63)，
EOS 1D Mark II N	图像传感器内置自动白平衡	白平衡包围曝光：+/−3档间以整档调节白平衡矫正：+/−9档间以整档调节		眼平五棱镜	约10水平和垂直方向约100%0%	0.72倍（屈光度−1，50mm镜头对焦于无限远）	20 mm	−3.0～+1.0dpt	可更换对焦屏(10种)，标准对焦屏：Ec−CIV	快回式半透明(透光率：反光率为37：63)，使用EF1200/5.6以内镜头时无取景器变黑情况。
EOS 1D Mark II	图像传感器内置自动白平衡	白平衡包围曝光：+/−3档间以整档调节白平衡矫正：+/−9档间以整档调节可选择蓝色/琥珀色或洋红色/绿色偏移		眼平五棱镜	约10水平和垂直方向约100%0%	0.7x（屈光度−1，使用50mm镜头对焦于无限远）	20 mm	−3.0～+1.0dpt	可更换对焦屏(10种)，标准对焦屏：Ec−CIV	快回式半透明(透光率：反光率为37：63)，使用EF1200/5.6以内镜头时无取景器变黑情况。
EOS 5D	配合影像传感器	包围白平衡：±3档，全档调节白平衡校正：±9档，全档调节		眼平五棱镜	约96%	0.71x（屈光度−1，50mm镜头对焦于无限远）	20 mm	−3.0～+1.0dpt	可更换对焦屏(2种)，标准对焦屏：Ee−A	快速瞬回式半透明反光镜透过：反射率=40：60，使用EF 600/4无暗角
EOS 5DMarkII	影像传感器自动白平衡	白平衡包围曝光：+/−3档 白平衡矫正：+/−9档 以整档调节	取景器	眼平五棱镜	98%	约0.71倍（−1m−1，使用50mm镜头对无限远处对焦）	约21毫米（自目镜透镜中央起−1m −1）	−3.0至+1.0m−1（dpt）	具备可更换对焦屏（2种另售）、Eg−A标准对焦屏	快回型
EOS 50D	影像传感器自动白平衡	白平衡包围曝光：+/−3档 白平衡矫正：+/−9档 以整档调节		眼平五棱镜	约95%	约0.95倍（−1m−1，使用50mm镜头对无限远处对焦）	约22毫米（自目镜透镜中央起−1m−1）	−3.0 − +1.0m−1（dpt）	配备Ef−A标准对焦屏，另外可更换对焦屏（2种另售）	快回型
EOS 40D	影象传感器自动处理	白平衡矫正：+/− 9级(整档调节)自动白平衡包围：+/−3级(整档调节)		内置屈光度调节眼平五棱镜取景器	95%	0.95x（屈光度−1，50mm镜头对焦于无限远）	22 mm	−3.0～+1.0dpt	固定磨砂对焦屏	快回式半透明反光镜(透光率/反光率：40/60)；使用EF 600/4及以下镜头无光线损失)
EOS 30D	影象传感器自动处理	白平衡矫正：+/− 9级(整档调节)自动白平衡包围：+/−3级(整档调节)		内置屈光度调节眼平五棱镜取景器	95%	0.95x（屈光度−1，50mm镜头对焦于无限远）	20 mm	−3.0～+1.0dpt	固定磨砂对焦屏	快回式半透明反光镜(透光率/反光率：40/60)；使用EF 600/4及以下镜头无光线损失)
EOS 500D	影像传感器自动白平衡	白平衡矫正：在±9级间以整级调节白平衡包围曝光：在±3级间以整级调节 *可选择蓝色/琥珀色或洋红色/绿色偏移		眼平五面镜	约95%	约0.87倍（−1 m−1，使用50mm镜头对无限远处对焦）	约19mm（自目镜透镜中央起−1m−1）	−3.0 − +1.0m−1（dpt）	固定式、精确磨砂	快回型

型号	自动白平衡	色温补偿		类型	视野率	放大倍率	眼点	内置屈光度调节	对焦屏	反光镜
EOS 450D	影像传感器自动白平衡	白平衡矫正：在±9级间以整级调节白平衡包围曝光：在±3级间以整级调节 *可选择蓝色/琥珀色或洋红色/绿色偏移		眼平五面镜	约95%	约0.87倍(−1 m−1，使用50mm镜头对无限远处对焦)	约19毫米(自目镜透镜中央起)	−3.0 −+1.0 m−1(屈光度)	固定式、精确磨砂	快回式半透明（透光率/反光率：40/60，使用EF600mm f/4L IS USM或更短镜头时无取景器变黑情况）
EOS 400D	图像感应器具有自动白平衡功能	白平衡矫正：±9级间以整档调节	取景器	眼平五棱镜	垂直/水平方向95%	0.8倍(屈光度−1dpt.，在无限远处使用50毫米镜头)	21mm	−3.0~+1.0dpt	固定式、精确磨砂	快回式半透明(透光率/反光率：40/60，使用EF600mmf/4 或更短镜头时无取景器变黑情况)
EOS 350D	图像感应器具有自动白平衡功能	白平衡矫正：±9级间以整档调节		眼平五棱镜	垂直/水平方向95%	0.8倍(屈光度−1dpt.，在无限远处使用50毫米镜头)	21mm	−3.0~+1.0dpt		快回式半透明(透光率/反光率：40/60，使用EF600mm f/4或更短镜头时无取景器变黑情况)
		白平衡矫正：在±9级间以整级调节白平衡包围曝光：在±3级间以整级调节 *可选择蓝色/琥珀色或洋红色/绿色偏移		眼平五面镜	约95%	约0.81倍(−1m−1，使用50mm镜头对无限远处对焦)	约21毫米(自目镜透镜中央起)	−3.0 −+1.0m −1	固定式、精确磨砂	快回式半透明(透光率/反光率：40/60，使用EF 600mm f/4L IS USM或更短镜头时无取景器变黑情况)

型号	取景器信息	景深预视	目镜挡帘		类型	对焦点
EOS−1Ds Mark III	自动对焦信息：对焦点，对焦确认指示灯。曝光信息：快门速度，光圈，手动曝光，曝光范围，ISO感光度设置，曝光补偿，曝光警告。闪光信息：闪光灯预备，FP闪光，FE曝光锁，闪光曝光补偿，JPEG 格式，可拍摄数量，CF卡信息	具备，使用景深预视按钮	内置		TTL−AREA −SIRCMOS传感器	19点(+26个辅助AF点)
EOS 1Ds Mark II	AF指示(AF点、合焦指示灯)，曝光信息(快门速度、光圈、手动曝光、点测光圆、ISO、曝光表、曝光警告)闪光信息(充电完毕、FP闪光、FE锁定、闪光量)白平衡校正JPEG存储剩余幅数存储卡信息	具备，使用景深预视按钮	内置		TTL−AREA −SIRCMOS传感器	45点)
EOS 1Ds	自动对焦信息：对焦点，对焦确认，指示灯。曝光信息：快门速度光圈，手动曝光，曝光范围，ISO感光度设置，曝光补偿，曝光警告。闪光信息：闪光灯预备，FP闪光，FE曝光锁，闪光曝光补偿，JPEG 格式，可拍摄数量，CF卡信息	具备，使用景深预视按钮	内置	取景器	TTL−AREA −SIRCMOS传感器	45点)
EOS−1D Mark III	自动对焦信息：对焦点，对焦确认指示灯。曝光信息：快门速度，光圈，手动曝光，曝光范围，ISO感光度设置，曝光补偿，曝光警告。闪光信息：闪光灯预备，FP闪光，FE曝光锁，闪光曝光补偿，JPEG 格式，可拍摄数量，CF卡信息	具备，使用景深预视按钮	内置		TTL−AREA −SIRCMOS传感器	19点(+26个辅助AF点)
EOS 1D Mark II N	自动对焦，信息(对焦点、合焦确认指示灯)，曝光信息(快门速度、光圈、手动曝光、点测光圆、ISO感光度、曝光量、曝光警告)，闪光信息(闪光灯预备，FP高速闪光，FE锁，闪光曝光量)，白平衡矫正，JPEG格式图像记录，剩余可拍摄信息，存储卡信息	具备，使用景深预视按钮	内置		TTL−AREA −SIRCMOS传感器	45点对焦(区域自动对焦)
EOS 1D Mark II	自动对焦，信息(对焦点、合焦确认指示灯)，曝光信息(快门速度、光圈、手动曝光、点测光圆、ISO感光度、曝光量、曝光警告)，闪光信息(闪光灯预备，FP高速闪光，FE锁，闪光曝光量)，白平衡矫正，JPEG格式，图像记录，剩余可拍摄信息，存储卡信息	具备，使用景深预视按钮	内置		TTL−AREA −SIRCMOS传感器	45点对焦(区域自动对焦)
EOS 5D	AF指示(AF点、合焦指示灯)曝光信息(快门速度、光圈、手动曝光、点测光圆、ISO、曝光表、曝光警告)闪光信息(充电完毕、FP闪光、FE锁定、闪光量)白平衡校正，JPEG存储，剩余幅数，存储卡信息	具备，使用景深预视按钮	内置		TTL−CT−STR,区域自动对焦CMOS感应器	9点 +6个辅助AF点

型号	取景器信息	景深预视	目镜挡帘		类型	对焦点
EOS 5D MarkII	自动对焦信息：对焦点 对焦确认指示灯 曝光信息：光圈值 快门速度 曝光范围 ISO值 曝光补偿 曝光警告 闪光信息：闪光灯预备 FP闪光 曝光锁 闪光曝光补偿 图片格式 可拍摄数量 CF卡信息	具备，使用景深预视按钮		自动对焦	TTL辅助影像重合，相位检测	9个自动对焦点和6个辅助自动对焦点
EOS 50D	自动对焦信息：对焦点 对焦确认指示灯 曝光信息：光圈值 快门速度 曝光范围 ISO值 曝光补偿 曝光警告 闪光信息：闪光灯预备 FP闪光 曝光锁 闪光曝光补偿 图片格式 可拍摄数量 CF卡信息	具备，使用景深预视按钮			TTL辅助影像重合，相位检测	9个（全部为十字型）
EOS 40D	自动对焦信息：对焦点，对焦确认，指示灯。曝光信息：快门速度光圈，手动曝光，曝光范围，ISO感光度设置，曝光补偿，曝光警告。闪光信息：闪光灯预备，FP闪光，FE曝光锁，闪光曝光，补偿 JPEG 格式，可拍摄数量，CF卡信息	使用景深预视按钮			TTL—CT—STR，区域自动对焦CMOS感应器	9点
EOS 30D	自动对焦信息：对焦点，对焦确认指示灯，曝光信息：快门速度光圈，手动曝光，曝光范围，ISO感光度设置，曝光补偿，曝光警告 闪光信息：闪光灯预备，FP闪光，FE曝光锁，闪光曝光补偿，JPEG 格式，可拍摄数量，CF卡信息	使用景深预视按钮			TTL—CT—SIR，CMOS感应器(TTL辅助影像重合，相位检测)	9点
EOS 500D	自动对焦信息(自动对焦点、合焦确认指示灯)曝光信息(快门速度、光圈值、自动曝光锁、曝光量、ISO感光度、曝光警告)闪光信息(闪光灯准备就绪、高速同步、闪光曝光锁、闪光曝光补偿)单色拍摄、白平衡矫正、最大连拍数量、SD存储卡信息	具备，使用景深预视按钮启动			TTL辅助影像重合，相位检测	9个自动对焦点
EOS 450D	自动对焦信息(自动对焦点、合焦确认指示灯)曝光信息(快门速度、光圈值、自动曝光锁、曝光量、ISO感光度、曝光警告)闪光信息(闪光灯准备就绪、高速同步、闪光曝光锁、闪光曝光补偿)单色拍摄、白平衡矫正、最大连拍数量、SD存储卡信息	使用景深预视按钮启动			TTL辅助影像重合，相位检测	9个自动对焦点
EOS 400D	自动对焦信息(自动对焦点、合焦确认指示灯)，曝光信息(快门速度、光圈值、自动曝光锁、曝光量、曝光警告)，闪光信息(闪光灯准备就绪、高速同步、闪光曝光补偿、FE 锁)，白平衡补正、最大连拍数量，CF卡信息	使用景深预视按钮			TTL—CT—SIR CMOS感应器(TTL辅助影像重合，相位检测)	9点宽区自动对焦系统
EOS 350D	自动对焦信息(自动对焦点、合焦确认指示灯)，曝光信息(快门速度、光圈值、自动曝光锁、曝光量、自动包围曝光进行中、曝光警告)，闪光信息(闪光灯准备就绪、启用减轻红眼功能、减轻红眼灯开、高速同步、闪光曝光锁、闪光曝光补偿)，最大连拍数量， CF卡信息	使用景深预视按钮			TTL—CT—SIR CMOS感应器(TTL辅助影像重合，相位检测)	7个自动对焦点
EOS 1000D	自动对焦信息（自动对焦点、合焦确认指示灯）曝光信息（快门速度、光圈值、自动曝光锁、曝光量、ISO感光度、曝光警告）闪光信息（闪光灯准备就绪、高速同步、闪光曝光锁、闪光曝光补偿）单色拍摄、白平衡矫正、最大连拍数量、存储卡信息	使用景深预视按钮启动			TTL辅助影像重合，相位检测	7个自动对焦点

型号	自动对焦工作范围	对焦模式	对焦点选择	所选自动对焦点显示	自动对焦辅助光		测光模式
EOS—1Ds Mark III	EV—1—18	单次 AF(ONE SHOT) AI伺服AF(AISERVO) 手动对焦(MF)	自动选择45点 任意选择（19点／9点内侧／9点外侧	分层级在取景窗和LCD屏显示	EOS外用闪光灯的内置AF辅助	曝光控制	63区TTL全开光圈测光 1、评价测光(与任意一个对焦点连动）2、局部测光(取景器中央8.5%区域）3、点测光，中心点测光(取景器中心约2.4%)对焦点连动点测光(对焦点所在取景器位置的2.4%)多点点测光(最多输入8个点的数据）4、中央重点平均测光
EOS 1Ds Mark II	EV 0—18 (ISO100)	单次 AF(ONE SHOT) AI伺服AF(AISERVO) 手动对焦(MF)	自动 手动 HOME模式	在取景器中显示	由专用闪光灯发射		21—分区TTL全开光圈测光 (1) 评价测光(与AF点连动）(2) 局部测光（取景器中部约 8.5%）(3) 点测光●中间点测光（取景器中部约 2.4%)●AF点连动点测光(约 2.4%)●多点点测光（最多可测量 8 点)(4) 中央重点加权平均测光CW
EOS 1Ds	EV 0—18 (ISO100)	单次 AF (ONE SHOT) AI伺服AF(AISERVO) 手动对焦(MF)	自动 手动 HOME模式	在取景器中显示	由专用闪光灯发射		21—分区TTL全开光圈测光 (1) 评价测光(与AF点连动）(2) 局部测光（取景器中部约 8.5%）(3) 点测光●中间点测光（取景器中部约 2.4%)●AF点连动点测光(约 2.4%)●多点点测光（最多可测量 8 点)(4) 中央重点加权平均测光CW

型号	自动对焦工作范围	对焦模式	对焦点选择	所选自动对焦点显示	自动对焦辅助光		测光模式
EOS 1D Mark III	EV−1−18(ISO100,23摄影度)	单次 AF(ONE SHOT) AI伺服AF(AISERVO) 手动对焦(MF)	自动选择,手动选择19点 内部9点(C.FnIII−9−1) 外部9点(C.FnIII−9−2)	分层级在取景窗和LCD屏显示	EOS外用闪光灯的内置AF辅助		63区TTL全开光圈测光 1、评价测光(与任意一个对焦点连动) 2、局部测光(取景器中央13.5%区域) 3、点测光中心点测光(取景器中心约3.8%) 对焦点连动点测光(对焦点所在取景器位置3.8%) 多点点测光(最多输入8个点的数据) 4、中央重点平均测光
EOS 1D Mark II N	EV0−18(ISO100, 20摄氏度)	单次 AF (ONE SHOT) AI伺服AF (AISERVO) 手动对焦(MF)	自动选择,手动选择,复位(返回注册的对焦点)	在取景器内点亮闪烁,并在LCD显示屏上显示	通过专用闪光灯发出		63区TTL全开光圈测光 1、评价测光(与任意一个对焦点连动 2、局部测光(取景器中央13.5%区域) 3、点测光中心点测光(取景器中心约3.8%)对焦点连动点测光(对焦点所在取景器位置的3.8%) 多点点测光(最多输入8个点的数据)4、中央重点平均测光
EOS 1D Mark II	EV0−18(ISO100, 20摄氏度)	单次 AF (ONE SHOT) AI伺服AF(AISERVO) 手动对焦(MF)	自动选择,手动选择,复位(返回注册的对焦点)	在取景器内点亮闪烁,并在LCD显示屏上显示	通过专用闪光灯发出		21区TTL全开光圈测光 1、评价测光(与任意一个对焦点连动) 2、局部测光(取景器中央13.5%区域) 3、点测光中心点测光(取景器中心约3.8%)对焦点连动点测光(对焦点所在取景器位置的3.8%)多点点测光(最多输入8个点的数据)4、中央重点平均测光
EOS 5D	EV−0.5~18(ISO100)	单次 AF (ONE SHOT) AI伺服AF(AISERVO) 手动对焦(MF)	自动 手动	在取景器中显示	由专用闪光灯发射		21区TTL全开光圈测光 1、评价测光(与任意一个对焦点连动) 2、局部测光(取景器中央13.5%区域) 3、点测光中心点测光(取景器中心约3.8%)对焦点连动点测光(对焦点所在取景器位置的3.8%)多点点测光(最多输入8个点的数据) 4、中央重点平均测光
EOS 5D MarkII	EV−0.5至18 (23℃/73℉、ISO 100)	单次自动对焦、人工智能伺服自动对焦、人工智能自动对焦、手动对焦 (MF)	自动选择,手动选择复位	取景器内置同时显示在顶部LCD上	通过EOS专用外接闪光灯发射	曝光控制	35区TTL全开光圈测光 ●评价测光 (可与任何自动对焦点联动) ●局部测光 (取景器中央约8%的面积) ●点测光 (取景器中央约3.5%的面积) ●中央重点平均测光
EOS 50D	EV −0.5 − 18 (23° C/73° F、ISO 100)	单次自动对焦、人工智能伺服自动对焦、人工智能自动对焦、手动对焦 (MF)	自动选择 手动选择 复位	取景器内置同时显示在顶部LCD上	由内置闪光灯发出的短促连续闪光		35区TTL全开光圈测光 ●评价测光 (可与任何自动对焦点联动) ●局部测光 (取景器中央约9%的面积) ●点测光 (取景器中央约3.8%的面积) ●中央重点平均测光
EOS 40D	EV−0.5~18 (常温•ISO100)	单次 AF (ONE SHOT) AI伺服AF(AISERVO) 手动对焦(MF)	自动 手动	取景器内置同时显示在顶部LCD上	频闪方式		35−分区TTL全开光圈测光 (1) 评价测光(与AF点连动) (2) 局部测光 (取景器中部约 8%) (3) 点测光 (取景器中部约 3.5%) (4) 中央重点加权平均测光CW
EOS 30D		单次 AF (ONE SHOT) AI伺服AF(AISERVO) 手动对焦(MF)	自动选择,手动选择,返回模式(切换到指定的对焦点)	取景器内置同时显示在顶部LCD上	频闪方式		TTL全开光圈35区SPC测光 1) 评价测光 (与任一对焦点联动) 2) 局部测光 (取景器中央9%) 3) 中央重点平均测光 4) 点测光(取景器中央3.8%)
EOS 500D	EV 1−20 (23° C/73° F、使用EF50mm f/1.4 USM镜头、ISO 100)	单次自动对焦、人工智能伺服自动对焦、人工智能自动对焦、手动对焦 (MF)	自动选择、手动选择	在取景器中重叠显示,并在液晶监视器上显示	由内置闪光灯发出的短促连续闪光		35区TTL全开光圈测光 ●评价测光 (可与任何自动对焦点联动) ●局部测光 (取景器中央约10%的面积) ●中央重点平均测光
EOS 450D	EV −0.5 − 18(23℃/73℉、ISO 100)	单次自动对焦、人工智能伺服自动对焦、人工智能自动对焦、手动对焦(MF)	自动选择、手动选择	在取景器中重叠显示,并在液晶监视器上显示	由内置闪光灯发出的短促连续闪光 有效范围:中央大约4.0米/13.1英尺,四周大约3.5米/11.5英尺		35区TTL全开光圈测光 *评价测光(可与任何自动对焦点联动) *局部测光(取景器中央约9%的面积) *点测光(取景器中央约4%的面积) *中央重点平均测光

型号	自动对焦工作范围	对焦模式	对焦点选择	所选自动对焦点显示	自动对焦辅助光	曝光控制	测光模式
EOS 400D	EV0.5–18（ISO100）	单次自动对焦、人工智能伺服自动对焦、人工智能自动对焦、手动对焦（MF）	自动或手动	在取景器中重叠显示，并在液晶显示屏上显示	内置闪光灯间歇闪光 有效距离：中央约4m/周边3.5m		35区TTL全开光圈测光 ·评价测光（可与任意一个自动对焦点联动） ·局部测光（覆盖取景器中央约9%面积的区域） ·中央重点平均测光
EOS 350D	EV0.5–18（20oC/68oF，ISO 100）	单次自动对焦、人工智能伺服自动对焦、人工智能自动对焦、手动对焦（MF）	自动或手动	在取景器中重叠显示，并在液晶显示屏上显示	内置闪光灯间歇闪光		35区TTL全开光圈测光 ·评价测光（可与任意一个自动对焦点联动） ·局部测光（覆盖取景器中央约9%面积的区域） ·中央重点平均测光
EOS 1000D	EV1–20（23℃/73℉、使用EF50mmf/1.4 USM镜头ISO100）	单次自动对焦、人工智能伺服自动对焦、人工智能自动对焦、手动对焦（MF）	自动选择、手动选择	在取景器中重叠显示，并在液晶监视器上显示	由内置闪光灯发出的短促连续闪光		35区TTL全开光圈测光 ·评价测光（可与任何自动对焦点联动） ·局部测光（取景器中央约10%的面积） ·中央重点平均测光

型号	测光范围	曝光控制系统	AE锁	曝光控制	类型	快门速度	自拍时间	快门线
EOS–1Ds Mark III	EV0–20（ISO 100at73° F/23° C	程序自动AE（可偏移），快门速度优先AE，光圈优先AE，E–TTL II自动闪光，手动，手动闪光	自动：在单次AF模式下，而且使用评价测光，可以半按快门按钮锁定。手动：按下AE锁定按钮		纵向机械焦平面电磁快门	1/8000–30秒（以1/3档调节），闪光同步速度1/250秒	10秒延时，2秒延时	使用N3系列快门线
EOS 1Ds Mark II	EV 0–20（ISO 100	P/A/S/M E–TTL II自动闪光 闪光手动	自动锁定：单次AF模式下使用评价测光，合焦就自动锁定；手动锁定：按下AE锁定按钮		电子控制焦平面快门	1/8000s –30s + B（1/3EV调节 闪光同步速度1/250s	10秒延时，2秒延时	使用N3系列快门线
EOS 1Ds	EV 0–20（ISO 100）	P/A/S/M E–TTL II自动闪光 闪光手动	自动锁定：单次AF模式下使用评价测光，合焦就自动锁定；手动锁定：按下AE锁定按钮		电子控制焦平面快门	1/8000s –30s + B（1/3EV调节 闪光同步速度1/250s	10秒延时，2秒延时	使用N3系列快门线
EOS 1D Mark III	EV0–20（ISO 100at73° F/23° C with EF 50mmf/1.4USM lens，ISO 100）	程序自动AE（可偏移），快门速度优先AE，光圈优先AE，E–TTL II自动闪光，手动，手动闪光	自动 单点对焦AF模式		纵向机械焦平面电磁快门	1/8000–30秒（以1/3档调节），闪光同步速度1/300秒	10秒延时，2秒延时	使用N3系列快门线
EOS 1D Mark II N	EV0–20（20摄氏度，ISO100，使用50毫米镜头）	程序自动AE（可偏移），快门速度优先AE，光圈优先AE，E–TTL II自动闪光，手动，手动闪光	自动：评价测光模式下当单次自动对焦完成时。手动：各测光模式下按下AE锁按钮。		电子控制焦平面快门	1/8000–30秒（以1/3档调节），闪光同步速度1/250秒	10秒延时，2秒延时	使用N3系列快门线
EOS 1D Mark II	EV0–20（20摄氏度，ISO100，使用50毫米镜头）	程序自动AE（可偏移），快门速度优先AE，光圈优先AE，E–TTL II自动闪光，手动，手动闪光	自动：评价测光模式下当单次自动对焦完成时。手动：各测光模式下按下AE锁按钮。		电子控制焦平面快门	1/8000–30秒（以1/3档调节），闪光同步速度1/250秒	10秒延时，2秒延时	使用N3系列快门线
EOS 5D	EV 1–20（ISO 100）	P/A/S/M E–TTL II自动闪光	自动锁定：单次AF模式下使用评价测光，合焦就自动锁定；手动锁定：按下AE锁定按钮		电子控制焦平面快门	1/8000s –30s + B（1/3EV或者1/2EV调节 闪光同步速度 1/200s	10秒延时，2秒延时	使用N3系列快门线
EOS 5D MarkII	EV 1–20（23℃/73℉、使用EF50mmf/1.4 USM镜头、ISO 100）	程序自动曝光（全自动、创意自动、程序）、快门优先自动曝光 光圈优先自动曝光、手动曝光、B门曝光	自动：在使用评价测光的单次自动对焦模式下合焦时应用 手动：通过自动曝光锁按钮		电子控制焦平面快门	1/8000秒至30秒、B门（全快门速度范围。可用范围随拍摄模式各异。）闪光同步速度1/200秒	10秒自拍/遥控、2秒自拍/遥控	使用N3系列快门线

型号	测光范围	曝光控制系统	AE锁		类型	快门速度	自拍时间	快门线
EOS 50D	EV 1—20（23° C/73° F、使用EF50mm f/1.4 USM镜头、ISO 100）	程序自动曝光（全自动、人像、风光、微距、运动、夜景人像、闪光灯关闭、创意自动、程序）快门优先自动曝光，光圈优先自动曝光景深优先自动曝光手动曝光	自动：在使用评价测光的单次自动对焦模式下合焦时应用 手动：通过自动曝光锁按钮	曝光控制	电子控制焦平面快门	1/8000秒至1/60秒（全自动模式）、闪光同步速度1/250秒1/8000至30秒、B门（总快门速度范围。可用范围随拍摄模式各异。）	10秒自拍/遥控、2秒自拍/遥控	使用N3系列快门线
EOS 40D	EV 1—20 (ISO 100)	程序AE：全自动，肖像风光，近摄，夜景肖像闪光关闭，程序曝光，快门优先AE，光圈优先AE，景深优先AE，手动曝光，E—TTL Ⅱ自动闪光	自动：在单次AF模式下，而且使用评价测光，可以半按快门按钮锁定手动：按下AE锁定按钮		电子控制焦平面纵走式	1/8000s — 30s+B	10秒延时	使用N3系列快门线
EOS 30D	EV 1—20 (ISO 100)	程序AE：全自动肖像，风光，近摄，夜景肖像，闪光关闭，程序曝光，快门优先AE，光圈优先AE景深优先AE，手动曝光E—TTL Ⅱ自动闪光	自动：在单次AF模式下，而且使用评价测光，可以半按快门按钮锁定手动：按下AE锁定按钮		电子控制焦平面纵走式	1/8000s — 30s+B	10秒延时	使用N3系列快门线
EOS 500D	EV 1—20（23° C/73° F、使用EF50mmf/1.4 USM镜头、ISO100）	程序自动曝光（全自动、人像、风光、微距、运动、夜景人像、闪光灯关闭、创意自动、程序）快门优先自动曝光，光圈优先自动曝光，景深优先自动曝光，手动曝光	自动：在使用评价测光的单次自动对焦模式下合焦时应用 手动：通过自动曝光锁定按钮		电子控制焦平面快门	1/4000至1/60秒（全自动模式）闪光同步速度1/200秒 1/4000至30秒B门	10秒延时或2秒延时自拍以及10秒延时连拍	快门线RS—60E3
EOS 450D	EV 1—20(23℃/73℉、使用EF50mmf/1.4 USM镜头、ISO 100)	程序自动曝光(全自动、人像、风光、微距、运动、夜景人像、闪光灯关闭、程序)快门优先自动曝光，光圈优先自动曝光，景深优先自动曝光，手动曝光E—TTL Ⅱ自动闪光	自动：使用评价测光和单次自动对焦合焦时 手动：通过自动曝光锁按钮		电子控制焦平面快门	1/4000至1/60秒、闪光同步速度1/200秒 1/4000至30秒、B门(总快门速度范围。可用范围随拍摄模式各异。)	10秒或2秒延时，或10秒延时加连拍	快门线RS—60E3遥控器RC—1/RC—5
EOS 400D	EV1—20(常温，ISO 100，使用50毫米f/1.4镜头)	程序自动曝光(全自动、人像、风光、微距、运动、夜景人像、闪光灯关闭、程序)，快门优先自动曝光、光圈优先自动曝光、景深优先自动曝光、手动曝光、E—TTL Ⅱ自动闪光	自动 单次自动对焦模式中使用评价测光合焦时可用手动 在各种测光模式中按自动曝光锁按钮		电子控制焦平面快门	1/4000至30秒(以1/3或1/2级为单位调节)、B门、闪光同步速度1/200秒	10秒延时	快门线RS—60E3
EOS 350D	EV1—20(20oC/68oF，ISO 100，使用50毫米f/1.4镜头)	程序自动曝光(全自动、人像、风光、微距、运动、夜景人像、闪光灯关闭、程序)，快门优先自动曝光、光圈优先自动曝光、景深优先自动曝光、手动曝光、E—TTL Ⅱ自动闪光	自动 单次自动对焦模式中使用评价测光合焦时可用手动在各种测光模式中按自动曝光锁按钮		电子控制焦平面快门	1/4000至30秒(以1/3或1/2级为单位调节)、B门、闪光同步速度1/200秒	10秒延时	快门线RS—60E3
EOS 1000D	EV1—20(23℃/73℉、使用EF50mm f/1.4 USM镜头、ISO 100)	程序自动曝光（全自动、人像、风光、微距、运动、夜景人像、闪光灯关闭、程序）快门优先自动曝光，光圈优先自动曝光，景深优先自动曝光，手动曝光E—TTL Ⅱ自动闪光	自动：在使用评价测光的单次自动对焦模式下合焦时应用 手动：通过自动曝光锁定按钮		电子控制焦平面快门	1/4000至1/60秒、闪光同步速度1/200秒1/4000至30秒、B门(总快门速度范围。可用范围随拍摄模式各异。)	10秒或2秒延时，或10秒延时加连拍	快门线RS—60E3

型号		驱动模式	连拍能力		最大一次连拍数量		类型	尺寸	像素	视野率	亮度调节		菜单语言	回放格式
EOS—1Ds Mark Ⅲ	驱动系统	单张高速、低速连续自拍	高速连拍：5张/秒 低速连拍：3张/秒	驱动系统	JPEG（L/Fine）56张；RAW：12张；RAW+JPEG：10张（L/Fine）	LCD显示屏	TFT彩色液晶监视器	3.0英寸	23万	100%	7级	图像回放		单张，单张加信息，4张索引，9张索引

型号	驱动系统	驱动模式	连拍能力	驱动系统	最大一次连拍数量	LCD显示屏	类型	尺寸	像素	视野率	亮度调节	图像回放	菜单语言	回放格式
EOS-1Ds Mark Ⅱ		单幅/连续	4张/秒		JPEG(Large, JPEG画质8)约32幅 RAW:约11幅		TFT彩色LCD液晶屏监视器	2.0英寸	约23万	100%	5级		12种(含简体中文)	单张,单张加信息,4张索引,9张索引,放大(约1.5×-10×)旋转
EOS-1Ds		单幅/连续	3张/秒		JPEG(Large, JPEG 画质8)RAW:约10幅		TFT彩色LCD液晶屏监视器	2.0英寸	约12万	100%	5级		12种(含简体中文)	单张,单张加信息,4张索引,9张索引,
EOS-1D Mark Ⅲ		单张高速连拍(10张/秒)低速连拍(3张/秒)10秒或者2秒自拍	10张/秒(在快门速度为1/500s的时候或许更快的速度		JPEG(L/Fine) 110张;RAW:30张;RAW+JPEG:22张(L/Fine)		TFT彩色液晶屏监视器	3.0英寸	23万	100%	5级			单张,单张加信息,4张索引,9张索引,
EOS-1D Mark ⅡN		单张低速连拍,高速连拍	低速连拍:约3张/秒高速连拍约8.5张/秒		JPEG:约40张(大JPEG,画质8)RAW:约20张		TFT彩色液晶屏监视器	2.5英寸	约23万	配合有效像素约100%	5级		15种(含简体中文)	单张,单张加信息,4张索引,9张索引,放大显示(1.5倍-10倍),旋转
EOS-1D Mark Ⅱ		单张低速连拍,高速连拍	低速连拍:约3张/秒高速连拍约8.5张/秒		JPEG:约40张(大JPEG,画质8)RAW:约20张		TFT彩色液晶屏监视器	2.0英寸	约23万	配合有效像素约100%	5级		12种(含简体中文)	单张,单张加信息,4张索引,9张索引,放大显示(1.5倍-10倍),旋转
EOS-5D		单幅/连续	3张/秒		JPEG(L/Fine):约60幅;RAW:约17幅		TFT彩色LCD液晶屏监视器	2.5英寸	约23万	100%	5级		15种(含简体中文)	单张,单张加信息,4张索引,9张索引,放大(约1.5×-10×)旋转
EOS-5D MarkⅡ		单拍、连拍、10秒自拍/遥控、2秒自拍/遥控	最大约3.9张/秒		JPEG大/优:约78张(约310张)、RAW:约13张(约14张)、RAW+JPEG大/优:约8张(约8张)*这些数值基于使用2GB存储卡时的佳能测试标准(ISO 100和标准照片风格).*括号中的数值适用于基于佳能测试标准的UltraDMA(UDMA)2GB存储卡.		TFT彩色LCD液晶屏监视器	3英寸	约92万像素(VGA)	约100%	自动(较暗/标准/较亮)、手动(7级)		25种(含简体中文)	单张、单张+信息(图像记录画质、拍摄信息、柱状图)4张图像索引、9张图像索引、可旋转图像

型号		驱动模式	连拍能力		最大一次连拍数量		类型	尺寸	像素	视野率	亮度调节		菜单语言	回放格式
EOS 50D		单拍、高速连拍、低速连拍、自拍（10秒或2秒延时）	高速：最大约6.3张/秒 低速：最大约3张/秒		JPEG大/优：约60张(约90张)RAW：约16张(约16张)RAW+JPEG大/优：约10张(约10张)* 这些数值基于使用2GB存储卡时的佳能测试标准（ISO 100和标准照片风格）* 括号中的数值适用于基于佳能测试标准的Ultra DMA（UDMA）2GB存储卡。		TFT彩色液晶监视器	3英寸	约92万像素（VGA）	约100%	可分7级调节亮度		25种（含简体中文）	单张、单张+信息（图像记录画质、拍摄信息、柱状图）4张图像索引、9张图像索引、可旋转图像
EOS 40D		单张高速低速连续自拍（10秒/2秒	高速：约6.5张/秒 低速：约3张/秒		JPEG（L/Fine）：约75张 RAW：约17张 RAW+JPEG：约14张		TFT彩色LCD液晶屏监视器	2.5英寸	约23万	100%	5级			单张，单张+信息放大(1.5×–10×，分15级)9副索引 自动显示旋转 跳转
EOS–30D	驱动系统	单张 连续自拍	约5张/秒(>1/250s快门速度	驱动系统	JPEG(L/Fine)：约30副；RAW：11	LCD显示屏	TFT彩色LCD液晶屏监视器	3.0英寸	23万	100%	5级	图像回放		单张，单张+信息放大(1.5×–10×，分15级)9副索引 自动显示旋转 跳转
EOS–500D		单拍、连拍、10秒延时或2秒延时自拍以及10秒延时连拍	最大约3.4张/秒		JPEG（大/优）：约170张 RAW：约9张 RAW+JPEG（大/优）：约4张 *数字基于佳能测试标准（ISO 100和标准照片风格）使用2GB存储卡。		TFT彩色液晶监视器	3.0英寸	约23万	约100%	可分7级调节亮度		25种（含简体中文）	单张、单张+信息（图像记录画质、拍摄信息、柱状图）4张图像索引、9张图像索引、可旋转图像
EOS–450D		单张、连拍、10秒或2秒延时，或10秒延时加连拍	最大约3.5张/秒(可单拍)		JPEG(大/优)约53张，RAW约6张，RAW+JPEG(大/优)约4张 *基于2GB SD存储卡、ISO 100和标准照片风格条件下的佳能测试标准*根据拍摄主体、SD存储卡品牌、图像记录画质等而有所不同		TFT彩色液晶监视器	3.0英寸	约23万	约100%	可分7级调节亮度		20种（含简体中文）	单张图像、单张图像+图像记录画质、拍摄信息、柱状图 4张或9张图像索引、放大显示(约1.5倍–10倍)旋转图像、图像跳转(按1/10/100张图像或拍摄日期跳转)

型号		驱动模式	连拍能力		最大一次连拍数量		类型	尺寸	像素	视野率	亮度调节		菜单语言	回放格式
EOS 400D		单拍、连拍以及自拍	连拍速度达到3张/秒		JPEG（L/Fine）：27张 RAW：10张 RAW+JPEG（L/Fine）：8张		TFT彩色液晶屏监视器	2.5英寸	约23万	100%对应于有效像素	7级（调整时显示亮度表）			单张图像，拍摄信息、9张索引、放大显示（约1.5倍至10倍）、自动播放、横竖画面转换、以及跳转（10/100张图像跳转或拍摄日期跳转）
EOS 350D	驱动系统	单拍、连拍以及自拍（10秒）	最高3张/秒	驱动系统	JPEG（L/Fine）：约14张	LCD显示屏	TFT彩色液晶监视器	1.8英寸	约11.5万	100%对应于有效像素	5级（调整时显示亮度表）	图像回放		单张图像（含有或不含有信息），拍摄信息，9张索引，放大显示（约1.5倍至10倍，），自动播放，横竖画面转换，以及跳转（10/100张图像跳转或拍摄日期跳转）
EOS 1000D		单拍、连拍、自拍（10秒、2秒、多张）	最大约3张/秒		JPEG：最大约3张/秒 RAW：最大约1.5张/秒 RAW+JPEG（大/优）：最大约1.5张/秒		TFT彩色液晶监视器	2.5英寸	约23万	约100%	可分7级调节亮度		20种（含简体中文）	单张图像、单张图像+图像记录画质、拍摄信息、柱状图、4张或9张图像索引、放大显示（约1.5倍－10倍）、旋转图像 图像跳转（按1/10/100张图像或拍摄日期跳转）

型号	高光警告		保护		删除	记录方法	文件格式	记录时间	视野率		自定义功能	个人功能		电池
EOS－1Ds Mark III			单张、文件夹中全部、存储卡中全部图像		单张、文件夹中全部、存储卡中全部图像	单张、文件夹中全部、存储卡中全部图像			100%		共57个	共57个		一枚LP－E4锂电池，可通过交流电话配器套装，使用交流电供电，*配AC适配器
EOS 1Ds Mark II	单张及单张加信息模式下给出闪烁提示		单张、文件夹中全部、存储卡中全部图像		单张、文件夹中全部、存储卡中全部图像	使用内置麦克风为图像录制语音注释	WAV	每次最长30秒	100%		20种，65种设定	27种		1枚Ni－MH电池 包NP－E3*配AC适配器
EOS 1Ds	单张及单张加信息模式下给出闪烁提示	图像保护与删除	单张、文件夹中全部、存储卡中全部图像	图像保护与删除	单张、文件夹中全部、存储卡中全部图像	使用内置麦克风为图像录制语音注释	WAV	每次最长30秒	100%	菜单	21种，67种设定	26种	电池	1枚Ni－MH电池 包NP－E3*配AC适配器
EOS 1D Mark III	单张及单张加信息模式下，所显示图像的任何高光区域都将闪烁警告		单张、文件夹中全部、存储卡中全部图像		单张、文件夹中全部、存储卡中全部图像				100%		共57个			一枚LP－E4锂电池，可通过交流电话配器套装，使用交流电供电，*配AC适配器
EOS 1D Mark II N	单张及单张加信息模式下，所显示图像的任何高光区域都将闪烁警告		单张、文件夹中全部、存储卡中全部图像可以一次性添加或者取消保护		单张、文件夹中全部、存储卡中全部图像可以一次性删除（除了加保护的）	使用内置麦克风为图像录制语音注释	WAV	每次最长30秒	配合有效像素约100%		21种自定义功能 69个选项	27种		一枚NP－E3镍氢电池，可通过交流电话配器套装，使用交流电供电，

型号	高光警告		保护		删除	记录方法	文件格式	记录时间	视野率		自定义功能	个人功能		电池
EOS 1D Mark Ⅱ	单张及单张加信息模式下，所显示图像的任何高光区域都将闪烁警告		单张、文件夹中全部、存储卡中全部图像可以一次性添加或者取消保护		单张、文件夹中全部、存储卡中全部图像可以一次性删除（除了加保护的）	使用内置麦克风为图像录制语音注释	WAV	每次最长30秒	配合有效像素约100%		21种自定义功能 67个选项	27种		一枚NP-E3镍氢电池，可通过交流电话配器套装，使用交流电供电，
EOS 5D	单张及单张加信息模式下给出闪烁提示		单张、文件夹中全部、存储卡中全部图像		单张、文件夹中全部、存储卡中全部图像				100%		21种，57种设定			BP-511A、BP-514、BP-511、BP-512、＊配AC适配器＊可配BG-E4手柄，可以使用AA电池
EOS 5D Mark Ⅱ	曝光过度的高光区域闪烁		单张、文件夹中全部、存储卡中全部图像		单张、文件夹中全部、存储卡中全部图像				100%		25种，	具备		电池LP-E6（一节）＊可以通过交流电适配器套装ACK-E6使用交流电 ＊安装电池盒兼手柄BG-E6时，可以使用5号（AA/LR6）电池
EOS 50D	曝光过度的高光区域闪烁	图像保护与删除	单张、文件夹中全部、存储卡中全部图像	图像保护与删除	单张、文件夹中全部、存储卡中全部图像				100%	菜单	25种，	具备	电池	电池BP-511A（一节）＊可以通过交流电适配器套装ACK-E2使用交流电 ＊安装电池盒兼手柄BG-E2N或BG-E2时，可以使用5号（AA/LR6）电池
EOS 40D	单张及单张加信息模式下图像中的曝光过渡部分会闪动		单张可选择保护还是删除		单张、文件夹中全部、存储卡中全部图像				100%					一枚BP-511A/BP--511/BP-514/BP--512
EOS 30D	单张及单张加信息模式下下图像中的曝光过渡部分会闪动		单张可选择保护还是删除		单张、文件夹中全部、存储卡中全部图像				100%		18个自选功能，50种设定			一枚BP-511A/BP--511/BP--514/BP-512备有交流电适配器配合BG-E2电池手柄，可以使用6枚AA电池
EOS 500D	曝光过度的高光区域闪烁		可以保护或不保护单张图像		单张图像、带有勾选标记图像或存储卡中全部图像可以一次性删除（加保护的图像除外）				100%		13个	具备		电池LP-E5（一节）＊可以通过交流电适配器套装ACK-E5使用交流电 ＊安装电池盒兼手柄BG-E5时，可以使用5号（AA/LR6）电池
EOS 450D	具备（曝光过度的高光区域闪烁）		可以保护或不保护单张图像		单张图像、带有勾选标记图像或存储卡中全部图像可以一次性删除（加保护的图像除外）				100%		13个	具备		电池LP-E5（一节）＊可以通过交流电适配器套装ACK-E5使用交流电＊用电池盒兼手柄BG-E5时，可以使用AA型电池

型号	高光警告		保护		删除	记录方法	文件格式	记录时间	视野率		自定义功能	个人功能		电池
EOS400D	在拍摄信息模式中，所有没有图像信息的曝光过度高光区域将闪烁。	图像保护与删除	可以保护或不保护单张图像。	图像保护与删除	可以删除CF卡上的单张图像或所有图像（被保护的图像除外）				100%对应于有效像素	菜单	18种自定义功能共29选项		电池	2 节NB-2LH锂电池 *利用交流电适配器套装
EOS350D	在拍摄信息模式中，所有没有图像信息的曝光过度高光区域将闪烁。		可以保护或不保护单张图像。		可以删除CF卡上的单张图像或所有图像（被保护的图像除外）				100%对应于有效像素		9种自定义功能共24个选项			一节NB-2LH电池组 *利用交流电适配器套装ACK700，可以从家电源插座供电。*利用电池盒兼手柄BG-E3，可以使用AA型电池供电
EOS1000D	具备（曝光过度的高光区域闪烁）		可以保护或不保护单张图像		单张图像、带有勾选标记图像或存储卡中全部图像可以一次性删除(加保护的图像除外				100%		12种	具备		电池LP-E5 （一节）*可以通过选购的交流电适配器套装ACK-E5使用交流电 *用选购的电池盒兼手柄BG-E5时，可以使用AA(5号)电池

型号		可拍摄数量	电池电量检测	节电功能	日期/时间供电电池		尺寸(宽×高×厚)	重量		工作温度范围	工作湿度范围
EOS-1Ds Mark III	电池	20摄氏度 约1800张0摄氏度约1400张上述数据是使用充满电的电池组测试得出	自动	具备，电源在1，2，4，8，15或30分钟后自动关闭	1枚CR2025锂电池	尺寸和重量	156 x 156.6 x 79.9mm	1210克	操作环境	0-45° C	85%及85%以下
EOS 1Ds Mark II		20摄氏度 约1200张0摄氏度 约800张上述数据是使用充满电的电池组测试得出	自动	具备，电源在1，2，4，8，15或30分钟后自动关闭	1枚CR2025锂电池		156 x 157.6 x 79.9 mm	机身：1215克		0-45° C	85%及85%以下
EOS 1Ds		20摄氏度 约1200张0摄氏度约800张上述数据是使用充满电的电池组测试得出	自动	具备，电源在1，2，4，8，15或30分钟后自动关闭	1枚CR2025锂电池		156 x 157.6 x 79.9 mm	机身：1265克		0-45° C	85%及85%以下
EOS 1D Mark III		20摄氏度 约1800张0摄氏度约1400张上述数据是使用充满电的电池组测试得出	自动	具备，电源在1，2，4，8，15或30分钟后自动关闭	1枚CR2025锂电池		156 x 156.6 x 79.9mm	1155克		0-45° C	85%及85%以下
EOS 1D Mark II N		20摄氏度 约1200张0摄氏度约800张上述数据是使用充满电的电池组测试得出	自动	具备，电源在1，2，4，8，15或30分钟后自动关闭	一个CR2025锂电池		156×157.6×79.9mm	1225克		0-45° C	85%及85%以下
EOS 1D Mark II		20摄氏度 约1200张0摄氏度 约800张上述数据是使用充满电的电池组测试得出	自动	具备，电源在1，2，4，8，15或30分钟后自动关闭	1枚CR2025锂电池		156×157.6×79.9mm	1220克		0-45° C	85%及85%以下
EOS 5D		20摄氏度 约1200张0摄氏度约800张 *配合BP-511A电池	自动	具备，电源在1，2，4，8，15或30分钟后自动关闭	1枚CR2025锂电池		152 x 113 x 75 mm	810克			

型号		可拍摄数量	电池电量检测	节电功能	日期/时间供电电池		尺寸（宽×高×厚）	重量		工作温度范围	工作湿度范围
EOS-5D Mark II		23℃使用取景器拍摄：850张使用实时显示拍摄：约200张0℃使用取景器拍摄：750张使用实时显示拍摄：约180张	自动	具备，电源在1、2、4、8、15或30分钟后关闭	1枚CR2025锂电池		152×113.5×75毫米/6.0×4.5×3.0英寸	约810克/28.6盎司（仅机身）		0℃-40℃/32℉-104℉	85%或更小
EOS 50D		23° C 使用闪光灯的通常拍摄：640张 使用闪光灯的实时显示拍摄：约170张0° C使用闪光灯的通常拍摄：540张 使用闪光灯的实时显示拍摄：约130张	自动	具备，电源在1、2、4、8、15或30分钟后关闭	1枚CR2025锂电池		145.5x107.8x73.5毫米/5.7x4.2x2.9英寸	约730克/25.7盎司（仅机身）		0° C40°C/32° F-104° F	85%或更小
EOS 40D		温度 拍摄条件 不使用闪光灯 50%使用闪光灯23° C1100 8000° C 950700 *使用完全充满电的BP-511	自动	具备，电源在1，2，4，8，15或30分钟后自动关闭	1枚CR2016锂电池		145.5 x 107.8 x 73.5 mm	740克			
EOS 30D			自动	具备，电源在1，2，4，8，15或30分钟后自动关闭	1枚CR2016锂电池		144 x 105.5 x 73.5 mm	700克		0-45° C	85%及85%以下
EOS 500D	电池	23° C 使用取景器拍摄：400张使用实时显示拍摄：约170张0° C使用取景器拍摄：380张使用实时显示拍摄：约160张	自动	具备。电源在30秒、1分、2分、4分、8分或15分钟后自动关闭	内置辅助电池	尺寸和重量	128.8x97.5x61.9毫米	约480克/16.9盎司（仅机身）	操作环境	0°C-40°C/32° F-104° F	85%或更小
EOS 450D		23℃ 不使用闪光灯600 50%使用闪光灯 500 0℃ 不使用闪光灯500 50%使用闪光灯400	自动	具备。电源在30秒、1分、2分、4分、8分或15分钟后自动关闭	内置辅助电池		128.8×97.5×61.9毫米	约475克/16.8盎司（仅机身）		0℃-40℃/32℉-104℉	85%或更小
EOS 400D		温度 20oC/68oF 不使用闪光灯约500张50%使用闪光灯约360张温度0oC/32oF 不使用闪光灯约370张50%使用闪光灯约280张 ** 以上数值适用于完全充满电的NB-2LH电池组	自动	具备，电源在1，2，4，8，15或30分钟后自动关闭	一枚CR2016锂电池		126.5×94.2×64mm	510克		0° C~40° C	85%及85%以下
EOS 350D		温度 20oC/68oF 不使用闪光灯约600张50%使用闪光灯温度0oC/32oF不使用闪光灯约450张50%使用闪光灯约350张 ** 以上数值适用于完全充满电的NB-2LH电池组。 * 以上数字基于“相机和影像产品协会”(Camera & Imaging Products Association)测试标准	自动	具备，电源在1，2，4，8，15或30分钟后自动关闭	一枚CR2016锂电池		126.5×94.2×64mm/5.0×3.7×2.5英寸	485克		0° C -40° C	85%及85%以下
EOS 1000D		23℃ 不使用闪光灯600 50%使用闪光灯 500 0℃ 不使用闪光灯 500 50%使用闪光灯 400	自动	具备。电源在30秒、1分、2分、4分、8分或15分钟后自动关闭	内置辅助电池		126.1 x 97.5 x 61.9毫米	约450克/15.9盎司（仅机身）		0℃-40℃/32℉-104℉	85%或更小

佳能胶片单反相机规格表

	EOS 1V	EOS 1NRS	EOS 1N	EOS 1	EOS 3	EOS 5
取景器类型	固定眼平五棱镜取景器	固定眼平五棱镜取景器	固定眼平五棱镜取景器	固定眼平五棱镜取景器	固定眼平五棱镜取景器	固定眼平五棱镜取景器
取景范围	100%	100%	100%	100%	97%	
眼点	20mm	20mm	20mm	20mm	20mm	
取景放大倍率	0.72x （50 mm镜头对在无限远）	0.72x	0.72x	0.72x	0.72x	
标准曲光度	内置视度调节+3～-1	内置视度调节 +3～-1	内置视度调节 +3～-1	-1	-1	-1
聚焦屏	可更换，9种，标准为Ec-C Ⅲ	可更换，9种，标准为Ec-N	可更换，9种，标准为Ec-N	可更换，9种，标准为Ec-N	可更换，9种，标准为Ec-C Ⅲ	可更换，5种
反光板	快速瞬回式半透明（透过/反射比例为37/63）	快速瞬回式半透明	快速瞬回式半透明	快速瞬回式半透明	快速瞬回式半透明（透过/反射比例为37/63）	
取景信息	对焦屏上，区域对焦椭圆， 中央点测光圆 对焦屏下部： 手动曝光显示 曝光锁定 闪光灯充电 不正确闪光灯曝光警告 高速同步（焦平面闪光） 快门速度 闪光灯曝光锁定 B门 对焦点选择模式 景深自动曝光 光圈值 曝光补偿 闪光灯曝光补偿 合焦指示 取景器右侧： 曝光量标尺 曝光量指示 闪光灯曝光量 闪光灯曝光补偿量 张数计数器 倒计数标记	对焦屏下部： 手动曝光显示 曝光锁定 闪光灯充电 不正确闪光灯曝光警告 高速同步（焦平面闪光） 快门速度 闪光灯曝光锁定 B门 对焦点选择模式 景深自动曝光 光圈值 曝光补偿 闪光灯曝光补偿 合焦指示 取景器右侧： 曝光量标尺 曝光量指示 闪光灯曝光量 闪光灯曝光补偿量 张数计数器 倒计数标记	对焦屏下部： 手动曝光显示 曝光锁定 闪光灯充电 不正确闪光灯曝光警告 高速同步（焦平面闪光） 快门速度 闪光灯曝光锁定 B门 对焦点选择模式 景深自动曝光 光圈值 曝光补偿 闪光灯曝光补偿 合焦指示 取景器右侧： 曝光量标尺 曝光量指示 闪光灯曝光量 闪光灯曝光补偿量 张数计数器 倒计数标记	对焦屏下部： 手动曝光显示 曝光锁定 闪光灯充电 不正确闪光灯曝光警告 高速同步（焦平面闪光） 快门速度 闪光灯曝光锁定 B门 对焦点选择模式 景深自动曝光 光圈值 曝光补偿 闪光灯曝光补偿 合焦指示 取景器右侧： 曝光量标尺 曝光量指示 闪光灯曝光量 闪光灯曝光补偿量 张数计数器 倒计数标记	对焦屏上，区域对焦椭圆， 中央点测光圆 对焦屏下部： 手动曝光显示 曝光锁定 闪光灯充电 不正确闪光灯曝光警告 高速同步（焦平面闪光） 快门速度 闪光灯曝光锁定 B门 对焦点选择模式 景深自动曝光 光圈值 曝光补偿 闪光灯曝光补偿 合焦指示 取景器右侧： 曝光量标尺 曝光量指示 闪光灯曝光量 闪光灯曝光补偿量 张数计数器 倒计数标记	在对焦屏下部显示出来 五点眼球控制对焦点，附有景深预视标记七段液晶数位字符显示内容如下： 快门速度 光圈值 景深自动曝光 闪光灯曝光锁定 调校指示灯 自动曝光锁定指示灯 眼球对焦模式指示灯 自动对焦准备指示灯 曝光补偿指示灯 手动曝光指示灯 自动曝光转移指示灯 减轻红眼指示灯 闪光灯曝光补偿指示灯 闪光灯曝光补偿显示 闪光灯充电完毕指示灯 高速同步闪光灯指示灯
测光模式	21区评价测光 局部测光：8.5% 中心点测光：2.4% 与对焦点连动 点测光：2.4% 多点测光：8点 中央重点加权平均	16区评价测光 局部测光：9% 中心点测光：3.5% 精细点测光：2.3% 中央重点加权平均	16区评价测光 局部测光：9% 中心点测光：3.5% 精细点测光：2.3% 中央重点加权平均	6区评价测光 局部测光：5.8% 中心点测光：2.3% 中央重点加权平均	21区评价测光 局部测光：8.5% 中心点测光：2.4% 与对焦点连动 点测光：2.4% 多点测光：8点 中央重点加权平均	全开光圈镜后测光 -16区评价式测光 -中央重点平均测光 -点测光（3・5%）
曝光模式	P（可偏移）、Tv、Av、M、景深优先AE、A-TTL闪光AE、TTL闪光A、E-TTL闪光AE	P（可偏移）、Tv、Av、M、景深优先AE、A-TTL闪光AE、TTL闪光A	P（可偏移）、Tv、Av、M、景深优先AE、A-TTL闪光AE、TTL闪光A	P（可偏移）、Tv、Av、M、景深优先AE、A-TTL闪光AE、TTL闪光A	P（可偏移）、Tv、Av、M、景深优先AE、A-TTL闪光AE、TTL闪光A、E-TTL闪光AE	“绿区”全自动拍摄模式、P(可偏移)、程序化影像模式（4种）、智能P、Tv、Av、M、景深优先AE、A-TTL闪光AE、TTL闪光A

佳能胶片单反相机规格表

	EOS 10	EOS 30	EOS 50E	EOS 100	EOS 1000/N	EOS EF—M
取景器类型	固定眼平五棱镜取景器	固定眼平五棱镜取景器	固定眼平五棱镜取景器	固定眼平五棱镜取景器	固定眼平五棱镜取景器	固定眼平五棱镜取景器
取景范围	92%	92% x 90%		90%	90%	90%
眼点	19mm			20mm	——05	20mm
取景放大倍率	0.74X	0.70X	固定眼平五棱镜取景器	0.75X	0.75X	0.75X
标准曲光度	—1，可调节—2.5～+0.5		—1	—1	—1	—1
聚焦屏	可更换.6种	不能更换.有7点AF对焦点	不可更换.	不可更换.	不可更换.	不可更换.
反光板	快速瞬回式半透明	快速瞬回式半透明		快速瞬回式半透明	快速瞬回式半透明	快速瞬回式半透明
取景信息	对焦屏下部：手动曝光显示/曝光锁定/闪光灯充电/不正确闪光灯曝光警告/高速同步（焦平面闪光）/快门速度/闪光灯曝光锁定/B门/对焦点选择模式/景深自动曝光/光圈值/曝光补偿/闪光灯曝光补偿/合焦指示取景器右侧：曝光量标尺/曝光量指示/闪光灯曝光量，闪光灯曝光补偿量/张数计数器/倒计数标记。	对焦屏下部七段液晶数位字符显示：快门速度光圈值/曝光量自动曝光锁定指示灯闪光灯曝光锁定闪光灯充电完毕指示灯高速同步闪光灯指示灯减轻红眼指示灯对焦点指示灯自动对焦准确指示灯	对焦屏下端显示出来内容如下：—快门速度光圈值景深自动曝光闪光灯曝光锁定眼控对焦指示灯调校指示灯自动曝光锁定指示灯曝光补偿指示灯手动曝光指示灯自动曝光转移指示灯减轻红眼指示灯闪光灯曝光补偿指示灯闪光灯充电完毕指示灯高速同步闪光灯指示灯	对焦屏下部：手动曝光显示曝光锁定闪光灯充电不正确闪光灯曝光警告高速同步（焦平面闪光）快门速度闪光灯曝光锁定B门对焦点选择模式景深自动曝光光圈值曝光补偿闪光灯曝光补偿合焦指示取景器右侧：曝光量标尺曝光量指示闪光灯曝光量闪光灯曝光补偿量张数计数器倒计数标记	对焦屏下部：手动曝光显示曝光锁定闪光灯充电不正确闪光灯曝光警告高速同步（焦平面闪光）快门速度闪光灯曝光锁定B门对焦点选择模式景深自动曝光光圈值曝光补偿闪光灯曝光补偿合焦指示取景器右侧：曝光量标尺曝光量指示闪光灯曝光量闪光灯曝光补偿量张数计数器倒计数标记	对焦屏下部：手动曝光显示曝光锁定闪光灯充电不正确闪光灯曝光警告高速同步（焦平面闪光）快门速度闪光灯曝光锁定B门对焦点选择模式景深自动曝光光圈值曝光补偿闪光灯曝光补偿合焦指示取景器右侧：曝光量标尺曝光量指示闪光灯曝光量闪光灯曝光补偿量张数计数器倒计数标记
测光模式	八分区测光局部测光（8.5%）	35区TTL测光元件，有AE和FE锁定，测光方式：1、对焦点连动评价测光2、局部测光（取景范围的10%）3、中央重点加权平均测光4、预闪测光	全开光圈镜后测光—6区评价式测光—局部测光(9.5%)—中心重点平均测光	六分区测光局部测光（6.5%）CW	三分区测光局部测光（9.5%）CW	三分区测光局部测光(9.5%)CW
曝光模式	“绿区”全自动、程序化影像模式(4)、条形编码程序自动曝光、P（可偏移）、景深优先AE、Tv、Av、M、TTL闪光灯A、防相机抖动自动曝光	P（可偏移）、P(不可偏移)、Tv、Av、M、景深AE（可偏移）、程序化影象模式5种、程序闪光AE（E—TTL、A—TTL、TTL）	“绿区”全自动拍摄模式、P(可偏移)、程序化影像模式（4种）、智能P、Tv、Av、M、景深优先AE、A—TTL闪光AE、TTL闪光A	“绿区”全自动拍摄模式、P(可偏移)、程序化影像模式（4种）、智能P、Tv、Av、M、景深优先AE、A—TTL闪光AE、TTL闪光A	“绿区”全自动拍摄模式、P(可偏移)、程序化影像模式（4种）、智能P、Tv、Av、M、景深优先AE、A—TTL闪光AE、TTL闪光A	P（可偏移）、Tv、Av、M、TTL 闪光灯程序曝光

佳能胶片单反相机规格表

	EOS 1V	EOS 1NRS	EOS 1N	EOS 1	EOS 3	EOS 5
测光范围	EV 0—20 点测光：EV 3—20	EV 0—20 点测光：EV 3—20	EV 0—20 点测光：EV 3—20	EV 0—20 点测光：EV 3—20	EV 0—20	EV0—20
胶卷感光度	DX自动设定为ISO 25—5000，手动设定为ISO 6—6400	DX自动设定为ISO 25—5000，手动设定为ISO 6—6400	DX自动设定为ISO 25—5000，手动设定为ISO 6—6400	DX自动设定为ISO 25—5000，手动设定为ISO 6—6400	DX自动设定为ISO 25—5000，手动设定为ISO 6—6400	DX自动设定为ISO 25—5000，手动设定为ISO 6—6400
曝光补偿	手动曝光补偿，1/3EV调节	手动曝光补偿，1/3EV调节	手动曝光补偿，1/3EV调节	手动曝光补偿，1/3EV调节	手动曝光补偿，1/3EV调节	+2级（可作半级调整）
自动包围曝光	有	有	有	有		有
AE锁定	有	有	有	有	有	
多重曝光	9次	9次	9次	9次	9次	9次
对焦点	45个，15mmX8mm区域	5	5	1	45个，15mmX8mm区域	5
AF范围	EV 0—18（ISO 100）	EV 0—18（ISO 100）	EV 0—18（ISO 100）	EV 0—18（ISO 100）	EV 0—18（ISO 100）	
对焦模式	单点 AI Servo MF 有焦点预测	单点 AI Servo MF 有焦点预测	单点 AI Servo MF 有焦点预测	单点 AI Servo MF 有焦点预测	单点t AI Servo MF 有焦点预测	1、单点 2、焦点预测功能的AI Servo 3、单次/人工智能连续自动对焦自动转换模式。 4、MF 5、可用眼球功能选择对焦点， 自动设定对焦点或手动选择对焦点。 单次及人工智能连续自动对焦附焦点预测。
眼控AF	无	无	无	无	有	有
合焦指示	有	有	有	有	有	有
对焦点选定和切换	45点自动选择 手动选择	5点自动选择 手动选择	5点自动选择 手动选择	————	45点自动选择 手动选择 眼控选择	
AF点指示	LED叠加指示	LED叠加指示	LED叠加指示	————	LED叠加指示	
AF辅助照明灯	外接专用闪光灯有	外接专用闪光灯有	外接专用闪光灯有	外接专用闪光灯有	外接专用闪光灯有	
快门速度	30～1/8000s+B，1/3档调节	30～1/8000s+B，1/3档调节	30～1/8000s+B，1/3档调节	30～1/8000s+B，1/3档调节	30～1/8000s+B，1/3档调节	30～1/8000s+B
闪光同步速度	1/250s	1/250s	1/250s	1/250s	1/250s	1/200s
自拍	10s或2s延时	10s或2s延时	10s或2s延时	10s或2s延时	10s或2s延时	电子控制2秒s10s延时
过片系统	单张 连续：3.5fps +PB—E2： 低速连续：3fps 高速连续：7fps 超高速连续：10fps	单张 低速连续：3fps 高速连续：6fps	单张 连续：3fps +PB—E1： 低速连续：3fps 高速连续：6fps	单张 连续：2.5fps +PB—E1： 低速连续：2.5fps 高速连续：5.5fps	单张 连续 +PB—E2： 低速连续 高速连续	单张和连续（"C" 3fps或"C HI" 5fps）
退片系统	自动退卷，可中途退卷	自动退卷，可中途退卷	自动退卷，可中途退卷	自动退卷，可中途退卷	自动退卷，可中途退卷	自动退卷，可中途退卷
退卷时间/噪音	高速退卷：24张胶卷约4.5s 36张胶卷约8s，噪音为59dB	——	——	——	高速退卷：24张胶卷约4.5s 36张胶卷约6.5s，噪音为59dB	自动退卷，可中途退卷

佳能胶片单反相机规格表

	EOS 10	EOS—30	EOS 50E	EOS 100	EOS 1000/N	EOS EF—M
测光范围	EV —1—20	EV 1—20	EV1—20	EV —1—20	EV 2—20	EV 2—20
胶卷感光度	DX自动设定为ISO 6—6400	DX自动设定为ISO 25—5000，手动设定为ISO 6—6400	DX自动设定为ISO 25—5000，手动设定为ISO 6—6400	DX自动设定为ISO 25—5000，手动设定为ISO 6—6400	DX自动设定为ISO 25—5000，手动设定为ISO 6—6400	DX自动设定为ISO 25—5000，手动设定为ISO 6—6400
曝光补偿	+/—5EV 1/2EV调节	AEB自动包围曝光、手动补偿、闪光补偿：+/—2EV，可1/2EV调节	+/— 2级（可作半级调校）	+/—2EV 1/2EV调节	+/—2EV 1/2EV调节	+/—2EV 1/2EV调节
自动包围曝光	有			有	无	无
AE锁定	有			有	有	有
多重曝光	9次	9次	9次	9次	9次	无
对焦点	5	3		3	1	———
AF范围	EV 0—18（ ISO 100）	EV 1—18 （ISO 100）		EV 0—18（ ISO 100）	EV 1—18（ ISO 100）	———
对焦模式	单点 AI Servo AI Focus MF 有焦点预测	1、单点 2、带焦点预测的AI Focus 3、AI焦点AF 4、眼控伺服AF（仅限于EOS 30/7E）：由一个32位CPU处理，响应时间约55ms 5、MF	1、单点 2、焦点预测功能的AI Servo 3、能配合主体自动切换到单次或人工智能连续的AI Focus 4、MF	单点 AI Servo AI Focus MF 有焦点预测	单点 AI Focus MF 有焦点预测	MF
眼控AF	有	有（仅限于EOS 30/7E）	无	无	有	有
合焦指示	有	有	有	无	无	———
对焦点选定和切换	3点自动选择手、动选择	自动选择、手动选择		无	无	———
AF点指示	有			无	无	———
AF辅助照明灯	内置（最大距离照射4.3米）	内置（最大距离照射4.3米）		内置（最大距离照射4.3米）	内置（最大距离照射4.3米）	———
快门速度	30～1/4000s+B 1/2EV调节	30～ 1/4000 s 1/2EV可调，	30～1/4000s+B	30～1/4000s+B 1/2EV调节	30～1/1000s+B 1/2EV调节	2～1/1000s+B 1/2EV调节
闪光同步速度	1/125s	1/250s	1/250s	1/250s	1/90s	1/90s
自拍	10s延时	电子控制，10s延时	电子控制2s或10s延时	10s延时	10s延时	10s延时
过片系统	单张 连续 One Shot：5fps AI Servo：3fps	单张 连续 单次AF模式为4fps；在AI伺服AF为3.5fps	单张和连续（2.5fps）	单张 连续：3fps	预卷片 单张 连续：1fps	预卷片 单张
退片系统	自动退卷，可中途退卷	自动退卷，可中途退卷	自动退卷，可中途退卷	自动退卷，可中途退卷	自动退卷，可中途退卷	自动退卷，可中途退卷
退卷时间/噪音						

佳能胶片单反相机规格表

	EOS 1V	EOS 1NRS	EOS 1N	EOS 1	EOS 3	EOS 5
静音退卷	噪音为49dB	——	——	——	噪音为49dB	
内置闪光灯指数						
闪光灯触点	热靴，PC插孔	热靴，PC插孔	热靴，PC插孔	热靴，PC插孔	热靴，PC插孔	热靴，PC插孔
外接闪光灯功能	A—TTL自动闪光 TTL自动闪光E—TTL 自动闪光	A—TTL自动闪光 TTL自动闪光	A—TTL自动闪光 TTL自动闪光	A—TTL自动闪光 TTL自动闪光	A—TTL自动闪光 TTL自动闪光 E—TTL自动闪光	A—TTL和TTL程序 自动闪光
用户自选功能	20	14	14	8	18	
遥控	遥控 传输数据接孔	有	有	有	遥控 传输数据接孔	
电源	EOS—1V 1枚2CR5锂电池 EOS—1V ＋ PB—E2： 8枚AA电池或 镍氢电池包NP—E2 电池包BP—E1： 1枚2CR5锂电池 和4枚AA电池	8枚AA电池	1枚2CR5锂电池 EOS—1 ＋ PB—E1： 8枚AA电池 EOS 1 ＋ BP—E1： 1枚2CR5锂电池 和4枚AA电池	EOS—1： 1枚2CR5锂电池 EOS—1 ＋ PB—E1： 8枚AA电池 EOS 1 ＋ BP—E1： 1枚2CR5锂电池 和4枚AA电池	EOS—3 1枚2CR5锂电池 EOS—3＋PB—E2： 8枚AA电池或 镍氢电池包 NP—E2 电池包BP—E1： 1枚2CR5锂电池 和4枚AA电池	1枚2CR5
尺寸(mm)(WxHxD)	161x119.2x70.8 mm	161x157.3x71.8 mm	161x112.1x71. 8mm	161x106.6x71.8 mm	161x119.2x70.8 mm	154X120·5X74· 2mm
尺寸(mm)(WxHxD)	945克	1295克	855克	850克	780克	665克
推出时间	2000.2	1995	1994.11	1989.9	1989.9	1992.11

胶片单反相机规格表

	EOS 10	EOS-30	EOS 50E	EOS 100	EOS 1000/N	EOS EF-M
静音退卷	--	有	超宁静回卷	有	有	无
内置闪光灯指数	12	13	12	12	1000：无 1000F：12	
闪光灯触点	无 PC插孔	热靴，PC插孔	热靴，PC插孔	无 PC插孔	无 PC插孔	无 PC插孔
外接闪光灯功能	A-TTL自动闪光 TTL自动闪光		A-TTL和TTL程序闪光自动曝光，配佳能380EX及220EX闪光灯可作 E-TTL评价闪光灯自动曝光。	A-TTL自动闪光TTL自动闪光	A-TTL自动闪光TTL自动闪光	A-TTL自动闪光TTL自动闪光
用户自选功能	14（QD版15种）		11	7	无	无
遥控	有	有，与无线遥控器RC-1配合使用	30~1/8000s+B，1/3档调节	30~1/8000s+B，1/3档调节	30~1/8000s+B，1/3档调节	30~1/8000s+B
电源	1枚2CR5锂电池	两枚CR 123A锂电池	1枚2CR5	1枚2CR5锂电池	1枚2CR5锂电池	1枚2CR5锂电池
尺寸(mm)(WxHxD)	158 ×106×70 mm	146.7 x 103 x 69mm（非QD型号）	152.5x104.5x71 mm(宽x高x厚)	154.2×105×69.1 mm	1000： 148×96.3×68 mm 1000F： 148×99.8×68 mm	148×96.3×68 mm
重量(不含电池)	580克	575克	590克	570克	1000：400克、 1000F：450克	390克
推出时间	1990.3	2001	1995.5	1991.1	1990.9	1990.9

后记：

这本书能够出版，我首先要特别感谢以下摄影师接受了我的访问并为本书提供了精彩的图片：（按姓氏笔划排列）

王实先生

王建军先生

王瑶女士

刘展耘先生

毕远月先生

李少白先生

赵钢先生

闻晓阳先生

奚志农先生

傅兴先生

谢墨先生

翟东风先生

和我写的每一本书一样，在开始写作之前，我请教了陈仲元先生，作为资深摄影器材专家和著名的摄影师，他的建议帮助我为本书定下了最基础的框架；

于然先生参与了本书从策划到资料整理、编辑、校对的工作，并协助我进行了绝大多数的摄影师采访工作；

陈攻先生为我的采访工作提供了具体的指导以及很多有价值的建议；

朱霖先生为这本书的编辑工作做出重要的贡献。

其他为本书提供资料翻译以及采访整理的还包括：郭伟力先生，以及高恒、孙晓旭、倪晓兰同学。

本书参考了佳能公司的《EF LENS WORK Ⅲ》、《佳能单反相机系列产品综合样本》等资料，特此致谢。

和这本书在同一天推出的还有我的另一本画册《今生》，它们是中国摄影出版社的萨社旗大姐和陈凯辉先生帮助我出版的第三本和第四本书，希望这两本书也能令他们感到满意。

赵嘉

2007年12月24日

版本说明（2.0版）本版特邀编辑为于然先生。本版特邀校对为杨磊先生。本版中部分文字来自于合作作者，于然先生撰写了50D、500D、450D、1000D机身和EF-S 18-200mm f/3.5-5.6 IS镜头的部分内容，杨磊先生撰写了“MTF曲线的解读”部分内容。

2009年5月18日

图书在版编目（C I P）数据

EOS王朝／赵嘉著. —北京:中国摄影出版社，2008.1
ISBN 978-7-80236-184-3

Ⅰ.E... Ⅱ.赵... Ⅲ.数字照相机－基本知识 Ⅳ.

TB852.1

中国版本图书馆CIP数据核字（2008）第000813号

特邀编辑：于　然　　杨　磊　　朱　霖
责任编辑：陈凯辉
封面设计：艺　林　　赵　嘉

书　　名：EOS王朝（修订版）
作　　者：赵 嘉
出　　版：中国摄影出版社
地　　址：北京东单红星胡同61号　邮政编码：100005
网　　址：www.cpgph.com
邮　　箱：sywsgs@cpgph.com
制作印刷：北京利丰雅高长城印刷有限公司
开　　本：787 × 1092mm　1/16
印　　张：19.5
版　　次：2008年1月第1版
印　　次：2009年8月第2次印刷
印　　数：7001～12000册
ISBN 978-7-80236-184-3
定　　价：128.00元